I

환경군수관리

환경군수관리

저자 손병식
발행일 2022년 2월 22일 **발행인** 이진숙
발행처 충남대학교출판문화원 **주소** 대전광역시 유성구 대학로 99
전화 042-821-6045 **홈페이지** http://www.cnupress.co.kr **E-mail** cnupress@cnu.ac.kr

ISBN 979-11-6503-147-3 93390
정 가 33,000원

환경 군수관리

The Management of Environmental Logistics

손병식 지음

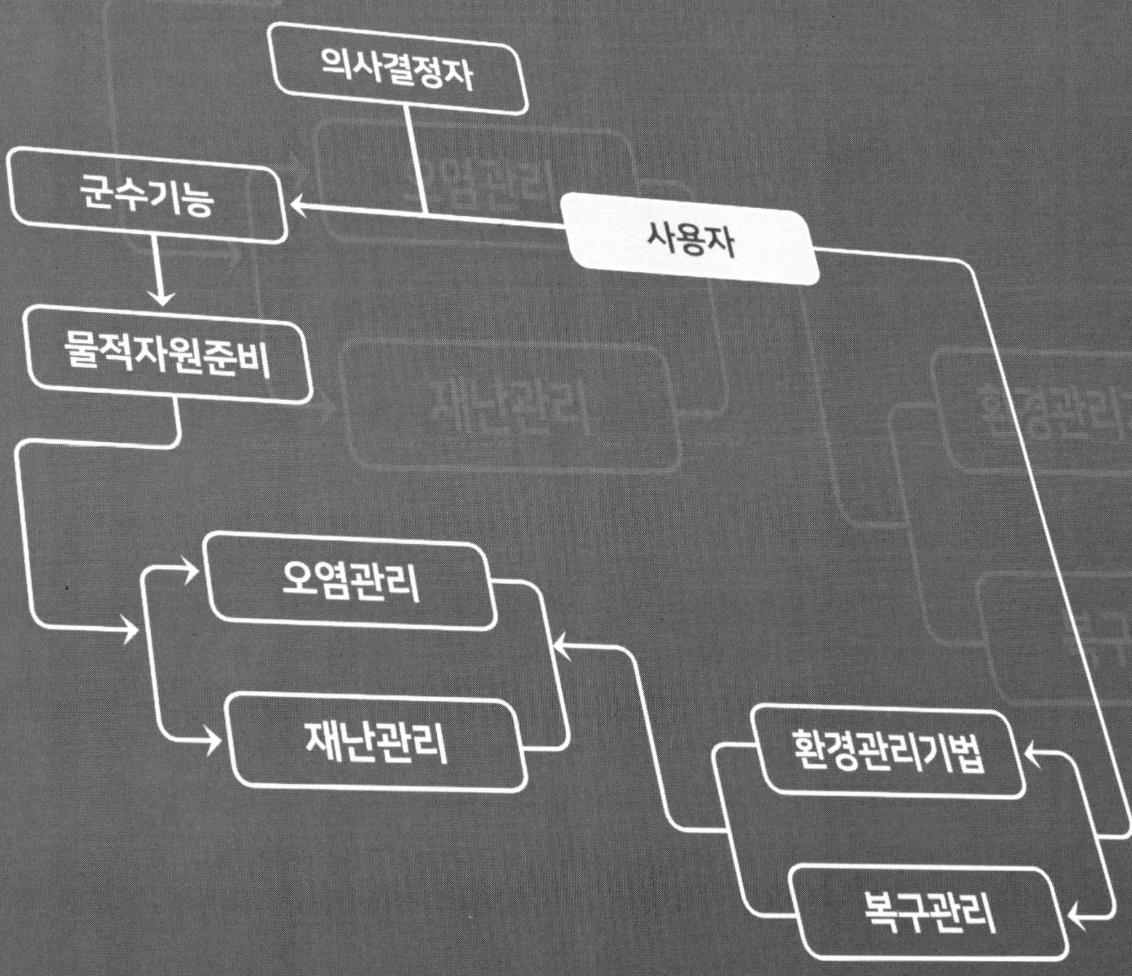

충남대학교출판문화원

머리말

사람을 알려면 친구를 보라는 말이 있다. 친구는 뜻을 같이 하므로 생각이 같고 행동을 함께 한다. 마찬가지로 사람이 사용하는 물적자원은 직업을 알 수 있게 하고 조직의 특성을 짐작할 수 있을 만큼 전문적이다. 특히, 산업혁명 이후 물적자원은 다양하게 발전하고 질적 그리고 량적 측면에서 많은 진화로 사람의 생활을 편리하게 만들어 산업사회의 패러다임을 이동하게 하는 동기부여가 됐다.

자원을 중심으로 인적자원과 물적자원으로 양분하면 주체는 사람이며 객체는 물건이다. 사람이 물건을 이용하여 생명체를 살릴 수도 파멸에 이르게 할 수 있다. 그만큼 우리 생활에 물적자원은 필수불가결하다. 가전제품으로부터 의료장비, 수송장비, 화재진압장비 및 무기체계 등 다양한 물적자원을 대상으로 연구하는 학문이 군수학이라면 군수학의 영역은 현장 또는 전장에서 사용하기 전부터 후까지이다. 따라서 사람이 물적자원의 소요단계에서부터 사용 후 소각 또는 매립에 이르기까지 환경적 맥락을 바탕으로 연구대상으로 삼고 있는 분야가 군수학의 한 분야인 환경군수관리이다.

군에서 환경관리는 주된 기능이 아니므로 중요성을 낮게 인식하고 있는 것이 작금의 현실이다. 당면한 현실을 극복하고 군 관계자가 환경에 대한 인식을 새롭게 하며 업무의 효율성을 증진하고자 환경군수관리체계를 제시함으로 환경관리의 접근성을 증진하고자 한다. 군이 미세먼지, 미세플라스틱, 기후변화, 환경기반사회적지배경영(ESG; Environmental Social Governance) 그리고 지속가능한개발목표(SDG; Sustainable Development Goals) 등과 같은 당면한 환경 현안을 언급하지 않더라도 군의 이해관계자는 군수품을 사용하기 전 · 중 · 후 처리에 대한 새로운 인식의 필요성을 요구하고 있다.

최근 이해관계자들의 시선이 전통적 안보관점에서 포괄적 안보관점으로 바뀌고 환경파괴를 예방하고 복구하는 실체적 도구로써 물적자원관리에 주목하고 있는 현상은 군수학을 군에서만 적용하는 것은 편협한 사고라는 생각이 들었다. 만약 경찰청, 소방청, 철도공사, 병원 및 기업 등이 군에서 적용하는 군수학의 원리를 차용한다면, 물적자원을 체계적으로 관리함으로 위험성과 긴급성에 대비하여 적시성을 향상시킬 수 있다고 여긴다. 군수학은 10개의 기능으로 구성되어 있다. 10개의 기능은 소요, 연구개발, 조달, 보급, 정비, 수송, 시설 회계, 군수정보시스템(LIS; Logistics Information System) 끝으로 환경이다.

환경군수관리는 군수학의 일반화를 희망하면서 다음과 같이 구성한다. 제1장은 환경학의 방법론을 군수학 연구에 접목할 필요성을 제기하고 환경군수관리의 체계를 제시한다. 제2장은 전쟁에서 적용할 수 있는 군수기능학과 관리과정론을 결부시켜 환경문제를 언급한다. 제3장은 군 장비와 시설에서 발생할 수 있는 3대 오염원이 사람에게 미치는 영향을 제시한다. 3대 오염원은 수질, 대기 및 토양오염이다. 제4장은 재난관리이다. 재난은 인적재난, 자연재난 및 사회적 재난으로 구분한다. 재난관리에는 사람이 사는 동안 발생하는 재난을 예방하고 피해를 최소화하고자 산업재해와 안전관리를 포함한다. 제5장은 군수관리자가 환경오염에 대해 대처할 수 있는 관리적 접근방법을 제시한다. 제6장은 재난의 발생 결과로 환경파괴에 대응하고 복구하는 관점에서 인성과 물성을 복원하는 다양한 대안을 제시한다. 끝으로 제7장은 준비태세이다. 준비태세는 상황의 위험성과 물자의 긴급성에 대처하기 위해 물적자원 준비, 사용자의 교육훈련 및 군수동원에 중점을 둔다.

본서가 출간될 수 있도록 아낌없는 조언을 주신 金 恩자 龍자 교수님과 묵묵히 지켜봐주신 刑 成자 宇자 교수님 그리고 타계하신 永자 燮자 아버지와 南 基자 倫자 어머니께 머리 숙여 감사드린다. 허둥대며 다니는 남편을 묵묵히 지켜봐 준 아내 김소정, 딸 해령, 아들 부부(바울, 김보영)와 선물로 온 시온에게도 고마움을 전한다. 끝으로 본서 출판관계자에게 감사의 말을 전한다.

2022년 1월

저자

차 례

CHAPTER 01 환경군수관리 서론 ······ 11

제 I 절 개 요 ······ 13

1. 발생원인 ······ 13
2. 환경오염, 재난 및 전쟁 비교 ······ 14
3. 새로운 접근의 필요성 ······ 16
4. 관련 용어 정의 : 위기, 재난, 환경오염 ······ 21
5. 환경파괴에 따른 관점 ······ 26

제 II 절 중요성과 필요성 ······ 34

1. 중요성 ······ 34
2. 필요성 ······ 35

제 III 절 인식의 관점 ······ 36

1. 개요 ······ 36
2. 물적유통관리학 관점 ······ 38
3. 경제학 관점 ······ 39
4. 군수학 관점 ······ 41

CHAPTER 02 군수기능별 환경관리 ······ 51

제 I 절 개 요 ······ 53

제 II 절 전쟁준비 : 소요 및 획득 ······ 55

1. 개요 ······ 55
2. 소요관리 ······ 56
3. 획득관리 ······ 58

제 III 절 전쟁지원 : 운영 ······ 61

1. 개요 ······ 61

2. 보급 ······ 61
2. 수송 ······ 62
3. 시설 ······ 68
제IV절 전쟁평가 : 회계군수 ······ 78
1. 개요 ······ 78
2. 회계군수 ······ 79

■ CHAPTER 03 오염 관리 ······ 83

제 I 절 개요 및 개념 ······ 85
1. 개요 ······ 85
2. 개념 ······ 86
제II절 공기 : 대기 오염 ······ 89
1. 개요 ······ 89
2. 발생원인 및 오염의 결과 ······ 90
3. 미세먼지 및 황사 ······ 91
4. 석면, 6대 환경유해물질 및 오존층파괴물질 ······ 93
제III절 물 : 수질오염 ······ 103
1. 개요 ······ 103
2. 폐수의 특성 ······ 105
3. 정화시설 ······ 107
4. 군 오염원과 처리방법 ······ 112
5. 오수정화시설의 소요판단 ······ 113
제IV절 땅 : 토양오염 ······ 114
1. 개요, 기능, 범위 ······ 114
2. 면오염원 ······ 115

■ CHAPTER 04 재난관리 ······ 125

제 I 절 개 요 ······ 127

1. 개념 ········· 127
2. 특성 ········· 131
3. 구분 ········· 137
4. 관리절차 ········· 142
제II절 자연재난 ········· 151
1. 기후 ········· 151
2. 태풍 ········· 153
3. 장마 및 홍수 ········· 154
4. 지각변동 ········· 158
제III절 인적재난 ········· 162
1. 개요 ········· 162
2. 전쟁 ········· 162
3. 테러(Terrorism) ········· 166
4. 소음 ········· 174
제IV절 사회재난 ········· 178
1. 개요 ········· 178
2. 교통사고 ········· 179
3. 원자력 ········· 184
4. 감염병 ········· 187
5. 인수공통감염병 ········· 194
제V절 산업재해, 안전관리 ········· 197
1. 개요 ········· 197
2. 개념 : 산업재해 및 안전사고 ········· 198
3. 시대별 발생 추이 ········· 200
4. 통계지수 ········· 213
5. 군 안전관리 ········· 216

CHAPTER 05 환경관리 기법 ········· 225

제I절 개 요 ········· 227

제II절 카이젠(改善) 분석 ···· 228
1. 개념 ···· 228
제III절 물질흐름분석 ···· 228
1. 개념 ···· 228
2. 구성개념 ···· 229
3. 구조 ···· 232
4. 분석절차 ···· 235
5. 장·단점 ···· 236
제IV절 수명주기평가기법(LCA; Life Cycle Assessment) ···· 238
1. 개념 ···· 238
2. LCA 수행단계 ···· 240
3. LCA의 한계점 ···· 250
4. LCA, LCC 및 TLCSM 비교 ···· 251
제V절 물질흐름분석원가회계 ···· 253
1. 개념 ···· 253
2. 정의 ···· 254
3. 적용(예) ···· 255
제VI절 MFA, LCA와 군수 비교 ···· 256
1. 군수와 MFA ···· 256
2. LCA와 군수기능의 비교 ···· 258
제VII절 환경기반 사회적 지배경영 ···· 259
1. 개요 ···· 259
2. 발전배경과 확산동기 ···· 259
3. 평가 요소 ···· 263
4. ESG를 넘어 ···· 265

CHAPTER 06 복구관리 ···· 271

제I절 개 요 ···· 273
제II절 인명손실 ···· 274

1. 개요 ········ 274
2. 이재민 관리 ········ 274
3. 잔상증후군(PTSD; Post-Traumatic Stress Disorder) ········ 278
제III절 불용품 관리 : 자원순환관리 관점 ········ 283
1. 개념 및 관리 범위 ········ 283
2. 처리방법 ········ 287
제IV절 통합폐기물 ········ 296
1. 개요 ········ 296
2. 발생원인 및 처리과정 ········ 298
3. 폐기물 구분 ········ 300

■ CHAPTER 07 물적자원 준비태세 ········ 311

제 I 절 개 요 ········ 313
1. 위험성 ········ 314
2. 긴급성 ········ 317
3. 사전준비 : 재난예치금제도 ········ 318
제II절 교육훈련 ········ 320
1. 개념 ········ 320
제III절 군수동원 ········ 327
1. 개요 ········ 327
2. 동원범위 ········ 329
3. 동원 분류 ········ 330
4. 동원자원 분류 ········ 332
5. 동원자원 인계절차 ········ 334
6. 동원소요량 산정 및 평가 ········ 336
7. 군수동원과 치장 ········ 338
8. 군수동원과 징발 ········ 338
9. 군수동원과 국내조달, 해외안보지원자산 ········ 339

Chapter 01

환경군수관리 서론

제 I 절 개요

제 II 절 중요성 및 필요성

제 III 절 인식의 관점

학습목표

본 장을 학습한 후 다음과 같은 내용을 확인할 수 있다.

1. 환경의 범위, 정의 그리고 물적자원의 활용 범위를 이해할 수 있다.
2. 환경파괴 요인을 인식할 수 있다.
3. 군수학의 적용 범위를 바탕으로 군수학의 외연과 내포를 확인할 수 있다.
4. 환경군수관리 체계를 설정할 수 있다

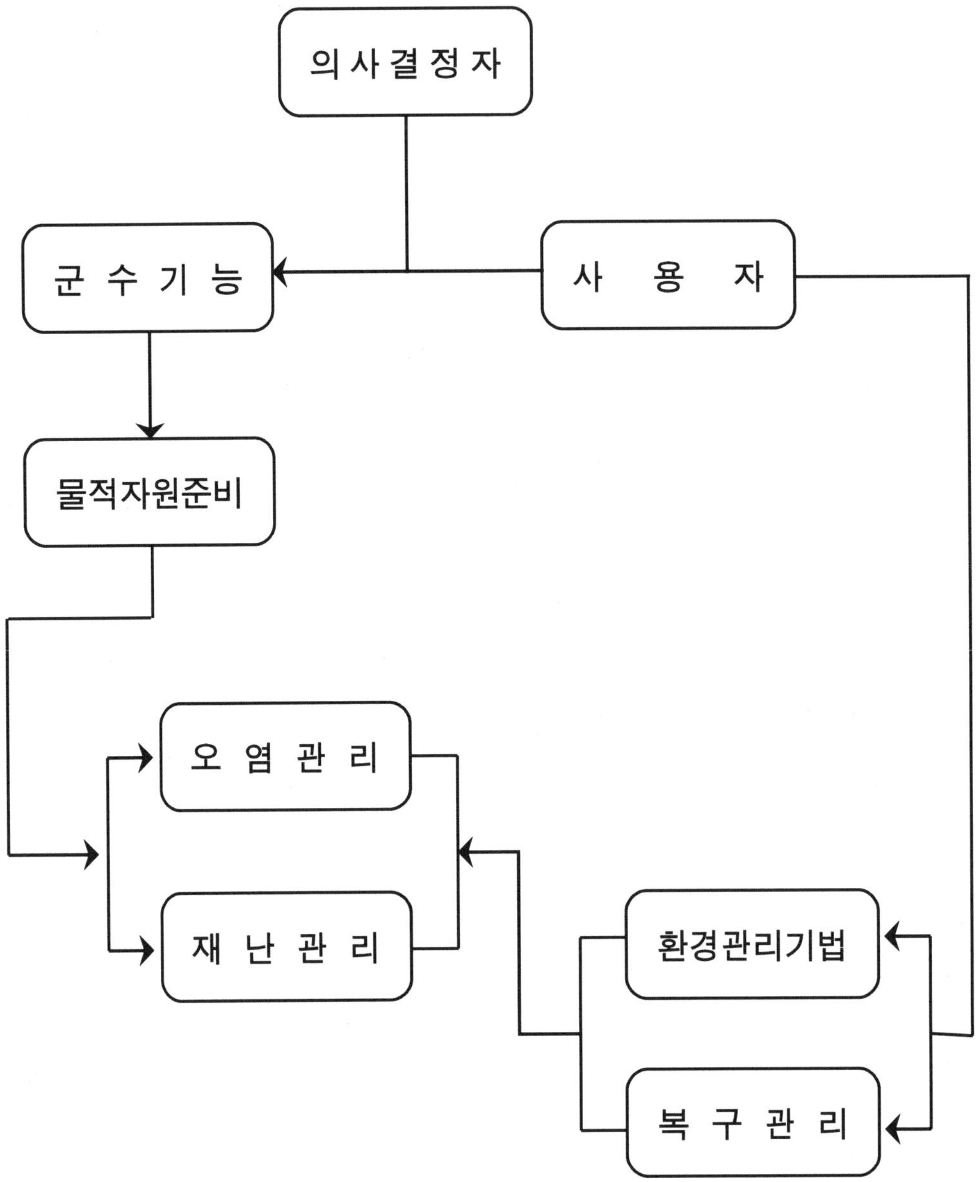
의사결정자
군 수 기 능
사 용 자
물적자원준비
오 염 관 리
재 난 관 리
환경관리기법
복 구 관 리

제 I 절 개 요

1. 발생원인

사람은 개방된 시스템에서 살고 있으므로 자연과 다른 사람으로부터 영향을 주고 받는다. 자신을 제외한 사람과 자연을 환경이라고 할 때 환경은 특정 개인을 둘러싸고 있는 모든 것이다. 이런 상황에서 발생한 모든 문제는 환경과 관련되어 있다. 이렇게 규정한 환경에서 발생하는 문제는 특정 몇 개의 학문으로 다양한 현상을 설명하고 미래를 예측하며 문제를 해결하기에는 부족하다.

빅뱅(big bang)이론에 따르면 태양계시스템이 45.6억 년 전에 형성되었다고 한다.[27] 태양계시스템 내에 있는 지구는 수십 억 년 동안 존재하면서 그 어떠한 외계행성과도 연계하지 않는 폐쇄시스템을 유지하고 있다. 유일하게 햇빛만이 지구로 유입되고 있다.[10] 지구는 공전과 자전을 반복하면서 계절과 밤낮이 바뀌고 날씨와 기온이 변화한다. 날씨의 변화는 기후의 변화를 의미하고 기후변화는 지진, 화산, 해일, 태풍, 비, 일조량 및 온도의 변화로 나타난다. 날씨에 따라 사람은 의복, 식생활, 물질문명의 변화, 산업의 발달 정도, 심지어 지붕의 형태 및 잠자리의 모습까지도 달라진다. 이처럼 기후는 지구에서 살아가는 모든 생명체에게 영향을 끼친다. 이 모든 것의 단순화된 표현은 자연현상이다. 현재까지는 사람이 과학적 수단을 이용하더라도 자연현상은 통제할 수 없는 변수로 알고 있다. 이는 사람의 한계를 알게 하고 기후변화에 사람의 생존이 달려있음을 깨닫게 함으로 겸손하게 만든다.

사람은 질적, 양적으로 안락한 환경에서 생활하고자 하는 마음이 있다. 생활의 편리함을 갈구했던 사람은 과학과 기술의 힘으로 안락한 생활을 즐긴다. 맛있는 음식을 먹고 따뜻하고 때로는 시원한 공간에서 지내기 위해 사람들은 다양한 기기들을 이용한다. 편리한 생활로부터 얻어진 결과는 부산물이다. 부산물은 환경에 적합할 수도 있고 부적합할 수도 있다. 사람에게 유익한 부산물은 적합하고 나쁜 부산물은 환경오염 물질로 규정한다. 환경오염 물질의 발생원인은 인구의 증가 및 집중, 빈곤, 경제발전, 시장 실패 및 대량생산에 의한 대량소비 등이다.[4,30] 환경오염은 폐기물 발생, 오존층 파괴 및 온실효과 등으로 환경파괴를 유발하는 원인이 된다. 따라서 본서는 물적자원을 관리하는 과정에서 발생하는 환경문제를 언급한다. 여기서 물적자원은 재난관리자원, 의료기기, 소방용품, 철도용품 및 군수품 등을 의미한다. 관리는 과정론적 접근이며 범위는 사용 전, 사용 중 그리고 사용 후를 의미한다.

2. 환경오염, 재난 및 전쟁 비교

환경오염, 재난 및 전쟁으로부터 환경보전을 위한 출발점은 실천방안으로 준비태세와 교육훈련이다. 사람이 전쟁, 재난 및 환경오염으로 파괴되는 상황에서 벗어나기 위해 물적자원을 사용할 능력을 갖추고 있을 때 긴급하고 위험한 상황에서 벗어날 수 있다. 물적자원은 장비와 물자로 장비는 가동상태에 있어야 하고 물자는 사용가능 상태에 있어야 한다. 이것이 준비태세 완비이다.

환경오염과 전쟁은 확산이 느리다는 점에서 차이가 있으나 특정 국가 전체에 영향을 미치는 점이 동일하다. 반면에 재난과 전쟁은 확산이 신속하다는 면에서는 동일하지만 차이점은 재난은 특정 지역에서 국한되어 발생하는 반면 전쟁은 특정 국가 전체를 대상으로 한다.

특정 국가의 과학기술력과 경제력이 환경오염의 예방능력, 재난의 대응능력 및 전쟁의 억제력과 복구능력을 높인다는 사실을 주지하고 있다. 대응능력과 억제능력이 높다는 것은 환경오염, 재난 및 전쟁에 대한 긴급성에 대비하는 물적자원을 바탕으로 형성된다는 것을 알 수 있다. 해당하는 물적자원은 의료장비 및 물자, 건설장비 및 물자, 화학장비 및 물자, 정보장비 및 물자, 무기체계 및 비무기체계 등이다. 비무기체계는 물자를 의미한다.

환경오염, 재난 및 전쟁이 발생한 후 대처할 능력을 보면 환경오염은 확산속도가 느리므로 예방, 복구할 시간적 여유가 있는 반면에 재난이나 전쟁은 확산속도가 빠르므로 대처할 능력이 부족하여 장비와 물자의 사전 준비능력이 필요하다. 따라서 속도에 따른 물적자원의 사전 준비성을 보면 환경오염은 시간적으로 여유가 있는 반면 전쟁은 사전 준비성이 높다. 속도에 따라 자금의 준비성, 물자의 비축 및 치장의 필요성, 물자의 가동 상태의 점검 주기 등 사용자, 정부 정책 입안자 및 위정자 등의 혼연일체의 필요성이 절실하다.

준비능력은 사용자, 군수관리자 및 정책입안자가 문제점을 해결하고 희망과 요구를 충족할 수 있는 소요내용을 정리하고 과학자, 기술자는 지속적으로 발생하는 소요 사항을 연구 개발하여 현실에 맞게 구현한다. 물적자원의 사용 전 · 중 · 후 점검은 사용자가 정비능력과 보급능력을 결정하며 보급능력은 수송능력과 재고관리 능력에 따라 지원능력이 결정된다. 지원결과는 자원의 폐기 및 처리 후 회계적으로 집계한 결과를 종합 정리하여 소요에 반영하는 선순환 과정으로 진행된다. 진행에 필요한 요소는 물적자원을 사용하여 환경, 재난 및 전쟁을 예방, 대비, 대응, 복구하는 일련의 과정과 다르지 않다는 것을 〈그림 1-1〉로 제시한다.

물적자원관리

구 분		환경오염	재난관리	전 쟁
실천방안의 출 발 점		준비태세완비 교 육 훈 련	준비태세완비 교 육 훈 련	준비태세완비 교 육 훈 련
대상	장비	의료, 건설, 화학 → 가동상태유지	의료, 건설, 화학 → 가동상태유지	의료, 건설, 화학,무기체계 → 가동상태유지
	물자	의료, 건설, 화학 → 사용가능상태유지	의료, 건설, 화학 → 사용가능상태유지	의료, 건설, 화학,무기체계 → 사용가능상태유지
발생시기		전쟁보다 느림	환경오염보다신속	환경오염보다신속
발생범위		특정 국가 전체	일부지역	특정 국가 전체
물적자원		의료, 건설, 화학, 무기 체계 등 장비 및 물자	의료, 건설, 화학, 무기 체계 등 장비 및 물자	의료, 건설, 화학, 무기 체계 등 장비 및 물자
준비성		여유가 있음	비교적 높음	높음
준비단위		개인	개인 및 지역단위	국가단위
소 요		문제, 희망, 요구사항 등	문제, 희망, 요구사항 등	문제, 희망, 요구사항 등
연구개발 조 달		과학기술 → 의료,공학,화학시설 등 관리능력(회계)	과학기술 → 의료,공학,화학시설 등 관리능력(회계)	과학기술 → 의료,공학,화학시설 등 관리능력(회계)
보급, 정비 수송, 시설		수송, 보급, 정비	수송, 보급, 정비	수송, 보급, 정비
환 경		수질, 토양, 대기	지진, 폭풍, 화산폭발	안정화 작전

〈그림 1-1〉 환경오염, 재난 및 전쟁 비교

3. 새로운 접근의 필요성

1) 개요

사람 살기가 힘든 거시적 원인은 몇 가지가 있다. 첫째, 국가 간 갈등의 결과로 발생하는 전쟁 둘째, 감염병을 포함한 재난 및 사고 끝으로, 사람의 욕심을 충족하는 과정에서 발생하는 환경오염 등이다. 전쟁, 재난 및 환경오염으로부터 사람을 보호하고 구출하기 위해 사용하는 물품은 장비, 물자 및 시설이다.

동일한 물품이라도 명칭은 쓰이는 목적과 용도에 따라 다르다. 전쟁의 목적을 달성하기 위해 군에서 사용하는 물품은 '군수품'이다. 군수품의 법률적 정의는 국방부, 국방 관서, 및 각 군에서 사용하는 물품이다. 국방 관서는 합동참모본부이고 각 군은 육 · 해 · 공군이다. 재난으로부터 사람을 구조할 때 사용하는 물품은 '재난관리자원', 화재 발생시 인명을 구출할 때 사용하는 물품은 '소방장비', 병원에서 사용하는 장비 및 물자는 '의료기기', 철도공사에서 사용하는 장비, 물자 및 시설은 '철도용품', 끝으로 환경을 보호하기 위해 사용하는 물품은 '환경자재'로 불린다. 이상의 장비, 물자 및 시설은 모두 물적자원이다. 물적자원은 상용품을 포함한 군수품과 동의어로 인식할 수 있다. 군수품은 특정 국가의 모든 산업에서 생산하는 재화의 종류를 군에서 사용하고 있기 때문이다. 상용품은 상거래를 목적으로 만들어진 물품을 군에서 사용할 때 사용하는 용어이다.

물적자원은 조직의 특성을 반영하며 종류는 다양하고 그 수는 많이 있다. 군이 사용하는 군수품의 수는 연구자마다 다르지만 대략 80만 품목에 이른다. 예를 들면, 일반장비, 화력장비, 통신장비, 기동장비 등이다. 재난구조에서 소방청이 사용하는 장비 및 물자인 "소방장비"는 대략 800여종이다. 구체적으로 측정장비, 보호장비, 보조장비, 기동장비, 구조장비, 구급장비, 통신장비 및 화재진압장비 등이 있다. 재난관리자원은 포대류, 시멘트, 수송장비 및 연료, 건설장비, 격리시설 및 구호시설 등이다. 병원에서 관리하는 의료기기는 방사선영상진단기기, 생체계측기기, 진료장치, 콘빔, 정형용품 및 재활기기 등을 포함하여 장비 9만 7천여 품목과 의약품 4만 1천여 품목이다. 끝으로 철도용품은 약 4만 4천 품목으로 철도공사의 코비스(KOVIS; KOrail Vision System)에 등록된 용품으로 구분은 차량용품, 전기용품, 시설용품 및 일반용품 등이다. 차량용품은 열차 운영 따른 물품, 전기용품은 전기 및 신호체계 용품, 시설용품은 레일과 침목 등이며 끝으로 일반용품이다. 일반용품은 상거래 목적을 두고 제작된 물품으로 철도공사에서 사용하는 사무용품 등이 해당한다. 끝으로, 행정안전부가 재난지원을 목적으로 관리하는 재난관리자원은 수방자재, 건설자재, 건설장비, 소형장비 등으로 구분하고 장비 138종, 물자 89종 구조팀 등 29팀이 재난관리자원을 사용한다. 위의 내용은 〈그림 1-2〉로 요약한다.

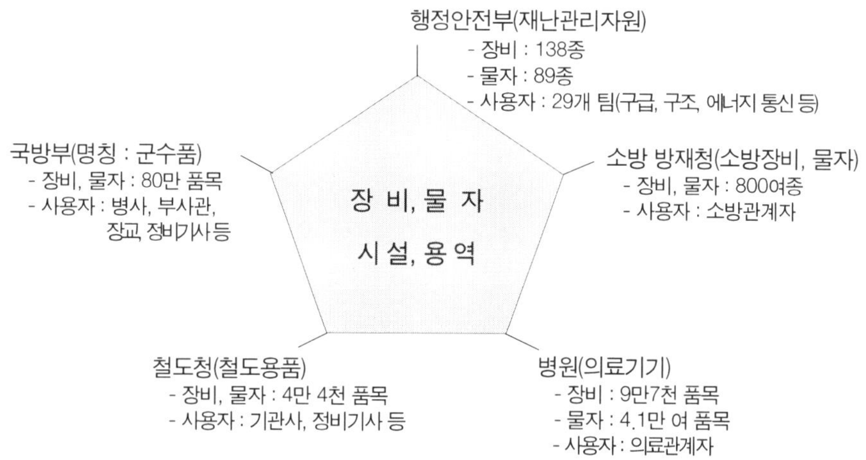

〈그림 1-2〉 기관별 물적자원 명칭과 품종(목) 수

* 병원의료기기 중 장비는 보험심사평가원에 등록된 장비의 수를 의미함(2021. 3분기 등록일), 약품은 식품의약품 안전나라에 등록된 의약품으로 정상이며 전문 및 일반 그리고 완제품과 원료를 포함한 숫자임(2021.9).

2) 물적 자원 관리범위 설정

다양한 물적 자원을 연구대상으로 삼는 학문이 군수학이라고 할 때 군이 적용하고 있는 군수품 관리의 행동 원리 및 기법을 다른 조직에서 적용 여부를 검토하는 것이야말로 연구자로서 통찰력 있는 연구 행위이다. 행동원리는 사용자를 대상으로 하는 교육훈련이며 기법은 물적자원을 관리하는 과학적 기법이다. 전장에서의 높은 생명의 위험성과 물적자원 사용의 긴급성은 사용자에게 물적자원을 활용의 유연성과 창의성을 요구하고 있다. 화재현장, 재난현장 및 수술장 등은 전장터나 다름없이 높은 위험성과 긴급성에 처해 있다. 전장에서 그리고 재난현장 등에서 위험성과 긴급성에 대처하기 위해 훈련된 사용자는 유연성과 창의성으로 대응한다는 점에서 그 맥락을 함께한다.

위와 같이 여러 조직은 물적자원을 이용하여 조직의 목표를 달성한다. 따라서 관리자가 전쟁, 재난 및 환경오염 등에 사용하는 물적자원을 관리할 때 군수학의 이론적 및 실천적 원리를 적용하여 국민의 안전을 보장할 수 있다면, 학문의 융 · 복합적 관점을 떠나 연구자로서 아주 의미 있는 일이라고 여긴다.

물적자원을 관리하는 군수학의 기능적 관점에서 구성개념은 사용자의 필요량을 판단하는 소요에서부터 연구개발, 조달 및 구매, 보급, 수송, 정비, 시설, 환경 및 회계이다. 물적자원 관리자는 군수학의 구성개념을 일련의 연계된 시각으로 조명해야 한다. 연계된 시각이 평시 및 긴급 시에 사용자에게 물적자원의 적시성을 도모하고, 사용자의 효과성을 높이며, 관리자의 능률성과 경제성을 달성하게 할 것이다.

군수관리자가 사용자를 위해 지원하는 물적자원의 관리목표는 적시성, 경제성, 효과성 및 능률성이다. 구체적으로 물적자원 관리의 목표는 언제나 가동상태와 사용가능 상태로 장비와 물자를 유지하는 것이다. 군수학의 행동원리를 적용할 수 있는 대상자는 사용자인 병사로부터 병원의 의사, 간호사 및 조무사, 철도공사의 철도기관사, 철도정비사 및 소방청의 소방관 등이다.

위에서 언급한 내용을 군수 기능과 연결해 보면 다음과 같다. 먼저, 소요관리이다. 소요관리 중 소요판단은 군수품, 소방장비, 의료기기 및 철도용품의 사용자가 사용할 수 있는 장비와 물자에 대한 필요량을 판단하는 것이다. 필요량의 판단은 군수지원, 소방지원, 의료지원 및 수송지원을 하는 목적에 근거를 두고 필요한 장비와 물자에 대해 사용자의 요구량(또는 수요량)과 공급량을 일치시켜야 한다. 수요량과 공급량이 불일치하면 예산 낭비 또는 재고 고갈이 발생한다. 따라서 관리자가 예산을 낭비하는 것을 최소화 하는데 중점을 두고 다양한 대안을 탐색하는 영역이 소요관리 중 소요판단이다.

둘째, 연구개발과 조달이다. 연구개발은 사용자와 수혜자가 필요로 하는 장비와 물자가 부재한 경우 과학기술을 바탕으로 사용자의 요구에 맞게 개발하는 것이다. 연구개발의 성공 여부는 시간상으로 불투명하며 비용면에서 추정하기 어려운 특징이 있다. 비상시 대비를 위해 이중하청(double sourcing)으로 보완하는 전략도 필요하다. 조달은 구매할 군수품, 의료기기, 소방장비 및 철도용품 등의 물적자원에 대한 구매계획을 수립하여 구매한다. 구매계획은 회계연도와 일치시켜야 하므로 연 1회 구매하여야 하지만 예외가 있다. 예외는 정부 예산회계법을 적용받지 않는 기관을 말한다. 구매와 관련된 법률은 국가를 당사자로 하는 계약에 관한 법률이다. 연구개발과 조달은 획득관리 영역이다.

셋째, 보급, 수송, 정비 및 시설이다. 보급은 필요 물품을 사용자에게 공급하는 것으로 특정 물품을 언제든지 사용할 수 있도록 재고를 관리하는 행위이다. 재고를 유지하는 과정은 장비 및 물자의 사용 상태를 확인하고 정비로 사용 가능한 상태로 유지해야 한다. 그리고 수송은 공급자와 사용자를 연결한다. 군수품의 공급자는 방위사업청과 공급계약을 한 생산자이다. 시설은 정비시설, 보급시설, 병원시설, 철도시설 등이다. 재고, 정비, 수송 및 시설관리의 목적은 일정 수준 이상으로 품질을 유지하는데 있다. 보급, 수송, 정비 및 시설은 군수운영관리의 영역이다.

넷째, 환경과 회계이다. 환경은 물적자원을 취급하는 모든 인원에게 최소한의 영향을 끼쳐야 한다. 발전된 산업사회에서 사람들은 자연상태에 존재하지 않았던 물질의 개발로 생활의 편리함과 안락함을 제공하는 동시에 환경에 악영향을 끼치기도 한다. 연구개발자가 물질을 개발하는 소요단계에서부터 환경에 미치는 영향을 평가하는 것이 필요하다. 이러한 목적에서 환경군수관리에 대한 연구의 필요성이 제기된다.

회계는 군수관리 과정에서 의사결정자에게 현명한 의사결정을 위한 유익한 정보를 제공한다. 현명하고 이성적이며 논리적인 의사결정은 객관성을 위해 숫자를 바탕으로 하는 회계적 접근이다. 회계적 평가에는 환경적 요인도 포함되어야 함을 의미한다. 의사결정자는 물품이 환경오염에 영향을 끼치지 않도록 지휘, 감독하고 의사결정 단계에서 현명한 의사결정을 위해 숫자를 기반으로 함을 의미한다. 이는 군을 포함한 모든 조직이 동일하게 적용한다.

군수학이 전쟁뿐 아니라 특정 지역에서 발생한 재난, 환경오염, 사고를 수습하는데 필요한 장비 및 물자를 관리하는데도 기여할 수 있다. 그렇다면 물적자원 관리자가 군수학의 구성개념을 적용하여 의료기기, 소방장비, 철도용품, 재난관리기기 그리고 환경자재를 관리한다고 하더라도 논리적 비약이라고는 할 수 없을 것이다.

단순하게 군수학이 전쟁을 준비하고 지원하며 폐·처리와 관련된 학문이라고 치부한다면 학문적 통섭이나 융합을 고려하지 않은 통찰력이 부족한 학문적 편협이다.

융합적 사고를 바탕으로 하나의 학문을 적용하여 여러 분야의 문제를 해결함으로 사람에게 유용한 결과를 가져올 수 있다면 학자로서 통찰력을 발휘하는 일로써 학문 적용에서 유연성을 높이는 일이며 다른 연구자의 노력을 감소시키는 일이기도 하다. 따라서 연구자는 융합적 사고를 바탕으로 사람의 노력을 감소하고 여러 사람을 이롭게 할 목적으로 군수학의 구성개념을 전쟁 이외의 위기, 재난 및 환경오염을 관리하는 행위에 물적자원을 관리하는 원리와 기법 등을 적용할 필요가 있다고 여긴다.

통찰력을 바탕으로 한 융합적, 합리적 및 논리적 논거는 유사성, 예측성, 대량 소비성, 파괴성 및 조직성을 검토하면 다음과 같다. 첫째, 소요 자원의 유사성이다. 전쟁에서 필요한 물적자원은 생활용품에서부터 첨단무기체계에 이른다. 동일하게 위기, 재난, 환경오염을 예방하는데 필요한 물적자원도 생활용품에서부터 첨단장비가 필요하다. 둘째, 난해한 예측성이다. 전쟁에서 필요한 군수품은 누가, 언제, 어디서, 필요한지를 예측하기 어렵듯이 위기, 재난, 환경오염에서도 필요한 물품의 수요량, 수요지 및 품목을 예측하기 어렵다. 셋째, 필요한 자원이 일시에 대량으로 요구된다. 전쟁 및 재난의 발발은 일시에 많은 자원을 소비시키며 복구하는데 막대한 자원을 필요로 하는 것처럼 위기, 재난 및 환경오염에서도 일시에 대량의 자원을 요구한다. 비유하자면 2020년의 코로나-19 바이러스로 마스크 수요가 급증한 것과 유사하다. 넷째, 사람의 본성을 파괴하는 특성이 있다. 전쟁에서 발생하는 많은 비인간적 행위로 인간의 존엄성을 파괴하는 것과 같이 위기, 재난 및 환경오염의 현장에서도 비슷한 현상이 발생한다. 예를 들어, 2011년 동일본대지진으로 발생한 재난은 전쟁 이상의 처참한 결과를 낳았고 이를 복구하기 위해 많은 자금을 투자하였다. 10여 년이 지난 지금도 아물지 않은 상처로 남아있어 사람들의 삶을 위협하고 있다. 위와 같은 예는 앞서 제시한 사항 이외에도 얼마든지 찾을 수 있다. 끝으로 조직성이다. 군은 물적자원을 담당하는 별도의 부서를 두고 있다. 물적자원을 담당하는 기관은 방위사업청으로부터 군수사 및 군지사에 이른다. 동일하게 철도공사 및 소방청 역시 위기, 재난, 환경오염을 정화하는데 필요한 별도의 기관을 두고 있다. 구체적으로, 공사 차원 그리고 지역별 담당 조직이 환경보전, 소음 및 공해방지 업무를 담당하고 있다.

빌라(Villa, 1985)는 군 교리와 기업 이론에 기반을 두고 재난관리 사고지휘체계(ICS; Incident Command System)를 설정하였다.[26] 사고지휘체계에 포함된 참모조직 중 하나는 군수참모(Logistics Chief)이다. 군수참모는 사고를 수습하는 인력과 사고로 피해를 봤던 이재민에게 물적자원을 지원하기 위해 다양한 조직을 운영하는 책임자이다. 군수참모가 운영하는 조직은 보급, 정비, 수송, 시설, 환경 끝으로 회계부서 등이다.

전쟁, 위기, 재난 및 환경오염과 같은 현상은 불시에 발생할 환경변화에 물적 자원을 준비하고 지원하며 대응하는 일련의 관리 활동이 요구한다는 공통점이 있다. 공통점은 군수학적 관점에서 전쟁, 위기, 재난 및 환경오염 관리의 범주로 〈그림 1-3〉으로 제시할 수 있다.

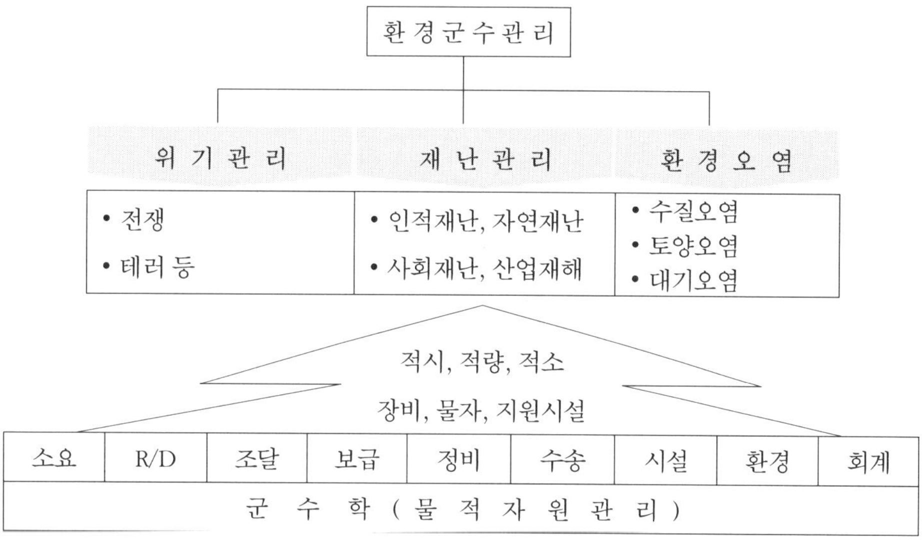

* 연구개발(R/D) : Research and Development

〈그림 1-3〉 군수학 관점의 환경관리 대상

4. 관련 용어 정의 : 위기, 재난, 환경오염

1) 개요

위기, 재난 및 환경오염에 대해 언급한 몇몇 연구자의 정의를 살펴본다. 그리고 상기 용어에 대한 구성개념을 제시한 후 군수학적 관점에서 환경군수의 통합된 정의를 제시한다.

2) 위기

위기에 대해 허먼(Herman, 1963)은 조직행위론 관점에서 위기는 조직이 받은 자극에 대해 대처할 시간이 거의 없는 상태라고 설명하고 주요 구성개념을 위협, 시간 및 충격 3가지로 제시하였다.[28] 손영수(2005)는 위험, 재난, 재해, 위협, 사건, 사고 재앙 우발상황 및 비상사태 등을 위기의 하위개념으로 보았다.[9] 빌링스(Billings, 1980)가 제시한 위기인지모델(Model of Crisis Perception)의 주요 개념은 가치 있는 자원의 상실 가능성, 상실할 확률 및 시간의 긴급성 3가지를 제시하였다.[23] 학문적인 관점에서 이재은(2005)은 위기를 자연현상이나 인간의 실수, 고의, 사회적 상황으로부터 발생한 피해의 범위가 지역사회를 벗어나고 지역사회의 체계 존립이나 구성원의 생명·건강·재산에 위해를 가하는 사건이나 상황이라고 규정하였다.[14]

위 내용에서 위기의 주요 개념은 시간, 충격, 범위 및 상실 등이다. 시간은 사전에 예견 또는 대비하지 못할 정도의 급격한 시간의 변동을 의미하고 충격은 일순간 정신적, 육체적으로 정상적인 작동을 할 수 없을 정도의 당황한 상태이다. 범위는 사회적, 국지적 또는 전국에서 발생하여야 하고 상실은 사람이나 동물에게 가치 있는 사물을 잃어버리거나 포기되는 상태를 의미한다. 따라서 위기는 전쟁과 동일한 관점에서 접근할 수 있다.

3) 재난

벨지움(Belgium)의 전염병 연구센터(CRED; Center for Research on the Epidemiology of Disasters)는 재난에 대해 사람이 예상치 못하고 갑작스러운 사건으로 고통, 큰 손해 및 파괴를 당하여 외부의 도움이 필요한 사건이나 상황이라고 하였다. 연구센터는 재난의 요건으로 4가지를 제시하였다.[32] 첫째, 특정 사건 또는 상황으로 약 10명 또는 그 이상의 사망자가 발생하여야 한다. 둘째, 그 사건으로 약 100여 명 또는 그 이상의 사람이 영향을 받아야 한다. 셋째, 그 사건으로 비상사태를 선언하여야 한다. 끝으로, 사건의 여파가 외부의 지원(international assistance)을 요청할 만큼 커야 한다. 이에 대한 저자의 의견은 소수의 목숨을 경시하는 의미가 의도하지 않게 내포되어 있다고 여긴다. 한 사람의 생명이라도 치명에 이르게 하면 재난으로 가족, 친척을 비롯한 지역사회, 법률 집행 기관인 경찰서, 소방서, 주민 센터 등 국가 전체에 미세한 영향을 미친다.[5] 한 사람이 치명에 이르면 다양한 이해관계자가 영향을 받으므로 한 사람의 목숨을 구하기 위한 예방적 행위가 사람의 도리이다.

한국의 재난 및 안전관리 기본법(2018)은 재난을 국민의 생명과 재산 그리고 국가에 피해를 주거나 줄 수 있는 것으로 규정하고 있다. 즉 재난관리의 대상은 물질과 사람이라는 것이다. 다른 표현으로 재산은 물성이고 사람은 인성이다. 인성과 물성의 피해를 받은 상태가 재난이다. 재난 및 안전관리 기본법에서 제시한 재난의 범위는 자연재난, 사회재난 및 해외재난으로 한정하고 사회재난은 인적재난을 포함하였다. 인적재난과 사회재난의 구분에 관한 사항은 본 장에서 후술한다.

미국 연방 재난 관리청(FEMA; Federal Emergency Management Agency)은 재난을 사망, 상해 및 재산 피해 또는 일상적인 절차나 정부의 자원으로 관리할 수 없는 심각하고 규모가 큰 사건이라고 하였다. 위 정의의 주요 개념은 피해의 규모가 큰 사건으로 관리할 수 없는 사건을 말한다. 규모가 크다는 것은 정부와 민간 부문 조직이 자극에 신속한 반응을 보일 수 있으나 대처하는데 체계적이지 못하다는 것이다. 이는 앞서 연구자들이 제시한 재난의 주요 개념인 위협, 시간, 충격 및 범위와 일치한다는 것을 알 수 있다.

유엔(UN)은 재난을 사회의 기본조직 및 정상기능을 와해시키는 갑작스러운 사건이나 큰 재해로써, 재해의 영향을 받은 사회가 외부의 도움 없이 극복할 수 없고 정상적인 능력으로 처리할 수 있는 범위를 벗어나는 사건으로 사회간접자본시설, 생활수단의 피해를 일으키는 단일 또는 일련의 사건으로 규정하였다. 유엔의 정의 역시 위협, 충격, 시간 및 범위를 위기의 주요 구성개념으로 인식하고 있다.

씨오톤(Ciottone, et al., 2016) 등은 몇 가지 사례를 제시하고 재난의 기준을 비극적 사건이라고 하였다.[25] 그 사례는 20만 명 이상이 사망한 인도의 쓰나미(2004), 아이티(Haiti)의 지진(2010) 그리고 우주왕복선 콜롬비아(columbia) 폭발사건(2003)이다. 쓰나미와 지진은 재난으로 불릴만하다. 그러나 2003년 우주왕복선 콜롬비아호가 대기권 재진입 과정에서 7명의 우주인이 사망한 것을 두고 재난으로 불렀다는 점을 주시하고 무엇이 재난의 기준인가라는 질문에 대한 답으로 다음과 같이 설명하였다. 많은 사람이 지구로 귀환하는 우주왕복선 콜롬비아호가 폭발하는 장면을 텔레비전으로 지켜보았다. 폭발이 비극이라고 하였고 비극은 매우 슬픈 사건이라는 사전적 정의를 근거로 재난이라고 지칭하였다. 이점에 대해 저자 또한 우주왕복선 콜롬비아호 폭발사건이 재난이라는 것에 동의한다. 그러나 비극적 사건만으로 재난으로 인정하기에는 부족하다. 따라서 재난으로 규정하려면 다음과 같은 개념이 필요하다고 여긴다. 텔레비전으로 우주인이 귀환하는 장면을 보는 동안 발생한 사건으로부터 많은 사람이 정신적 또는 육체적 충격을 받았고 충격적인 현상은 특정 개인이 아니라 특정 집단을 이루는 사회 전체라는 점에서 재난으로 지칭해야 한다고 여긴다. 따라서 비극적 사건 자체만으로 재난으로 인정하기에는 부족하므로 재난이란 사건, 사고로부터 발생하는 현상에 대해 특정 집단의 구성원이 정신적, 육체적 충격을 받은 상태로 정의한다.

몇몇 연구자가 제시한 위기와 재난의 구성개념을 보면 위협, 충격, 시간, 범위 및 외부의 도움 및 상실이라는 공통된 개념들이 있다. 따라서 위기와 재난에 대해 다음과 같이 정의할 수 있다. 위기와 재난이란 사람이 극복할 수 있는 대안을 만들 수 없는 시간적, 공간적 범위에서 가치 있는 인명과 재산을 상실하게 만드는 상태이다. 상태란 발생의 원인이 되는 천재와 인재를 포함한 환경파괴의 결과이다. 외부의 도움이란 상실의 규모로 봤을 때 자체적으로 해결할 수 없을 정도의 규모여서 일정한 범위를 초과하는 것을 의미한다. 끝으로, 범위는 지리적 및 시간적 능력의 한계를 경계 짓는 영역이다.

위기와 재난은 동일한 범주에서 관리하여야 할 충분한 가치가 있다. 더욱이 위기와 재난을 극복하는 과정에서 사용하는 물적자원이 동일하다고 볼 때 그러하다. 그러므로 위기와 재난을 관리하는 사고와 행동의 궤를 함께하여야 한다. 여기서 행동은 물적자원 관리하는 실천적 원리를 의미한다.

4) 환경오염

원인을 특정할 수 없는 환경오염은 사소한 쓰레기의 발생으로부터 시작한다. 쓰레기는 전쟁으로부터 재난, 위기, 인구의 도시집중 그리고 사람의 일상생활에서 발생한다. 전쟁은 건물파괴, 화재 및 인명피해 등으로 인간성 상실을 유발하고 동시에 다량의 쓰레기 발생을 동반한다. 지진, 태풍, 폭우, 홍수의 결과는 전쟁의 결과와 동일하다. 끝으로 인구의 도시집중은 기존의 질서를 파괴하고 새로운 질서를 형성한다.

새로운 도시의 형성과정에서 발생하는 건설폐기물에서부터 새로운 사람이 거주하면서 발생하는 생활폐기물 등이 쓰레기를 유발하는 직접적인 원인이 된다.[33]

어휘장 관점에서 쓰레기의 다양한 영어 표현은 다음과 같다. solid waste, garbage, trash 및 rubbish 등이다. solid waste는 폐기물, trash는 종이, 빈병 및 깡통과 같은 쓰레기를 의미하고 부엌에서 발생하는 쓰레기는 garbage로 채소 및 과실 등을 지칭하며, 가연성 물질과 불가연성 물질을 포함한 쓰레기는 rubbish 및 ash로 표현한다.

폐기물, 부산물을 포함한 환경오염으로 사람에게 닥치는 인위적 또는 자연적 재난, 위기 및 환경오염은 몇 가지 용어로 정리할 수 있다. 그 용어는 재난(disaster, calamity), 재앙(catastrophe), 재해(accident), 난리 또는 전쟁(war), 위기(crisis) 및 위험(hazard, danger, risk) 등이다. 위 용어는 몇 개의 범주로 묶을 수 있다. 먼저 재난, 재해 및 재앙이 같은 범주로 재(災)이다. 재는 물(水)과 불(火)로 구성되어 재난의 근원이 물과 불임을 암시한다. 둘째, 재난과 난리는 어지러움, 흩어진 질서를 의미한다. 난(亂)은 전쟁을 상징하고 있어 재난과 난리는 유사한 용어이다. 끝으로 위기와 위험이다. 두 단어에 포함된 위(危)는 위험함, 아슬아슬함이다, 위험한 상황이 되면 위기가 되고 해로움이나 손실이 발생할 우려가 있을 때는 위험이 된다. 험(險)은 주역의 8괘에서 감괘(坎卦)의 괘덕(卦德)으로 구덩이에 빠짐을 의미한다. 그러므로 험은 구덩이의 땅 꺼짐으로부터 발생한다. 위기와 위험에 처하는 대상은 사람이고 원인은 사람과 자연이 공동으로 사람과 자연에 의해서 위기와 위험에 처할 수 있다.

결국, 재앙, 재난, 재해, 위험 및 위기의 원인은 물(水)과 불(火) 그리고 땅(地)이 근저에 있다. 물로 짧은 시간, 국한된 지역에서 일정규모 이상으로 이동하는 자연현상으로 해일, 홍수 등이 발생하면 이차적으로 산사태 및 건물의 붕괴 등이 발생할 수 있다. 사람이 물, 불 및 땅을 통제 불가능한 상태에서 닥치는 현상이 위기, 재난, 위험이며 환경파괴로 귀결된다.

5) 통합적 정의

어의적 의미에서 환경오염, 재앙, 재난, 위기, 재해, 난리 및 위험에 대해 여러 연구자가 제시한 내용을 바탕으로 제시된 통합된 정의는 다음과 같다. "사람이 예견하지 못하여 회피할 수 없을 만큼의 짧은 시간과 제한된 지역에서 일정 규모 이상의 급격한 환경파괴의 결과로 정상적인 판단을 하지 못하도록 하는 자연적 및 인위적 현상이다." 위 정의를 사람의 관점에서 결과론적으로 짧게 요약하면 "파괴된 평범한 일상"이다. 파괴된 일상에서 첫째, 사람은 자연이든 인위이든 자신의 생명과 재산을 보호하려는 의지가 있어 예측이 필요하다. 둘째, 사람의 생명과 재산이 파괴되는 비정상적인 상황으로부터 정상적인 상황으로 신속하게 복구하기 위한 대책을 수립하기 위함이다. 대책을 수립하는 방법은 속도를 완화 시켜 저속으로 변경하고 범위를 축소시켜야 한다. 이는 충격에서 벗어나는 방법이다. 넷째, 각종 생명과 재산을 체계적으로 보전하기 위함이다. 체계적이기 위해서는 시스템적 접근방법으로 투입, 변형 및 산출의 과정을 거쳐야 한다. 구체적으로 시스템은 조직을 의미하고 모든 조직은 목표, 실천방안 및 평가 기준이 있다. 조직의 목표는 시스템 철학이며 실천방안은 시스템 경영이고 평가 기준은 시스템 분석이다. 위기관리, 재난관리 및 환경관리 역시 시스템적 접근방법으로 사람의 행위와 자연의 현상을 관리하여야 한다. 끝으로 "일정규모 이상"은 임계치를 초과한 일정규모 이상의 속도와 범위를 말한다. 구체적으로 사람이 관리할 수 있는 능력을 초과한 상태를 의미한다. 〈표 1-1〉은 상기 내용을 요약하였다.

〈표 1-1〉 용어 정의 비교

구 분	재 난	위 기	환경오염
범 위	국지적	전국적 또는 국지적	세계적, 전국적 또는 지역적
시 간	대피 시간 매우 짧음	대응(준비)시간 있음 대피 공간 없음	대처할 시간 충분함
주 체	자연 및 사람	사회현상 및 사람	자연 및 사람
예 상	불가능	예측 가능	예측 가능
지 역	지역 단위	수 개 국가 단위	국가 단위
예	지진, 태풍, 홍수 등	전쟁 등	쓰레기 등

5. 환경파괴에 따른 관점

1) 개요

환경파괴의 원인은 쓰레기, 환경오염, 위기, 재해, 재난, 테러 및 전쟁 등이다. 원인에 의한 결과는 사람과 물적자원에 부정적 영향을 미친다. 환경파괴는 파괴가 미치는 범위와 속도에 따라 잠재적 비난과 명시적 재난으로 구분할 수 있다.

2) 관점

(1) 잠재적 재난

분석의 목적은 유해한 환경으로부터 사람과 물적자원을 보호하는 것으로 잠재적 재난은 조직 또는 개인 단위에서 발생하는 유해한 환경이다. 예를 들면, 매년 발생하는 교통사고, 자살, 남겨진 음식물, 차량의 지 · 정체로 발생하는 인적·물적 손실 등이다. 잠재적 재난의 특징은 몇 가지가 있다. 첫째, 속도는 느리며, 범위는 광범위하다. 둘째, 초기 처리 비용이 적게 발생하여 사람이 인식하지 못하므로 무관심으로 무대응하기 쉽다. 셋째, 만성적인 현상으로 인지하고 방치 후 임계치를 초과하면 거시적으로 전환되어 재앙이 된다.

(2) 명시적 재난

명시적 재난은 국가가 국민의 생명과 재산을 보호하는 관점에서 접근한다. 예를 들면, 전쟁, 태풍, 홍수, 대형 건물의 붕괴 및 대형 화재 등이다. 재난, 전쟁의 특징은 시작점에서부터 임계치를 초과한 상태에 있다. 위의 상태는 국가적 차원에서 대응하여 국민의 재산과 생명을 보호하는 것이다. 〈그림 1-4〉와 같이 요약할 수 있다.

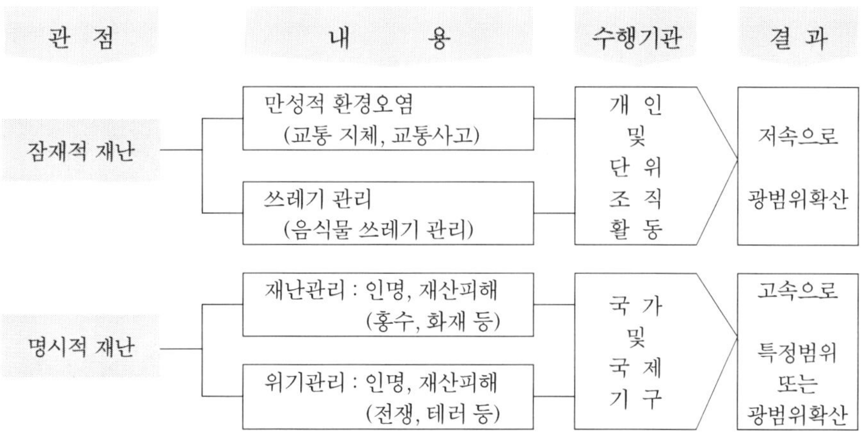

〈그림 1-4〉 환경파괴에 대응하는 태도에 따른 분류

3) 환경파괴 구분

(1) 개요

환경파괴가 발생하는 원인은 4가지로 구분하였다. 먼저, 인적재난으로부터 발생하는 위기관리이다. 예는 전쟁 또는 테러이다. 둘째, 사람이 일상의 편리함을 얻는 대가로 발생하는 쓰레기 또는 폐기물이다. 셋째, 자연환경의 파괴는 재난발생의 원인이다. 끝으로, 인명피해가 발생하지 않는 화재, 폭우, 폭설, 화산폭발 및 지진을 관리하는 상황관리이다. 상황관리란 파괴된 자연이 사람 또는 재산상 손실이 더 이상 발생하지 않도록 현재 상태에서 유지하거나 위험한 상태를 축소하는 것을 말한다.

예를 들면, 폭우에 농지가 휩쓸려 인명과 재산에 손실이 발생하였다면, 명시적 재난으로 거시적 관점인 재난관리 또는 위기관리 차원에서 접근하여야 한다. 그러나 만약 폭우로 산사태가 발생하였으나 인명피해가 없다면 상황관리로 접근하여 대책을 수립하는 것이 바람직하다. 인명과 재산 손실은 상황의 속도와 범위에 따라 개인 및 조직단위 차원에서 접근할 것인가 아니면 공적 기관 차원에서 접근할 것인가의 방법을 결정하여야 한다.

(2) 구분 기준 : 범위, 속도

범위와 속도를 기준으로 삼는 이유는 환경오염이 아무리 광범위하고 깊게 진행된다고 하더라도 파괴되는 속도가 느리다면 환경 자체의 복원력으로 어느 정도 안정된 상태를 유지할 수 있기 때문이다. 사람이 안정된 상태를 관리할 수 있는 능력의 범위 내에 있다면 문제가 되지 않는다. 예를 들어, 흡연이 인체에 나쁜 영향을 끼치지만 한 두 번 흡연으로 치명적인 결과를 초래하지 않는다. 그러나 마약은 어떠한가. 마약의 효과는 개개인의 삶을 빠르게 파괴하고 사회를 혼란으로 빠져들게 하므로 정부가 이를 적극적으로 통제한다. 통제 가능한 범위에서 상황을 관리하는 것이 환경보전 및 관리이다.

환경이 파괴되는 범위가 아무리 좁더라도 파괴속도가 빠르면 사람을 포함한 환경은 자체 복원력으로 복구하는 것이 불가능함으로 재난 또는 위기가 된다. 빠른 속도로 파괴되는 현상을 예측하는 것은 불가능하고 설사 예측한다고 하더라도 사람이 생각하는 것 이상의 속도와 범위에서 문제가 발생하므로 재난과 위기로 인식하여야 한다.

예를 들어, 2019년 여름의 끝자락에서 발생한 아프리카돼지열병(ASF; African Swine Fever)은 바이러스성 출혈성 돼지 전염병으로 경기도 파주에서 처음 발생하였다. 이후 이해관계자인 농가, 정부와 방역관계자를 긴장시킨 아프리카돼지열병은 9건 중 5곳이 강화도에서 발생하였다. 속도는 사람이 예상할 수 없을 정도로 빨라 발생 시기와 장소를 예측하기 어렵게 하였다. 재난의 속도는 개개인의 삶과 사회 및 정부에게 심각한 영향을 끼치는 하나의 기준이 된다. 또 다른 하나의 예는 2019년 12월에 발생한 COVID-19(Colona Virus Disease-19)이다. 백신과 치료제가 없는 상태에서 COVID-19의 감염속도가 치료속도를 초과하였다. 임계치를 초과하여 전파되는 COVID-19는 결국 사회시스템을 붕괴하고 사람의 일상을 파괴하기에 이르렀다.

2019년에 발생한 두 종류의 바이러스는 사람이 통제 가능한 속도와 범위를 초과한 것이다. 통제가 가능하다는 것은 임계속도와 임계범위 내에 존재하는 것이다. 임계속도와 임계범위를 초과하면 통제 불가능한 현상이 발생하게 된다. 통제 불가능한 현상으로 전개되는 결과가 재난이며 위기이다. 따라서 사람이 위기, 재난 및 환경오염을 관리하기 위해 대처하는 방법은 사전적 방법과 사후적 방법이 있다. 먼저, 사전적 방법은 예방이다. 예방이란 임계시간이나 임계범위를 초과하지 않도록 사전에 환경을 보전하는 것이다. 구체적으로 홍수 예방은 식목활동으로, 질병은 진단장비와 백신(vaccine)을 개발하는 것이다.

사후적인 방법은 두 가지이다. 첫째, 사람이 해결하는 방법으로 치료제를 개발하는 것이다. 둘째, 발생 범위는 축소하고 전파속도는 감소시킨다. 특정 지역에서 발생한 감염병은 지역 간 이동을 통제하여 발생 범위를 축소하고 급격한 속도에서 완화된 속도로 전환하는 것이다. 치료제가 없는 상황에서 감염 범위와 속도를 감소시키기 위해 채택하는 방법이 사람 간 격리, 기관의 폐쇄, 사람의 활동 제한 및 사람 간 일정한 거리를 유지하는 것이다.[36] 거리를 유지한다는 것은 확산범위와 속도를 감소시킨다는 것이다. 거리를 유지하는 방법은 물리적 거리(physical distancing)와 사회적 거리(social distancing)가 있다. 물리적 거리는 미터(m)나 센치미터(cm)로 측정이 가능하여 바이러스가 전이되는 것을 차단하는 것으로 사람과 사람 사이의 실질적 거리를 의미한다. 사회적 거리는 사회적 기관의 폐쇄와 같은 조치이다.[22] 감염자를 사회에서 격리하는 방법은 피격리자의 정신적인 측면에서 바람직하지 않다는 의견이 있다. 그리고 사회적 기관의 폐쇄 일종인 영업시간 단축은 자영업자의 삶을 어렵게 만드는 결과를 빚었다.

재난과 위기는 차이가 있다. 재난은 1차로 파괴된 자연현상이 2차로 사람의 생명에 영향을 끼치는 것이다. 그 예는 2011년 일본의 동경 쓰나미이다. 위기는 1차로 사람이 만든 문제가 2차로 자연에 영향을 끼치는 것이다. 예로는 원자력발전에서 발생한 방사능 누출사고이다. 끝으로 사람의 고의와 과실로 발생한 사고와 사건이 환경에 영향을 미치는 경우이다. 예로는 전쟁 및 화재만이 아니라 주변의 사소한 환경관리에 소홀하여 치명적인 결과를 가져올 수 있으므로 지속적인 관심이 필요하다.

제천시(2019)에서 발행한 백서가 제시한 "제천 하소동 복합건물(노블휘트니스파) 화재사고"(이하 제천화재사고)에서 주변의 사소한 환경관리가 얼마나 중요한지를 보고자 한다. 제천화재사고의 발화지점은 9층 건물 중 1층이며 화재는 배관에 열선을 설치하는 작업 과정에서 천장 구조물에 옮겨붙은 불씨가 주차 중인 차량에 떨어져 발생한 것이 제천화재사고의 1차 원인이다. 사고 원인으로부터 발생한 인적피해는 사망 29명, 부상자 40명이며, 물적피해는 소방서 추산 20억 3,500만원이다. 제천화재사고가 참사로 확산할 수박에 없었던 2차 원인을 이해관계자 중심으로 살펴볼 수 있다. 이해관계자는 정부 및 소방기관, 시민, 건물관계자 및 공사관계자로 한정한다.

먼저, 정부이다. 정부는 화재 예방에 대한 다양한 행정적 조치사항을 제시하고 관련 기관을 관리할 책임이 있다. 그중의 하나인 소방청은 소방 관련 시설, 장비 및 물자를 점검하여야 하고 평시 화재 진압 훈련을 위한 주무 기관으로서 의료지원반, 행정지원반, 긴급구조기관 등과 협력하여 훈련하며 시민에게 화재 예방을 위한 다양한 조치를 시행하여야 한다. 다양한 조치는 모든 조직과 개인에게 소방안전 교육훈련과 시설을 점검할 의무를 포함하고 있다.

둘째, 시민이다. 소수의 선량한 시민이 무의식적으로 소방구역에 주정차한 결과가 화재를 확산하는데 하나의 원인이 되었다면 선량한 시민이라고 말하기에는 어려울 수박에 없다. 안전불감증에서 유발된 소방구역의 불법 주정차가 타인의 생명을 구하는데 절체의 시간을 지체하게 하였다는 사실이 시민의식의 제고와 준법 행동의 필요성을 강조하게 한다. 물론, 이삿짐 고가사다리차 운영자의 인간애가 빛나는 순간이기도 하였다.

셋째, 건물관계자이다. 해당 건물이 다중이용시설로써 소방설비가 작동되어야 했음에도 불구하고 다중스프링클러(sprinkler)와 같은 소방설비의 미작동과 비상구 문이 잠겨 있고 통로에 물건이 적체되어 있어 피난이 현실적으로 불가능하였다는 사실이 안타까움으로 남아있다.

끝으로, 공사관계자이다. 발화 직후 관리직원 2명이 소화기와 이산화탄소 소화설비로 자체진화를 시도하였다는 조사결과에도 여전히 아쉬움이 남는 것은 용접하는 과정에서 발생하는 화재는 반복성이 있다는 사실을 체득했어야 했다.

다양한 이해관계자 중 단 하나의 이해집단이라도 책임을 다하였다면 화재가 발생하지 않았을 것이고 만약 발생하였다고 하더라도 참사로 비화되지 않았을 것이다. 먼저, 건물관계자가 건축자재로 불연자재를 사용하였다면 불씨가 옮겨붙는 시간을 지연시켰을 것이고 건물관계자가 평시에 비상구를 개방하고 소방설비 작동 여부를 확인하였더라면 인명피해를 최소화할 수 있었을 것이다. 시민은 규정에서 정한 구역에 주차하였더라면 소방차가 신속하게 화재 진압을 위한 활동을 전개할 수 있었을 것이다. 끝으로 정부 관계자인 지방자치단체에서 충분한 소방도로를 확보하고 소방설비 및 비상구 등을 점검하였을 뿐 아니라 소방공무원이 소방 장비와 물자를 점검한 결과를 조치하여 비상시에 장비 및 물자가 적시성 있게 작동하도록 하였다면 사고를 최소화하였을 것이다.

제친화재사고처럼 지금까지 발생하였던 많은 대형 화재, 대형 재닌, 대형 사고 등은 사소하게 여겼던 주변을 소홀하게 다루어 발생하였다. 그리고 많은 경우에는 사소한 부주의가 사회 전체적인 방재시스템을 무너트리는 원인이 되었다.

상기 제천지역 참사는 어떠했는지 그리고 지금까지 발생하였던 많은 대형 화재, 대형 재난 사고를 돌이켜보자. 많은 경우에는 사회 전체적인 방재시스템이 제대로 작동되었다고 할 수 없다. 재난, 위기 또는 단순하게 발생하는 사고라도 어느 하나의 잘못으로 발생한 사고가 아닐 수 있다. 모든 것이 총체적으로 이루어져 그 시각, 그 장소, 그 분야(화재, 지진, 등)의 재난이 발생한 것이다. 시스템 구성인자별 담당자가 평시에 자기 분야를 잘 관리하면 대다수 재난을 포함한 위기는 예방할 수 있을 것이다.

재난, 위기 및 환경오염은 시스템 자체의 문제가 아니라 시스템을 운영하는 사람의 철학적인 문제이며 구체적으로는 의지의 문제이고 더 세부적으로는 행동의 문제이다. 누가, 누구를 비판하기보다는 각자가 자신의 위치에서 자기 일을 성실하게 하는 것이 필요하다. 사고의 많은 부분은 미 인지, 규정의 부재, 시스템의 미흡이라기보다는 알고는 있으나 실천하려는 의지가 부족해서 발생한다. 이제는 행동이 필요하다. 그래야 예방할 수 있고, 반복적인 사고가 발생하지 않는다. 국가 안위를 위한 전쟁 준비도 동일한 관점이다. 특히 군수관리자의 관점에서 물적자원관리는 행동을 바탕으로 튼실한 점검에 있다. 계속해서 위기, 재난 및 환경오염의 확산 여부는 시간과 범위를 임계치라는 기준에 따라 〈그림 1-5〉와 같이 환경관리모형을 제시할 수 있다.

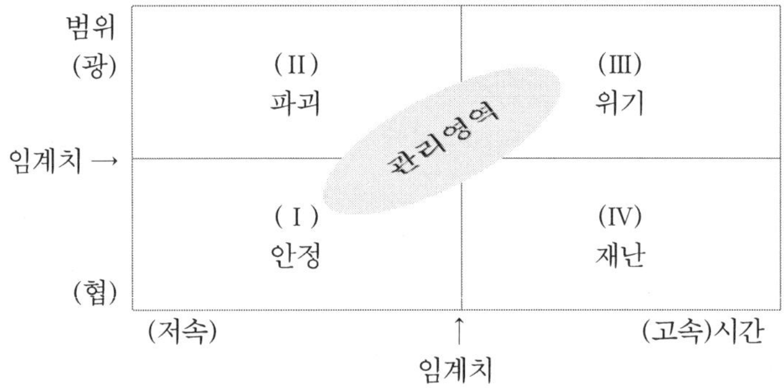

〈그림 1-5〉 환경관리모형

환경관리모형은 안정, 파괴, 위기 및 재난으로 4가지 범주이다. 먼저 (I)은 안정단계이다. 시간과 범위가 임계치 내에 있는 안정단계는 원점에서 가장 가까워 파괴 정도가 가장 약한 단계를 의미한다. 안정단계는 파괴가 발생하는 시간이 거의 정지 "0(영)"에 근접한 상태이므로 환경오염도 거의 발생하지 않는다. 이러한 상태는 사실상 현실에서는 존재하지 않는 이상적 사회로 원시 상태의 환경을 의미한다. 환경문제가 발생하지 않으므로 해결책이 요구되지 않아 예방책과 대비책도 없음으로 현상관리에 중점을 둔다.

(II)는 환경파괴단계이다. 이 단계는 오랜 시간에 걸쳐 환경오염이 발생하지만 그 범위가 넓어 거시적 관점에서 대책을 수립하여야 한다. 특정 지역에 사는 사람이라면 누구나 관련이 있으므로 지자체나 국가에서 시행하는 제도에 적극적으로 동참하

여야 한다. 해결하기 위해서는 계몽 활동, 규정 개정 및 교육을 통해 새로운 지식을 전달하고 새롭게 알게 된 것을 실천하는 것이 가장 좋은 방법이다. 구체적으로 대기, 수질 및 토양오염과 같은 현상이다.

(III)은 위기단계이다. 위기단계는 환경이 파괴되는 시간도 급격할 뿐 아니라 범위도 넓어 범정부적 차원에서 대처하여야 하는 단계이다. 위기단계를 해결하는 방법은 범정부적 차원에서 주무 부처를 중심으로 한 전문가 집단과 통합된 단일 위원회를 구성하여 상황에 맞는 신속한 의사결정과 행동이 필요하다. 조직은 직선조직으로 명령일원화원칙에 의해 책임, 권한 및 의무가 명확하여야 한다. 범정부적 차원에서 다루어야 할 사항이므로 국가의 이익과 개인의 이익을 보장하는 최상의 접점을 찾는 의사결정은 위정자의 책무이다. 이에 상응하는 상황은 6.25 사변과 COVID-19 등이다.

(IV)는 재난단계이다. 환경파괴는 촌각을 다툴 정도로 급속하나 파괴의 범위가 협소하며 수명의 인명피해가 발생할 수 있는 단계이다. 특정 지역의 특정 분야에서 발생한 재난은 원인에 따라 전문가의 조언을 바탕으로 문제를 해결하는 것이 필요하다. 예를 들면, 1991년 낙동강 페놀 누출과 2012년에 발생한 대구지역의 불산 누출이다.

관리자는 언제 발생할지 모르는 전쟁, 위기 및 재난 등 환경오염에 대해 신속, 정확하게 대처할 수 있도록 평시에 대응 훈련을 주도해야 한다. 계속해서 관리자는 인적 및 물적 구조를 위해 훈련된 인력을 대기시키고, 언제나 가동 및 사용 가능한 상태로 장비와 물자를 유지하며 장비 수리부속에 대한 현재고와 장부상 재고가 일치 여부를 확인하여야 한다. 이를 감독하는 행위는 국가의 책무이며 의무로 단위 조직의 장은 매일 관리 상태를 확인하여야 하고 담당자는 행동으로 보여 주어야 한다.

재난단계에서 지방자치단체 또는 국가가 관리하는 통합조직을 유지하여야 한다. 통합조직은 전문조직으로 사태의 경중 완급에 따라 가능한 전문조직이 담당한다. 전문조직은 관련 사안에 대한 모든 권한을 부여받아 행동으로 책임과 의무를 다하여야 한다. 상황을 알리는 홍보부서나 대변인은 1인으로 하여 대국민 의사소통에서 혼란을 예방하여야 한다.

모든 환경파괴 접근방법에 대한 해결책은 원점을 지향하는 방법을 선택하는 것이다. 즉, 발생하는 시간을 늦추어 "0"으로 만들거나 발생 범위를 좁혀 "0"으로 한다면 환경파괴는 없을 것이다. 그러나 현실적으로 환경파괴가 전혀 발생하지 않도록 할 수 없으므로 파괴 규모를 줄이기 위해서는 인간이 욕심을 줄이고 소요의 원천인 결핍, 부족, 요구, 욕구, 문제, 조건 및 격차 등을 최소한으로 충족하는 현명함이 요구된다. 관리자는 다양한 교육과 실천을 통해 환경파괴의 대비능력을 키우는 역량이 있는 조직으로 가꾸어야 한다.

모든 성인의 가르침은 사람의 본성을 회복하고 욕심을 억제하는 것에 있다. 환경의 주체는 "우리"가 아닌 "나"이므로 내가 환경에 악영향을 최소화하도록 인성을 바로 세우는 행동이 최선이다. 교육의 목표는 나를 포함하여 다른 사람, 사물, 환경에 악영향을 미치지 않고 선량한 마음으로 행동하여야 하는 선한 마음을 계발하는 것이다. 결국, 환경을 보호하는 길은 제대로 된 학습과 배움을 실천하는 것에 있다.

제Ⅱ절 중요성과 필요성

1. 중요성

환경관리의 중요성을 보여 주는 여러 가지 사례가 있다. 먼저 1950년대에 일본에서 발생했던 수은중독으로 신경학적 변화가 발생하는 미나마타(ミナマタ)병, 카드뮴 중독으로 근골격계에서 문제가 발생했던 이따이이따이(イタイイタイ)병, 영국에서 호흡기 문제로 많은 사람을 사망하게 했던 스모그 현상 등이 환경보전 및 관리의 중요성을 여실히 보여 주는 사례이다. 한국의 경우는 1991년부터 2008년까지 세 차례에 걸친 낙동강 페놀(phenol) 오염사고로 수돗물이 오염되어 한 동안 수돗물 사용을 할 수 없었다. 또한, 2010년대 이후 급증하고 있는 중국의 미세먼지와 더불어 내몽고에서 발원한 황사는 한국 사람들의 건강에 악영향을 끼치고 있다.

위의 사고는 재산의 상실뿐만 아니라 소중한 생명을 앗아간다는 점에서 심각한 문제를 야기하고 있다. 위기, 재난, 쓰레기 및 환경오염은 어디에 관리의 중점을 두느냐에 따라 차이가 있으나 결국 환경파괴를 가져와 사람에게 나쁜 영향을 끼친다는 공통점이 있다. 위기관리, 재난관리, 쓰레기 관리는 환경파괴의 관점에서 하나 된 시각으로 관리하여야 한다. 위기관리, 재난관리, 쓰레기 관리를 바탕으로 하는 환경관리의 최종 목표는 사람과 자연이 어울려 공존공영 하는데 있다. 이들의 관계를 〈그림 1-6〉으로 설명할 수 있다.

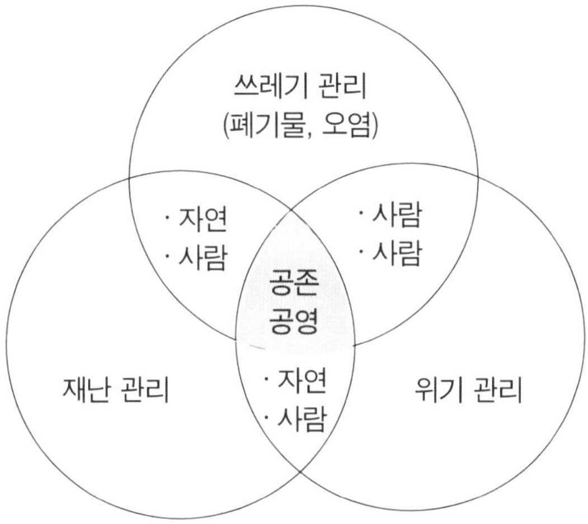

〈그림 1-6〉 환경관리 3위 일체적 관점

2. 필요성

사람이 삶을 살아가는데 필요한 몇 가지 요소가 있다. 그중에서 물, 식량, 공기 및 에너지 등은 자연으로부터 획득하는 자원이다. 산업혁명 이후 기술의 발전은 자원의 사용량이 증가하고 있다. 증가하는 주요 자원은 화석연료, 광물자원 및 생물자원(biomass) 등이다. 자원은 인간의 경제활동에 직접 영향을 끼친다. 1980년 자원의 사용량은 약 360조 톤이었으나 2007년에는 600조 톤까지 증가하였다.[35] 자원으로부터 추출, 처리 및 소비로 사람들의 삶은 더욱 윤택해졌으나 그 대가는 대기오염, 수질오염 및 토양오염 등이 증가하여 생태계에 악영향을 끼치고 있다. 따라서 모든 경제주체들이 지속적인 경제 개발을 도모하고 있으므로 천연자원의 환경친화적인 사용방법을 고민하지 않을 수 없게 되었다.

과학기술이 발달한다는 것은 예측 가능한 사회로의 전환을 의미한다. 역설적으로 미처 예상치 못한 새로운 문제가 발생하기도 한다. 불편을 해결하기 위해 발명했던 도구, 방법 및 제도가 다른 문제를 발생시키기도 한다. 예를 들어 신속한 이동을 위해 자동차를 발명하여 사용하고 있다. 그러나 자동차로 환경오염 및 교통사고 등이 발생하므로 이를 방지하기 위해 사람은 법, 규정 및 제도를 신설하였다. 그중의 하나는 신호등을 발명하였다. 신호등은 도로의 질서를 유지하기 위해 만들었으나 사람의 행동을 일정 부분 강제한다. 결국, 함께 살아가는 세상에서 모두의 안전을 위해 사람의 행동을 강제로 구속한 것이다.

미래사회는 지금보다 더 발전된 문명사회가 될 것이고 사회를 유지 발전시키기 위해 더 많은 물적자원을 필요로 하게 될 것이다. 따라서 변화는 불가피한 것이지만 지속 가능한 발전을 위해 자원을 효율적으로 사용하고 사람의 욕심을 충족하기보다는 불필요한 소비를 없애려는 노력은 계속되어야 한다.

제Ⅲ절 인식의 관점

1. 개요

환경은 사람에게 영향을 미치는 모든 것으로 규정하였다. 따라서 환경이란 나 자신을 제외한 모든 사람 및 사물이다. 나 자신도 타인의 관점에서 보면 환경의 일부가 된다. 환경의 범주를 이렇게 설정하면, 자신에게 영향을 주고받는 환경이란 자신을 포함한 가족 구성원, 친인척, 학교, 슈퍼마켓, 교통법규, 교회나 사찰 등으로 그 수를 헤아릴 수 없다. 즉, 나를 제외한 환경은 존재할 수 없으므로 나와 우리를 포함한 사람이 살아가는 그 자체가 환경이다. 우리에게 영향을 미치는 정치, 경제, 안보, 사회, 문화 및 종교 역시 환경이다.

환경은 자연환경과 인공환경으로 분류할 수 있다. 자연환경은 바람, 비, 물, 공기 및 땅과 같은 사람의 통제 밖에 있다. 바람, 비, 물, 공기 및 땅은 평상시에는 사람의 삶을 풍요롭게 해주지만 급격한 변동의 발생은 폭풍, 폭우, 홍수, 태풍 및 지진이 되어 사람의 생명을 빼앗아가기도 한다. 우리는 이를 천재지변 또는 자연재해라고 한다.

인공환경은 사람이 통제 영역 내에 있는 것으로써 사람이 만든 구조물 등이다. 인공환경은 구조물 또는 건축물(건물, 다리, 병원, 기계 등), 수송수단(자동차, 철도 등) 및 예술품(그림, 조각 등) 등 다양하다. 인공환경 또한 사람의 생활을 편리하게 해주지만 급격한 변동이 생기면 사람의 생명을 빼앗아가기도 한다. 교통사고, 다리 붕괴, 가스 폭발 및 건물 화재 등이 그 예이다.

자연환경과 인공환경의 급격한 변동은 환경의 변화를 의미하고 변화에 적절하게 대응하지 못하면 그 결과는 치명에 이른다. 급격함이란 사람이 미처 대비할 만한 충분한 시간이 주어지지 않는 시간의 간격 및 공간적 범위를 말한다. 따라서 환경은 사람이 다스리거나 지배하는 것이 아니라 관리해야 할 대상이므로 환경관리라는 표현을 사용하는 것이 적절하며 사람에게는 자연환경을 보전해야 할 책임이 있으므로 환경보전이라고 해도 무리는 없다.

인공환경과 자연환경에서 발생하는 다양하고 복잡한 문제를 해결하여 사람의 삶을 풍요롭게 하는 것이 학문하는 사람이 해야 할 일이다. 이러한 관점에서 볼 때 군수학에서 말하는 환경군수관리란 인공환경과 자연환경에서 발생하는 문제를 해결하기 위해 물적자원을 사용하는 것이다. 물적자원을 지원하는 범주는 기능적 관점에서 물적자원의 소요로부터 폐처리를 거쳐 회계적 접근까지이다. 환경군수관리는 물적자원을 계획, 실행 및 통제하는 군수학적 사고를 바탕으로 형성된 군수학의 한 연구분야이다.

인류는 사람에게 영향을 미치는 문제를 해결하기 위해 다양한 학문을 생성, 분화, 발전 및 소멸시켜 왔다. 사람의 삶을 다루는 정치학, 생존 문제를 다루는 경제학, 사람 간의 문제를 풀려는 심리학, 사람의 영혼 구원의 문제를 해결하는 종교학, 사람의 정서를 표현하는 음악, 미술, 무용을 바탕으로 한 예술, 질병의 고통에서 벗어나게 하는 의학, 자연현상을 연구하는 물리학, 천문학 및 지질학 등 그 수를 헤아리기조차 어렵다. 사회가 발전하고 인간의 호기심이 발동하는 한 새로운 학문은 계속 등장할 것이며 학문은 모두 현실에 기반을 두고 문제를 해결하기 위한 대안을 제시한다. 학문의 공통적인 특징은 더 나은 사람의 삶을 위하여 노력하는데 있다. 모든 학문은 사람을 위한 것이며 융합과 분화를 거쳐 앞으로 출현할 학문도 같은 목표를 추구하게 될 것이다.

환경에 대한 인식을 위기, 재난 및 환경파괴는 하나의 특정 원인이 아니라 다양한 요인에 의해 발생한다. 예를 들면, 1977년 이리역 폭발사고는 화약을 관리하는 화약 관리자의 복지문제와 결부된 문제였고(경영학 등) 1995년 삼풍백화점 붕괴사고는 절차를 무시한 확장공사를 추진한 인간의 욕심이 원인이었다(심리학, 건축학 등). 2001년 9 · 11 테러는 적대적 심리가 유발된 정치적 문제가 근원에 있다(정치학 등).

위와 같은 물적자원을 배경으로 삼는 사건 사고의 핵심은 사람의 도를 넘어선 욕심에 있다. 지나친 욕심을 충족하려는 과정에서 발생하는 환경의 문제를 해결하는 다양한 학문적 관점이 있을 수 있으나 여기서는 〈그림 1-7〉과 같이 구분하였다. 먼저, 물적자원을 수송하고 재고를 관리하는 물적유통관리학, 물적자원을 바탕으로 하는 복리후생학적 관점에서 경제학, 끝으로 물적자원을 관리하는 군수학의 관점이다.

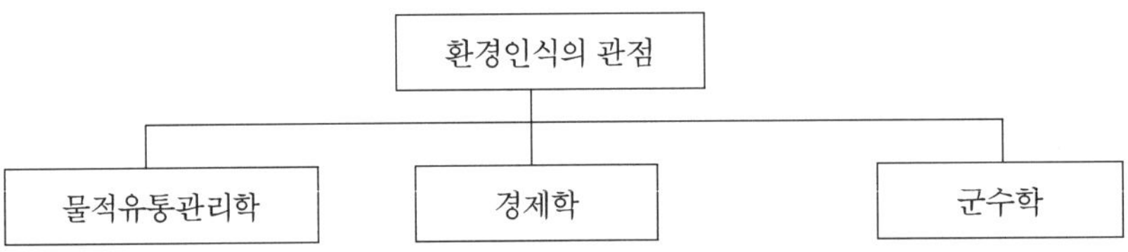

〈그림 1-7〉 환경 인식의 관점

2. 물적유통관리학 관점

물적유통관리의 약칭은 물류관리이며 물류관리 관점에서 환경관리와 관련된 용어는 역물류, 회수물류(Reverse Logistics, Backward Logistics, Reverse Distribution, Resource Reduction, Reverse Flow Logistics), 폐쇄공조체계관리(Closed-Loop Supply Chain Management) 등이 있다.[24,34] 물적유통관리(PDM; Physical Distribution Management)는 조달물류, 생산물류, 사내물류 판매물 및 회수물류로 구분하고 있으므로[6,29] 환경관리라는 용어보다 역물류, 회수물류 또는 환경물류라는 용어의 사용이 적절하다. 물류관리는 환경관리를 하나의 기능인 회수물류로 인식하고 있다. 회수물류의 구체적인 주요 구성개념은 재활용, 재사용, 폐기물 등이며 소음, 진동 및 지진 등의 개념은 포함되어 있지 않다. 회수물류는 조달물류에서 생산물류로 전환되는 과정동안 발생하는 부산물 및 폐기물의 재활용을 회수물류로 인식한다. 회수물류는 다양한 사회에서 모든 시스템과 연계된 활동으로 사용 후 발생한 물질을 선별하는 과정에서부터 폐기하는 절차로 회수, 재활용, 반품 등을 포함한다. 따라서 물적유통관리는 원자재에서부터 생산자를 거쳐 소비자에 이르는 과정에서 발생하는 폐기물을 연구대상으로 삼고 있으며 군수와 연계된 주요활동은 수송과 보급으로 국한한다. 수송과 보급의 구체적인 내용은 수송, 보관, 하역, 포장 및 저장동안 발생하는 폐기물에 대한 관리가 회수물류 또는 역물류이다.

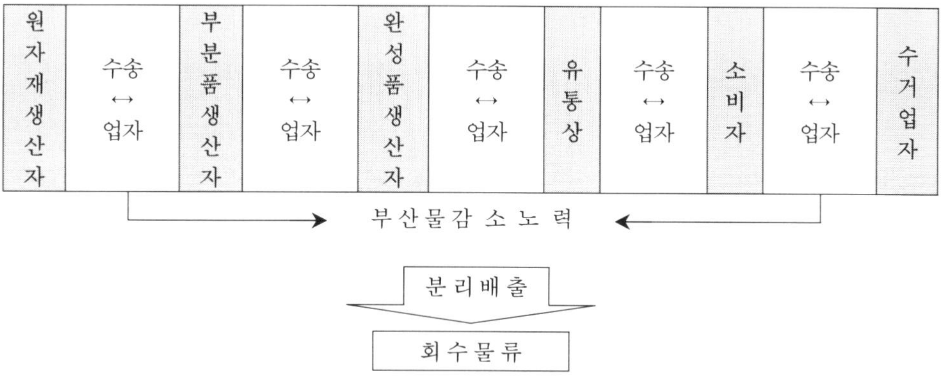

〈그림 1-8〉 물적유통관리학적 관점에서 환경관리의 영역

물적유통관리와 군수를 비교하면 연구대상과 영역이 다르다. 물적유통관리의 연구영역에서는 소요관리, 연구개빌관리 및 정비관리가 세외되어 있다. 물적유통관리에서 소요관리의 제외는 제품과 관련된 거시적 환경정책의 결여를 의미하고 연구개발과 정비관리의 부재는 재설계, 소음, 진동, 재제조, 수질 및 토양오염 방지책이 부재함을 의미한다. 따라서 물적유통관리는 군수학적 관점에서 제시하는 환경관리보다 연구범위와 연구대상이 좁다는 것을 알 수 있다.

3. 경제학 관점

국부론에서 스미스가 경제학은 부를 창출 하는 학문으로 규정하였다. 스미스가 의미하는 부는 부가가치를 창출하는 것이다. 그렇다면 환경경제학은 부가가치를 창출하는 과정에서 발생하는 폐기물이 환경경제학의 연구대상이 되어야 한다. 이정전(1986)이 환경경제학에 대한 비판적인 견해를 소개하고 환경경제학의 필요성을 강조하였다.[15] 첫 번째 견해는 부를 창출하여 삶의 질을 향상하는 것에 목적을 둔 경제학에서 환경을 언급하는 것은 온당하지 못하다는 견해이다. 두 번째는 이론경제학자가 제시하고 있는 시장기능의 실패에 따른 일종의 이상 현상으로 인식하는 견해이다. 그러나 폐기물의 거래가 시장기능의 실패라고 본다면 폐기물 시장이 정상적으로 작동할 수 있도록 노력하는 것이 학문을 직업으로서 삼는 학자로서 바람직한 태도이다. 특히, 환경경제학은 사람의 생활의 질과 관련된 문제를 언급하는 것이므로 후생경제학적 관점에서 환경문제를 언급할 만한 충분한 가치가 있다고 여긴다. 한국정책학회(1996)는 오존층 파괴와 온난화 문제에 대한 정부의 대응책을 검토하면서 환경정책에 대해 투자했던 비용은 이익의 관점으로 전환되고 있다고 소개하였다.[21] 특히, 기업의 경우 비록 상대적이기는 하지만 환경성과와 경제성과와는 양의 상관관계가 있다는 것을 입증하였다.[16] 양의 상관관계란 환경개선에 투자한 기업의 수익성이 향상되었음을 의미한다. 이를 바탕으로 미루어 볼 수 있는 것은 환경경제학의 중요성이다.

상기와 같은 많은 논의 과정을 거쳐 발전한 환경경제학은 세계적 관심 사항으로 조명을 받은 환경기반사회적책임경영(ESG; Environmental Social Goverance)과 지속가능한개발목표(SDGs; Sustainable Development Goals)로 귀결되었다. SDG는 지구촌 구성인이 당면한 다양한 문제를 개선하고자 하는 공동의 선을 추구하는 삶의 목표이다. SDGs에 포함된 내용은 빈곤, 식량, 생물다양성, 기후변화, 물, 천연자연관리 등 같은 환경 사항이 대부분이다. 이제 환경은 자연과 함께 인류가 행복을 추구하여야 할 가치로 인식을 전환을 넘어 실천이라고 강조하고 있다. 따라서 거시적 관점에서 아무리 좋은 계획일지라도 조직과 개인은 실천으로 응답하여야 한다.

상기와 관련된 사례를 소개한다. 1996년 2월까지 부산지역에 주둔한 0정비창에서 발생한 일이다. 0정비창은 1975년 건립되었으며 일반차량 정비를 담당하는 곳이었다. 당시 0정비창은 차량을 정비하는 과정에서 발생하는 폐유를 땅에 매립하였다. 폐유를 땅에 매립한 기간은 정확히 알 수 없으나 1996년 0정비창 지역의 토양오염 문제가 거론되었고 이 문제를 해결하는데 많은 비용이 들었다. 매립이 아닌 환경에 덜 악영향을 주는 타당한 방법으로 처리하였더라면 재처리를 위한 비용과 수고를 줄일 수 있었을 것이다. 환경을 생각하지 않고 쉬운 방법을 선택한 결과 군의 명예가 실추되었고 추가적인 비용지출로 예산이 낭비되었다. 여기서 재처리란 오염된 흙을 원상으로 회복시키려는 방법으로 흙을 폐유로부터 분리하는 작업을 말한다. 재처리의 용어와 방법은 토양오염에서 기술한다.

4. 군수학 관점

1) 개요

재난현장에서 군인의 모습을 보는 것은 익숙한 일이다. 익숙한 상황에서 군수학이 환경을 연구대상으로 삼아야 하는 의견에 대해 다음과 같은 의견을 제시한다. 첫째, 달라진 안보개념이 환경을 연구대상으로 인식하게 하였다. 군수학은 전쟁과 관련된 학문으로 과거 군에게 부여된 임무는 국가 안전보장이었다. 현재 전쟁의 위협이 상존하고 대형 재난이 자주 발생하는 상황에서 군의 투입이 증가하고 있다. 이런 상황은 기존의 안보개념이었던 국가안보(nation security)에서 포괄안보(comprehensive security), 인간안보(human security) 및 보건안보(biosecurity 또는 securitization of health)로 군의 역할이 변화되고 있음을 의미한다. 포괄안보의 개념은 전통적인 안보개념과 함께 기아, 질병, 인권, 복지, 공중보건 및 평화 등 인류의 보편적 가치를 포함하고 있다.[18,7,20] 따라서 포괄적 안보는 군사적 위협으로부터 국민의 생존권을 보호하는 것에 더하여 재난의 위협으로부터 국민의 생명과 재산을 보호하는 것이다. 예를 들면, 감염병, 테러 및 자연재난이 포괄안보의 대상이다. 포괄안보 개념의 적용은 한국군뿐 아니라 세계적 추세이다.

둘째, 군수관리자가 군수품을 취급할 때 환경을 고려해야 한다. 군수학원론에서는 군수품을 연구대상으로 하는 학문을 군수학이라고 하였다. 자연환경으로부터 물자의 원재료를 획득 및 제작하고 사용자가 사용하는데 환경과 관련된 요인이 있으므로 군수학에서 환경문제를 다루어야 한다. 예를 들면, 군은 격납고, 탄약고, 정비고, 보급창 및 사격장과 같은 시설을 유지하는 과정에서 불가피하게 다양한 환경 유해물질이 발생한다. 발생하는 환경 유해물질은 사람에게 악영향을 미치므로 유해요인을 제거 및 감소시키는 활동이 필요하다. 악영향을 미치는 요인을 제거 및 감소하는 활동의 담당자는 군수관리자이므로 군수학에서 환경관리를 언급하는 것은 당연하다.

셋째, 손병식(2001)은 군수 학문체계를 정립하면서 환경관리를 군수 기능 중의 하나로 설정하였다.[8] 군수학을 기능적으로 접근을 할 때 그 기능은 소요, 연구개발, 조달, 보급, 수송, 정비, 시설, 회계 및 환경이다. 환경의 시작은 필요성을 제기하는 소요단계이다. 구체적으로 소요는 요구되는 무기체계 성능을 판단하기 위한 연구개발 전 단계에서 환경을 고려해야 한다는 것이다. 이것이 환경소요이다. 환경소요판단이 종료된 후 소요판단에 따른 자재를 구매하고 일정계획에 따라 모형을 제작하고 실험을 한다. 이후에도 환경관리 지식은 연구개발 완료 후 양산을 위해 다양한 수리부속을 구매할 때, 장비를 정비할 때, 장비의 수명을 연장할 때, 정비시설에서 배출하는 오염물과 폐기물을 처리할 때에도 필요하다.

넷째, 환경관리 지식은 사용 목적을 달성한 군수품을 폐 · 처리할 때에도 필요하다. 경제적 가치가 있는 보급품은 반납하고 더 이상의 경제적 가치와 유용성이 없는 군수품은 최종적으로 매립 또는 소각한다. 매립, 소각과정에서 환경에 나쁜 영향을 주지 않는 방법으로 처리해야 한다.

끝으로, 환경은 군수의 모든 업무 단계에서 고려해야 한다. 모든 업무는 환경기능을 제외한 군수의 전 기능으로 소요, 획득, 조달, 보급(입고, 분류, 재포장 및 불출 등) 수송, 정비 및 회계이다. 〈그림 1-9〉는 환경관리를 중심으로 한 군수 각 기능의 스펙트럼을 제시하고 있다.

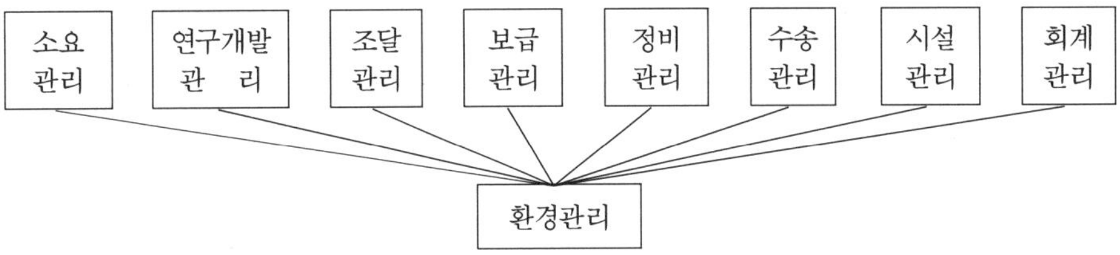

〈그림 1-9〉 군수학에서 환경관리의 스펙트럼

위 스펙트럼 중에 환경을 고려한 정비를 살펴보자. 환경 유해물질이 장비를 정비할 때 배출된다. 정비관리 활동은 크게 두 가지로 구분할 수 있다. 하나는 사용자에 의한 정상적인 마모로부터 발생하는 군수품의 불가동이고 다른 하나는 사용자와 관계없이 비정상적인 원인에 의해 발생하는 불가동 장비에 대한 정비이다. 정상적 불가동은 사용자가 군수품의 정비를 예측할 수 있다. 예측이 가능한 이유는 소요를 거쳐 연구개발 단계에서 수명주기를 판단함으로 정비시기를 예측할 수 있기 때문이다. 비정상적 불가동 장비는 사용자의 의도와는 관계없이 특정 시기에 외부적인 영향 또는 자체적인 요인에 의해 사용 불가능한 상태에 이른다.

사용 불가능 상태의 장비를 처리하는 방법은 두 가지이다. 하나는 군수품에 새로운 가치를 부여하는 활동으로 정비이다. 다른 하나는 가치를 상실한 군수품을 안전하게 폐·처리하는 것이다. 폐 · 처리 활동은 사용자로부터 역순하여 두 가지 경로가 있다. 먼저 보급품이 사용자에게 도달하였던 순서를 역순하여 보급계통을 거쳐 후송하고 후송된 보급품을 폐품수집소에서 집합하면 폐품수집소는 폐판정위원회에서 장비의 상태를 검사하여 폐품 여부를 판정한다. 폐판정위원회에서 사용 가능 장비로 판정하면 정비관리자가 장비 상태를 검사한 후 정비하여 사용자가 사용할 수 있는 장비로 만든다. 사용 가능 상태로 만드는 정비 과정에서도 발생하는 다양한 환경오염물질이 발생한다. 정비관리에 대한 사항은 군수학원론 제6장 정비관리를 참고하고 폐품은 본서의 제6장을 참고한다. 〈그림 1-10〉은 보급품을 폐 · 처리하는 절차이다.

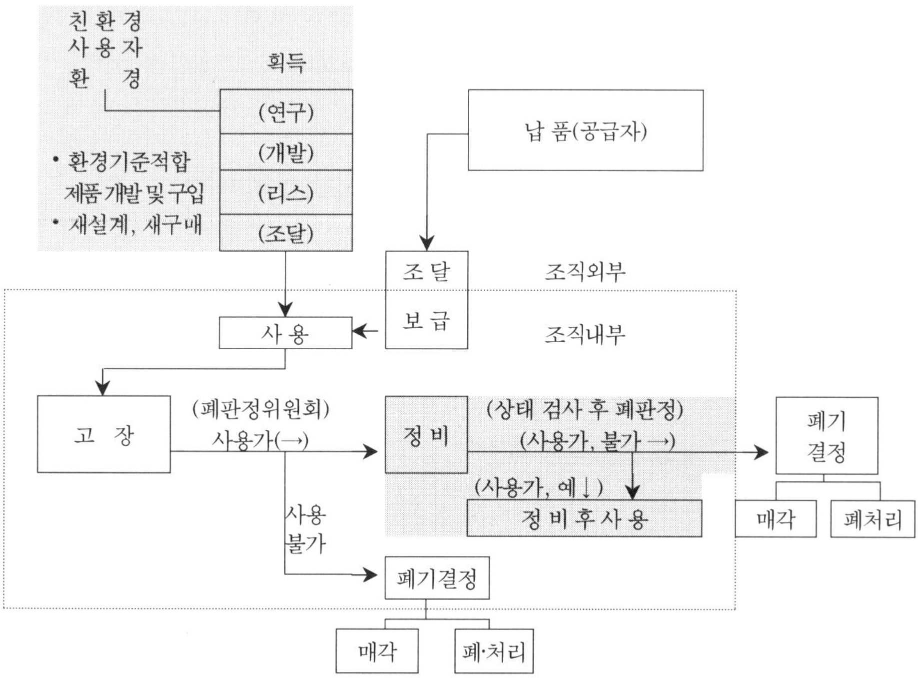

〈그림 1-10〉 보급품 폐·처리 과정

2) 군수학적 관점의 환경관리 체계

군수학 관점에서 환경관리체계를 제시하는 목적은 일종의 지식체계로 환경군수관리를 보다 쉽게 이해하고 환경친화적인 활동을 체득하는데 있다. 목적을 달성하기 위해 환경군수관리 체계는 통합된 정의로부터 시작한다. "환경파괴는 예견하지 못하여 회피할 수 없을 만큼의 짧은 시간과 제한된 지역에서 일정규모 이상의 급격한 환경파괴의 결과로 사람으로서 정상적인 생활을 하지 못하도록 하는 자연적 및 인위적 현상이다." 즉 평범한 일상의 파괴를 의미한다. 환경군수관리는 사람과 자연을 해치는 현상으로부터 물적자원을 이용하여 사람과 자연을 보호하기 위한 군수관리자의 노력이다. 세분하면 군수는 물적자원을 관리하고 군수관리자는 물적자원을 관리하는 사람이다. 군수학은 물적자원을 대상으로 하는 학문이며 환경군수관리는 물적자원을 사용함으로써 발생하는 환경오염 등 환경파괴에 대응하는 방법을 연구대상으로 하는 군수학의 한 분류이다.

환경파괴의 원인은 전쟁, 재난, 위기 및 환경오염 등이다. 그러므로 환경군수관리의 적용대상은 물적자원을 이용하여 사용자의 요구를 충족하는 모든 기관이다. 예를 들면, 군, 소방청, 병원, 철도공사 및 지하철 공사 등의 비영리기관 이외에도 다양하고 많은 영리기관이 있다. 이들 기관은 물적자원을 사용하여 재난을 예방, 대비, 대응 및 복구한다.

환경군수관리의 연구대상인 물적자원의 오염 및 파괴를 유발하는 원인은 다음과 같다.[31] 먼저, 환경이 파괴되는 원인은 인구의 증가, 도시 집중화, 경제 개발 및 전쟁 등이다. 인구의 증가는 생존에 필수적인 자원의 소비를 전제로 함으로 환경문제의 주요한 요인이다. 이뿐 아니라 인구의 증가는 도시를 형성하고 과학과 기술을 증진하여 경제를 개발하며 심지어 전쟁이 발생하기도 한다. 인구의 증가는 환경을 파괴하는 요인임과 동시에 환경을 보전하고 보호하는 주체이기도 하다.

도시 집중화의 결과는 쓰레기, 소음, 등의 다양한 현상이 발생한다. 심지어 도시지역의 아파트 단지에서는 대기의 흐름에 영향을 주어 풍속이 감소하고 풍향이 바뀌는 현상까지 발생한다. 그리고 대규모 아파트 단지가 건설된 후 오염물질의 평균농도가 높게 나타났다.[13] 김연희(2011) 등의 연구에서는 도시지역과 비도시지역은 평균적으로 일사량, 조도, 상대습도, 풍속 등은 감소하는 반면 기온은 높고, 오염물질은 많

으며 안개일수, 강수 및 구름의 양은 증가한다고 하였다.[2]

경제 개발이 이루어졌다는 것은 생활 수준이 향상되었다는 말이다. 생활 수준은 물질적인 풍요를 바탕으로 형성되는 이면에 환경오염과 생태계 파괴의 원인이 되는 것이 작금의 현실이다. 경제 개발의 원동력에는 발달한 과학기술이 기여한 것이 분명하다. 과거에 존재하지 않는 물질의 발명으로 사람의 생활을 편리하게 하였으나 환경을 고려하지 않은 발명으로 생태계의 파괴를 초래하는 것은 과학기술의 역기능임을 인식하여야 한다. 끝으로 군의 활동과 관련하여 환경을 파괴하는 원인은 국가 간 전쟁으로부터 훈련, 군수품 지원, 군수품 관리 및 재난구조 활동 등으로부터 발생하는 환경오염 및 생태계 파괴의 원인이다. 따라서 환경군수관리 체계의 기본요소는 자연재난, 인적재난, 사회재난으로 물적자원을 바탕으로 예방, 대비, 대응 및 복구에 중점을 둔다.

먼저, 자연재난과 사회재난이다. 일정한 범위를 벗어나 신속하게 퍼지는 환경오염의 결과는 환경파괴에 이른다. 환경오염을 지속적으로 방치하는 것은 속도에서 차이가 있을 뿐이다. 짧은 시간에 대규모 환경오염으로 환경을 파괴하는 재난도 있지만 낮은 농도의 환경오염으로 장시간에 걸쳐 발생하는 환경파괴에 따른 재난도 있다. 환경이 파괴되는 전자의 예는 태풍 매미(Maemi) 또는 루사(Rusa)와 같은 자연재해이다. 구체적으로 매미가 약 40 m/s 강풍으로 경남 삼천포에 2003년 9월 12일 20시경 상륙하여 동해로 빠져나가는데까지 불과 6시간이 걸렸다.[12] 짧은 시간 동안 비바람으로 발생한 130명의 인명피해와 4조 2천 억원에 이르는 재산 피해를 보았다. 그리고 후자는 화석원료를 사용함으로 가속화되는 지구온난화이다. 구체적인 예로 1990년 전주를 기준으로 4월 20일 전후로 벚꽃이 만개하였으나 2020년에는 4월 초순으로 빨라졌다. 사람의 무관심으로 진행되는 지구의 온난화가 미래의 어느 날 생태계의 변화로 응답한 것이다.

둘째, 재난의 분류 체계이다.[1,3,17,19] 먼저, 2013년 이전 재난 및 안전관리 기본법에서 분류는 자연재난, 인적재난 및 사회재난으로 구분하였으나 이후 개정된 법률 제 3조는 자연재난과 사회재난으로 구분하였다. 2012년 국방부는 자연재난, 인적재난 및 사회적 재난으로 분류하였다. 자연재난은 태풍, 홍수, 폭설 등 자연현상에 의한 재난이며 인적재난은 폭발, 화재, 붕괴, 침몰, 추락, 산불 및 전복사고로 제시하고 공적 기관 차원에서 대응이 필요한 재난이다. 끝으로 사회적 재난은 국가운영체계의 마비와 국민의 생활에 피해를 주는 재난으로 에너지, 통신, 의료 및 감염병에 의한 재난이라고 하였다.

본서에서는 다음과 같은 이유로 재난의 분류를 자연재난, 사회재난 및 인적재난 3가지로 구분하여 환경군수관리 체계를 정립한다. 첫째, 인적재난을 사회재난 영역에 포함하는 것은 현상과 괴리가 있다. 법규에 따르면 인적재난은 발생하지 않는가에 대한 의문이 있을 수 있다. 예를 들면, 앞서 제시한 많은 사건, 사고로 성수대교 붕괴사건, 삼풍백화점의 붕괴, 씨랜드화재 및 이리역 폭발사고 등 다양한 사고의 원인은 사람의 단기적인 요구를 충족하고자 하는 데서 기인 되었다. 이보다 더 작은 규모의 교통사고를 봐도 사람의 요구를 충족시키고자 발생한 사건들이 많이 있다. 원가를 절감하고자 설계대로 건축하지 않는 건물 또는 앞서가야겠다는 심리적 충동에 의한 과속 등으로 발생하는 사고는 모두 인재이다. 재난의 동력원을 제공하는 근원을 회피하고 문제를 해결하고자 한다면 문제의 근본 치료를 위한 대책이 잘 못 세워지므로 문제는 반복적으로 발생할 것이다. 문제를 문제로 인정하고 질서와 규정을 준수하는 것이 사람이 갖추어야 할 덕목 중의 하나로 여긴다면 인적재난을 재난의 분류에 포함하는 것이 옳다. 끝으로 인적재난은 사람의 정당하지 못한 목적을 달성하려는 동기로부터 발생한다. 구체적인 사례는 테러, 전쟁 및 오염물질의 유출 등이 있다.

셋째, 세상의 주관자는 종교적 관점을 떠나 사람이다. 모든 책임은 정점에 있는 사람이 져야 한다. 어느 종교가 지칭하는 것과 같이 내 탓으로 인정하고 현시점에서부터 개선을 시작하는 것이다. 지난날의 과오를 고치는 것이 사람이다. 자신이 책임을 인정하지 않는 것은 사람으로부터 발생하는 대부분의 재난에 대한 근본적인 원인을 외부에서 찾고 처방하려는 의도이다. 외부에서 문제를 찾는 행위는 언 발에 오줌을 누는 것과 같은 임시변통의 결과를 낳을 뿐이다.

넷째, 자연재난의 직접적인 발생원인은 상당수가 자연현상에 있다. 그에 대한 예는 비, 바람, 지진, 강풍 및 화산폭발 등이다. 끝으로 사회재난은 원인의 제공이 사람이지만 특정할 수 없는 다수자에 의해 동시에 발생하는 현상으로 에너지, 교통, 금융 및 감염병 등이 있다. 재난의 형태가 어떠하든 결과는 반드시 환경파괴로 귀결된다. 사람도 환경의 일부라고 본다면 환경파괴에는 사람의 본성 파괴가 포함되어 있다.

결론적으로 본서는 재난 및 안전관리기본법에서 언급하는 것과 달리 재난의 발생 유형을 자연재난, 인적재난 및 사회재난으로 구분한다. 전쟁, 위기, 재난 및 환경오염을 관리하는 방법으로 통합폐기물관리, 불용품관리 및 정부대책으로 설정하였다. 끝으로 재난으로 빚어지는 결과는 사람의 본성을 상실하게 하므로 사람의 본성을 상실케 하지 않기 위해서는 준비태세를 갖추어야 한다.

상기와 같은 관점에서 볼 때 본서에서는 사람이 환경을 보전하고 파괴하는 수단으로 물적자원을 사용한다는 현실에 바탕을 두고 있다. 물적자원을 연구대상으로 삼는 군수학은 환경군수관리를 5가지 관점에서 연구대상으로 삼을 수 있다. 첫째, 군수 각 기능 관리자가 군수 행위를 수행하는 과정에서 발생하는 환경파괴에 대한 문제를 다루고 있다.(제 2장 기능별 환경관리) 둘째, 3대 오염원과 4대 재난관리에 대비하는 과학적 및 절차적 방법론을 바탕으로 문제를 해결하는데 중점을 두었다.(제 3장 오염관리, 4장 재난관리) 셋째, 사람이 사용하는 물적자원으로부터 발생하는 오염물질에 대한 오염관리는 생산 이전 단계로 연구개발보다 앞선 소요단계에서 관리할 필요성이 있다.(제 5장 환경관리기법) 넷째, 복구의 대상은 근본적인 문제를 해결하는 국가적 차원에서 접근하기 보다 개인 및 가정에서부터 실천하여야 한다는 미시적 관점에서 출발하였다.(제 6장 복구관리) 끝으로 국가는 과거에 발생했던 동일한 호란, 왜란, 재난을 반복하지 않도록 물적자원을 준비하고 인적자원을 교육하고 훈련해야 한다.(제 7장 물적자원 준비태세)

군수환경 업무의 시작은 7장이 1장이 되어야 한다. 그럼에도 1장의 내용을 7장으로 배치한 것은 환경군수관리 내용을 숙지하는 것이 먼저이므로 7장으로 배치하였다. 따라서 실무에 적용하기 위해서는 환경군수관련 내용을 숙지하고 교육, 훈련하고 비상시에 필요한 다양한 물적자원을 조달, 치장, 비축 징발 및 동원하는 계획을 수립하여야 한다.

환경군수관리는 미시 접근과 거시 접근으로 구성한다. 미시 접근은 환경관리를 군수기능별 접근하는 2장에서부터 6장 복구관리까지이다. 거시 접근은 7장 국가적 차원에서 국가의 재난, 비상사태에 활용을 위한 물적자원을 관리하는데 필요한 교육, 훈련, 조달, 치장, 비축, 징발 및 동원 등이다. 지금까지의 내용을 요약하여 〈그림 1-11〉과 같이 환경군수관리체계를 제시한다.

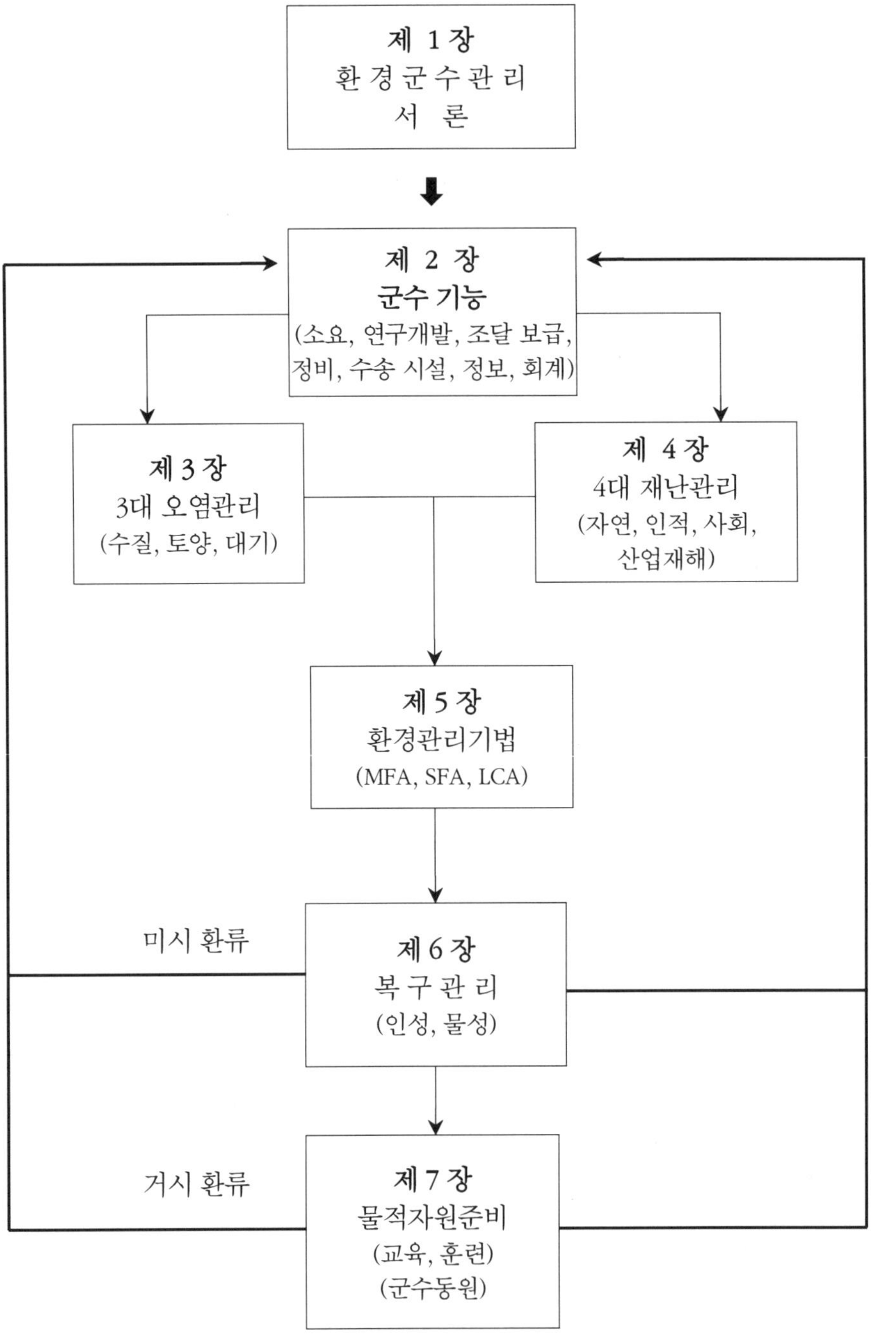

〈그림 1-12〉 환경군수관리체계

[참고문헌]

1. 국방부(2012), "국방 재난대응 백서", 국군인쇄창.
2. 김연희, 최다영, 장동언(2011), "수도권 지역의 도시 기상 특성", Atmosphere, Korean Meteorological Society 제21권, 3호, pp. 257-271.
3. 김태환(2010), "재난관리론", 백산출판사.
4. 김현수(2011), "폐가전제품 회수물류 단계별 RFID 정보체계 연구", 로지스틱스연구, 제19권, 3호, pp. 37-54.
5. 박무일(1993), "산업재해가 미치는 영향", 건설안전기술, pp. 78-84.
6. 박석하, 이성호, 김제승(2006), "환경물류평가모형과 추진방법", ㈜물류신문사
7. 배영자(2003), "국가안보 및 재난관리와 과학기술 : 9.11테러에 대한 미국 과학기술계의 대응과 국토안보(Homeland Security)에서 과학기술의 역할", 과학기술정책연구원, 정책자료 2003-05.
8. 손병식(2001), "로지스틱스 학문체계 정립에 관한 연구", 한국국방경영분석학회지, 제27권, 1호, pp. 39-57.
9. 손영수(2005), "의학분야에서의 국가위기관리에 대한 논의", 한국위기관리논집, 제1권 1호, pp. 64-84.
10. 안동만(2001)역-Raven, Peter. H., Linda R. Berg, George B. Johnson(1998), "환경학(Environment)", 2nd 보문당.
11. 오항묵, 이수부(2014), "군 기동장비 재제조를 통한 창정비 수행 실태 소개", Auto Journal, pp. 41-45.
12. 육명렬, 박성홍, 신도식, 박윤호(2003), "태풍'매미'의 이동에 따른 기상현상 분석", 대기 제13권, 3호, pp. 290-291.
13. 이영수, 김재진(2011), "도시지역에서 아파트 단지가 흐름과 확산에 미치는 영향", Atmosphere, Korean Meteorological Society 제21권, 1호, pp. 257-271.
14. 이재은(2005), "국가위기관리의 학문적 체계화 의의와 필요성", 한국위기관리논집, 제1권 1호. pp. 20-32.
15. 이정전(1986), "환경대학원 환경계획학과 기초과목의 교재개발에 관한 연구 : 환경경제학", 환경논총 제18권, pp. 19-33.
16. 이지헌, 김명종(2016), "동태적 에코 효율성과 에코 생산성의 경제적 가치", 상업교육연구, 제30권, 6호, pp. 259-291.
17. 정기성(2001), "한국의 재난관리체제에 관한 연구", 전북대학교 대학원 행정학과, 박사학위 논문,
18. 정원형(2009), "동원행정론", KIDA.
19. 정익재, 정창무(1996), "재난의 유형과 재난관리 : 신문사설 내용분석", 한국행정학보, 제30권, 1호, pp. 93-112.
20. 조성권(2015), "21세기 전염병과 보건안보 : 국가안보의 시각을 중심으로", 정책연구, 여름, pp. 83-115.
21. 한국정책학회, 환경자원정책분과위 편(1996), "환경·자원정책론", 박영사.

22. Aziz, Saba(2020), "Why 'physical distancing is netter than 'social distancing", news/ World health Organization.
23. Billings, Robert S. Thomas W. Milburn and Mary Lou Schaalman(1980), "A Model of Crisis perception : A Theoretical and Empirical Analysis", Vol. 25, No. 2, pp. 300-316.
24. Carter, Craig R., and Lisa M. Ellram(1998), "Reverse Logistics : A Review of The Literature and Framework for Future Investigation", Journal of Business Logistics Vol. 19, No. 1, pp. 85-102.
25. Ciottone, Gregory, Paul D. Biddinger, Robert G. Darling, Saleh Fares, Mark E. Keim, Michael Sean Molloy, Selim Suner(2016), "Ciottone's Disaster Medicine", 2th edition, Elsevier.
26. Clifford J, Villa(2013), "Law and Lawyers in the Incident Command System", Seattle University Law Review, Vol. 36, pp. 1855-1918.
27. Gupta, Anil K., Sreeja S. Nair, Florian Bemmerlein-Lux, and Sandhya Chatterji(2013), "Disaster Management and Rick Reduction - Role of Environment Knowlege- Narosa Publishing Huse.
28. Hermann, Charles F.(1963), "Some Consequences of Crisis which Limit the Viability of Organization", Administrative Science Quarterly, Vol. 8, No. 1, pp. 61-82.
29. Lambert Douglas K., and James R, Stock(1993), "Strategic Logistics Management 3rd ed, Homewood, Illinois, Irwin.
30. Loonker Sangeeta and Jain Samta, "Converting Waste into Energy : A Study on Practices of Solide Waste Management in Selected Cities of India" Advances in Management Vol. 6(1) Jan, 2013, pp. 13-20.
31. Margaret M. McMahon, "Disaster and Poverty", Disaster Management & Response, Oct-Dec, 2007, pp. 95-97.
32. Piyoosh Rautela, (2006), "Redefining disaster : need for managing accident as disasters", Disaster Prevention and Management, Bradford Vol. 15, Iss. 5, pp. 799-809.
33. Shinichi Sakai, Raju Poudel, Misuzu Asari and Takuya Kirikawa(2019), "Disaster waste management after the 2016 Kumamoto Earthquake : A mini-review of earthquake waste management and the Kumamoto experience", Waste Management & Research, Vol. 37, Issue. 3, pp. 247-260.
34. Tibben - Lembbke, Ronald S., and Dale S. Rogers(2002), "Difference between Forward and Reverse Logistics in a retail environment", Supply Chain Management : An International Journal Vol. 5, No. 7, pp. 271-282.
35. Viet-Ngu, Hong(2014), "Analysis of resource efficiency : A production Frontier Approach", Journal of Environment Management, 137, pp. 128-136.
36. World Health Organization(2009), "Pandemic influenza prevention and mitigation in low resource communities"

Chapter 02

군수기능별 환경관리

제 I 절 개요

제 II 절 전쟁준비 : 소요 및 획득

제 III 절 전쟁지원 : 운영

제 IV 절 전쟁평가 : 회계군수

학습목표

본 장을 학습한 후 다음과 같은 내용을 확인할 수 있다.

1. 군수기능별 환경관련 내용을 확인한다.
2. 소요 및 연구개발과정에서 사용자의 요구사항을 반영하고 폐기 및 처리 시 주의사항의 필요성을 이해한다.
3. 군수관리자가 보급, 정비 수송 및 시설관리과정에 물적자원의 관리내용을 적용할 수 있다.
4. 군수관리자가 환경군수관리 전반에 걸쳐 회계적 접근의 필요성을 이해할 수 있다.

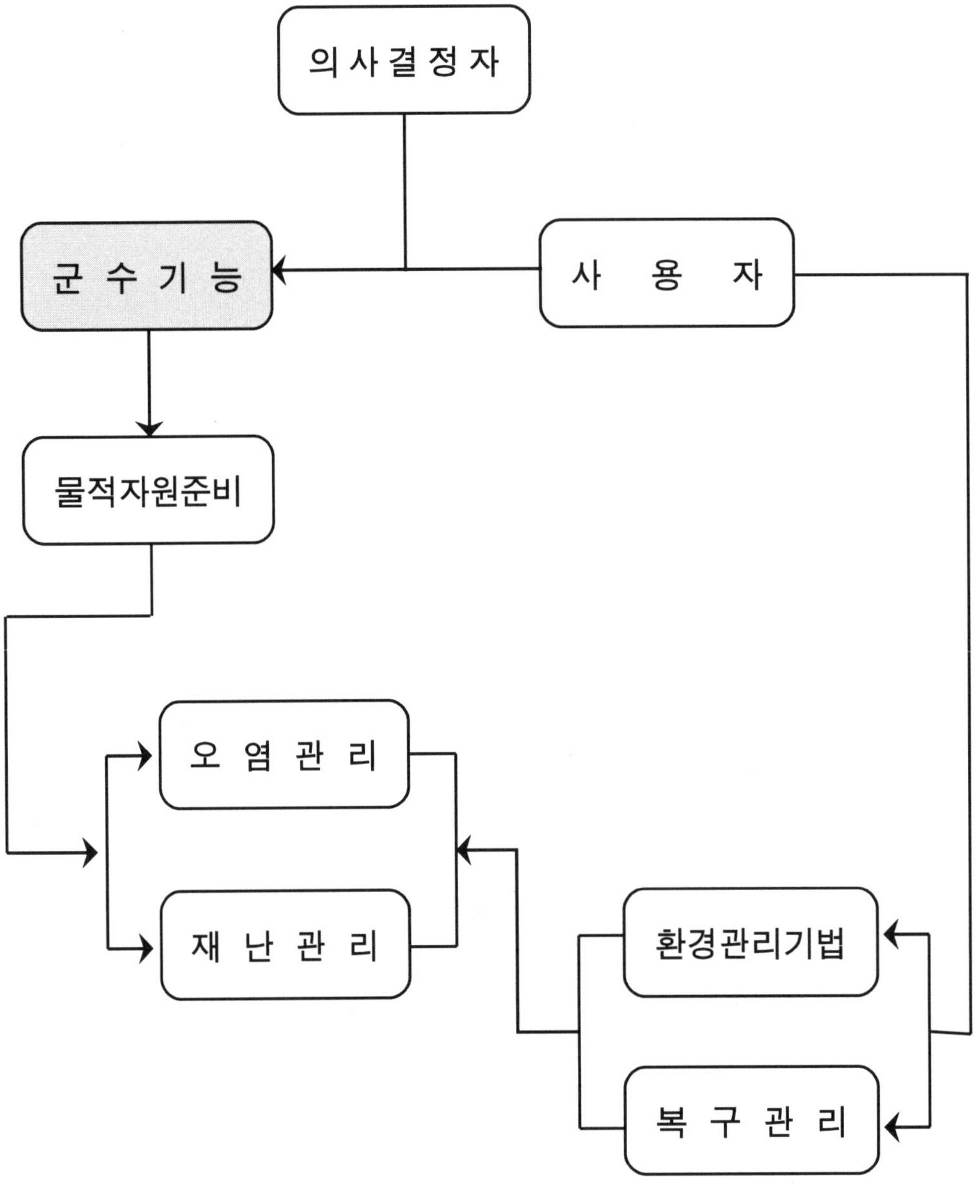
의사결정자
군수기능
사 용 자
물적자원준비
오염관리
재난관리
환경관리기법
복구관리

제 I 절 개 요

지구 온난화가 계속되는 상황에서 제조기업이 제품을 제조할 때 환경을 고려한다는 것은 기업의 이미지를 개선할 뿐 아니라 경영성과에도 긍정적 영향을 미친다는 여러 연구 결과들이 있다. 제조기업은 생산단계보다 앞선 연구개발, 그 이전인 소요단계에서 환경 문제를 해결하여 제품설계에 반영하는 전후방적사고관리가 필요하다. 전후방적사고관리(영어표현; MEEP: Management Encompassing Entire Procedure)는 요구사항을 반영하여 설계, 제조하여 제품을 출시하는 친환경적인 생산전략이다.

환경군수관리가 환경오염, 재난 및 전쟁을 지원하기 위해 물적자원을 관리하는 관점은 전쟁준비, 전쟁지원 및 처리 3가지이다. 전쟁준비는 소요판단, 연구개발, 조달관리 및 군수동원이다. 전쟁준비에서 군수가 수행하는 업무를 군 내부와 외부로 구분할 수 있다. 군 내부의 업무는 소요 판단 등이고 외부는 업체 주도 연구개발과 생산이다. 군 내부와 외부의 접점은 조달이며 구체적으로 계약서 작성이다. 전쟁지원은 군 내부에서 이루어지는 업무로 준비된 군수품을 사용자에게 적시, 적소 및 적량을 보급하는 것이다. 끝으로 전쟁 종료 후 군수는 전장 터를 정리하는 환경관리와 물적 피해량을 판단하는 회계군수를 포함한다. 위 내용을 〈그림 2-1〉로 제시하였다.

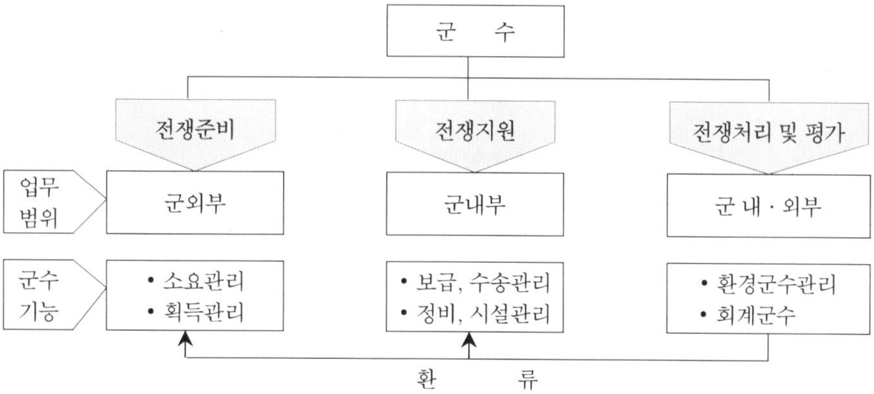

〈그림 2-1〉 환경관점에서 군수기능 구분

환경군수관리는 기능적으로 접근할 때 군수 9대 기능 중 하나이다. 9대 기능은 방법론인 소요관리와 요구를 충족하는 수단인 획득관리로 연구개발, 구매, 리스 및 조달 등이다. 운영은 보급, 정비, 수송 및 시설이며 끝으로 평가는 환경군수와 회계군수이다. 한국 육군에서 언급하는 환경은 군수 8대 기능 중 근무기능의 한 부분이다. 근무기능은 미 육군 교범에서 제시한 Service를 번역한 용어이다. 최근 미국 합참은 Service를 폐·처리 등으로 세분하여 환경기능으로 독립하였다. 군수기능과 관련된 사항은 손병식(2001; 2007; 2013)의 졸고와 졸저를 참고한다.

군수의 시작인 소요는 물적자원의 연구개발에서부터 폐 · 처리에 이르기까지 군수에서 발생하는 문제, 요구 조건 및 불만 등을 해결하는 방법론으로 군수품이 사용자에게 이르기 전에 검토한다. 따라서 소요는 환경군수 전체를 아우르는 광범위한 업무를 수행한다. 연구개발은 소요관리자가 설정한 문제해결 대안과 환경 기준을 충족하기 위한 자재, 품질, 취급 및 수송방법 등을 개발 및 설계하는 공학자와 관리자의 실행 영역이다. 운영은 사용자가 물적자원을 사용하고 효익을 얻는 과정에서 부산물이 발생한다. 따라서 운영단계에서 사용자는 환경보전을 위한 가장 밀접한 실천적 단계이다. 평가는 사용자가 사용한 군수품으로부터 발생하는 환경오염, 쓰레기 발생 정도를 측정하고 비용으로 환산하는 수단은 회계이다. 위 내용을 〈그림 2-2〉로 표시한다.

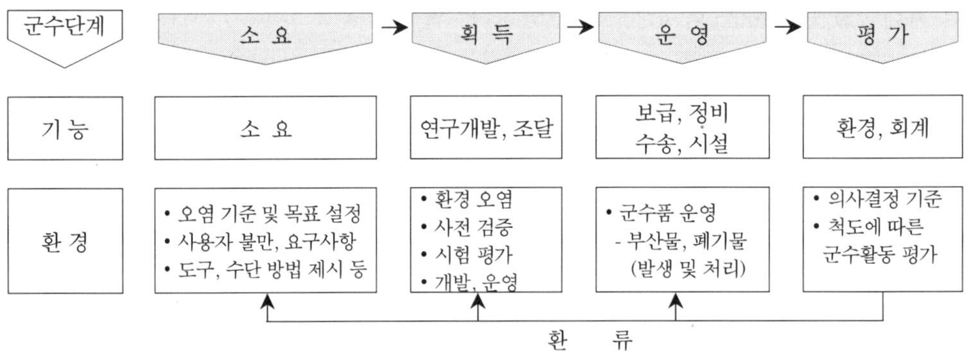

〈그림 2-2〉 군수기능별 환경군수관리 활동

제Ⅱ절 전쟁준비 : 소요 및 획득

1. 개요

군에는 병과의 하위개념으로 다양한 직능이 있다. 직능 중 군수와 작전에서 작전은 작전계획을 수립하고 군수는 작전에서 요구하는 물적자원을 지원하는 계획을 수립한다. 지원계획은 거시 지원계획과 미시 지원계획으로 구분할 수 있다. 먼저 거시 지원계획이다. 거시 지원계획은 물적자원을 바탕으로 작전을 지원하는 군수지원능력으로 국가의 경제력과 과학기술 능력에 의해 결정된다. 국가의 경제력과 과학기술 능력이 물적자원의 질과 량을 결정한다. 물적자원의 질과 양에서 질은 성능을 의미하고 정밀성을 결정하므로 과학기술 능력이 결정한다. 양은 수량으로 지속성에 영향을 미치고 국가의 경제력이 결정한다. 따라서 물적자원의 지속능력은 국가의 경제력과 과학기술 능력이 좌우한다. 여기서 물적자원은 무기체계와 비무기체계를 의미하고 질과 양은 군수 목표에 영향을 미친다. 군수 목표는 효과성, 경제성 및 능률성이다.

미시지원계획은 작전이 작전계획을 수립하면 군수는 작전에서 요구하는 품목, 수량 및 시기에 맞게 지원하는 것을 군수지원이라고 이에 필요한 원칙을 군수지원원칙이라고 한다. 손병식(2009)은 군수지원원칙에서 여러 연구자가 제시하였던 원칙 중에서 적시성을 가장 주요한 요인이라고 제시하였다. 적시성은 사용자가 원하는 시기에 군수품이 현장에 있어야 한다는 것을 의미한다. 전제는 품질이 완전하다는 것에 있다. 적시성의 다른 표현은 작전 속도와 보급 속도를 일치시켜야 함을 의미한다. 현실적으로 작전 속도와 보급 속도를 일치하는 것은 매우 어렵다. 이유는 작전은 군수보다 유연성이 높기 때문이다. 유연성은 작전계획의 변동 가능성인 가변성과 병력을 목표 지점으로 이동하는 신속성의 다른 표현이다. 작전의 대상은 인력으로 지휘관의 명령에 따라 자체적으로 기동할 수 있다. 그러나 군수의 대상은 물적자원을 이동하는 것이므로 이동에 필요한 또 다른 장비와 인력을 요구한다. 군수는 작전과 비교하면 중량감이 있고 복잡하며 이동하는데 일정 시간을 요구하는 시간 소모적인 업무이다. 동시에 장비를 운영하는 사람이 필요하므로 군수는 작전보다 더 많은 인력을 요구한다.

2. 소요관리

손병식(1991)을 포함한 소요와 관련되어 많은 연구자는 나름대로 소요의 성격을 제시하였다.[26,23] 소요와 관련된 성격을 정리하면 다음과 같다. 예측을 포함하는 소요는 문제해결, 요구 해소, 희망 찾기, 격차 해소, 현상분석 및 장애물 등을 제거하는데 필요한 것을 의미한다. 손병식은 과거의 연구에서 제시하는 것과 동일하게 환경군수에서도 소요를 시간의 관점에서 미래이며 정리된 문제를 해결하는 방법론으로 규정한다.[9,10] 환경소요는 환경과 관련된 과거의 자료를 바탕으로 현재에 겪고 있는 해결사항과 미래에 발생할 환경적인 사건을 예측하는데 있다. 환경소요를 도출하기 위한 요소는 육하원칙과 상황판단요소이다.[10] 육하원칙은 누가(Who), 시간(When), 장소(Where), 대상(What), 이유(Why) 그리고 방법(How)이다. 상황판단요소는 임무(Mission), 상대방(Enemy), 시간(Time), 지역(Territory), 수행자(Actor) 및 지역주민(Civil) 이다.

상기 12가지 요소를 바탕으로 손병식(2020)은 소요판단36메트릭스(matrix)를 제시하였다.[12] 소요판단36메트릭스를 환경소요판단에 적용하기 위해 환경소요판단36메트릭스로 지칭하고 그 양식은 〈표 2-1〉과 같다. 환경소요판단36메트릭스는 해결할 환경문제를 분석하기 위한 도구이다. 환경소요판단36메트릭스는 요약서와 같은 역할을 하므로 별도의 첨부 문서를 사용하여 설명할 수 있다. 환경소요판단36메트릭스에서는 문제를 해결해야 할 당위성, 목표, 문제해결의 주체, 문제를 해결하기 위한 방법론 및 해결하는 대상 등을 망라하여 기술할 수 있다.

〈표 2-1〉 환경소요판단36메트릭스

	임 무	조 직	수행자	지역 기후	시 간	지역주민
왜	목적, 목표	조사 이유	인적 능력	법률~지침	목표시간	갈등요인
누 가	임무적합자	조사 대상	선발 기준	경험여부	회의주재	대표자
언 제	수행시기	작수 시기	선발 시기	강우, 강설	계절, 월	갈등 전,중,후
어디서	수행지역	수행 장소	수행 장소	인근지역	착수시기	접촉장소
무엇을	장비, 물자	지원 사항	업무 내용	예방책	대 상 별 착수시기	수질, 대기 등
어떻게	달성방법	질량 요소	수행 방법	강우(설)량	범위	협상, 담판

소요판단36메트릭스는 육하원칙과 상황판단요소 대신 투입, 변환 및 산출을 적용하여 소요판단시스템메트릭스를 만들 수 있다. 소요판단을 메트릭스로 만드는 이유는 해당 칸에 포함된 내용을 별도의 문서로 만들어 해당 내용을 설명함으로써 작성자나 검토자에게 작성과 검토의 편리함을 제공하기 때문이다. 〈표 2-2〉는 환경소요를 판단하기 위해 시스템적 접근방법을 적용한 소요판단시스템메트릭스이다.

〈표 2-2〉 환경소요판단시스템메트릭스

	투 입	변 환	산 출
왜	목표, 이유[1)]	목표, 이유	목표, 이유
누 가	전문성, 나이 등	전문성, 나이 등	전문성, 나이 등
언 제	계절, 밤낮 등	계절, 밤낮 등	계절, 밤낮 등
어디서	실내, 실외 등	실내, 실외 등	실내, 실외 등
무엇을	문제, 희망, 조건 등	문제, 희망, 조건 등	문제, 희망, 조건 등
어떻게	방법론, 질양 등	방법론, 질양 등	방법론, 질양 등

환경소요판단36메트릭스와 소요판단시스템메트릭스를 적용하여 소요를 결정하기 위한 방법론은 격차분석(Gap Analysis), 현상분석(AS-IS Analysis), 품질의 집(House of Quality), 폭포수모형(Water-Fall)분석, SWOT(Strength, Weakness, Opportunity, Treatment)분석, 시나리오(Scenario) 및 PERT/CPM(Program Evaluation Review and Technique / Critical Path Method) 등이 있다. 이 외에도 해결하려는 문제에 따라 여러 학문이 제시하는 다양한 방법론을 적용할 수 있다.

소요를 판단하는 방법으로 위와 같이 접근한다면 다양한 측면의 환경소요(예상문제)를 도출하기 위해 특정 학문의 지식과 방법론만으로는 부족하다. 마치 환경은 자신을 제외한 모든 사물로 규정했던 것처럼 분석할 때 다양한 학문과 방법론이 필요하다. 예를 들어 인사문제와 공해문제를 해결하기 위해 인사관리 방법론과 환경 · 공학적인 방법론을 적용하는 것과 같다. 따라서 환경소요판단은 학문적인 융합을 바탕으로 특정 학문마다 가지는 고유성 및 특이성에 바탕을 둔 다양한 방법론을 적용할 수 있다.

환경관리에 적용 가능한 학문은 환경학을 바탕으로 생태학, 화학, 생물학, 공학, 경제학, 정치학 및 사회학 등의 방법론이다. 이외에도 관리론적 방법론은 총물질흐름분석(MFA; Material Flow Analysis), 물질흐름회계 및 수명주기평가(LCA; Life Cycle Assessment) 등이다. 화학적 방법은 화학적 분석을 바탕으로 한 총유기탄소량의 분석 등이 있다. 끝으로 공학적 방법은 정화, 소각 및 매립시설 등의 건축에 관한 사항 등이다.

상기 내용을 종합하여 무기체계개발이나 제품개발에 소요판단36메트릭스를 적용하면 소요단계에서 환경군수의 전 기능을 검토할 수 있다. 예를 들면, 재질이 얼마나 친환경적인지 그리고 인체에 얼마나 해가 없는지를 설명할 수 있고 신무기체계(또는 신제품) 그리고 기존 무기체계(또는 신제품)간 성능, 비용, 사용 및 환경 부담에 대한 우월성을 사전에 검증할 수 있다. 따라서 소요판단36메트릭스는 물적자원을 바탕으로 한 군수 9대 기능에 학문적 방법론을 적용하여 환경문제에 대한 해결안을 제시할 수 있다. 여기서 학문적 영역은 환경학을 포함한 공학, 생물학, 화학, 의학, 법학, 관리학, 교육학 그리고 군수학 등 원자재를 가공하여 새로운 물적자원의 개발, 구매, 사용 및 폐처리를 포함한다.

3. 획득관리

1) 연구개발관리

연구개발할 때 환경과 관련된 용어는 green, eco, ecological, environmental, sustainable 등이 있다. 위 용어들은 의미상의 차이 없이 동일한 의미로 사용한다. 다만 시대와 연구 분야에 따라 선호하는 용어가 있을 뿐이다.[30] 상기 용어 중 1990년부터 2010년까지 사용빈도가 높은 용어는 지속적(sustainable)혁신, 환경적(environmental) 혁신, 환경(eco 또는 ecological) 및 녹색(green) 순이다. 공학, 컴퓨터공학 및 수학 분야는 지속적 혁신이라는 용어를 사용하였고 경영, 재무 및 경제 연구자들은 환경 혁신이라는 용어를 사용하였다.

소요에서 제기된 환경문제로 쓰레기 감축에 대한 문제가 제기되었다면 실질적으로 해결하는 단계는 연구개발이다. 연구개발에서는 쓰레기 감축에 대한 설계가 포함되어야 한다. 쓰레기 감축을 고려한 설계는 폐기단계에서 효과적, 경제적으로 쓰레기를 처리할 수 있는 친환경적인 지침이다. 효과적이란 가공 없이 다른 용도로 재사용이 가능할 뿐만 아니라 가공을 위해 사용되는 다른 자원 역시 최소화됨을 의미한다. 경제적이란 사용 후 제품을 한 번의 가공으로 재활용할 수 있도록 설계함을 의미하고 동시에 가공하는데 투입되는 비용이 최소화됨을 의미한다. 끝으로, 친환경적이어야 함은 사용 중 사용자 또는 쓰레기 취급자가 안전하게 처리할 수 있도록 설계되어야 한다. 따라서 연구개발단계에서 만든 처리지침은 장비, 물자 및 수리부속품에 따라 상이하다. 물자류는 1회성 소모품과 재생 가능품목을 구별하고 수리부속은 교환주기 및 재생방법 등을 비롯한 정비지침과 분리, 분해, 소각, 매립 또는 매각할 것인지에 대한 사항이 수록되어야 한다.

연구개발 단계에서 친환경 사항을 고려하여 얻는 이점은 첫째, 군수품 폐기단계에서 사용자 및 취급자가 군수품 처리에 대한 신속한 의사결정으로 행정소요기간을 단축시킬 수 있다. 둘째, 군수품에 함유된 화학물질에 대한 처리지침을 사전에 제공하여 사용자가 안전대책을 수립하고 안전한 폐기가 가능하다는 것이다. 끝으로, 사용자가 물적자원을 재활용할 때 군수품이 포함하고 있는 물질에 대한 사전관리지침을 활용할 수 있다. 관리지침은 사용자와 취급자에게 군수품 취급 주의를 제공함으로 사용자의 안전성을 확보할 수 있다. 예를 들면, 방사성 또는 방사능이 포함되고 누출우려가 있는 군수품에 대한 관리지침 및 처리지침을 의미한다. 따라서 연구개발자는 제품을 개발할 때 사용자가 제품을 운영하면서 발생하는 쓰레기 처리지침과 제품을 배출할 때 발생하는 쓰레기 처리지침을 고려하여 개발함으로써 사용자와 배출자를 위한 보호조치를 취할 수 있다.

2) 조달(구매)관리

구매자와 공급자는 환경조달을 구현하기 위해 기업을 중심으로 기업과 소비자간 거래, 기업과 정부간 거래, 끝으로 기업간 거래로 세 가지 관점에서 살펴볼 수 있다. 먼저, 기업과 소비자간(B2C; Business to Customer)거래에서 구매자는 구매하여야 할 제품에 대한 지식을 가져야 한다.[13] 구매자는 구매의 대상이 되는 장비 및 물자에 포함된 환경 유해물질을 구별할 능력이 있어야 한다. 이에 앞서 공급자는 1차 적으로 제품의 성분에 관심을 가져야 할 사람이다. 경제적 욕심에 앞서 사용자를 고려하지 않는 제품의 제조는 도덕적, 법률적으로 비난과 책임을 져야 한다. 한국의 일부 공급자가 가습기 살균제(PHMG; PolyHexaMethylene Guanidine), PGH; Oligo 2-ethoxyethyl guanidine chloride)를 소비자에게 공급함으로써 도덕적 법률적 책임을 부담하여야 했다. 반면에 구매자가 제품에 대한 지식의 필요성을 충분하게 학습하였다. 기억에서 잊으면 또 다시 가습기 살균제와 같은 사태가 어느 시대, 어느 장소에서든지 발생할 가능성이 있다. 예방을 위해 구매자는 환경에 대한 유해 사항의 유무를 구매계약서에 반영할 수 있어야 한다. 구매계약서가 아니더라도 적어도 공급자는 제품 겉표지에 표시해야 한다. 둘째, 정부가 친환경자재를 공급하도록 공급자에게 동기부여를 제공하여야 한다. 정부의 정책시행은 법적인 감시 장치를 가동하거나 아니면 친환경 제품을 생산하는 생산자에게 생산비용을 보조하는 보조금 정책과 세금 감면 정책이 필요하다. 이외에도 비정부기구(NGO; Non-government Organization) 등이 친환경 제품을 홍보하는 등 구매자에게 영향력을 행사하는 것이다.[32] 셋째, 기업간(B2B ; Business to Business) 거래 관점에서 구매자가 공급자의 생산과정에 대한 지식을 가지므로 구매원가를 절감할 수 있다. 낮추어진 원가로 부품을 공급받는 구매자는 경쟁자보다 낮은 제조원가로 또 다른 구매자에게 납품할 수 있으므로 시장경쟁력을 높일 수 있다.

구매자는 다음과 같은 노력으로 환경에 우호적인 영향을 끼칠 수 있다.[28] 첫째, 구매자는 적시구매 또는 적시 정비 실현으로 군수품의 진부화를 최소화하여야 한다. 제품의 진부화 및 정비 불량이 환경에 악영향을 끼치는 사례는 주변에서 종종 찾을 수 있다. 둘째, 공급자는 수요자에게 과대 포장을 피하고 가능하면 포장재의 재활용을 요구하는 것이 필요하다. 셋째, 구매 담당자는 조직 내의 구성원에게 자원 재활용에 대해 교육해야 할 책임이 있다. 끝으로, 구매자는 유리 및 금속과 같은 중량감 있는 자재를 사용하는 것보다 가벼운 물질로 대체할 것을 공급자에게 요구하여야 한다. 유리 및 금속의 제품을 사용한 경우는 재활용을 유도해야 한다. 동시에 구매자와 공급자는 다양한 부품에 대해 지속적으로 가치공학(VE; Value Engineering)를 시도함으로써 환경관리와 원가절감을 추구해야 한다. 상기와 같은 구매관리는 수송비, 창고관리비 및 재고관리비에 긍정적인 영향을 끼치며 동시에 환경친화적인 활동이기도 하다.[24] 가치공학은 기존의 재질, 제조방법, 설계 변경 등으로 사용자의 편리성 증진, 원가 및 인력을 절감하는 활동이다.

제Ⅲ절 전쟁지원 : 운영

1. 개요

전쟁지원의 운영관리는 보급, 정비, 수송 및 시설이다. 운영관리단계에서 부산물과 폐기물이 가장 많이 발생하므로 환경군수관리의 주요한 연구대상이며 사용자가 실천하는 단계이다. 보급은 사용자가 요구하는 시간에 군수품을 제공함으로 시간의 가치를 증대한다. 정비는 고장 장비 및 물자를 수리함으로 장비의 성능을 향상해 업무의 효과성을 증대한다. 수송은 공급자, 사용자 및 정비관리자를 연결하는 장소의 가치를 증대한다. 끝으로, 시설은 군수품을 대기시키고 장비는 정비하고 물자는 재포장함으로써 시간과 제품의 효용 가치를 향상시킨다.

2. 보급

군수에서 보급은 공급자와 사용자 사이에 군수품을 잠시 보관하는 저장소 역할을 한다. 보급의 다른 표현은 군수품의 재고관리이다. 군수품을 재고관리하는 시설은 보급창이다. 보급창에서는 군수품을 관리하고 특정 지역으로 적송하기 위해 대단위 포장을 해체하여 소포장으로 재구성한다.

보급창은 여러 개의 다양한 창고 시설을 갖추고 있다. 창고는 자동화 창고와 일반 창고로 구분하고 창고에는 다양한 설비들이 갖추어져 있다. 예를 들면, 픽커 트럭(picker truck), 토우 트럭(tow truck)과 같은 장비이다. 장비를 사용할 때 창고 내에서 매연과 분진이 발생하므로 창고관리자는 보호장비를 착용하여야 한다. 최근 보급창에서 사용하는 장비는 화석연료를 사용하는 엔진에서 전기 엔진으로 대체되고 있다.

보급창의 고유 목적을 달성하기 위한 행위는 입, 출고행위이다. 입, 출고 행위 과정에서 발생하는 쓰레기는 포장재이다. 보급창에서는 화학물질보다는 물리적 물질의 쓰레기가 발생한다. 물리적 쓰레기는 비닐(vinyl), p.p 로프(polypropylene rope), 폐박스 및 팔레트(pallet) 등이다. 비닐과 p.p 로프는 제품을 감싸는 포장재이고 폐박스는 종이상자이다. 종이상자는 공급자가 군수품을 납품할 때 포장용으로 사용했던 것이다. 팔레트는 목재 팔레트 및 플라스틱 팔레트로써 일반목재 팔레트, 폐목재 팔레트, 플라스틱 팔레트 및 폐플라스틱 팔레트가 있다. 사용한 일반목재 팔레트와 플라스틱 팔레트는 재사용이 가능하여 입찰방식으로 민간에게 매각한다. 끝으로 창고 내부의 기온이 겨울철에는 낮아 춥고 여름철에는 높아 더우므로 창고관리자는 작업자에 대한 안전대책을 마련하여야 한다.

2. 수송

1) 개요

1769년 제임스 워트(James watte)가 산업용 증기기관을 발명한 이후 엔진은 거듭하여 진화하였다. 수송수단을 소유한 국가는 병력과 군수품을 전쟁터로 신속하게 이동하였을 뿐만 아니라 기동성의 확보로 전역을 확대하여 마침내 원정 전쟁이 가능하였다. 군은 전역확대에 따라 전략적, 작전적 및 전술적으로 수송을 운용하고 있다.[31] 결국 전략적 관점에서의 수송이 전쟁 패러다임을 변혁하게 만들어 세계대전을 가능하였다.

전쟁 패러다임 변혁을 주도한 수송수단은 다양한 오염물질을 배출한다. 오염물질은 세 가지 경로로 배출된다. 하나는 수송수단 자체로부터 발생하는 환경오염이며 다른 하나는 수송수단의 정비과정에서 발생하는 오염이고 나머지 하나는 수송수단을 운영하는 중 발생하는 사고로 촉발되는 환경오염이다. 사고로 발생하는 환경오염은 후에 정리한다.

공급자가 군수품을 납품할 때 그리고 사용자에게 보급품을 보급할 때 수송수단 자체에서 오염이 발생한다. 수송수단으로부터 발생하는 다양한 오염물질은 이동 거리가 짧을수록 이산화탄소(CO_2) 등 각종 유해물질이 적게 발생함으로 구매자는 분산조달을 확대해야 한다. 분산조달은 인근 지역의 조달원으로부터 원자재와 완제품을 구매하는 것이다. 현재의 수송수단이 차량이라면 선박, 철도 또는 복합수송시스템으로 변경하여 환경 오염원을 감소시키는 정책이 필요하다.[27] 수송과정에서 발생하는 물질은 납(Pb), 구리(Cu) 등이며 수송수단의 정비과정에서 발생하는 오염물질은 시설에 따라 정도의 차이가 있다. 시설은 주유장, 세차장, 주차장 및 정비고 등이다.[8] 주유장에서 사용하는 물질은 휘발유, 경유 등이며 이로부터 발생하는 오염물질은 Pb, 석유계총탄화수소(TPH; Total Petroleum Hydrocarbon) 등이다. 세차 과정에서 발생하는 오염물질은 Pb, Cu 및 니켈(Ni) 등이다. 매연과 폐오일 등의 누유로 대기, 토양 그리고 수질오염이 주차장에서 발생한다. 끝으로 차량 정비고에서 발생하는 오염에 관한 내용은 시설관리의 정비창을 참고한다. 상기 내용을 〈그림 2-3〉으로 정리한다.

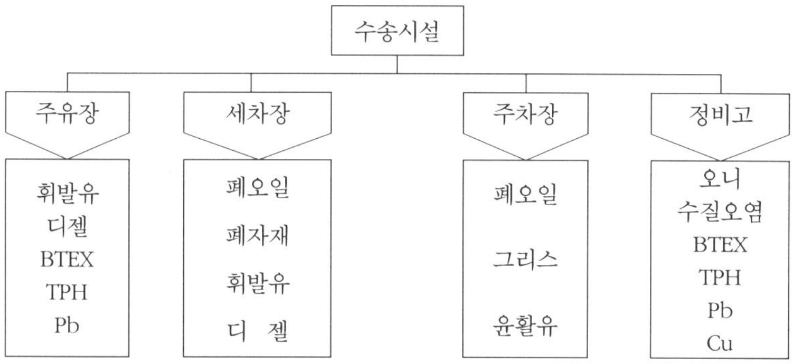

* BTEX : Benzene, Toluene, Ethylbenzene, Xylene

〈그림 2-3〉 수송 시설별 오염 발생 물질

2) 자동차

수송수단 중 자동차가 가장 손쉽고 빈번하게 이용되고 있다. 동시에 자동차는 가장 많은 인명피해와 환경오염 물질의 배출로 환경에 영향을 끼치는 수송수단 중 하나이다. 자동차가 환경에 영향을 미치는 요인은 자동차 자체와 사고로부터 발생하는 오염이다. 자동차의 에너지 사용 비율은 전체 수송 에너지의 72%이다.[25] 72%라는 사실이 이산화탄소 등 다양한 유해물질을 방출하는 자동차 자체에 의한 환경오염의 심각성을 인식하게 만든다.

자동차 사고는 다른 어떤 사고보다 많은 인명피해와 재산상의 손실을 유발하므로 자동차 사고를 단순한 사고 차원에서 다루는 것보다 재난 차원에서 관리할 필요성이 충분하다. 특히, 인화물질, 화학물질 및 독성물질을 수송하는 과정에서 발생하는 탱크로리(tank-lorry)의 사고는 환경에 심각한 영향을 끼친다. 〈그림 2-4〉는 자동차를 포함한 수송수단별로 발생한 환경오염, 재난 및 위기를 유발하는 내용을 설명하고 있다.

구 분			내 용
수송수단	자동차	환경오염	• 자동차 자체 오염 : 미세먼지 유발 → 호흡기 질병 유발 등 • 운행 중, 정비 중 오염 발생 - 수송에너지의 72% 사용, 이산화탄소(Co_2)발생 • 승객에 의한 오염
		재난위기	• 임계치 초과 시 - 시간은 느리지만 광범위한 환경파괴를 유발
	철 도	환경오염	• 철도 차량 자체 오염 : 폐유 발생 • 운행 중, 정비 중 발생 오염원 : 침목, 자갈, 역사 등 • 승객에 의한 오염
		재난위기	수송화물로 인한 대형 재난 : 이리역 폭발 사고
	항 공 기	환경오염	• 항공기 자체 오염 • 운행 중, 정비 중 오염 발생 • 승객에 의한 오염
		재난위기	• 태러의 대상 : KAL기 폭파 사고, • 태러 목적 달성의 수단 : 9.11 태러
	선 박	환경오염	• 선박 자체 오염 • 승객에 의한 오염, 운행 중 발생 오염
		재난위기	• 해양유류유출사고('07년 태안 기름 유출 사건 등) • 세월호(2014)

〈그림 2-4〉 수송수단에 의한 환경오염과 재난

3) 철도

철도는 환경오염 배출이 가장 적은 수송수단 중 하나이다. 철도수송에서 발생하는 오염은 크게 두 가지로 구분한다. 하나는 철도 자체에 의한 오염이고 다른 하나는 철도를 지원하는 다양한 지원시설로부터 발생하는 오염이다. 전자에 의한 오염은 차량 자체와 철도를 사용하는 승객, 화물로부터 발생한다. 지원시설에 의한 오염은 역사, 자갈, 침목 및 레일 등이다. 철도수송으로 재난이 발생할 수 있는데 그 예는 1977년에 발생한 "이리역 폭발사고"이다. 이외에도 철도 간 충돌에 의한 사고가 있다.

4) 항공기

항공기는 항공유와 항공기로부터 발생하는 사고로 환경오염에 영향을 미친다. 항공유 연소과정에서 발생하는 이산화탄소(CO_2)와 질소산화물(NO_X)이 지구온난화에 영향을 끼친다.[5,15] 일반적으로 항공기에서 발생하는 온실가스는 대기권과 성층권에서 배출됨으로 지구온난화에 직접 영향을 미치는 것으로 여긴다. 구체적으로 B747의 경우 1km 비행 시 소모하는 항공유는 11~16 l 로 30Kg의 CO_2를 배출하고 구름에 함유된 수증기는 NOx와 결합하여 온실효과를 3~4배나 높인다는 분석이 있다.

공항 주변 대기의 질에 영향을 미치는 요인은 두 가지로 구분할 수 있다. 하나는 항공기 이착륙, 항공기 정비, 지상 활주 및 항공기 보조 동력장치의 사용 등이다. 다른 하나는 항공기 지상 지원, 공항을 출입하는 일반 차량 및 공항시설 등이다. 항공기 환경오염에 대한 대응책으로 국제민간항공기구는 연료의 효율성을 증가, 탄소배출량의 목표 설정 및 항공기 CO_2의 표준을 설정하고 있다.[21]

항공사고의 특징은 잔해성 및 대량성 등이다. 잔해성은 비행기의 사고가 발생하면 잔해만이 남아있을 뿐 다른 어떠한 물적자원도 온전한 모습을 찾아보기 힘들다. 대량성은 사고 발생에서 생존율이 가장 낮은 교통수단 중의 하나로 대량의 인명피해가 발생함을 의미한다. 그 예는 1983년 발생한 "대한항공 007편 격추사건" 이외에도 많은 사례가 있다.

5) 선박

선박에 의한 환경오염은 직접오염과 간접오염으로 구분할 수 있다. 직접오염은 선박이 운항하는 동안 발생하고 간접오염은 선박 내 또는 선박 간 사건 및 사고로부터 발생한다. 먼저, 직접오염의 원인이 되는 선박의 엔진은 주 엔진과 보조 엔진으로 두 가지가 있다. 주 엔진의 크기는 건물의 3층 높이와 버스 2대에서 3대를 연결한 길이이며 보조 엔진의 크기는 기관차만 하다. 선박 엔진으로부터 뿜어 나오는 주요한 오염물질은 황(Sulphur)이다.[25] 황(S)이 공기 중 산소(O_2)와 결합하여 아황산가스(SO_2)를 생성하게 된다.

$$S + O_2 \rightarrow SO_2$$

생성된 아황산가스는 사람, 생물 및 자연계에 영향을 끼친다. 아황산가스는 사람에게 기침과 폐렴을 식물에는 백화현상을 그리고 자연계에는 산성비를 유발하는 원인 물질이다.

물적자원 간 갈등으로 발생하는 간접오염은 선박이 어떤 물체와 충돌함으로써 발생하는 사고이다. 그 예로 2007년 태안 앞바다에서 삼성중공업 소속 1만 1천 톤급 크레인 부선 삼성 1호가 정박 중인 홍콩 선적 14만 톤급 허베이 스피리트호(Hebei Spirit)와 충돌하였다. 충돌 사고로 허베이 스피리트호에 실려있던 원유 1만여 톤이 해상으로 유출되어 해안선 375km 및 101개의 섬이 오염되었다.[20,6] 정부는 이 사고의 이름을 "허베이 스피리트호 유류 오염 사고"로 명명하였다. 이 사고로부터 발생한 피해 상황을 살펴보면 먼저 유류 오염 지역의 범위이다. 사고 발생 4일이 지났을 때 유출된 기름으로 오염된 해안의 길이는 약 70km에 이르렀다. 이후 유출된 기름은 부착되지 않고 조류와 바람에 따라 지역을 넓혀갔다. 사고 발생 11일째는 군산까지 확산하였고 유출된 기름이 더 발견되지 않아 해안에 부착되었거나 소멸한 것으로 판단하였다. 그러나 유출된 기름이 사고 발생 31일째 사고 해역으로부터 370km가 떨어진 제주도 조천읍 해안에서 발견되었다.

기름 유출 사고는 지역주민의 생활에 직접 영향을 끼쳤다. 30% 이상의 태안군 해안선이 기름으로 오염되었으며 태안지역의 천연자원 파괴와 인문사회적 피해가 발생하였다. 이 과정에서 정부는 태안지역의 수산물을 채취와 유통을 통제하는 조치를 시행하였다. 그 결과로 태안을 찾는 관광객의 수는 전년보다 88%가 감소하였고 수산물 판매 수입과 관광 수입의 저조는 주민들의 생계를 위협하였다. 이에 몇몇 주민들은 삶의 터전을 상실하였다는 격한 감정을 극복하지 못하는 상황이 발생하기도 하였다.

선박으로부터 발생하는 직접적인 오염의 발생은 사람의 과학적인 노력으로 감소시킬 수 있고 간접오염의 발생은 사람의 주의와 관심으로 줄일 수 있다. 실질적으로 주의와 관심으로 줄일 수 있다고 말할 수 있으나 이것만으로 어려우므로 제도 및 기구를 만들어 해결해야 한다. 제도와 기구는 사건 및 사고가 발생 후 처리에 대한 지침보다 예방지침을 만드는 것이 필요하다. 끝으로 최근에는 선박을 이용하여 저준위 방사성폐기물을 처리하는 사례가 있으므로 특별한 보호조치가 요구되고 취급자에 대한 특별한 교육 또한 필요하다.[19]

6) 드론(Drone)

수펄(drone)를 의미하는 드론(Drone)이 최근 군사용 및 산업용 등으로 다양하게 사용되고 있다. 항공안전법(2020)에서 언급하는 항공기는 반작용으로 뜰 수 있는 기기로서 최대이륙 중량 수, 좌석 수 등을 고려하여 비행기, 비행선과 활공기로 구분한다. 이중 드론은 비행기의 영역에서 초경량비행장치에 해당한다. 초경량비행장치에는 사람이 탑승하지 않는 것으로 무인동력장치와 무인비행선으로 구분한다. 무인비행선(UVA; Unmaned Aerial Vehicle 또는 UAS; Unmaned Aerial System)으로 불리는 드론은 감시 및 정찰용 장비를 산업용으로 사용하고 있다.[24] 산업 목적의 드론은 교통불법감시, 대기질 측정, 수질 조사, 방송용 촬영, 농약 살포, 건물의 균열탐지 및 물적유통관리 등 다양한 분야에서 활용한다. 특히 드론의 사용은 수송(물류) 분야에서 두드러진다.

앨런(Alan, et al., 2015) 등과 손승우(2016)는 드론 사용으로 발생하는 환경문제와 재난 발생 시 사용하는 것에 대해 언급하였다.[22,14] 먼저, 환경문제는 사고 발생 시 비행 추진 물질에 의한 오염이다. 드론이 비행 추진체로 사용하는 물질은 건전지 또는 핵에너지이므로 배출물에 의한 환경오염은 매우 낮다. 그러나 사고 발생으로 파급성은 높은 편이다. 둘째, 소음이다. 하늘 높게 비행할 때는 소음이 적지만 이 · 착륙할 때 발생하는 소음은 상대적으로 크다. 따라서 소음 문제가 유발할 수 있다. 끝으로, 사고 위험이다. 비행하는 동안 충돌 또는 추돌의 위험은 낮으나 항법장치, 테러, 사이버범죄, 의사소통의 문제 및 기상 악화 등으로 직·간접 위험이 발생할 가능성이 상존한다. 위와 같은 환경문제 외에 재난 발생에서 드론은 실시간 재난 정보의 확보가 가능하고, 재난지역을 지도화할 수 있으며, 위험지역 접근, 인명의 수색과 구조, 재해 및 폐기물 추적 등에 활용할 수 있다.

7) 파이프라인

대한송유관공사가 관리하는 파이프라인은 수송수단 중 오염이 가장 적게 발생한다. 간혹, 도유에 의한 파이프라인의 파손으로 주변 농경지를 오염시키기는 사례가 연평균 15건에 달하지만, 태풍 및 홍수로 야기되는 피해 사례는 아직 없다. 상기 수송수단별 발생한 사고와 동반된 피해를 요약하면 〈표 2-3〉과 같다.

〈표 2-3〉 수송수단에 의한 재난 피해 사례

구 분	사 고 예 (연도)
자 동 차	• 서해대교 29중 충돌 사고(2006년) - 12명 사망, 보험금 피해액 50억원
철 도	• 이리역 폭발사고(1977) 피해현황 - 1,402명 인명피해, 재산피해 61억원
선 박	• 허베이 스피리트호 유류 오염 사고(2012) - 해안선 375km 및 101개 섬 오염
	• 세월호 여객선 사고(2014)
항 공 기	• KAL기 격추 사건(1983) -269명 전원 사망
드 론	• 군사용 목적 사용 - 소음 피해 발생 예상 또는 충돌 사고 예상
파이프라인	• 기름 유출 도난사고(2018) - 2009년 이후 10년간 평균 15건 송유관 도유 사건발생

3. 시설

1) 개요

군수품 관리 시설은 저장 및 정비시설, 탄약고, 격납고 등이며 작전과 관련된 시설은 사격장, 훈련장이고 인력을 관리하는 시설은 병원과 병영시설 등이 있다. 각종 시설에서 방출, 유출 및 누출되는 환경 유해물질은 사람, 동물과 그 밖의 생태계에 치명적일 수 있다. 〈그림 2-5〉는 군수품과 관련된 시설에서 발생하는 환경 유해물질이다.

군수품 관리 시설

정비창	보급시설	탄약창	병 원	사격장	병영시설
• 광재 • 6가 크롬 • 폐황산 • 폐건설자재 • 폐부동액 • 폐그리스 • 방사능(선) 등	• 폐상자 • 폐목재 • 목재팔레트 • 폐팔레트 • 비닐 • 상자 묶는 끈 등	• 탄약고 • 방사능 • 정비공장 • 비군사화 • 폭발물 처리장 • 사격장 • 페인트(Paint) • 신나(thinner) • 콜타르(coal tar) 등	• 주사기 • 방사성물질 • 인체조직 • 오염된 알약 • 세척제 • 금속용기 등	• 소음공해 • 구리 • 납 등	• 음식물 쓰레기 등

〈그림 2-5〉 군수품 관리 시설에서 발생하는 환경 유해물질

〈그림 2-5〉와 같은 시설에 대해 환경군수관리의 필요성은 다음과 같다. 예를 들면, 정비시설은 정비관리, 보급시설은 보급관리, 탄약시설은 탄약관리에서 논의할 수 있다. 그러나 각 기능과 시설을 연계하여 설명하지 않고 환경군수관리의 시설에서 설명하는 이유는 다음과 같다. 군에서 환경을 관리하는 업무는 핵심이라기보다는 부수 업무로 인식한다. 주요 기능을 설명하는 과정에서 부수 업무는 간과하기 쉬움으로 환경의 중요성을 반영하기 위해 환경 관점에서 군수관리의 한 분야를 설명하는 것이다.

2) 정비창

(1) 개요

정비관리자가 정비시설에서 다양한 정비활동을 수행하는 과정에서 여러 가지 환경 유해물질을 배출한다. 정비장소는 야전 정비고와 정비창이 있다. 야전 정비고에서 발생하는 환경오염은 앞서 정비고에서 제시하고 여기서는 정비창에서 발생하는 환경오염을 위주로 제시한다. 정비창에서는 분해수리(overhaul)가 이루어진다. 분해수리는 야전정비에 비해 정비절차가 복잡하여 대량의 다양한 환경유해물질이 발생할 수 있다.

정비창에서 환경유해물질의 발생 과정은 두 가지 경로이다. 하나는 정비 과정에서 발생하고 다른 하나는 정비 대상 장비에서 폐기물이 발생한다. 정비 중 발생하는 물질은 오니, 폐유, 폐석면 및 방사능 유출 등이다. 정비 대상 장비에서 발생하는 오염물질은 분진, 폐수 및 폐유 등이다. 분해수리 개념은 군수학원론(2013) 정비관리를 참고한다.

정비의 고유가치는 장비 및 수리부속의 수명을 연장하는 것이다. 즉, 정비는 사용불가능 상태에서 사용 가능 상태로 장비의 가치를 부가하는 활동이다. 수명을 연장하는 방법은 정비관리를 참고한다. 환경관리 관점에서 정비 활동을 조명하는 이유는 정비로 장비의 수명을 연장하는 것 이외에도 환경오염을 감소시키는 의미가 있다. 예를 들어, 노후화된 버스 엔진을 정비하는 제일의 목적은 노후화된 버스 엔진의 출력을 정상화하는 것이다. 그러나 환경관점에서 엔진의 정비 목적은 노후화된 엔진으로부터 배출되는 불완전연소 배기가스를 감소하는데 있다. 결국, 정비는 버스의 수명을 연장하는 목적 이외에도 환경에 유익한 영향을 작용하게 만든다.

(2) 정비단계

① 개요

군의 정비시설에서 발생하는 환경오염물질의 파악은 정비 활동의 구분으로부터 시작한다. 정비 활동은 일반적으로 정비 전, 중, 후 3단계로 구분하는데 그 목적은 정비업무의 효율성 증진 측면도 있으나 정비 활동 단계에 따라 발생하는 환경오염 물질이 다르므로 합당한 처리방법을 적용하려는 데 있다.

② 정비 전 활동

정비 전 활동은 물 세척과 분해 후 해체검사이다. 정비 전 활동의 목적은 장비를 해체하기 전 물을 이용하여 장비에 침착된 오물과 오일(oil)류를 제거하는데 있다. 제거하면서 발생하는 오염된 물은 폐수처리장 또는 오니 정화시설로 보내져 정화한 후 일반 하수구로 흘려보낸다. 물 세척이 종료된 후 장비를 구성하고 있는 주요 수리부속을 탈거한다. 동시에 각종 오일류 예를 들면, 윤활유, 엔진오일(engine oil) 및 기어오일(gear oil) 등은 수리부속에서 제거한다. 제거 후 수집된 각종 오일류는 폐기물 처리절차에 의해 폐기되거나 재활용이 가능한 폐기물은 수집상에게 매각된다.

③ 정비 중 활동

정비 중 활동은 해체검사, 정비 및 도색이다. 해체검사는 부품별 검사라고 하며 부품에 대한 정밀 검사 후 재사용 여부를 결정한다. 정비관리자는 재사용을 판단하는 과정에서 부품폐기율을 산정한다. 검사에서 찾아낸 오염물질은 폐합성수지, 폐부동액, 폐구리스, 폐오일필터 및 폐합성고무 등이다. 정비 중에 발생하는 오염물질은 폐수, 폐화공약품, 폐박리제, 알카리세척제, 폐황산, 폐페인트, 6가 크롬(Cr^{+6}; chrome), 폐황산, 폐석면, 폐콘크리트, 폐벽돌, 혼합건설폐기물, 폐수 및 분진 등이다. 분진은 인체 호흡기에 악영향을 끼치므로 집진장치로 공기를 정화한 후 대기 중으로 방출한다. 정비가 완료되면 부품을 조립하면서 발생하는 물질은 폐목재, 상자 및 비닐 등이다. 정비 중 발생하는 또 다른 활동은 교환 및 취발 등이다. 교환과 취발은 동종 장비에서 수리부속을 빼내는 것은 취발이고 대체하는 것은 교환이다. 부품폐기율을 산정하는 목적은 부품 소요판단 및 예산소요를 제기하기 위한 수요를 판단하는데 활용하는 것이다. 폐기율은 군수학원론을 참고한다.

정비 활동 중 마지막 단계는 도색이다. 도색은 일반적으로 위장 도색이다. 위장용 도색 물질은 페인트이다. 페인트는 인체에 악영향을 끼치는 독성물질을 포함하고 있다. 구체적으로 신나(thinner)이며 신나는 벤젠(benzene; C_6H_6/C_6H), 메탄올(methanol; CH_3OH), 톨루엔(toluene; $C_6H_5CH_3/C_9H_6O_2N_2$)으로 구성된 물질이다. 상기 물질은 인체의 신경을 마비시킬 수 있는 치명적인 물질이므로 작업자는 사전에 충분한 보호장비를 갖추어야 한다. 만약 작업자가 페인트에 장기간 노출되어 신경마비가 발생하였다면 발생한 원인을 남기지 않고 결과만을 남김으로 산업재해 처리에도 어려움을 겪는다.

④ 정비 후

정비 후 활동은 정비를 마친 군수품에 대해 포장, 적재 및 후송이다. 후송은 수송과 동일한 의미로 사용자에게 반환하는 활동이다. 후송으로 대기오염이 발생할 수 있다. 대기오염은 미세먼지를 포함한 환경오염이다. 정비 후 활동은 포장재로 사용하였던 폐목재 및 비닐 등으로 수집하여 처리한다. 정비시설에서 발생하는 오염물질은 〈표 2-4〉와 같다.

〈표 2-4〉 정비시설 오염 발생 물질

정비단계	활 동	발생된 환경오염 물질	처리 방법
전	물 세척	기름이 섞인 흙 및 오물 제거	폐수 처리장
	해체검사	부품의 사용 여부 결정 (폐유, 폐합성수지 및 폐기물)	폐기물
중	부품별 검사	폐유, 폐토사, 폐고무 등 발생	폐기물
	정 비	연마할 때 발생하는 분진	집진기
	도 색	휴발성 유해물질(신나, 페인트 등)	집진기, 보호장구
후	포 장	종이, 비닐 등	수집
	적 재	포장용 비닐 및 상자	수집
	수 송	사용자에게 보급	-

3) 보급창

보급창은 군수품을 저장하는 시설이다. 보급창에서 발생하는 환경오염물질은 앞서 보급에서 설명한다.

4) 탄약창

(1) 개요

탄약창은 탄약을 저장하는 그 이상의 기능을 수행하므로 창고시설이 아닌 기관이다. 따라서 탄약창의 장은 창고장의 의미가 아닌 기관장이다. 탄약 시설에서 발생하는 환경 오염원은 두 가지이다. 하나는 탄약을 보관하는 시설 자체에서 발생하는 오염이고 다른 하나는 탄을 정비할 때 발생하는 오염물질이다.

탄약고와 탄약에서 발생하는 오염물질의 내용과 시기는 다르다. 먼저 저장시설인 탄약고에서 발생하는 오염물질은 저장하는 동안에 발생한다. 탄약 자체에서 발생하는 오염물질은 관리할 때 보다 정비와 비군사화할 때 발생한다. 그러므로 탄약고와 탄약의 환경관리는 탄약 시설과 정비에 중점을 두어야 한다. 탄약 시설은 탄약고, 정비공장, 비군사화시설, 폭발물 처리장 및 사격장이다. 이를 〈그림 2-6〉으로 표시하였다.

탄 약 관 련 시 설

탄약창	정비공장	비군사화시설	탄약고	사격장
• 탄약시설 - 탄약고 - 정비공장 • 비군사화 등	• 폐상자 • 폐목재 • 목재팔레트 • 폐팔레트 • 비닐 • 상자 묶는 끈 등	• 소각시설 • 분해시설 • 용출시설 등	• 이그루(igloo) • 콘세트 탄약고 • 컨테이너탄약고 • 지하탄약과 • 지상탄약고 등	• 오염 발생물질 - 납 - 구리 - 소음공해

〈그림 2-6〉 탄약 관련 시설

(2) 탄약고(magazine)

탄약고는 탄약을 저장하는 시설이다. 탄약고의 형태는 이그루(igloo)탄약고, 퀀셋트(Quonset)탄약고, 컨테이너(container)탄약고, 지하탄약고 및 지상탄약고 등이 있다. 여기서는 이그루탄약고와 지하탄약고의 환경문제를 제시한다. 이그루탄약고와 지하탄약고의 시설장치는 제습기와 통풍기가 설치되어 있으며 탄약고 내부에 있는 탄약 이동용 지게차로부터 분진과 매연이 발생한다. 제습기와 통풍기를 사용하는 목적은 탄약고 내부에서 결로가 발생하여 곰팡이가 번식하고 저장 중인 탄의 부식을 예방한다. 그러므로 탄약고에서 발생하는 결로를 억제하는 행위는 탄의 성능을 보장하고 작업자를 보호하기 위한 것이다.

결로는 공기 중에 상존하는 수증기가 표면(또는 벽면)에 응결하는 물방울이다. 물방울이 발생하는 지점에 따라 내부결로와 표면결로로 구분하고 발생시기에 따라 하절기 결로와 동절기 결로로 구분한다.[4] 이종찬(2011) 등은 결로를 예방 및 제거하는 방법 몇 가지를 소개하고 있다.[17] 첫째, 복토에 따른 영향 감소를 목적으로 공기층을 설치하는 것이다. 설치된 공기층이 외부 공기를 유입하고 탄약고의 내부 온도를 상승시키는 방법이다. 둘째, 탄약고를 시공할 때 단열 시공은 탄약고 슬라브 상부에 재생섬유깔기를 하여 냉교 발생을 억제한다. 외벽은 실내 쪽으로 습기가 침투하는 것을 저지하도록 방습 구조로 하고 외기 쪽은 습기를 배출하는 것을 촉진하는 구조로 만들고 결로 발생 부위 면적을 감소시키기 위해 방습층을 설치한다. 끝으로 자연채광 덕트를 이용하여 내부 습기를 제거한다.[16] 탄약고에서 발생하는 예상 오염물질은 TNT(Trinitrotoluene; $C_7H_5N_3O_6$), DNT(DiNitroToluene), 중금속류, 그리스 제거제 및 다이옥신(Dioxins) 등이다.[8] 탄약고에서 오염물질의 성질은 사람에게 해로운 신경작용물질과 발암물질 등이다.

(3) 탄약정비공장

탄약정비시설에서 발생하는 환경오염은 탄을 저장하는 과정에서 발생하는 발청이다. 발청은 탄을 구성하는 주성분이 구리이므로 구리가 공기 중에 있는 이산화탄소 및 습기와 장시간 접하면 푸른색의 녹이 발생하는 산화현상이다. 발청에 대한 화학식은 아래와 같다.

$$2CuO + CO_2 + H_2O = Cu_2CO_3(OH)_2$$

푸른 녹을 제거하는 행위가 탄약정비이다. 정비할 때 사용하는 도구는 강철그릿, 원형철솔, 칫솔형철솔 및 철솔 등이다. 위의 도구를 사용해 제청할 때 쇳가루와 페페인트가 폐기물로 발생한다. 제청 후에 원형을 복원하기 위해 사용하는 물질은 방청용 프라이머 코팅(primer coating), 탄약, 포장재료 도색용 페인트 및 시너(thinner) 등이고 포장을 위한 자재는 상자결속용 대철, 멈치, 휠라보드(filar board)가 있다. 제청과정에서 발생하는 환경오염물질은 폐상자, 폐목재, 목재팔레트, 폐팔레트, 비닐, 상자를 묶는 끈, 쇳가루 및 폐페인트 등이다. 특히, 정비인력이 페인트에 장기간 노출되었을 때 알레르기 반응, 구토, 신장 이상 끝으로 혼수상태에 도달할 수 있다.[1] 따라서 취급자는 노출된 피부를 비누와 물로 세척 하는 주의와 관심이 필요하다.

(4) 비군사화

군수품 폐기과정에서 비군사화란 장비 및 물자의 군사적 특징을 제거하는 행위이다.[3] 위의 정의는 단순하게 군사적 목적을 제거하는 것을 비군사화로 인식하므로 군의 포괄적 안보 개념이 누락된 정의이다. 포괄적 안보개념을 포함한 비군사화의 새로운 정의는 "군수품으로부터 군사적 목적을 달성하는 구성요소를 제거하고 사회적 및 경제적인 목적을 달성하도록 새로운 가치를 부여하는 행위이다."로 재정의한다.

비군사화에 대한 새로운 정의는 사회적 및 경제적인 개념을 포함하고 있다. 주요 구성개념은 다음과 같다. 먼저, 군사적 목적을 제거하는 행위는 해체, 절단, 폭파, 소각 및 변조 등이다. 둘째, 사회적 개념은 비군사화를 진행하는 작업장에서 다양한 작업으로 발생할 가능성이 있는 지역사회의 환경오염을 예방하는 활동을 의미한다. 끝으로, 경제적 개념은 군수품을 비군사화함으로써 현격한 가치의 감소를 예방하고 민간에서 사용할 수 있는 새로운 가치를 부여하는 것이다. 새로운 가치의 부여는 민간에게 매각할 수도 있고 군에서 재활용 여부를 검토할 기회를 얻는 것이다.

비군사화를 위한 시설은 소각시설, 분해시설 및 용출시설 등이다.[2] 먼저, 소각시설이다. 소각시설은 20mm 이하 탄을 친환경적으로 소각하는 최종처리시설로 소구경 탄이 대상이다. 이때 발생하는 환경오염물질은 환경정화장치로 정화시켜 대기로 배출한다. 둘째, 분해시설이다. 분해시설에서 분해할 수 있는 탄종은 20mm 이상 155mm 이하의 박격포탄, 전차탄류이며 소량 다탄종에 대해 선반, 고속 유압 절단 등을 사용하여 탄약을 적당한 크기로 분리 및 절단한 후 탄두 내에 있는 화약을 추출하는 중간처리 시설이다. 이 과정에서 발생하는 환경오염물질은 회수된 화약이다. 끝으로, 용출시설이다. 용출시설은 중간처리시설이다. 용출시설에서 처리될 탄약의 대상은 포병의 고폭탄두로서 처리방법은 탄두 내에 있는 화약에 80~90°C의 열(steam)을 가하여 탄두 내에 있는 화약을 구성하고 있는 TNT, 혼합물(composition) 등을 제거하는 방식이다. 이 과정에서 처리되는 TNT는 재활용을 위해 자격이 있는 일반인에게 매각된다.

용출처리 과정은 세부적으로 분해공정, 용출 및 회수공정 끝으로 화약 오염수 처리공정으로 구분한다. 먼저 분해공정은 목 상자로 포장되어 처리시설로 입고된 탄약의 포장재를 해체하고 부품을 분해하는 과정이다. 용출 및 회수공정은 화약이 들어있는 탄두를 용출조(autoclave)에서 스팀(steam)으로 화약을 용융상태로 제거한 후 판상화(flake)하여 회수한다. 끝으로 화약오염수 처리공정은 분해공정 및 용출공정의 배기가스의 습식 세정과정에서 발생하는 폐수를 처리한다. 탄을 관리하는 동안 발생하는 환경오염 물질을 정리하면 〈표 2-5〉와 같다.

〈표 2-5〉 탄 재고관리 과정에서 발생하는 오염물질

관리 과정	발생되는 오염물질	관리 사항
저 장	• 시설 : 이그루 탄약고, 지상(하) 탄약고 - 분진, 매연, 습기 및 소음 등	• 환풍기 • 송기식 마스크 등
검 사	• 검사방법 - 표본검사로 쓰레기 발생량 무	
정 비	• 자재 : 대철, 소철, 지환통, 탄약상자(목재) • 제청할 때 동력식 제청기의 사용은 소음 발생 유발 • 제청 및 제청을 위한 페인트(paint) 및 신너(thinner) - 중금속 오염 발생 • 포장 제거할 때 대철, 소철 발생 → 재판매 • 지환통 : 환경 유해 물질 발생으로 소각 지환통의 구성 성분 : 콜타르, 비닐 등 • 탄약상자 : 상태 검사 후 재활용 • 폭약 : 폐 · 처리(소각, 용해 후 용출하여 비료사용) • 불량탄약 : 소각	• 환기 • 작업자 마스크 착용
처 리	• 비군사화 과정 및 시설 • 고성화약 → 기폭처리 - 폭발물 처리장에서 연쇄 폭발로 처리 • 저성화약 → 소각처리	

(5) 폭발물 처리장

폭발물 처리(EOD; Explosive Ordnance Disposal)는 투하, 발사, 매설 또는 연소된 폭발물 중 위험의 존재 여부를 평가, 확인, 안전조치를 수행하고 처리하는 행위이다.[7] 즉, 탄약으로부터 위험성을 제거하는 행위이다. 폭발물의 투하, 발사, 매설 및 평가, 확인하는 장소가 폭발물 처리장이다. 따라서 EOD를 폭발물 처리장이라고 하는 것은 영어의 번역상 오류라기 보다는 한국에서 사용자가 범하는 일반적인 오류이다. EOD의 바른 번역 표현은 폭발물 처리이다.

한국의 육군규정 465(2017)에 의한 폭발물 처리방법은 기폭처리, 비군사화, 해중투하 및 매몰 등의 방법이 있다. 먼저, 기폭처리는 인위적으로 탄을 폭발시켜 폐·처리하는 방법이다. 이 방법을 사용할 때에는 주의 깊게 수행하지 않으면 인명손실 및 화재 발생으로 재산 손실이 발생한다. 비군사화는 소각시설에서 소각처리 하며 분해시설에서는 분해처리 한다. 해중투하는 수심이 900m 이상이며 육지로부터 1.8km 이상 떨어진 지점에서 폐 · 처리 대상의 탄을 투하는 형태로 처리한다. 상기 방법 중 해상오염을 유발하는 해중투하와 매몰은 또 다른 오염을 유발하여 금지된 방법이다. 현재 사용하기에 적법한 방법은 기폭처리와 비군사화이다.

폭발물 처리장에서 발생할 수 있는 환경오염은 화재 발생, 토양오염, 수질오염 및 대기오염으로 주 오염원은 탄을 구성하고 있는 탄피와 탄약이다. 탄은 폭발성이 있으므로 적정한 시설을 갖춘 장소에서 처리하는 것이 합법적이다. 폭발물을 처리하는 장소의 지형적 입지조건은 다음과 같다. 먼저, 폭발물 처리장은 철도, 고속도로, 활주로(비행장), 수원지, 목장, 민가로부터 최소한 800m 이상 떨어진 안전한 장소를 선정해야 한다. 둘째, 지형은 자연적 안전 바리케이드(barricade)를 찾아야 한다. 셋째, 인적이 드문 해변 지역 또는 섬 지역이 용이하다. 넷째, 기폭, 소각처리 지점으로부터 반경 61m 이내에 인화성 물질(나무, 건초, 낙엽, 잡초 및 덤불 등)이 없어야 한다. 다섯째, 비인가된 장소에서 탄약을 처리할 때에는 다음의 공식을 적용한다.

- 파편 안전거리(FT) = $500\times\sqrt[3]{\text{순수폭약무게}(LBS)\times TNT\text{비율}\times 1}$
- 폭풍 안전거리(FT) = $300\times\sqrt[3]{\text{순수폭약무게}(LBS)\times TNT\text{비율}\times 1}$

(6) 사격장

사격장은 탄의 종류에 따라 소구경탄을 사용하는 영점사격장으로부터 해당 사격장에 이른다. 대구경탄을 사용하는 박격포 축사탄 사격장에서부터 전차포 사격장이 있으며 끝으로 복합적으로 사용하는 사격장은 직사공용화기 사격장 및 항공 사격장 등이 있다. 사격장에서 환경오염은 토양오염과 소음공해이다. 토양오염의 원인은 탄에 포함된 납과 구리로 중금속으로 함량은 탄의 종류에 따라 다르다. 소음공해는 탄의 폭발이 원인이다.

탄종별로 함유된 중금속의 주성분은 화기(권총, 소총, 기관총) 종류에 따라 함유 비율이 다르지만, 소구경탄 사격장의 주 오염원이 납과 구리라는 것을 알 수 있다. 대구경탄의 경우 중금속 함유량은 신관에 소량 포함되어 있다.

사격장에서 오염을 유발하는 화학물질은 TNT, RDX(Research DeveloPMent Explosive; $C_3H_6N_6O_6$), 및 HMX(High-Molecular-weight-rdX; $C_4H_8N_8O_8$)로 3가지이다. TNT는 포유류 세포에 유동성을 가진 물질로써 피부발진, 점막손상, 기침, 빈혈, 간손상 및 발암성 물질이다. RDX는 백색화약으로 플라스틱 폭약이라고도 한다. RDX는 인체에 미치는 영향은 심장근육의 퇴화, 구토, 발암성, 신경장애, 적혈구 감소 등이다. 끝으로 HMX는 니이트로민(nitromin) 고폭발물로서 재생불량성 빈혈을 유발하고 간 손상 및 간암을 유발하는 물질이다.

사격장 오염의 특징은 다음 몇 가지로 구분할 수 있다. 첫째, 토양의 종류, 강수량, 피탄시의 경사에 따라 오염 확산 정도에 차이가 있다. 사격장 오염은 토양오염에서 후술한다. 둘째, 중금속으로 토양오염에 2차 피해가 발생할 수 있다. 셋째, 다른 시설에 비교해 오염 지역은 광범위하지 않다. 끝으로, 2017년 강원도 군부대의 도비탄 사고는 탄 자체에 의한 사고만 발생하는 것이 아니라는 것을 예시하였다. 따라서 사격장 시설을 설계할 때 관리자는 다양한 요소를 고려한 안전조치에 관심을 두어야 한다는 사실을 알려주었다. 또한 사격장에서 발생할 수 있는 사고는 사격하는 병사 우측 뒤에 서 있는 관리자의 보호조치가 필요하다. 사격장 시설에 대한 안전조치로서 미국의 경우는 사격장 주변에 구조물을 설치하여 도비탄에 대비하고 환경오염 예방 시설을 갖추고 있다.[29] 따라서 한국은 사격장 시설뿐만 아니라 군의 다양한 시설을 갖출 때 전쟁의 경험이 풍부한 외국의 사례를 비판적으로 참고하는 것이 필요하다.

시설물에는 다양한 시설이 있겠으나 화재를 대비하는 시설뿐만 아니라 사격장의 표준화되고 일관성이 있는 행정으로 안전사고에 대한 대비가 요구된다.

5) 병영시설

병영시설은 군을 구성하는 주된 인력이 거주하는 시설이므로 일반인의 거주시설에서 발생하는 생활 쓰레기가 발생하고 있다. 예를 들면, 음식물 쓰레기 및 오물 등이다.

6) 군 병원

군 병원에서 발생하는 오염물질은 민간병원에서 발생하는 오염물질과 유사하다. 병원에서 발생하는 오염물질은 병을 유발하기에 충분한 병원체를 포함하고 있다. 오염물질의 예는 사용한 주사기 바늘, 깨진 유리 조각, 조직(tissue), 신체 일부, 살점, 혈액, 체액(body fluid) 등이며 제약 종류로는 회수된 약품, 알약, 시효가 경과된 약품 또는 오염된 알약 등이고 화학물질은 진단하기 위해 사용하였던 각종 쓰레기, 세척제, 그리고 진단과 병 치료를 위해 사용되었던 오염된 방사성 물질이다. 계속해서 오염된 쓰레기 및 부서진 수은 온도계 등이 포함된다. 이러한 물질은 감염성 폐기물로 특별한 취급이 요구되는 물질이다. 끝으로 군수품에 포함되고 군 병원에서 사용하는 방사성 물질은 사회재난의 원자력에서 설명한다.

제Ⅳ절 전쟁평가 : 회계군수

1. 개요

전쟁평가는 전쟁종료 후 사용 불가능한 군수품을 수집하여 폐기 및 처리하는 과정이다. 본서는 전쟁 전, 전쟁 중 그리고 전쟁 후 발생했던 군수품을 처리하는 주된 내

용이므로 본절에서는 회계군수에 대해 언급하고 이와 관련된 추가적인 내용은 졸고를 참고한다.[11]

2. 회계군수

전쟁평가는 군수관리의 과정론적 관점에서 평가단계와 일치한다. 평가를 한다는 것은 환류한다는 것이고 환류한다는 것은 계획이 있다는 것이다. 계획이 있다는 것은 기준에 따라 관리를 한다는 것을 의미한다. 관리한다는 것은 측정할 수 있다는 것이고 측정할 수 있다는 것은 기준과 수단이 존재한다는 것을 의미한다. 수단은 무게를 측정하기 위해 저울을 사용하고, 길이를 재기 위해서는 자를 사용하는 것이다.[13] 무게를 측정하고, 길이를 잰다는 것은 도구가 있다는 것으로 수치로의 환산이 가능하다는 의미이다. 수치로 환산한다는 것은 질 · 양적 변화를 평가한다는 것이다. 질적 및 양적 변화는 모두 계획에 기준을 두고 평가하는 행위로 성과측정이다. 성과를 측정한다는 것은 의사결정자에게 현명한 의사결정을 하도록 유용한 자료를 제공하는 것이다.

관리자는 유용한 자료를 정보로 가공하여 현명한 의사결정을 한다. 현명한 의사결정을 위해 군수 관리자는 회계군수를 바탕으로 소요에서부터 폐·처리까지 군수 행위를 금전적으로 측정 및 평가할 수 있어야 한다.[12] 관리자는 손쉽게 물적흐름을 측정하고 평가할 수 있도록 정보시스템을 활용할 수 있다. 관리자를 지원하는 전산 시스템이 군수정보시스템(LIS; Logistics Information System)이다. 군수정보시스템은 군수의 모든 업무를 전산화한 것이다. LIS가 제공하는 정보를 바탕으로 회계적 수단을 적용하는 의사결정자는 군수품의 흐름에 대해 금전적 평가와 통계기법 분석을 할 수 있다. 무엇보다도 평가는 사용자의 목표달성 여부를 측정하는 기준으로 소요가 되어야한다. 소요기준은 소요단계에서 무기체계 개발을 위해 작성하였던 소요판단36메트릭스로 이는 평가 활동에서의 개관성을 보장하는 장점이 있다. 상기 내용은 〈그림 2-7〉로 제시한다.

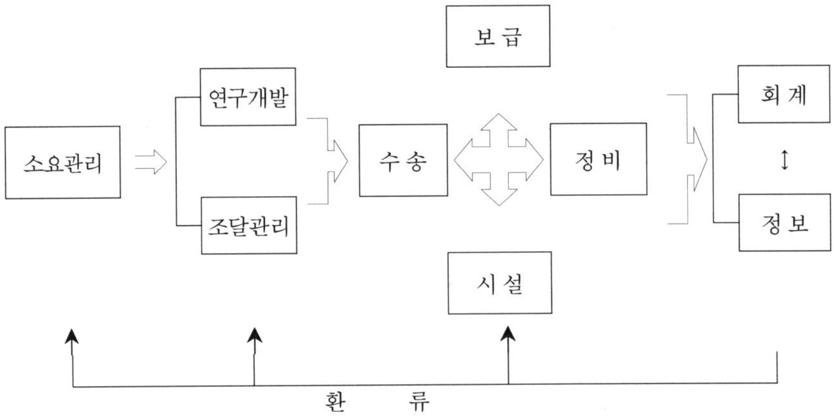

〈그림 2-7〉 환경군수관리 관점의 전쟁 지원 과정

[참고문헌]

1. 국군의학연구소, “물질안전보건자료(MSDS; Material Ssfety Data Sheets)", 국군의학연구소, 2009.
2. 국방부(2012), “비군사화기준”, 국방부
3. 국방부, “국방군수용어편람”, 1991 국방부
4. 김경주(2008), “이글루 탄약고에서 동력팬에 의한 결로 방지 효과”, 한양대학교 대학원 석사학위논문.
5. 김대식(1999), “항공기 엔진에 의한 대기오염”, 기술사, pp. 118-125.
6. 김재선(2013), “대규모 환경재난에 대한 국가개입의 의미와 한계, 조정적 보상모델에 관한 논의 - 미국 BP · 한국 허베이 스피리트 해양유류오염 보상사례를 중심으로-, 토지공법연구, 제62집, 8월, pp. 439-465.
7. 미해군번역본 “폭발물 처리” 종합군수학교
8. 박용하, 이정호, 윤정호, 이은정(2017), “군부대 주둔 및 이전 부지의 환경관리 정책 – 토양 · 지하수 환경을 중심으로-”, 한국환경정책 · 평가연구원.
9. 손병식(1991), “소요관리 강의 노트”, 육군군수관리학교.
10. _____(2009), “육군 군수품 흐름(Flow) 개선 방향”, 통권 제 58호 여름호, pp. 175-196.
11. _____(2013), “군수학원론”, 서울경제경영출판사.
12. _____(2014), “군수회계도입에 관한 연구”, 국방정책, 통권 106호, 제30권, 4호, pp. 183-211.
13. _____(2020), “봉사기관의 소요기반성과측정(RBPM) 요소개발”, 국제개발협력, 제15권 1호, pp. 95–127.
14. _____(2011), “국방구매공급관리”, 범한출판사.
15. 손승우, 윤정호, 조지혜, 김태헌, 전형진(2016), “드론을 이용한 환경재난 사후대응 기술 및 연구동향 분석 연구”, 한국환경정책 · 평가연구원.
16. 유광의, 김미경(2008), “공학의 항공기 엔진에 의한 오염물질 배출량 측정”, 한국항공경영학회 추계학술발표대회.
17. 이종찬, 김병선(1998), “군 이글루탄약고 결로예방을 위한 설계개선방안에 관한 연구”, 대한건축학회, 제14권, 4호, pp. 227-234.
18. 이종찬, 김석봉, 이필재, 김병선(2011), “파형강판 이글루탄약고 결로 감소방안연구 -63평형 탄약고를 중심으로-” 대한건축학회, 제27권 6호, pp. 85-92.
19. 조배숙 국감자료
20. 한국원자력산업회의, 해외기술정보 - 저준위방사성폐기물 수송, 원자력산업 pp. 74-75.
21. 해양수산부, 태안군청, “피해대책본부”, 2009.
22. 황정현, 이태광, 황사식(2013), “온실가스배출 감소와 연료 절감을 위한 최적 운용절차 방안에 관한 연구”, 한국항공운항학회, 제21권, 4호 pp. 62-70.
23. Alan Mckinnon, Michael Browne, MaJa piecyk and Anthony Whiteing(2015), “Green Logistics - Improving the Environmental sustainability of logistics”, 3rd. Chartered Institue of Logistics and Transport.

24. Hickey Ann M., and Alan M. Davis, "Unified Model of Requirement Elicitation" Journal of Management Information System, Spring Vol. 20, No. 4, 2004, pp. 65-84.
25. Hunt G., Robert, Jere D. Seller, and William e. Franklin(1992), "Resource and environmental Profile Analysis : A Life Cycle Environmental Assessment of Products and Procedures", Environmental Impact Assessment Review, Spring. pp. 245-269.
26. Katsioloudis Pertro J., and Mildred V. Jones, " Green Transportation for a Green Earth", Resources in Technology and Engineering, April, 2012, pp. 19-25.
27. Mullery, Geoff(1996), "The Perfect Requirement Myth", Requirement Engineering, Vol.1 132-134.
28. Niwa Kazuhiko(2008), "Fujitsu Activities for Green Logistics", Fujitsu Science and Technology Journal, Vol. 45, No. 1, pp. 28-32.
29. Penman Ivy, and James R. Stock(1994), "Environmental Issues in Logistics", The Logistics Handbook.
30. Sang-Hyuk Park, and Seung-Pil Namkung, "A Study on Facility Improvement in the Military Personal Firearms Shooting Range"'Journal of the Society of Disaster Information Vol. 14 No. 1. pp. 101-106.
31. Tim Schiderig, Frank Tietze and Cornelius Herstatt(2012), "Green innovation in technology and innovation management - an exploratory literature review", R & D Management Vol. 42, No. 2, pp. 180-192.
32. Whitten Patricia H.,(1995), "Logistics : desert storm and into the 21st century", U.S. Army Command and General Staff College.
33. Zhu Qinghua, Yong Geng, Joseph Sarkis, "Motivating Green Public Procurement in China : An Individual level Perspective", Journal of Environmental Management, Vol. 126, 2013, pp. 85-95.

Chapter 03

오염 관리

제 I 절 개요 및 개념

제 II 절 공기 : 대기오염

제 III 절 물 : 수질오염

제 IV 절 땅 : 토양오염

학습목표

본 장을 학습한 후 다음과 같은 내용을 확인할 수 있다.

1. 3대 오염원(수질, 토질 및 대기)에 대한 내용을 이해한다.
2. 대기오염원인 미세먼지, 황사, 석면 및 온실기체의 유해성을 이해한다.
3. 수질오염의 특징, 정화시설 및 군 오염원과 처리방법에 대해 이해한다.
4. 토양오염원의 범위 및 정화방법을 이해한다.

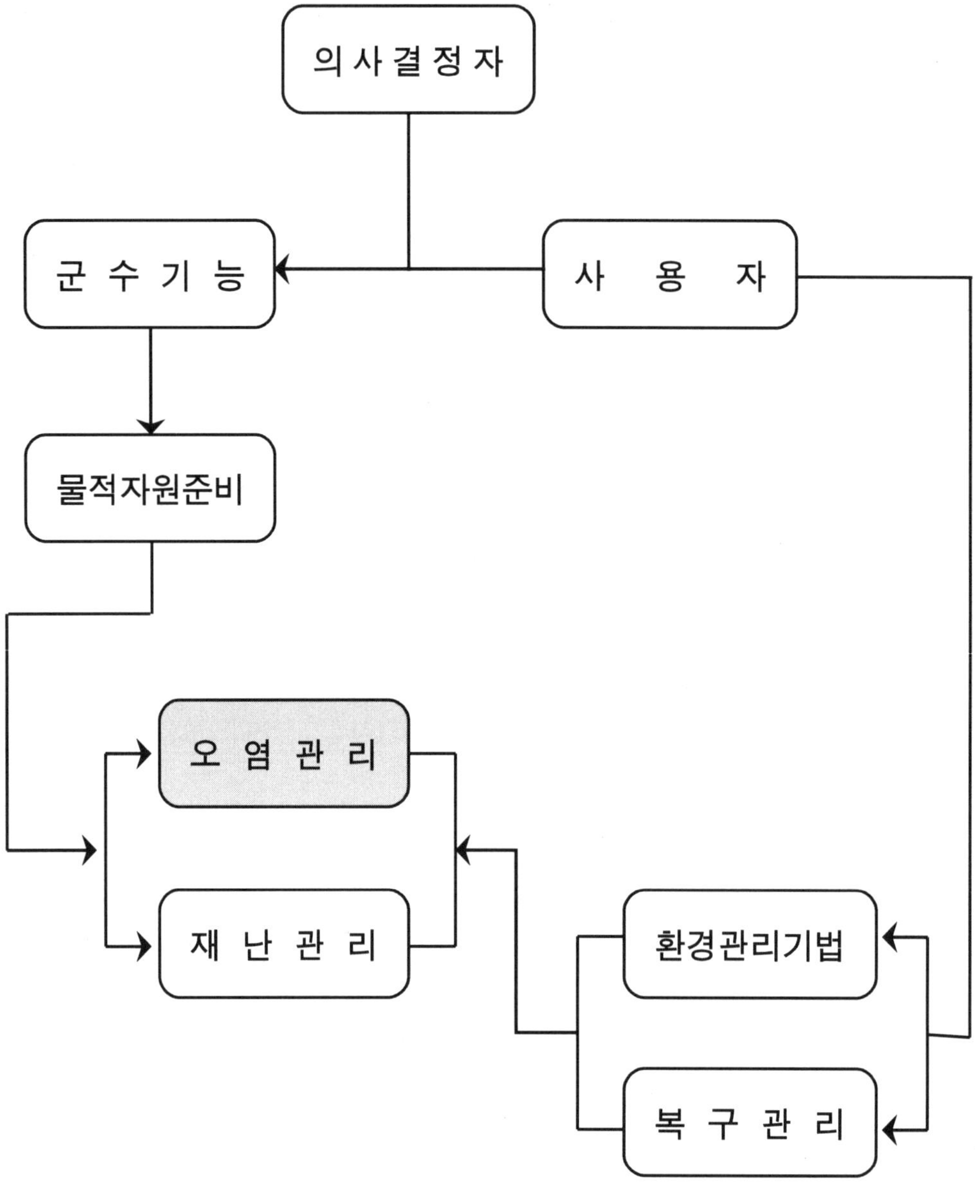
의사결정자
군 수 기 능
사 용 자
물적자원준비
오 염 관 리
재 난 관 리
환경관리기법
복 구 관 리

제 I 절 개요 및 개념

1. 개요

군수학의 태동이 전쟁을 바탕으로 성립된 학문임에는 틀림없다. 전쟁에서 승리를 위해 무기체계는 상대보다 우수해야 한다. 무기체계가 우수하다는 것은 국가의 산업기술이 앞서 있다는 말과 동일하다. 산업기술이 앞서 있다는 것은 과학이 진일보하였음을 의미한다. 진일보한 과학의 결과물을 바탕으로 그릇된 욕심을 충족하는데 사용하는 방법 중 하나가 전쟁이다. 그릇된 욕심으로 전쟁이 발발하였음은 역사에서 얼마든지 찾을 수 있다. 그릇된 욕심의 대가로 받은 아물지 않는 상처가 있다. 대표적인 예는 히로시마와 나카사끼에 투하된 원자폭탄이 그것이다. 과학과 기술의 결과인 원자폭탄이 환경을 악화시켰으나 역으로 과학과 기술이 원자력을 이용하여 환경을 개선하고 사람을 이롭게 하는 수단이기도 하다.

사람에게 치명상을 주는 탄약은 다양한 화학물질로 구성되어 있다. 탄약의 주성분은 Composition B이다. Composition B는 TNT(Tri-Nitro-Toluene) 40%, RDX(Royal Demolition eXplosive) 60%로 구성된 물질이다. RDX란 흙속 또는 물속의 물질로 미생물, 무척추 동물과 척추동물을 포함하여 생태계에 피해를 줄 수 있는 물질이다. 피해를 주는 과정은 불발탄 또는 불완전연소 상태에서 토양으로 유입된다. 토양으로 유입된 물질이 빗물에 녹아 수질오염을 유발하고 토양에 잔류물질이 토양오염을 유발한다.[22]

오염의 3대 분야는 토양, 수질 및 대기오염이다. 오염원에 대한 구분은 여러 연구자에 의해 진행되었는데 하천이 오염되는 경로를 기준으로 자연적 오염원과 인위적 오염원으로 구분하였다. 인위적 오염원은 자연적 오염원에 비해 광범위하다고 하였다.[32] 오염이 발생하는 지역을 기준으로 점오염원(PS pollution; Point Source pollution)과 비점오염원(NPS pollution; Non-point Source Pollution)으로 구분하고 투영법(TM; Transverse Mercator)을 적용하여 면오염원과 이동오염원으로 구분하기도 한다. 투영법은 가로, 세로 1km씩 세분된 격자망에 전체 배출원에 대해 누적 및 합산하는 방식이다. 점오염원은 특정 장소에서 오염물질이 배출되는 경우를 의미하고 비점오염원은 전체적인 지역에서 발생하는 오염원이다. 김진영(1999) 등은 오염원을 점오염원, 면오염원 및 선오염원으로 구분하였다.[14] 선 오염원은 이동오염원과 같은 의미이다. 끝으로 장삼수와 한현하(2000)는 고정오염원과 이동오염원으로 구분하였다.[52]

군수품과 관련된 오염원의 구분은 이동오염원과 고정오염원으로 구분하고 고정오염원은 점오염원, 비점오염원 및 면오염원으로 구분하였다. 고정오염원은 사격장, 정비창과 같은 고정된 장소에서 발생하는 오염이며 이동오염원 또는 선오염원은 전투기, 작전 중 이동하는 병력, 물자 수송용 일반 차량, 전차, 군함 등에 의해 발생하는 오염이다. 고정오염원 중 점오염원에는 사격장, 정비창 및 훈련장이고 비점오염원에는 포괄적으로 군용시설이다. 그리고 면오염원은 비점오염원에 포함되지 않는 소규모 오염원으로 전방초소와 독립중대이다. 군 오염원의 체계는 〈그림 3-1〉로 제시한다.

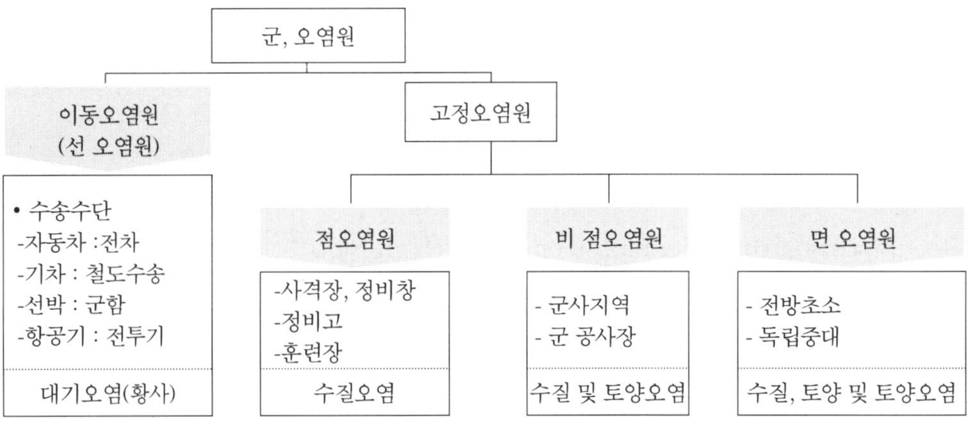

〈그림 3-1〉 군 오염원 체계

2. 개념

1) 점오염원과 비점오염원

점오염원과 비점오염원의 구분 기준은 오염을 유발하는 지역으로 한정할 수 있는지의 여부이다. 점오염원은 특정 지점에서 각종 정화시설을 거쳐 수로 등으로 오염물질을 배출하는 특성이 있다. 예로는 사격장, 정비창, 정비고 및 훈련장 등이다. 정화시설은 점오염원으로 폐수배출시설, 하수 발생시설 및 축사오염물 배출시설 등이다. 따라서 수질오염을 처리하는 정화시설에서는 제품 특성에 따라 다양한 오염물질을 배출함으로 특성에 맞는 처리시설을 갖추고 있어야 한다.[30]

구체적으로 석유화학업계의 정화시설은 에틸렌, 프로필렌 등을 기초 원료로 사용하고 아세트알데하이드 및 벤젠 등을 사용하여 중간제품을 생산하며 폴리염화비닐수지 등의 석유계탄화수소로부터 완성품을 생산한다. 여기에 포함된 수질오염 물질은 생화학적 산소요구량(BOD; Biochemical Oxygen Demand), 화학적 산소요구량(COD; Chemical Oxygen Demand) SS, T-N, T-P, 페놀(소독살균제), 철, 아연(강철 산화방지용), 포름알데히드(살균방부제)로 9개 항목을 확인하였다. 모든 석유화학제품은 물리, 화학 및 생물학적 처리방법을 사용하고 있다.

화력발전은 화석연료를 사용하여 열에너지를 얻어 기계에너지로 전환하고 기계에너지는 전기에너지로 변환하는 과정을 거쳐 전기를 생산한다. 전기를 생산하는 과정에서 발생하는 폐수배출원은 세정폐수가 대부분을 차지한다. 폐수에는 구리, 비소, 수은 및 BOD, COD 등이 포함되어 있다. 이들 물질은 물리 및 화학적으로 처리한다.

비점오염원은 특정되지 않은 도로, 농가, 공사장 및 각종 시설 등으로부터 축적된 오염물질이 강우 시 또는 폭설 시에 배출되는 오염원이므로 배출경로가 분명하지 않아 관리하는데 어려움이 있다. 유추의 근거는 2010년 말 한국의 하수도 보급률은 90% 이상, 하수관거 보급률은 78% 정도지만 가축분뇨 처리율이 10%에 불과하다는 환경부 자료 등의 연구 자료에서 찾을 수 있다. 최근의 연구자들은 비점오염원에 대한 다양한 접근을 시도하고 이에 대한 해결책을 제시하고 있다.[61,48,44]

점오염원은 배출경로 확인이 용이하여 대응책을 수립하기가 쉽다. 반면에 비점오염원은 배출경로를 특정할 수 없으므로 오염원을 찾아 문제점을 제거하는데 애로사항이 있다. 점오염원과 비점오염원의 비교는 〈표 3-1〉로 제시한다.

〈표 3-1〉 점오염원과 비점오염원의 비교

구 분	점오염원	비점오염원
기 준	특정한 시설	불특정 시설
통 제	용이함	애로발생
예	사격장 등	숙영지 등

2) 콜로이드[19]

(1) 개념

교질이라고 불리는 콜로이드(colloid)는 미립자의 상태로 대기 또는 수중에 흩어져 있다. 콜로이드에 대한 충분한 이해는 3대 오염원의 성질을 이해하고 정화 활동에 활용되므로 콜로이드의 설명이 필요하다. 콜로이드는 대기의 질을 정화하고 수질을 정수하는데 방해하는 물질이다. 콜로이드는 기체, 액체 및 고체에 포함되어 있으므로 논리적으로 9개로 분류되어야 한다. 그러나 기체 속에 기체는 규명되지 않아 현재는 8가지 분류가 있고 명칭은 5가지만 부여되어 있다. 일반명칭은 분산질과 분산매에 따라 부여된다. 명칭이 부여된 콜로이드는 기체 내에 존재하는 액체는 거품(foams), 액체 내에 있는 기체는 안개(fogs), 액체 내에 존재하는 액체는 이멀젼(emulsion), 고체 내에 존재하는 기체는 매연(smokes), 끝으로 고체 내에 있는 액체는 졸(sol) 또는 서스펜션(suspension)으로 지칭하고 있다. 분산질은 콜로이드 입자를 의미하고 분산매는 분산질을 분산시키는 매질을 의미한다. 〈그림 3-2〉는 콜로이드 분산표이다.

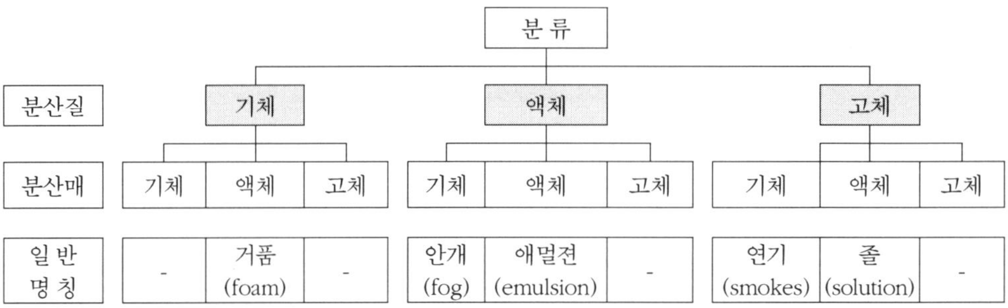

〈그림 3-2〉 콜로이드 분산표

(2) 성질

풀(glue)을 의미하는 콜로이드는 친수성(hydrophilic property)과 소수성(hydrophobic property)으로 분류된다. 콜로이드 입자의 크기는 거름종이를 통과할 만큼 작아 현미경으로만 볼 수 있을 정도이다. 입자의 크기는 1∼10nm(nano meter)의 범위이다. 입자의 질량이 너무 작으므로 중력이 거의 미치지 못하여 오염물질을 물리적 처리로 제거할 수 없으며 표면적이 매우 크다. 콜로이드의 모든 입자의 표면은 양전하 또는 음전하를 띠고 있다. 입자간 정전기 현상이 발생하여 동일한 전하만을 수용하고 안정화를 높인다. 따라서 콜로이드 입자 간 안정화를 파괴하기 위해 전기장 범위 내에 두면 어느 한 방향으로 이동하는 현상이 발생하게 되어 안정화를 파괴할 수 있다. 이를 전기영동(electrophoresis)라고 한다.

친수성은 물과 결합력이 좋은 상태이므로 안정도가 높아 친환경적인 특성이 있다. 친수성이 높은 물질은 비누, 가용성 녹말, 단백질 및 혈청 등이다. 소수성은 안정성이 낮으므로 물에 반발하는 입자들로 모두 전기적으로 하전되어 있다. 예를 들면, 오일류이고 하전이란 물체가 전기를 띠는 현상이다.

(3) 중요성

콜로이드는 식수의 탁도 제거, 용수 및 폐수처리 과정에서 발생하는 슬러지를 제거하는데 중요한 위치를 차지하고 있다. 게다가 공기 중 액체 및 고체의 분산은 대기오염을 발생시킬 수 있다. 대기오염의 연구대상은 안개, 스모그, 매연 및 황사 등과 같은 입자상 물질(PM; Particulate Matter)로 에어로졸이다.

제Ⅱ절 공기 : 대기 오염

1. 개요

대기오염물질은 공기 중에 포함된 환경 유해물질로 사람의 호흡기를 거쳐 인체 내부로 침투해 건강을 해친다. 대기 중 환경 유해물질은 수은, 납, 카드뮴, 6가 크롬, PBBs, PBDEs, 석면, Co_2, 황사 및 미세먼지 등이다. 황사 및 미세먼지를 살펴보는 이유는 군이 외부에서 훈련하는 동안 주의를 환기하기 위한 것이고, 환경 유해물질, 석면과 Co_2를 언급하는 목적은 환경 유해물질로부터 군수품의 사용자와 취급자를 보호하기 위함이다.

대기오염물질은 오염생성 과정에 따라 다양한 요인에 의해 1차 대기오염물질과 2차 대기오염물질로 구성된다. 1차 대기오염물질이 방출되면서 대기에 영향을 미치는 물질은 이산화황(SO_2; Sulfur diOxide), 납(Pb; Plumbum) 및 일산화탄소(CO; Carbon Oxides) 등이다. 2차 대기오염물질은 1차 대기오염물질에 대해 물리·화학적 반응으로 새로운 물질이 생성되어 오염을 유발한다. 예를 들면, 오존(O_3), 황산염 및 질산염 등이 해당한다. 2차 대기오염물질에 의한 심각성이 증대하면 선진국형 대기오염으로 여긴다.[60] 2017년 국립환경과학원에서 한국의 미세먼지(입상물질)의 농도는 OECD 국가 중에서 1위이고 이산화질소의 농도는 OECD 국가 중 상위 두 번째라고 하였다.

한국은 대기오염의 주요한 원인이 중국으로부터 유입되는 입상물질이라고 주장하고 있으나 중국은 이에 동의하지 않고 중국의 논리를 앞세우고 있다. 대기오염을 감소해야 하는 이유는 공기 중에 있는 자연물질과 인공물질이 물리·화학적으로 반응한 결과 생물에게 해로운 영향을 끼치는 기체이기 때문이다.[52,27] 인공물질이란 이산화질소, 일산화탄소, 탄화수소 및 아황산가스 등을 의미한다. 생물이란 살아있는 모든 생명체로서 식물과 곤충을 포함한 사람까지이다.

2. 발생원인 및 오염의 결과

선오염원은 이동오염원으로 수송수단을 통해 배출된다. 수송수단은 자동차, 선박, 항공기와 철도를 의미하지만 선오염원의 대부분은 자동차이다. 수송수단이 배출하는 오염물질은 총부유입자(TSP; Total Suspended Particulate), 일산화탄소(CO; Carbon Monoxide), 질소산화물(NOX; Nitrogen Oxides) 및 탄화수소(HC; Hydro Carbon)이다.[14,9]

공기를 오염시키는 원인 물질은 다량다종이다. 예를 들면, 입상물질, 먼지, 납, 황산, 오존, 벤젠 끝으로 탄화수소 등이다. 이들 물질은 고체와 액체로 구성된 입상물질, 미량의 산화물질인 황산화물(SOx), 불완전연소로 발생하는 맹독성 물질인 일산화탄소(CO), 식물성장의 방해와 천식을 유발하는 질소산화물(NO_X), 끝으로 자외선을 막아주기도 하고 식물의 생기를 상실케 하는 오존(O_3) 등이다.

대기오염원에 대한 김진영(1999) 등의 연구내용을 분석하면[14] 시대에 따라 배출되는 오염물질의 성분이 다를 수 있다는 것을 알 수 있다. 동시에 성분, 시대만이 아니라 지역, 공업화 정도, 과학기술 정도 및 생활 수준에 따라 차이가 있음을 유추할 수 있다.

위와 같은 물질을 관리해야 하는 기본적인 이유는 사람의 건강에 영향을 끼치기 때문이다. 구체적으로 총 먼지는 100㎛/m^3 당 2%~10%의 사망률을 증가시키고 PM_{10}은 10㎛/m^3 당 0.3%~1.2%의 사망률을 증가시킨다.[24] 이외에도 호흡기계(천식, 폐질환)와 정밀무기체계의 가동에도 영향을 미친다. 그 예로 1991년 걸프전에서 미군은 사막의 모래바람으로 정밀 장비의 가동에 애로사항을 경험하였다.

3. 미세먼지 및 황사

1) 개요

황사는 타클라마칸사막, 고비사막, 중국 북부 및 황토고원과 연평균 강수량 200mm 이하의 지역에서 발생하는 먼지이다. 이 먼지가 편서풍에 의해 한국으로 유입되면 황사이다.[45] 한국으로 유입된 황사는 백령도에서 시작하여 원주와 포항을 끝으로 약 12.7시간 동안 관측되었다.[8]

1980년대 이후 한국의 봄철에 빈번하게 발생하는 황사의 영어 표현은 Asian Dust, Dust, Yellow Dust 및 Fine Dust 등으로 다양하다. 일반적으로 사용하는 용어는 Asian Dust이다. 먼지는 대기 중 입경 범위가 0.1~0.500㎛인 입상물질 중의 하나이다. 입상물질은 공기 속에 포함된 고체와 액체의 입자이다. 입자의 크기에 따라 강하분진과 부유 분진으로 구분한다. 강하 분진은 무게기 무거워 침강하기 쉬우나 부유분진은 침강하기 어려우며 오랫동안 공기 중에 떠다니는 먼지이다.[51] 먼지는 고체이고 미세한 물방울인 안개는 액체이다. 입상물질인 PM_{10}과 $PM_{2.5}$에서 숫자 10과 2.5는 입자의 지름을 의미하고 단위는 100㎍/m^3이다. 구체적으로 PM_{10}의 굵기는 사람의 머리카락의 1/5에서 1/7정도 이며 $PM_{2.5}$는 1/20에서 1/30정도이다.

미세먼지는 자연적으로도 발생하지만 사람에게 악영향을 미치는 미세먼지는 화석연료의 연소과정과 자동차 배기가스에서 발생하는 황산화물(아황산가스SO_2), 질소산화물(NO, NO_2), 암모니아(NH_3) 가스 등이 공기 중 떠 있는 수증기, 오존 등과 결합한 화학반응의 결과이다. 끝으로 미세먼지의 영향은 입자상 물질이 대기 내에서 발생하면 가시도를 떨어뜨리며 기후변화에도 영향을 미친다. 중금속이 포함된 입상

물질은 사람의 건강에도 악영향을 끼친다.

구체적으로 대기오염이 높은 것으로 나타나는 도로변에 거주하는 어린이는 대식세포 내에 카본(carbon)의 농도가 높았고 카본의 농도가 높을수록 폐기능이 감소하였다. 대기 중의 미세먼지, 이산화질소(NO_2) 이산화황(SO_2) 및 오존 농도가 증가할수록 급성 뇌졸중 발병으로 사망률이 증가하였다. 끝으로 맹장염, 류머티즘 관절염 및 당뇨병 발생률이 증가한다는 연구 결과가 있다.[51]

2) 발생원인

황사가 발생하는 원인은 인구증가 및 기후조건이다. 첫째, 인구증가에 의한 사막화이다. 구체적으로 중국 동북에 있는 길림성, 요녕성 및 흑룡강성 3성을 지칭하는데 3성의 기후는 강수량보다 증발량이 더 많은 반건조 및 아습윤의 특성을 띠고 있다. 1950년 3성의 인구는 4천만 명에서 2004년 1억 1천만 명으로 증가한 결과 목초지와 습지가 감소하였다. 목초지와 습지가 감소하고 동북 3성의 토지가 사막화되었다.

둘째, 기후조건이다. 기후는 적설량(cm), 풍속(m/sec) 및 강수량(mm) 등이다. 먼저, 적설량이다. 2000년을 전 · 후로 적설량은 만주의 경우 200cm에서 100cm 이하로 급격히 줄었다. 적설량의 감소가 황사 발원횟수의 증가로 이어졌다는 것은 적설량이 많을수록 황사 발원횟수가 감소함을 의미한다. 상기 연구 결과는 쿠로사끼와 미카미(Kurosaki & Mikami, 2004)의 연구 결과와 일치한다.[70]

셋째, 풍속이다. 2000년에서부터 2002년 사이에 평균 풍속이 1968년부터 1996년보다 강해진 현상이 파악되었다. 2000년 이후 황사가 더 빈번히 발생하는 것으로 보아 풍속은 황사 발원에 직접적인 영향을 끼치는 것으로 파악하였다.[69] 바람이 불면 먼지가 발생하기에 좋은 조건을 형성하게 된다는 것이다.

끝으로 강수량이다. 만주의 강수량은 매년 7~ 8월에 집중하는데 2002년의 경우 7월에는 180mm까지 내렸으나 2007년부터 여름철 강수량이 100mm 이하로 감소하였다. 강수량의 감소는 땅이 메마르고 식물의 성장을 더디게 하여 사막화 진행 속도를 가속시켰다. 여름철의 강수량은 가을철과 겨울철의 황사 발원횟수와 관련이 있다. 따라서 황사의 발생은 사막화, 강수량, 바람의 방향 및 풍속에 의해 영향을 받는다고 볼 수 있다.

3) 오염 결과

황사는 만주 및 중국의 일부 지역에서 발생한 단순한 모래 먼지와 중국 동부의 산업 지역을 거친 이후에 한국으로 유입된다. 중국의 산업 지역을 지나는 동안 중금속이 포함된 대기오염물질은 한국인의 건강을 위협하고 있다. 예를 들어, 2015년 2월 22일 11시부터 발생한 고농도의 황사는 단순한 모래 먼지를 포함한 황사라기보다는 중국 동부 산업 지역에서 발원한 2차 대기오염물질이 포함되어 있음을 확인하였다.[21] 동일한 주장은 양금희(2016) 등이 진행한 국가 배경농도를 분석한 결과와 일치하고 있다.[31]

한국으로 유입된 황사는 미세하며 인체에 유해한 물질로 구성되어 있다. 구성된 물질은 대기의 가시도를 떨어뜨리고, 정밀기기의 작동에 악영향을 끼치며 인체에는 눈병을 유발하고, 호흡기를 통한 폐포 깊숙이 침투하는 것으로 파악되었다. 따라서 만성적인 황사의 발생은 사회경제적 손실과 더불어 국민의 건강을 침해하므로 잠재적 재난 차원에서 관리하여야 한다.

군에서는 장병의 훈련과 경계할 때에도 건강에 필요한 지원계획을 수립하고 있다. 동시에 정밀 장비 및 물자는 주기적인 측정과 정비로 군수품의 가동상태에 이상이 없도록 해야 한다. 미군의 야전교범(FM; Field Manuel) 100-5 작전에서는 기후의 상태는 무기체계와 부대 운영에 영향을 미친다고 하였다.[66] 사막의 폭풍 작전에서 모래 먼지는 전쟁을 준비하고 지원하는 과정에서 적지 않은 영향을 끼쳤다. 현재 한국군도 황사가 나쁜 단계에 도달하면 훈련을 중단하고 있다. 장시간 다수의 황사 및 미세먼지에 노출된 정밀 장비는 순환정비에 의한 분해수리가 요구된다.

4. 석면, 6대 환경유해물질 및 오존층파괴물질

1) 석면[42,62,25]

(1) 개요

석면은 일반적으로 지칭하는 용어로 6가지 규산염 광물을 포함한 물질의 총칭이다. 6가지의 규산염 광물은 백석면(chrysotile), 청석면(crocidolite), 갈석면(amosite), 녹섬석(actinolite), 직섬석(anthophyllite) 및 투섬석(tremolite)이다. 6가지 규산염 광물의 특성 중 백석면을 제외한 나머지 석면은 각섬석 계통으로 길이가 짧고 끝이 날카로운 바늘과 같은 모양을 띠고 있으며 부서지기 쉬운 특성이 있다. 반면에 백석면은 길고 유연성이 있으며 모양은 구부러져 있다.

(2) 특성과 유해성

석면은 다음과 같은 몇 가지 특성으로 건축자재에서 많이 사용하고 있으며 물에 녹지 않고 불에 타지 않으며 비휘발성이고 화학약품이나 미생물에 의해 분해되지 않고 보온성이 뛰어나며 쉽게 닳지 않는다. 동시에 가격이 저렴한 특징이 있어 사용자가 선호하는 재질이다. 길이는 8㎛이상 직적 0.25㎛이며 직경은 0.02~0.03㎛를 가진 입자로 호흡기계를 거쳐 인체에 쉽게 침착되는 발암물질이다.

미국의 보건복지부에 따르면 석면 관련 암 발생은 누적하여 연간 5~1,200 fiber/cc가 발생하는 것으로 보고하고 있다. 관련하여 발생하는 질환은 석면폐, 폐암, 악성중피중 이외에도 흉막비후, 흉막삼출 등이다. 석면폐는 폐의 탄력이 저하되고, 폐암은 30년 내 · 외의 잠재기가 있으며 악성중피중은 흉막이나 복막에 발생하는 암이다.

(3) 석면이 사용되는 제품 및 군수품

석면의 사용양은 시대별로 차이가 있다. 새마을 운동과 건설산업의 부흥기인 1970년대는 96%가 건축자재로 1990년대는 슬레이트(slate)와 보온 단열재로 82.3%가 사용되었다. 이후 경제가 어려웠던 IMF 때에는 사용량이 감소하고 이후에는 부작용으로 사용이 줄고 있다.

한국의 군수품의 수는 대략 80만 품목으로 언급하는데 한국품질재단(2009)은 규격서와 도면을 검토한 결과 군수품 중 2,234품목에 석면이 포함되었다고 하였다. 2,234개 품목을 확인하는 과정은 다음과 같다. 먼저, 규격서와 도면이 있는 군수품은 목록자료와 도면검토를 확인하였고 둘째, 규격서와 도면이 없으면 국가품목식별번호(NIIN; National Item Identification Number)를 확인하였다. 끝으로 재고번호가 부여되지 않은 품목은 나토목록제도(FLIS; Federal Logistics Information System)를 확인하였다. 분류 과정을 거쳐 최종 확인된 2,234개의 군수품 중 가스켓 91%, 패킹 6%, 압축 석면판과 라이닝이 1%이며 단열판 조립체, 방열 장갑, 방열복, 오링, 조인트, 석면포, 시일 및 펠트가 각각 1개 품목씩을 검출하였다. 상기의 품목은 기술변경으로 다른 재질로 대체하기 위해 17개 종의 KS 제 · 개정안을 제시하고 이중 1개 종은 KS 개정(안)이며 16개 종은 KS 제정(안)이다.[62] 규격서, 도면, 국가품목식별번호, 재고번호 및 기술변경은 졸저인 국방구매공급관리를 참고한다.

2) 6대 환경유해물질

(1) 개요

6대 환경유해물질은 납(Pb), 카드늄(Cd), 수은(Hg) 6가크롬($Cr^{+}6$), 폴리브롬민네이트디페닐(PBBs; Poly Brominated Biphenyls)과 폴리브롬화디페닐에테르(PBDEs; Poly Brominated Diphenyls Ethers)이다.[62] 6대 환경유해물질은 국방규격, KS규격, 한국페인트잉크 공업협동조합 규격, 미국 연방규격서와 미국방부 규격서에서 확인하였다.

상기 물질은 사람이 일상생활을 하거나 업무를 수행하는데 발생하는 물질이다. 물질이 사람에게 악영향을 미치므로 국제적으로 관리할 필요성이 있다. 관리 방법은 수 · 출입 규제를 위한 유해화학물질 사전통보승인(PIC; Prior Informend Consent) 협약과 잔류성 유기오염물질(POPs; Persistant Organic Pollutant)을 규제하기 위한 협약 및 기후변화협약 등이 있다. POPs는 자연환경에서 분해되지 않고 먹이사슬을 통해 동 · 식물 체내에서 축적되어 면역체계를 교란하며 중추신경계에 심각한 영향을 끼치는 유해물질이다. 이외에도 다이옥신, DDT, 퓨란 및 올드린 등과 같은 12개 물질이 더 있다. 중국과 일본에서도 유해물질에 대한 수 · 출입 및 제조 등에 규제를 강화하고 있다.

(2) 특성과 유해성

6대 환경유해물질은 도장용 페인트류로 미연방분류체계(FSC; Federal Supply Classification)에 등록된 군수품으로 146,200개 품목이다. FSC는 중금속과 할로겐 난연제로 구분할 수 있다. 중금속은 납, 카드늄, 수은이고 할로겐 난연제는 6가 크롬, PBBs 및 PBDEs 이다. 먼저, 납의 용도는 축전제, 크리스탈 유리, TV 브라운관, 도기의 광택용 유약, 방청도료 및 탄에 사용된다.[28] 탄에 사용된 납은 중금속으로 개인화기 사격장 및 포사격장을 오염시킨다.[16] 납이 인체에 미치는 악영향은 고혈압, 불임 및 유산, 조직 손상으로 의한 정자감소 및 중추신경 손상 등이다.

카드뮴은 금속 도금, 고무와 플라스틱 안정제 그리고 광택제으로 사용된다.[62] 카드뮴은 일반적으로 공기를 흡입함으로써 노출된다. 군의 경우는 정비창에서 분해수리 완료 후 도색 과정에서 노출될 수 있다. 호흡기를 거쳐 인체로 흡수된 카드뮴은 간과 신장에 축적되어 전립선암과 신장암 유발과 관련성이 있다. 카드뮴의 반감기는 약 30년 정도로 그 배설속도가 느리므로 체외배설이 어렵다.[15]

수은의 용도는 형광등, 램프 등 광원류, 스위치 및 전지 등 전기, 전자 제품류, 전기류, 화장품류 등의 발광용, 의약용, 소독용 및 살균용이다.[57] 수은은 중독되는 현상이 있어 급성으로 노출되었을 때에는 구강 점막의 염증, 화학적 폐렴 및 구내염 등이 발생할 수 있다. 수은중독 상태에서는 손발의 떨림 증상이 발생하는데 심각한 경우는 전신경련도 발생할 수 있다. 그리고 흥분 및 불안감 등의 정서 불안이 나타나기도 한다.[10] 위와 같은 수은의 위험성으로 과거에 사용하였던 수은 체온계 및 수은 전지는 전자 체온계 및 알카리 전지로 대체하여 사용하고 있으므로 현재 군은 수은이 함유된 군수품을 조달하지 않고 있다.

산화를 방지하는 성질을 가진 크롬은 상태에 따라 -2가에서 +6가까지 존재한다. 안정적 형태는 0가인 금속, +3가 및 +6가이며 노출은 호흡과 작업과정에서 발생한다. 호흡 중 노출은 매립지의 오염, 시멘트 분진 끝으로 담배 연기 등이고 작업 과정 중 노출은 합금 및 강철의 용접, 크롬 도금 도료 및 안료 제조 과정에서 발생한다. 특히, 정비창의 분해수리 과정에서 도금 및 위장도색의 경우에 노출될 수 있다. +6크롬에 노출되는 경우 인체에서 발생하는 증상은 단순한 재채기로부터 폐암 및 급사에 이른다.[17]

끝으로 난연제인 PBBs와 PBDEs 이다. 이들 제품의 독성은 피부병과 간암을 유발할 수 있다.[33] 상기와 같은 환경 유해물질을 포함하고 있는 4개의 페인트 품목에 적용하는 규격으로 장비용 담회색 에나멜(MIL-DTL-10590D), 위장용 알키드 에나멜(MIL-DTL-53039C) 등의 3개는 사용자의 안전을 위해 KS 제정(안)을 제시하였다.[17] MIL-DTL은 미국의 국방부에서 사용하는 규격의 약자로 MILitary-DETail 이다.

3) 온실 기체

(1) 개념

지구는 태양으로부터 받는 에너지가 없다면 완전한 폐쇄시스템이다. 에너지는 빛이며 빛에는 파장이 있고 파장이 짧은 자외선, 눈에 보이는 가시광선 그리고 눈에 보이지 않는 적외선을 포함한다. 지구에 대기가 없다면 지구의 평균온도는 255K(-18℃)이지만 지구에 도달한 전자파형태의 열복사를 받은 후 에너지를 흡수 및 발산하는 과정의 결과로 288K(15℃)를 유지할 수 있다. 이 과정이 온실효과이며 K는 절대온도이다.

사람의 편리함을 위해 사용하였던 화석연료와 삼림개간이 온실기체의 량을 증가하여 지구의 기온이 상승하고 극지방의 빙하를 녹여 해수면을 상승시켰다. 해수면의 상승이 특정 도시를 물에 잠기게 만들 수 있고 빈번한 홍수와 가뭄의 발생 등은 엘리뇨(El Nino) 현상, 지구의 사막화 현상 및 식량난의 가속화 등으로 지구상에 식생하는 모든 동식물에게 나쁜 영향을 끼치고 있다.

산업화 이전에는 온실효과가 생명체의 생존을 가능하였으나 산업화 이후 사람이 발생하는 온실기체의 과도한 증가로 잠재적 재난에서 명시적 재난이 됐다. 이를 2019년 영국의 더 가디언스(The Guardian)지는 기후변화를 기후위기로 지칭하였다.

소량의 기체라고 할지라도 지구온난화에 영향을 미치는 정도에 따라 설정된 기준이 지구온난화지수이다. 지구온난화지수는 이산화탄소가 지구온난화에 영향을 미치는 정도를 1이라고 할 때 메탄은 21, 아산화질소는 310, 끝으로 냉매 및 세척용으로 사용하는 HFCs 등은 1,300～23,900이다.

온실기체 구성 비율은 수증기(H_2O)를 포함한, 이산화탄소(carbon dioxide) 64%, 메탄(CH_4) 24%, 아산화질소(N_2O) 6% 이외에도 인공합성 기체인 냉매로 불리는 염화플루오리화탄소(또는 염화불화탄소, CFCs; Chlorofluorocarbons), 과불화탄소, 수소불화탄소 및 육불화항(SF_6)의 등으로 시대에 따라 변화하였다. 1980년대 이후 온실효과 기여도는 이산화탄소가 85%로 가장 높고 메탄이 12%이다.[12] 수증기와 아산화질소를 제외한 관심의 대상이 되는 물질은 이산화탄소, 메탄, HFCs 및 SF_6 등의 온실기체이다. 수증기는 수문현상 즉 수증기 순환과 관련이 있어 제외한다. 이와 같은 문제를 환경군수학에서 언급하는 목적은 다음과 같다. 기후문제는 환경문제로 그칠 사항이 아니라 경제활동의 한 축을 담당하고 있는 군수산업에도 영향을 끼치고 있기 때문이다.

(2) 이산화탄소(CO_2)

① 사용실태

2001년부터 2017년까지 아프가니스탄 지역에서 전쟁을 수행한 미군은 화석연료의 소비를 통해 방출한 이산화탄소의 양은 7억 6천m^2 톤으로 추정하고 있다.[65] 그런가 하면 2017년을 기준으로 미군의 1일 석유구매량이 269,230배럴(barrels)로 세계에서 47번째로 이산화탄소를 배출하고 있는 페루와 포르투갈보다 많다.[68]

한국군이 사용하는 거의 모든 장비에서 화석연료를 사용하고 있으면서 이산화탄소를 배출하고 있다. 구체적으로 장비는 차량을 포함한 일반장비, 구레이다 등의 공병장비, 기동장비, 화력장비, 항공장비 및 기동지원장비 등이다. 이외에도 B. C 소화기 약제인 이산화탄소는 물을 사용할 수 없는 전자장비의 화재진압용으로 사용한다.

② 독성

대기권으로 방출된 이산화탄소가 100년 이상 머무르면서 열을 흡수하므로 온실효과의 주범으로 거론된다. 이산화탄소는 대기 중 2.5%까지는 생존에 문제가 없으나 3%이상 이면 호흡과 어지럼증이 발생하고 4% 이상이면 두통 및 구토를 유발하며 6%이상은 호흡수가 증가한다. 그리고 17%가 넘으면 고농도 이산화탄소의 호흡으로 1분 내로 치명에 이른다. OHSA(Occupational Safety and Health Administration)는 대기 중 0.5%의 이산화탄소를 포함하고 있는 작업환경에서는 평균 8시간 이상의 작업을 할 수 없도록 규정하고 있다. 따라서 이산화탄소의 독성으로 소화기의 소화제로 사용하는 경우 밀폐된 공간과 사람이 상주하는 장소에서는 소화기 사용을 금지하고 있다. 끝으로 이산화탄소의 소화기는 표면화재를 진압할 수 있을 뿐아니라 공기보다 무거우므로 심부화재에도 적합하다. 심부화재란 속불을 의미하며 가연물 내부에서 연소하는 화재이다.

(3) 아산화질소(N_2O)

① 발생원

지구 온난화 지수가 310이고 대기에 약 180년 동안 머무르는 아산화질소는 폐기물의 소각과정, 질소비료의 질산화 및 탈질과정에서 발생한다.[36] 아산화질소는 디젤엔진의 황첨가제가 농도를 증가시키는 것으로 입증되었고 산업혁명 이후 8%였으나 매년 0.2%~0.3%로 증가하고 있는 실정이다.[3,36]

② 독성 및 활용

이산화탄소, 메탄에 이어 3번째로 많은 기체로 무색, 무취의 가스인 아산화질소는 농경지 토양 내에 미생물의 대사 과정에서 발생하며 물리적으로는 산소와 혼합될 때 연소를 도울 수 있고 의학적으로 아산화질소의 노출로 급성 폐부종 증상이 나타나는 것으로 보고되었다.[63,54] 마취제로 매년 87,609kg이 사용되는 것으로 보고되고 있다. 한국의 허용농도(TLV; Threshold Limit Value)는 시간가중평균치(TWA; Time Weighted Average)로 50ppm(90mg/m^3)으로 제시하고 있다.[34] 권고노출기준(REL; Recommended Exposure Limit)은 시간가중평균치 25ppm(45mg/m^3) 이다. TLV는 1일 8시간을 기준으로 산출된 유해물질 평균농도이다.

(4) 메탄(CH_4)

① 발생원

천연가스(LNG)의 주성분인 메탄(Methane)은 음식물 쓰레기, 소, 돼지와 같은 배설물에서 유기물을 분해할 때 발생한다. 발생원은 인위적 발생원과 자연적 발생원으로 구분한다. 인위적 발생원은 매립지이고 자연적 발생원은 습지이다. 매립지는 폐기물 매립지이다. 폐기물은 도시폐기물이며 도시폐기물의 톤당 160~250m^3의 매립가스가 발생하며 기체의 주성분은 매탄이 55% 이산화탄소가 44%이며 1% 미만의 유해한 가스 물질이다.[67] 매립 후 3개월부터 배출되는 가스는 20년에서 50년 동안 계속된다.[56]

② 독성 및 활용

메탄은 무색, 무취이며 분해되지 않고 대기 중에서 10년 정도 머무르며 열을 흡수하는 능력은 약 20~30배에 이른다.[13] 대기 중 메탄이 5~15%가 포함되어 있으면 폭발할 위험성이 있고 0.5% 농도의 메탄에 장기 노출되면 호흡곤란을 유발하는 유해기체이다.[56] 매립지에서 폐기물의 매립 가스에는 악취가 발생하고 악취를 유발하는 기체는 황화수소(H2S; Hydrogen Sulfide)이다. 황화수소는 사람의 후각을 자극하고 불쾌감과 혐오감을 느끼게 하며 농도가 진하면 호흡곤란을 유발한다.

(5) 불소계 기체

① 발생원

1930년대 이후 사용량이 급격히 증가한 CFCs는 냉장고 및 에어콘의 냉매, 살충제, 세정제, 제습기 및 다양한 분무용 제품 등에서 사용한다. 사용되는 냉매는 저온의 물체로부터 열을 빼앗아 고온의 물체로 전달하는 기체이다.

온실기체 중 배출량이 5% 미만으로 낮은 불소를 포함하고 있는 불소계 온실기체이다.[20] 불소계 온실기체는 수소불화탄소(HFCs,; HydroFluoroCarbons), 과불화탄소(PFCs; PerFluoroCarbons), 육불화황(SF_6; SulFur hexafluoride)을 비롯한 삼불화질소(NF_3; Nitrogen triFluoride)이다. 삼불화질소는 포스트 교토의정서에서 언급한 감축 대상의 물질이다. 화학적으로 안정된 특징을 지닌 PFCs는 탄소가 포함된 가스와 무기성 가스로 구분되며 불소계기체는 반도체 및 디스플레이의 식각(eching)과정, 화학기상증착(CVD; Chemical Vapor Deposition)공정 그리고 군수품 중 궤도장비와 헬리콥터 등에서 사용한다.[50]

② 문제점

냉매는 고온의 대기 중에서 100년 이상 분해되지 않고 존재하며 열 흡수능력은 이산화탄소의 1,400~23,900에 이른다. 냉매를 구성하는 탄소, 수소, 불소 및 염소의 유무에 따라 염화불화탄소, 수소불화탄소 및 수소염화불화탄소로 지칭한다. 염화불화탄소 등의 불소계 가스가 소량이라고 할지라도 오존층을 파괴하는 원인 물질로 밝혀짐에 따라 사용이 금지되고 있다.[46] 수소불화탄소는 지구온난화지수(GWP; Global Warming Potential)가 1,300으로 높아 감축 대상이 되는 물질이다. HFCs의 18종 감축 시기는 2024년을 기준으로 규제를 시작하여 2045년까지 80%를 감축할 예정이다.[23]

(6) 육불화황(SF_6)

① 발생원

육불화황은 사람이 방출하는 무색, 무취 및 무독의 물질이다. 1953년 이전에는 거의 존재하지 않았던 기체로 1996년에는 약 92,000톤에 달한다.[47] 절연기체로 보급되면서 농도가 급격하게 증가하고 있는 육불화황은 LCD 모니터, 방음창, 자동차 타이어, 가스누출 검사용, 소화기, 금속산업 및 반도체에 사용된다.[38] 특히, 반도체에서 사용되는 육불화황의 제조공정은 절연성의 특성으로 식각공정과 세정공정이다.[20] 대다수의 연구에서 반도체 생산의 강대국인 한국이 육불화황의 배출량이 많을 것으로 판단하고 있다.

② 문제점

육불화황은 인체에 미치는 영향이 거의 없는 안전한 기체로 평가되고 있다.[1] 그러나 일단 방출된 육불화황은 약 800년에서 3,200년까지 대기 중에 머무른다. 그리고 이산화탄소와 같은 농도로 유지될 때 지구온난화지수는 22,800배에 달한다.[39] 이렇게 보면 육불화황은 온실기체 중 체류시간과 온난화지수가 길고 높은 물질이므로 관리에 세심한 주의가 요구되는 물질 중의 하나이다.

(7) 국제협약

화석원료의 사용으로 증가한 온실효과를 억제하기 위한 국제적인 노력은 다양한 국제협약의 결실로 나타났다. 국제협약의 계기는 1972년 로마클럽 보고서 "성장의 한계(The limits of growth)"를 계기로 환경에 관한 관심이 고조된 이후부터이다. 먼저, 오존층 파괴물질(ODS; Ozeon Depleting Substances)의 생산량과 소비량을 점차적으로 축소하도록 규정한 국제협약은 몬트리올 의정서(1987)를 비롯하여 리우환경회의(1992), 교토의정서(1997), 파리협정(2015) 및 최근 키갈리(Kigali)의정서(2016) 등이 있다.

먼저, 리우환경회의에서 기후변화협약이 채택된 이후 지구온난화 현상을 예방하기 위한 노력의 계기가 되었다. 이후 교토의정서가 채택되었으나 우여곡절을 겪은 후 2005년에 발효되었다. 리우환경회의가 선언적 회의라고 한다면 법적 집행력을 갖는 국제협약은 교토의정서이다. 교토의정서의 의의는 첫째, 온실기체 감축을 위해 국가별 차별적인 감축 목표를 부여하고 선진국은 개발도상국가에 대해 재정지원과 기술이전의 의무를 제시하였다. 둘째, 온실기체에 대한 분명한 대상을 제시하였다.[35] 감축대상은 이산화탄소, 아산화질소, 메탄, 수소불화탄소, 과불화탄소 및 육불화황이다.

온실기체, 기후 및 생태계 변화를 유발하는 물질에 대한 국제적 관리지침은 몬트리올 의정서에서 처음 제시되었다. 몬트리올 의정서는 냉매로서 염화불화탄소, 수소염화불화탄소, 수소불화탄소 사용량을 줄이거나 금지하였다. 최근 키갈리개정서에서는 수소불화탄소 18종을 대상으로 2024년에 기준 수량을 설정하고 2045년까지 80%를 감축하는 것을 목표로 하였다. 온실기체에 관한 내용을 〈그림 3-3〉과 〈그림 3-4〉로 정리하였다.

온실기체

종 류	CO_2 (이산화탄소)	CH_4 (메탄)	HFCs, PFCs (수소불화탄소) (과불화탄소)	N_2O (아산화질소)	SF_6 (육불화황)
CAS-NO[1)]	124-38-9	74-82-8	HFCs : 75-46-7 PFCs : 308069-13-8	10024-97-2	2551-62-4
독 성	• 특정 시간, 농도, 노출 부위에 따라 다르므로 세심한 주의가 필요함. * 인체 노출시 즉시 의사의 지시에 따름.				
용 도	소화기 약제	천연가스	HFCs : 반도체 제조 PFCs : 반도체 세정	마취제	반도체, 자동차 생산공정
제 품 및 군수품	•장비 - 일반장비 - 기동장비 - 화력장비 등 •소화기의 약제 - 장갑차 - 전 차 - 함 정 등	매립 가스 회수 장치로 활용	• HFCs : 18종 •장비, 소화기 약제 - 일반장비, 기동 - 궤도장비, 헬기 - 폐가전제품, 폐차 (회수, 저장, 수송 과정에서 탈루 발생)	• 마취제 • 로케트 연료	반도체 자동차 LCD 가스누출검사용 소화기 송전선로
규제 법률 (협약)	• 리우 환경회의(1992) : 지구 온난화 예방 노력 계기 • 교토 의정서(1997) : 법적 집행력 부여 • 키갈리 개정서(2016) 45년까지 80% 감축 2024년 사용 금지				

〈그림 3-3〉 국제 협약 내용

1) CAS(Chemical Abstract Service) 등록번호

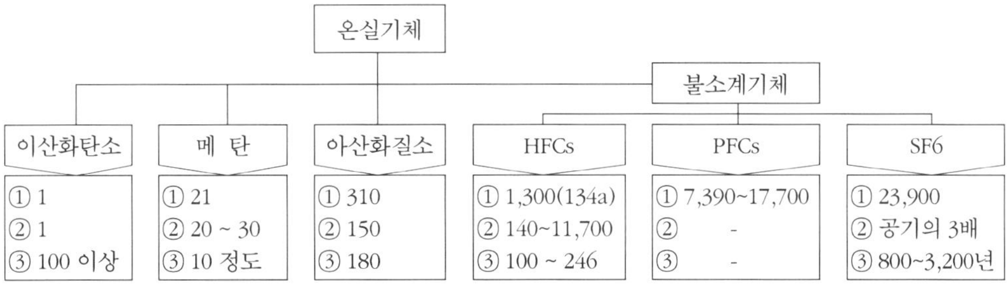

* 위 수치는 편차(±)가 존재함
① 지구온난화지수 ② 열흡수능력 ③ 대기 중 체류기간(년)

〈그림 3-4〉 온실기체의 특성

(8) 군의 대비

에너지원으로 사용하는 다양한 물질로부터 발생하는 온실기체가 산업구조조정을 요구하고 있다. 군수품 역시 생산 및 사용하는 과정에서 발생하는 온실기체에 대한 감축 노력은 군의 소요제기에서부터 시작하여야 한다. 군이 사용자로 소요를 제기하면 민간에서 생산한다. 소요제기는 기술변경을 전제로 생산자가 교범을 작성하여 사용자에게 배포하는 것을 포함한다. 소요제기를 위해 사용자는 공급자의 기술 수준을 파악하고 있어야 한다. 민간 과학 기술 수준의 파악은 대체 물질에 대한 소요제기 능력을 향상하고, 사용한 제품의 폐 · 처리에 관한 사전 행정적 조치를 수행할 수 있게 한다. 끝으로 국제환경규격에 맞는 무기체계의 소요제기는 군수품의 해외시장 개척 전략을 추구하며 국가경쟁력 향상을 도모할 수 있다.

제Ⅲ절 물 : 수질오염

1. 개요

물이 적으면 가뭄이나 사막화 현상을 유발하므로 위기관리 차원에서 관리할 필요성이 제기된다. 반대로 물이 필요량 이상으로 많을 때 홍수가 발생하여 재난 발생의 원인이 되기도 한다.

군 작전에서 사용한 물의 예는 사막의 폭풍 작전 동안 걸프전에 참여한 미군의 각 사단에서 사용한 식수의 양은 평균적으로 21.3만 겔론(gallon)이다.[66] 간단하고 단순한 물이라고 여기겠지만 다른 군수품과 못지않게 물은 어디에서나 필수품이다. 간단하고 단순하게 보이는 물을 병력에 지원한다는 것은 단순한 물 그 이상이다. 그 이상인 이유는 기후가 다른 환경과 장거리 수송을 전제로 하는 원정작전을 수행하기 때문이다. 물에 대한 의사결정은 육하원칙과 상황판단요소를 고려한다. 예를 들면, 얼마나 많은 사람이 있는가, 얼마의 양이 필요하는가, 물의 질적 상태인 규격은 어떻게 설정되어 있는가 등을 파악하고 물을 수송하기 위한 장비, 저장하기 위한 시설, 음용자에게까지 도달하는데 걸리는 시간, 거리 및 포장 방법 등 말할 수 없는 수 많은 사항을 결정해야 한다. 소요결정을 위한 도구로 소요판단36메트릭스를 활용할 수 있다. 소요판단36메트릭스는 체계적인 그리고 과학적인 정량적 및 정성적 분석 도구이다.[29]

물과 관련된 군수 기능은 소요, 조달, 보급, 수송, 시설 및 의무 기능이 협력하여 원하는 장소, 시간, 수량 및 규격 등을 충족할 수 있다. 미국은 근무 기능(logistics service)에서 물의 보급을 담당하고 있으나 한국은 군수 병과 중 병참에서 물 보급을 담당한다. 용어만 다를 뿐 기능은 동일하다.

물은 사람의 몸을 구성하는 물질 중 70%이므로 생명과 같다. 그러므로 물은 사람이 생명을 영유하고 제품 생산을 위한 제조과정에서 끝으로 정비창에서 분해수리 정비과정 동안 절대량의 물이 필요하다. 물을 사용한 목적이야 어떠하든 한 번 사용한 물은 폐수이다. 폐수를 여과 없이 장기간 방류함으로써 사람에게 돌아오는 결과는 재앙이다. 재앙을 예방하기 위해 사람은 다양한 방법으로 폐수가 발생하는 원인에 따라 정화하는 방법을 제시하고 있다.

폐수의 발생 원인은 유기물의 자연적인 부패, 공장폐수, 생활하수, 토양침식 및 상업폐수 등으로 다양하다. 오염된 물을 폐수 또는 오수라고 지칭하며 특성은 오염물의 형태에 따라 부유, 콜로이드 및 용존으로 구분하고 처리공정에 따라 물리적, 생물학적 및 화학적 3가지로 구분할 수 있다.[26,5,54] 폐수의 특성을 〈그림 3-5〉와 같이 구분한다.

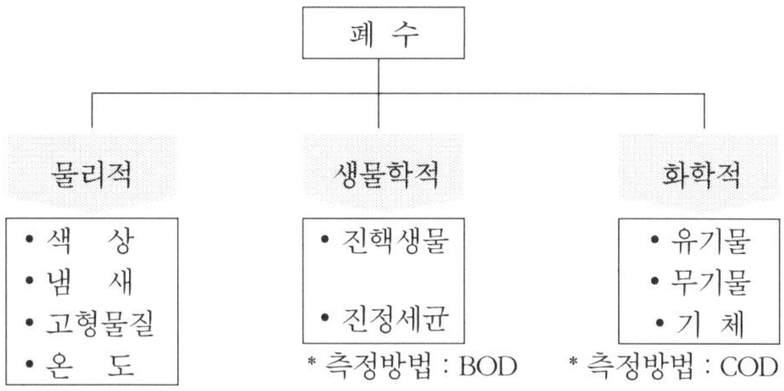

〈그림 3-5〉 폐수의 특징

2. 폐수의 특성

1) 개요

사람의 생활을 위해 사용했던 폐수는 상수와 일반수계로 구분되며 이는 물리적, 화학적 및 생물학적으로 차이가 있다. 먼저 외관상 특성인 물리적 특성은 온도, 색상, 냄새 및 고형물이며 화학적 특성은 무기물질과 유기물질의 함유량이다. 끝으로, 생물학적 특성은 진핵생물, 고세균과 대부분의 박테리아로 구성된 진정세균을 포함하고 있다.

2) 물리적

폐수의 물리적 특성은 색상, 냄새, 고형물과 온도의 변화이다. 먼저 색상이다. 폐수가 되기 전 순수한 물의 색상은 맑고 투명하다. 그러나 사용자의 용도를 마친 물은 하수관거를 통과하는 동안 농도가 진하게 변하여 회색으로 회색은 검은색으로 변한다. 검은색으로 변하는 이유는 하수관거의 금속성 황화물이 형성되기 때문이다. 폐수는 하수도로 배수되는 액상물질이며 하수관거는 액상의 폐수를 받아서 폐수처리장까지 이송하는 시설이다. 일반적으로 폐수가 발생하는 경로는 생활하수, 산업폐수, 우하수(또는 우수), 침투수 및 유입수 등이 있다. 우수는 빗물을 말하며 침투수는 하수관로의 접합부에서 발생한 틈새로 유입되는 지표수이다. 유입수는 상대적으로 덜 오염된 물로 멘홀의 뚜껑, 배수시설 등으로부터 우수관거로 유입되는 물이다.

둘째, 냄새이다. 상수로부터 풍기는 냄새는 불쾌하지 않으나 폐수에서 발생하는 냄새는 생선 냄새, 암모니아 냄새 및 배설물 냄새 등 다양하다. 냄새를 유발하는 원인은 혐기성 미생물의 활동에 의한 것으로 냄새를 유발하는 주요 화합물은 황화수소

(H_2S; Hydrogen Sulfide) 및 스카톨(skatole;C_9H_9N) 등이다. 황화수소는 달걀이 썩는 듯한 냄새를 풍기고 스카톨은 배설물의 냄새를 발생시킨다.

셋째, 고형물질이다. 고형물질은 폐수에 포함된 잔유물질의 입자군을 의미한다. 잔유물질의 입자군 여부에 따라 용존고형물과 현탁고형물로 구성된다. 용존고형물을 측정하는 방법은 증발방법을 사용하고 현탁고형물은 건조방법을 사용한다. 폐수에 포함된 고형물질은 다량의 유기물질, 부패물질, 금속물질 등과 함께 병원성 생물을 포함하고 있다. 콜로이드에서 언급하였듯이 현탁이란 액체 내에 미립자의 고체가 분산된 상태로 더러움을 나타내고 고형물은 알갱이를 의미하는데 크기가 2mm 이하의 물에 녹지 않는 물질이다.

끝으로 온도이다. 폐수의 온도는 사용자의 목적을 달성하기 위해 일반적으로 물을 가열하여 사용하므로 상수보다 높은 수온을 지니고 있다. 수온의 상승은 산소 부족 현상을 유발한다. 부족한 산소의 양은 여름철 바다 양식장의 어류가 폐사하고 이들의 물질을 분해할 수 있는 곰팡이류가 급속하게 증식하는 원인이 된다. 곰팡이류의 증식은 물의 색상이 적색과 녹색으로 변하는 현상으로 귀결되어 녹조류와 적조현상이 발생한다. 녹조류와 적조현상의 발생은 양식장에 피해를 발생시키는 원인이기도 하다.

3) 생물학적

생물학적 특징은 진핵생물, 고세균 및 대부분의 박테리아로 구성된 진정세균이다. 진핵생물은 진핵이 있는 세포로 구성되어 있으며 고세균(archaebacteria)은 원핵성의 세포구조를 띠고 있다. 그리고 진정세균(eubacteria)은 핵막이 없는 원핵생의 세포구조를 가진 대부분의 박테리아이다.

측정방법은 생물학 수질판정이라고도 하는 생화학적 산소요구량을 측정한다. 생화학적 산소요구량은 수중에 포함된 호기성 유기물질을 생화학적으로 산화시키는데 필요한 산소의 양이다. 산소는 시간과 온도에 따라 변화하므로 20℃에서 5일간 진행되는 실험으로 '5일 생화학적 산소요구량'이라고도 지칭한다.

4) 화학적

화학적 특성에 앞서 화학적 성분은 유기물, 무기물 및 기체이다. 유기물질은 탄수

화물, 유지류, 살충제, 단백질 및 계면활성제이며 무기물질은 염화물, 중금속 및 독성 물질 등이다. 끝으로 기체이다. 기체는 황화수소, 메탄 및 산소 등이다.

가정용 폐수와 산업용 폐수에 포함된 유기물질의 측정방법은 화학적 산소요구량(COD; Chemical Oxygen Demand), 총유기탄소(TOC; Total Organic Carbon) 등이 있다. COD는 유기물질이 화학적으로 산화하는데 필요로 하는 산소의 양이다. 폐수 내에 포함한 유기물질의 양에 따라 산화하는데 필요로 하는 산소의 양이 달라진다. 화학적 산소요구량은 고온, 강산성 등의 조건에서 산화제를 사용하여 산화하는데 필요로 하는 산소량이다. 화학적 산소요구량은 호수, 해역에 대한 환경 기준의 지표로 사용하고 있다. 총유기탄소는 수중에 존재하는 모든 탄소의 하나인 이산화탄소를 기준으로 측정하는 방법인데 측정이 단순하여 널리 사용되고 있다.

3. 정화시설

1) 개요

폐수를 정화하는 시설인 오수정화시설은 폐수의 특성인 입자의 크기에 따라 물리적, 생물학적 및 화학적 처리방법으로 구분한다. 물리적 방법은 생물학적 및 화학적 처리방법보다 경제적, 기술적인 면에서 우월하여 많이 사용된다. 다음 〈그림 3-6〉은 오수정화방법을 제시하고 있다.

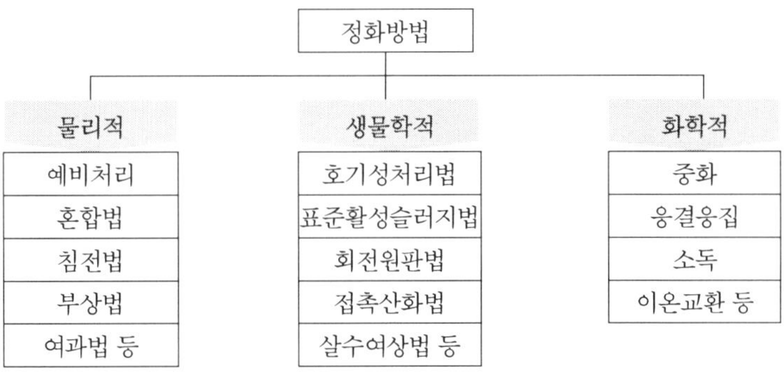

〈그림 3-6〉 오수정화방법

* 자료원 : 김성호(1995), "오수정화 시설의 개요", 냉동공조기술, 제12권, 7호. pp. 34-46. 김동민, 김선희, 신현곤, 이병인, 이상혁, 이영신, 최훈근, 홍성철(1997), "폐수처리공학", 동화기술. 유영배(1983), "우수정화시설의 설계를 위한 해설, 건축사, 제6권. pp. 89-95

2) 물리적 처리방법 : 1차 처리공정

1900년 이전에 사용했던 물리적 처리방법은 화학적, 생물학적 처리법에 앞서 사용하는 방법이므로 1차 처리법이라고 한다. 물리적 처리법은 수중의 부유성 또는 침전성 고형물을 제거하는 것을 중심으로 이루어진다. 처리방법은 예비처리(preliminary treatment), 혼합(mixing), 침전(sedimentation), 부상(floation) 및 여과(filration) 등이 있다.

예비처리법에는 스크린 분리, 침사지, 유량균등조 및 수질균등조 방법이 있다. 먼저, 스크린법이다. 스크린은 망을 의미하는 장치로써 비교적 큰 부유물질을 제거한다. 스크린의 종류는 청소하는 방법에 따라 수동식, 기계식, 사용 용도에 따라 봉랙, 격자 그리고 이동식 미세 스크린이 있다. 스크린의 결정은 폐수의 종류와 장치의 크기에 따른다. 스크린을 거친 부유물질은 침사지(grit chamber)를 이용하여 모래와 사석의 크기만 한 물질을 제거하는 과정이다. 침사지의 크기를 결정하는데 영향을 미치는 요인은 지표수량산정, 토양 유입량 및 유실토양특성 등이다.[55] 예를 들어, 도로공사를 위한 침사지 건설에 영향을 미치는 요인은 침사지의 모양을 결정짓는 형상, 설치 현장을 고려한 구조, 우수유출량을 고려한 용량산정 및 관리의 용이성을 고려한 설계 위치 등이다.[6]

혼합법(mixing)이란 폐수를 처리하려는 단위조작을 말한다. 단위조작을 하는 이유는 폐수에는 다양한 형태의 고형물질이 포함되어 있으므로 효과적인 처리가 필요하기 때문이다. 다양한 형태란 폐수 내에 존재하는 물질의 형태, 크기 및 밀도에 대한 다양성을 의미한다. 따라서 혼합법은 3가지 경우에 사용하는데 특정 물질을 다른 물질과 완전하게 혼합시킬 때, 액체 부유 물질을 혼합할 때 그리고 응집시킬 때이다.

침전법은 폐수를 흐르게 하면 입자 자체의 무게로 가라앉도록 하여 상징수와 슬러지를 구분하는 방법이다. 이때 가라앉도록 하는 지역을 침사지라고 하며 가라앉도록 하는 것을 침강이라고 하는데 침강은 방법에 따라 독립침강, 플록(floc)침강, 대침강 및 압축침강이 있다. 독립침강은 침강하는 입자가 일정한 속도로 가라앉은 것이고 플록침강은 침강하는 입자들이 서로 접촉하면서 플록을 형성하여 가라앉는다. 대침강은 간섭침강으로 입자들이 침강에 간섭하는 현상이 발생한다. 끝으로 압축침강은 침강된 입자들이 쌓이는 침강을 의미한다. 큰 고형물은 침강과 여과의 방법으로 제거할 수 있다. 여기서 큰 고형물이란 크기가 2.5㎛ 정도의 물질을 의미한다.

부상법은 침전법과 반대의 방법으로 물보다 가벼운 물질을 수면에 띄워놓고 부유물을 제거하는 방법이다. 구체적으로는 물속에서 기포를 발생시켜 고체 및 액체의 입자를 분리하는 단위조작 중의 하나이며, 사용시기는 물과 기름을 분리할 때이다. 부상분리가 침전보다 좋은 점은 가벼운 입자를 짧은 시간에 제거할 수 있기 때문이다.[2] 부상원리법은 용존공기부상원리법과 공기부상분리법, 자연부상식과 강제부상식이 있다.

여과법은 고체와 액체를 분리하는 방법으로 여과제나 흡착제를 이용하는 방법이다. 여과제로 사용될 수 있는 재질은 모래, 규조토를 사용할 수 있으며 규조토는 2차 세계대전 중 물을 점령당해 짧은 시간 내에 야전군에게 물을 공급하기 위해 광범위하게 사용하였던 정화방법이다.[5] 여과방법은 시간을 기준으로 완속여과법과 급속여과법이 있다. 그리고 여과상의 매체(media)에 따라 단일매체 여과상과 다중매체 여과상이 있다.[43]

3) 생물학적 처리방법 : 2차 처리공정

생물학적 처리방법으로 2차 처리공정의 대상은 유기성분이며 유기성분은 유기물을 산화시켜 처리한다. 유기성분을 처리할 수 있는 방법은 기준에 따라 호기성처리법과 혐기성처리법, 부유생물법과 고착생물법 등이 있다.

먼저, 호기성처리법에서 호기성미생물은 호흡을 하므로 공기가 있는 곳에서 살아가는 생물이다. 혐기성 미생물은 호흡을 하지 않으므로 산소가 존재하지 않는 장소에서 생존하는 세균이다. 미생물은 1mm 이하 크기의 생물을 지칭하며 세균은 0.2~0.8μm의 크기로 단세포 원형생물이다. 회분식 활성슬러지법, 호기성처리법은 상수여상법, 회전원판법 등이 있으며 혐기성처리법은 혐기성소화법, 메탄발효법이 있다. 부유생물법은 표준활성슬러지법, 장기포기법, 산화지법, 회분식활성슬러지법 및 순산소법 등이며 고착생물법은 회전원판법, 접촉산화법, 살수여상법 및 혐기여상접촉법 등이다.

부착여부에 따라 부유생물법, 고착생물법 및 기타 폐수정화법이 있다. 먼저 부유생물법은 표준활성슬러지법, 장기포기법, 산화지법 회분식활성슬러지법, 순산소법 및 계단식포기법 등이 있다. 고착생물법은 회전원판법, 접촉산화법, 살수여상법 및 혐기여상 접촉법 등이 있다. 끝으로 기타 폐수정화법으로 라군법, 부패조, 산화지법 및 토양정화법 등이다.[7]

표준활성슬러지법은 유입되는 우수량이 많은 경우에 사용할 수 있으므로 대량의 오수처리에 기술적, 경제적으로 적합한 처리 방식이다. 단점은 다량의 슬러지가 발생함으로 슬러지 처리에 비용이 많이 발생한다. 활성슬러지공법의 구성은 폭기조, 침전조 및 슬러지 반송시설 등으로 구성되어 있다.

한국에 널리 보급된 처리시설 중 하나인 장기포기법은 슬러지가 처리시설에서 1일 이상으로 장시간 머무르게 한다. 장기적으로 체류하는 것에 비해 유지관리가 비교적 경제적이며 슬러지의 발생량이 상대적으로 적은 것이 장점이다. 단점으로는 사용 면적이 넓게 필요하고 포기량이 많다. 처리 원리는 장기포기법과 유사한 산화지법으로 호기성 산화지, 임의성 산화지, 및 포기산화지로 구분한다. 구분 기준은 산소의 공급능력, 혼합능력, 체류시간, 운전온도 및 산화지의 깊이 등이다. 장점은 적은 양의 슬러지가 발생하며 불규칙하게 포기를 정지시킴으로 질소 및 인의 제거 효과를 기대할 수 있다. 반면에 시설 소요 면적이 많이 요구되는 단점이 있다.

회전원판법은 하수를 처리할 때 플라스틱 원판을 물에 반 정도 잠기게 한 후에 원판을 회전시키면 발생하는 호기성 생물을 이용하여 하수를 정화하는 방식이다. 장점은 관리가 쉽고 적은 비용으로 작동시킬 수 있다. 반면에 수질의 제어가 어렵고 해충 발생이 쉽다는 단점이 있다.

접촉산화법은 악취의 접촉산화촉매법, 생물접촉산화법 및 현수접촉산화법 등으로 구분된다. 접촉산화법은 처리하려는 물질을 생물막에 접촉시켜 산화시키는 방법이다. 장점은 유지비용이 적게 들며 슬러지의 발생량이 적은 반면에 미생물량의 조절이 어려워 생물막에 공기를 균일하게 공급하기가 어렵다.

살수여상법은 생물막에 의해 폐수의 유기물을 제거하는 방법으로 비교적 소규모 폐수를 처리하는데 사용하며 오수 유입량의 차이에 따라 표준살수여상법과 고속살수여상법으로 구분된다. 여재란 여과할 때 고체를 거르기 위해 사용하는 구멍이 많이 뚫린 재료로 합성수지, 헝겊 그리고 철망 등을 지칭한다.

4) 화학적 처리방법 : 3차 처리공정

1900년대 이후에 화학적 처리방법인 3차 처리공정은 물리적, 생물학적 방법으로 유입되는 폐수를 완전하게 처리하는 것이 불가능하므로 약품을 사용한다. 약품을 사용하는 화학적 처리방법은 폐수 내에 생존하는 다양한 모든 미생물을 제거한다. 제거의 대상과 목적은 유출수 내에 존재하는 질소 및 인 등과 같은 특정 오염물질과 재사용할 물을 마련하기 위해 처리하는 공정이다. 미생물을 제거하는 방법은 살균과 멸균이 있다. 살균은 소독하는 것과 같게 선택적으로 균을 제거하는 것이고 멸균은 폐수 내에 생존하는 모든 미생물을 제거하는 것을 의미한다. 살균과 멸균을 하는 구체적인 방법은 중화(pH 조절법), 응집과 응결, 이온교환 및 소독 등이 있다. 살균방법 이외에도 화학적 처리공정에서 사용하는 방법은 1870년부터 사용했던 침전과 흡착방법이다.

5) 정화처리시설의 장 · 단점 비교

정화처리시설에서 물리적 처리방법은 생물학적, 화학적 처리의 기본을 제공하는 장점이 있는 반면에 화학물질이나 유익한 미생물의 파괴로 완전한 처리가 어렵다는 단점이 있다. 생물학적 처리방법은 대량의 오수처리에 유익하며 기술적 및 경제적 측면에서 유리하다. 반면에 폐수 내에 생존하는 유해물질에 대해 완전한 제거가 곤란하다. 끝으로 화학적 처리방법은 하수, 용수 및 산업폐수 등 광범위하게 사용하고 있으며 생물학적 처리에 불가능한 물질을 처리하는 장점이 있다. 단점은 에너지 소비로 과다한 비용이 발생한다. 요약하면 〈표 3-2〉와 같다.

〈표 3-2〉 처리 시설의 장·단점

처리방법	장 점	단 점
물 리 적	생물학적, 화학적 처리의 기본을 제공	•완전 처리 곤란 - 화학물질 잔존 - 유익한 미생물 파괴
생물학적	대량의 오수처리에 유리 기술적, 경제적 측면에서 유리	폐수 내에 생존하는 유해물질 완전 제거 곤란
화 학 적	하수, 용수 및 산업폐수에 광범위 사용 생물학적 처리에 불가능한 물질	•상대적 - 에너지 및 비용 소비 과다

4. 군 오염원과 처리방법

1) 군 오염원

국방부 환경실무편람(2005)에 따르면 부대에서 발생하는 오수의 발생원은 취사장, 막사, 비행장, 아파트, 독신 숙소, 지휘관관사, 세탁시설, 목욕탕 및 기타로 정화조 등으로 규정하고 있다. 막사에서 발생하는 오수 발생량은 1일 1인당 기준으로 140~390 *l* 로 편차가 크고 발생시간은 08:00, 12:00 및 19:00~20:00를 전후로 증가한다. 계절적으로는 겨울철보다 여름철에 오수 발생량이 많다는 일반적 특징을 반영하고 있다. 계속해서 부대의 오수가 발생시설을 보면 다음과 같다. 수송부에서는 유류 성분, 정비 시설에서는 유류와 유분, 세탁시설에서는 중금속과 계면활성제, 병원시설에서는 약품과 병원균, 사진현상소에서는 중금속 끝으로 사격장에서는 탄 성분이다. 상기와 같은 시설에서 발생하는 토양오염원 및 수질 오염원에 대해 군은 예방시설을 구비하고 있다.

2) 처리방법 단계 및 한계점

부대 오 · 폐수 처리방법은 5단계로 부유물을 걸러주는 방식이다. 1단계는 거름망을 이용하여 고형물을 제거하고 2단계는 큰 자갈이나 스폰지(sponge)를 이용하여 자갈 표면에 달라붙어 생존하는 미생물이 유기물을 분해하는 방식이다. 3단계는 작은 자갈을 이용하여 여과조를 탈리되는 미생물막을 여과하고 4단계는 모래를 이용한다. 끝으로 5단계는 숯을 이용하여 수질을 개선한다.

위와 같은 처리방법은 다음과 같은 몇 가지 한계점을 지니고 있다. 첫째, 야외훈련하는 동안 발생하는 오수처리에 대한 사항은 고려하지 않는 방법으로 관리하는데 한계점이 있다. 둘째, 물의 과도한 사용으로 처리 용량을 초과할 때는 오수처리 능력이 저하되는 문제점이 발생할 수 있다. 셋째, 관리자가 상주하면서 관리해야 하는 한계점이 있다. 한계점을 해결하기 위해 다음과 같은 활동이 요구된다. 먼저 주둔지 및 경계지역에 대한 주기적인 환경정화 활동이다. 둘째, 물 사용에 대한 교육과 지속적인 실천을 위한 점검 활동이다. 교육과 점검 활동은 오수처리 능력의 범위 내에서 발생할 수 있는 문제점을 예방할 수 있다.

5. 오수정화시설의 소요판단

오수시설은 사람을 포함한 살아있는 생물을 위해 오염된 수질을 개선하는 처리시설이다. 오수시설에 대한 첫 번째 의사결정 사항은 소요판단이다. 소요판단을 맨 끝에 둔 이유는 오염에 대한 지식을 습득한 후 소요판단 고려사항을 파악하는 것이 이해하는데 수월하다고 여겼기 때문이다. 따라서 실무에서는 오수정화 시설을 설치하기 위한 업무에서 소요판단을 가장 먼저 진행함으로써 처리 용량, 사용 인원, 사용 장소, 처리방법, 설치 공법 결정, 공사금액, 설치 인원, 및 기간 등을 판단하는 원천자료를 도출할 수 있다. 소요판단의 기본 사항은 법률이다. 법률에서 요구하는 사항은 필요충분조건이며 고객, 사용자 및 건축주의 소요는 충분조건이다.

고려할 요소는 미시 요인과 거시 요인이다. 미시 요인과 거시 요인의 구분은 통제가능 요인 및 통제 불가능 요인을 기준으로 한다. 통제 가능한 요인은 미시 요인으로 통제 불가능한 요소는 거시 요인으로 판단한다. 미시 요인은 오수처리의 목표, 지역의 도시화, 토지이용, 설치하여야 할 지역의 지정현황, 오수의 발생량, 선정할 처리방식의 기술, 투자비, 운영비, 처리시설의 운전, 유지관리 및 사용 인원 등이며 거시요인은 정치적, 사회적, 문화적, 미적 및 심리적 사항의 반영 여부이다.

다음은 오수정화시설을 위한 소요판단이다. 먼저, 미시 사항으로 오수처리의 목표이다. 목표는 일일처리량, 처리시간 및 처리대상 인원 등으로 다양하다. 목표가 결정되면 법에서 정한 방법을 산정 기준으로 적용한다. 법에서 설정한 정화 성능 결정은 건축물의 용도별 분뇨 정화조의 처리대상 인원 산정 기준에 따른다. 처리대상은 인원에 따라 BOD의 제거율 및 방류수의 BOD 등을 결정한다. 예를 들면, 집회장 및 영화관은 동시에 수용할 수 있는 인원의 3/4을 처리대상 인원으로 삼고 있다. 이외에도 사용자와 건축주가 요구하는 사항이 있으면 반영한다.

거시 사항으로는 자연적 특성, 사회적 여건 지역 특성 확인이 있다. 여기서 지역 특성 확인 사항은 자연적 특성과 사회적 여건 등이다. 먼저, 자연적 특성은 기온의 변화, 강우, 강설량, 지형 및 지하수위 등에 대한 특성 조사이다. 사회적 여건은 입지조건, 유지관리체계, 방류지역 조건 등이다. 방류지역 조건은 법에서 언급하는 사항을 준수하여야 한다. 이를 바탕으로 처리 방식이 결정된다. 처리 방식은 장기포기방법 등 앞서 제시한 방법을 적용한다. 처리 방식을 결정하는 기준은 처리 방식이 단순하여야 하고 유지와 관리가 쉬어야 하며 건설비 및 유지비가 저렴하여야 한다. 기본목표는 환경을 오염시키지 않아야 하는 것 등이다. 처리 방식이 결정되면 기본설계자료를 작성한다. 기본설계자료를 작성할 때 결정사항은 유입 오수량, 유입 오수 BOD(ppm), BOD의 부하량, 제거율, 방류수이다.

끝으로 소요판단 절차는 기본설계자료를 바탕으로 세부설계사항을 작성하고 단위장치구조계산을 마친 후에 도면 및 설계서를 작성하여 종합하고 검토 확정하는 절차를 거쳐 최종 소요를 판단한다.[37] 다시 말하면 오수정화시설의 소요판단의 종료점은 설계도를 작성하는 것이다. 따라서 소요판단의 기준이 잘못 설정되면 최종적으로 잘못된 설계도를 작성하는 결과가 발생한다.

제Ⅳ절 땅 : 토양오염

1. 개요, 기능, 범위

토양은 사람이 발을 딛고 사는 지표면으로 유기물을 포함한 부드러운 물질로 덮여있는 층이다.[32,58] 지표면은 바위가 자연상태에서 풍화작용을 거쳐 작은 입자인 자갈, 모래, 미사 및 점토로 구성되어 있다.[48] 자갈의 입자 크기는 2mm이상, 모래는 2~0.05mm, 미사는 0.05~0.002mm 끝으로 점토는 0.002mm 이하로 분류하고 있다. 토양은 동·식물의 정서적 기능, 다양한 오염물질의 흡수, 정화, 완충 및 다양한 생물의 생활터전을 제공한다.

토양오염이란 토양이 각종 유해물질에 의해 더럽혀진 상태이다. 더럽혀진 토양은 동·식물의 쾌적한 활동과 성장에 장기적으로 악영향을 끼치는 상태이다. 토양오염에는 토사, 영양물질(질소 및 인 등), 중금속(납, 수은, 카드늄, 크롬 및 니켈 등), 독극물(제초제 및 살충제 등) 및 기타(공사장 폐기물 등) 등이 포함되어 있다. 군부대의 토양오염원은 부대 사격장, 군부대 주유시설, 차량과 장비 정비시설 등이 있으며 여기서는 부대 사격장 토양오염에 대한 정화방법을 제시한다. 그리고 주유시설, 정비시설 및 탄약 시설에 대한 오염은 본서의 2장에서 관련 내용을 참고한다.

2. 면오염원

1) 개요

점오염원에서 제외된 면오염원은 소규모 사업장에서 배출하는 오염지이다. 면오염원은 난방부문, 산업 및 발전부문 끝으로 사격장 등이다. 난방부문의 대상은 가정, 학교 및 사무실에서 배출하는 오염원이다. 산업 및 발전부문은 소규모 사업장에서 배출하는 오염원이 되고 사격장은 사격 후 탄의 구성 물질로부터 발생하는 오염원이다.

2) 사격장 토양오염

사격장의 토양오염원은 탄이므로 사격장의 오염상태를 파악하기 위해 탄을 구성하고 있는 성분을 파악하여야 한다. 탄의 성분은 종류에 따라 상이하다. 탄의 종류는 30mm 이하의 소화기탄약, 20mm~40mm의 직사화기탄약, 60mm~4.2인치의 박격포탄약, 105mm~8인치의 대구경탄약인 곡사포탄약 끝으로 로켓기관으로 추진되는 비행체를 뜻하는 로켓탄약 및 유도탄약으로 구분한다.[40]

소구경단의 단두는 납이 69%, 구리 28% 및 기타 3%로 구성되었다. 납과 구리는 소화기 사격장에서 주요한 토양오염원이다. 류혜림(2007) 등은 사격장에서 발생할 수 있는 오염물질로 6종류의 중금속과 화약 물질을 제시하였다. 중금속은 납(Pb), 구리(Cu), 카드늄(Cd)이고 화약물질은 TNT(Tri-Nitro-Toluene), RDX(Royal Eemolition Explosives), HMX(High Melting Explosives)이다.[18] 특히 RDX는 급성독성과 만성독성으로 구분하였다.[22] 급성독성은 RDX 노출 시 온몸의 근육에서 경직이 발생하고 섭취 후에는 단백뇨와 간 기능 검사 지표인 AST(Aspartate Aminotransferase)와 ALT(Alanine Aminotransferase)가 상승하였고 소화 노출 후에는 복통과 전신 쇠약이 보고되고 있다. 만성 독성은 간세포의 선종과 암 종양의 발생률이 증가하였고 오염된 토양에 노출된 포유류는 세포에서 돌연변이 가능성이 높다.

이준호와 박갑성(2008)은 50년 이상 훈련용 사격장으로 사용한 매향리를 대상으로 중금속 오염 분포를 조사하였다. 매향리 지역의 오염된 물질은 류혜림(2007) 등이 제시한 동일한 종류의 중금속과 화약 물질로 판명되었다. 사격장에서 납으로 오염된 토양의 복원을 위한 연구는 김효식과 최상일(2008)이 수행하였다. 토양세척기법을 적용한 실험에서 HCl 세척제로 180분을 세척한 경우 오염 제거율은 0.1M에서 약 90% 정도가 제거되었으며 EDTA(Ethhlene Diamine Teraacetic Acid)는 농도에 비례하여 98~99%가 제거되었다고 제시하였다.[16] 이에 따라 국방부(2013)는 피탄지 주변의 토양오염 방지를 위해 '친 환경 사격장 유형별 관리 방안' 모델을 제시하였으나 홍성태와 현재혁(2014)은 소화기 사격장의 토양오염에 관한 연구가 부족하다고 전제한 뒤 60여 곳의 군 사격장에서 배출되는 토양 및 지하수의 오염실태가 드물게 보고되고 있다고 하였다.

3) 정화방법

(1) 개요

오염된 토양을 정화하는 방법으로 김재영(2000) 등이 물리적 정화기술, 화학적 정화기술 및 생물학적 복원방법 3가지를 제시하였다.[11] 차민환(2010) 등은 토양정화방법으로 환경부(2002)가 소개한 방법인 열에 의한 정화방법, 안정화 및 고형화 정화기술, 물리화학적 정화방법 및 생물학적 정화방법 4가지를 소개하였다.[59] 끝으로 군이 제시한 오염된 토양을 정화하는 방법으로 생물학적, 물리 · 화학적, 열에 의한 정화방법 및 바이오슬러핑(Bio-slruping)방법 4가지를 제시하였다.[41]

상기 연구자들이 제시한 정화방법은 현장정화방법과 지상정화방법으로 구분한다. 현장정화방법(in-situ)은 오염된 현장에서 토양을 정화하는 방법이고 오염된 토양을 굴착하여 별도의 정화시설을 이용하는 방법은 지상정화방법(ex-situ)이다.[73] 현장정화방법은 토양정화를 위해 사용되는 관리적인 요인이 적다. 관리적 요인이 적은 이유는 별도의 시설이 필요하지 않기 때문이다. 지상정화방법은 오염된 토양의 체계적인 관리가 용이하다. 〈표 3-3〉은 현장정화방법과 지상정화방법을 요약하였다.

〈표 3-3〉 정화지역에 따른 정화방법

구 분	현장 정화방법	지상 정화방법
물리화학적 정화방법	• 토양세척방법 (soil flushing) • 토양증기추출방법 (soil vapor extraction) • 고정화/안정화방법 (solidification/stabilization)	• 토양세척방법 (soil washing) • 토양증기추출방법 (soil vapor extraction) • 고정화/안정화 (solidification/stabilization)
생물학적 정화방법	• 통기프로세스방법 (bioventing) • 생물적분해방법 (biodegradation) • 토양농작법 (land-farming)	• 생물학적 정화방법 (biological treatment)
열적정화 방 법	• 증기방산정화방법 (steam stripping)	• 고·저온열처리정화방법 (high and Low-temp thermal desorption) • 소각정화방법(incineration)
장 점	• 처리비용이 상대적으로 적음 • 오염부지에 대한 정화 가능 • 토양이동의 관리 요인 절약 - 관리요인 : 비용, 시간 및 인원	• 체계적인 관리에 용이
단 점	• 체계적 관리 곤란	• 새로운 정화시설을 설치하기 위한 추가비용 발생 • 정화실 시설로 수송을 위한 별도의 수송비용 발생

* 자료원 : 김재영, 신현무, 윤제용, 이승묵, 정일록, 정장표, 황용우(2000), "새로운 환경공학", 형설출판사. 육군본부(2014), "군 환경 실무지침서", 국군인쇄창, 의 내용을 수정 재정리

먼저, 물리화학적 정화기술로 물리적 정화기술은 오염물질을 근원적으로 차단하는 방법과 제거하는 방법으로 구분한다. 먼저 차단하는 방법은 차폐방법(containment)이고 제거하는 방법은 500~600℃의 고온열정화방법과 저온열정화방법으로 나뉜다. 둘째, 물리화학적 정화기술은 토양세척, 고형화 및 안정화 방법이 있다. 끝으로 생물학적 복원방법은 미생물을 이용하여 생물학적으로 유동성과 독성이 낮은 상태로 전환하는 방법이다. 물리 · 화학적 정화방법은 화학적 정화(chemical treatment), 용매추출(Solvent extraction), 토양세척 및 세정(Soil washing / Flushing), 동전기법(Electrokineti Metnod) 및 식물정화법(phytoremediation) 등이다.[71] 생물학적 정화

방법은 생물학적분해법, 통풍법, 토양경작법, 바이오파일법(biopile) 등이 있다. 열적 정화방법은 열탈착법, 소각법, 유리화법 및 열분해법 등이다.

(2) 물리·화학적 처리방법

물리·화학적 처리방법은 휘발성유기화합물(VOCs; Volatile Organic Compounds), 석유계총탄화수소(TPH; Total Petroleum Hydrocarbon), 방향족 탄화수소(AH; Aromatic Hydrocarbon), 폴리염화바이페닐(PCB; PolyChlorinated Biphenyl) 등을 처리하는데 효과적이지만 다환성방향족 탄화수소(Polycyclic Aromatic Hydrocarbon), 다이옥신(dioxin), 시안화합물(cyanide) 및 중금속에는 일부 효과가 있다. 물리·화학적 처리방법의 정화 효과는 자갈 및 미사에서 양호하나 점토는 미미하고 슬러지 및 재(ash)는 정화 효과가 거의 없는 것으로 나타났다. 장 · 단점 중 장점은 정화비용이 낮은 반면에 미세입자의 경우 2차 정화가 요구되는 단점이 있다.

(3) 생물학적 토양정화기술

토양정화기술은 분류상의 차이가 있을 뿐이므로 군에서 제시한 토양분류정화방법을 기준으로 기술한다. 생물학적 토양정화기술은 벤젠, 톨루엔, 에틸벤젠, 크실렌(BTEX; Benzene, Toluene, Ethylbenzene, Xylene), VOCs(Volatile Organic Compounds), TPH 및 PAHs(Polycyclid Aromatic Hydrocarbons) 등에 효과가 있으나 살충제, 중금속 등의 제거는 효과가 낮다는 루이스(Luis, 2005) 등의 연구를 인용하였다. 생물학적 토양정화기술의 장점과 단점은 비용이 적게 들고 대규모 토양오염지역에 적용할 수 있는 장점이 있다. 반면 단점은 오염을 효과적으로 제거하기 위해 토양의 온도, 습도 등의 일정한 조건이 요구되며 유해한 2차 생성물이 생성될 가능성 있다는 프리페타(Prenafeta, 2002) 등의 연구 결과를 제시하였다.[59] 여기서 TPH에 포함되는 유류는 제트유, 등유, 경유, 벙커 C유 및 윤활유 등이다. 이들 물질의 분해는 수분함량이 수분보유능력의 50%와 70%에서 온도는 10~30°에서 활발하게 일어났음을 입증하였다.[64]

(4) 열적정화방법

열적정화방법은 연구자에 따라 물리적 정화방법에 포함하기도 하나 여기서는 군이 제시한 방법을 따랐으므로 별도로 분리하였다. 상대적으로 높은 정화비용이 발생하고 토양에 열적정화방법을 적용하면 토양의 성질을 변화시킬 수 있는 단점이 있다. 이와 달리 고온소각의 경우 유기성 오염물질 정화능력과 저온 열탈착의 경우 휘발성 및 비휘발성 폐기물의 정화 효과가 탁월한 방법으로 인식되고 있다. 상기 토양정화기술은 〈표 3-4〉와 같다.

〈표 3-4〉 토양정화기술 요약

구 분	대 상	장 점	단 점
생 물 학 적	• BTEX, VOCs 등에 효과 양호 • 살충제 및 중금속 등에 효과 저조	• 대규모 정화에 용이 • 비용의 저렴성, 안정성	• 일정구비 요건필요 • 2차 생성물 발생 우려
물 리 화학적	• VOCs, TPH 등 정화 효과 양호 • PAH 및 중금속에 일부 효과	• 낮은 정화 비용 • 자갈, 미사 정화 효과 양호	• 미세입자의 경우 2차 생성물 발생 우려
열 적 방 법	• 토양오염 적용 애로	• 고온소각 - 유기물질분해 양호 • 저온소각 - 비(휘)발성 폐기물 양허	• 상대적 정화 비용 과다 • 토양 성질 변화 가능성

오염된 군사 지역의 토양 정화방법은 현장정화방법과 지상정화방법이 있으며 정화방법의 선정기준은 토양을 오염시킨 물질이다. 물질이 유류와 휘발성이면 현장정화방법이 합리적이고 사격장은 세척방법이 적절하다. 세척방법 역시 다양하므로 탄약 성분을 정화할 수 있는 합당한 물질을 투입하여 세척한다. 탄약의 주성분은 RDX, TNT 및 HMX 중금속은 Cd, Cu 및 Pb 등이다.

상기 방법 중에서 김도선(2009)은 정화방법으로 현장정화방법을 제시하였다.[4] 그가 제시한 오염방지대책은 피탄지의 개선, 탄두회수설치기, 인공습지설치 및 장기적인 오염확산 방지대책 등 4가지를 제시하였다. 먼저, 피탄지는 구조를 모래 또는 토양을 개선하고 주변 토사 유출 방지를 위해 잔디 식재가 필요하다. 둘째, 탄두회수설치기의 재질은 목재 상자로 만들어진 외형에 내부를 고무 가루로 채워 만들어 탄두의 손상을 방지하면서 탄두가 외부로 유출되지 않도록 하여 탄두의 회수율이 90%로 목표치를 달성한 실험 결과를 제시하였다. 셋째, 인공습지 설치는 사격장 하단부에 설치함으로써 중금속의 오염확산 방지를 목적으로 하는 것이다. 끝으로 장기적인 오염확산 방지대책으로 현실성 있는 3가지가 제시되었다. 3가지 중 첫째는 미국이 납의 유출량을 줄이기 위해 텅스텐 나일론 합성 녹색 탄두를 개발하는 것과 같이 녹색 탄두를 개발하는 방법이고 둘째는 실외 사격장은 안식제를 도입하는 방법이다. 끝으로 실외 소화기 사격장은 실내 사격장으로 전환하는 방법이다. 그리고 실내 사격장이 훈련의 현장감을 저하하는 요인에 대해서는 논외로 한다.

[참고문헌]

1. 강도열(1971), "SF6 gas 절연의 특성과 제문점", 홍인논총 제3권, pp. 111-127.
2. 고 광백, 김영관, 윤주환, 임재명, 한무영, 강선홍, 김동진, 김진호, 독고석, 박철휘, 송창소, 조욱상(2004), "폐수처리공학", 도서출판 동화기술. 공역, Water Engineering : Treatment and Reuse, Furth ed, Vol 1, Metcalf and Eddy.
3. 김건엽, 정현철, 김민경, 노기안, 이덕배, 강기경(2011), "우리나라 농경지에서 질소의 수계유출에 의한 아산화질소 간접배출량 평가", 한국토양비료학회지 제44권, 6호, pp. 1232-1238.
4. 김도선(2009), "국부대 소화기 사격장 부지의 토양오염 특성 및 확산 방지에 관한 연구", 광운대학교 대학원 박사학위 논문.
5. 김동민, 김선희, 신현곤, 이병인, 이상혁, 이영신, 최훈근, 홍성철(1997), "폐수처리공학", 도서출판 동화기술.
6. 김민태(2004), "도로공사시 침사지 규모결정에 관한 비교연구", 연세대학교 공학대학원 석사학위 논문.
7. 김성호(1995), "오수정화 시설의 개요", 냉동공조기술, 제12권, 7호. pp. 34-46.
8. 김수민, 전영신, 김승범(2010), "만주에서 발원한 황사현상(II) -2001년 이후 사례를 중심으로-", Atmosphere, 제20권, 3호, pp. 273-286.
9. 김영주, 박재현, 오용희(2016), "철도화물과 도로화물수송의 비교분석 연구 대기오염물질 및 온실가스 배출", 한국산학기술학회논문지, 제17권, 9호, pp. 94-101.
10. 김은아(2006), "폐기물 재생처리업 근로자들에서 발생한 수은중독", 산업보건, 제216호, pp. 11-14.
11. 김재영, 신현무, 윤제용, 이승묵, 정일록, 정장표, 황용우(2000), "새로운 환경공학", 형설출판사.
12. 김재홍(2001), "규칙충전물을 적용한 이산화탄소의 화학적 흡수에 관한 연구", 동아대학교 환경공학과 박사학위논문.
13. 김주화(1999), "온실효과에 관한 연구 동향", 연세대학교 관리과학대학원, 환경관리전공 석사학위 논문.
14. 김진영, 김영성, 김용표(1999), "서울・수도권 지역 주요 대기오염물질 배출원 자료 현황 분석", 한국대기환경학회지 제15권, 제6호, pp. 813-826.
15. 김충용(1996), "카드뮴의 생체내 축적 및 독성", 심포지움 및 학술대회발표 제3호.
16. 김효식, 최상일(2008), "사격장 납 오염토양 복원을 위한 토양세척시 HCl과 EDTA의 영향 연구", 지하수토양환경, 제13권, 1호, pp. 60-66.
17. 노재훈, 김치년(2000), "크롬 노출에 의한 건강장애 및 생물학적 지표", 한국의 산업의학, 제39권, 3호, pp 109-121.
18. 류혜림, 한준경, 남경필, 배범한(2007), "홍수조절지 건설 후 사격장 주변지역의 위해서 예측 사례 연구", 한국지하수 토양환경학회지 Vol. 12, N0.1, pp. 87-96.
19. 박광하, 김한수, 정강연, 송인규, 권영두(2002), "응집과 응결에 대한 이론적 고찰", Journal of Environmental Research, Vol. 2, No. 1, pp. 1A-10A.

20. 박규하(2018), "불소계 가스가 불화수소 분석에 미치는 영향에 관한 연구", 서울시립대학교 도시과학대학원 환경공학과 석사학위논문.
21. 박미은, 조정훈, 김선영, 이상삼, 김정은, 이희춘, 차주완, 류상범(2016), "2015년 2월 관측된 고농도 황사 사례 연구", 한국기상학회 대기 제26권, 2호, pp. 257-275.
22. 박정태(2017), "포탄 사격장 토양의 RDX에 의한 인근 하천 오염 예측", 서울대학교 환경대학원 석사학위논문.
23. 박지환(2020), "전자폐기물 재활용을 통한 지구온난화 저감효과 연구 동향", 환경부, 한국환경산업기술원, pp. 1-6.
24. 백도명(201), "대기오염과 건강", 한국산업간호협회지, 제8권 제2호, pp. 10-18.
25. 백승찬, 김영찬, 손병훈, 홍원화(2013), "재난발생 시 석면함유자재 적정처리를 위한 석면관리체계 구축의 필수요소선정", 대한건축학회지연합회 학술발표대회논문집.
26. 서교명, 신항식, 안갑환, 정항배, 최윤찬(1998), 공역 사이텍 미디어, Tom D. Reynolds and Paul A. Richards(1996)," Unit Operations and Process in Enviromental Engineering 2th Edition.
27. 서영수(2016), "한국의 지리적 특성을 이용한 대기오염 실증연구", 제13권, 제4호, (사) 아시아, 유럽미래학회, pp. 89-110.
28. 소비자유해정보와 안전실태조사 편집부(1993), "납의 인체 유해성과 규제현황", 소비자유해정보와 안전실태조사.
29. 손병식(2020), "자원봉사기관의 소요기반성과측정(Requirement - Based - Performance Measurement) 요소개발", 국제개발협력 제15권 1호, pp. 95-127.
30. 안태웅, 김원기, 손대희, 염익태, 김재훈, 유순주(2016), "업종별 산업폐수 중 수질오염물질 배출 특성 및 개연성 평가 연구", Journal Korea Society Environment Engineering, Vol. 38, No. 1, pp. 14-24.
31. 양금희, 이종재, 유영숙, 장임석, 임재현, 이동원, 감상균, 김철희(2016), "한· 중 ·일 PM10국가 배경농도 최근 경향 분석, 한국대기환경학회지, 제32권, 4호, pp. 360-371.
32. 안동만 역, "환경학", 보문당. Raven, Peter H., Linda R., and George B., Johnson,(2001), "Environment"
33. 어연우, 박현미, 류재천, 홍종기, 김영만, 이강봉(2000), "국내의 수질, 토양 및 저질시료에서의 폴리브롬화비페닐(PBBs)의 분석", 한국환경분석학회지, 제3권 2호, pp. 109-115.
34. 엄민용, 백종배,(2009), "수술실 내의 아산화실소(N2O) 노출평가", 한국가스학회지, 제13권, 6호, pp.34-38.
35. 우재학(2005), 기후변화협약과 우리의 대응방안", 대한설비공학회 강연회 및 기타간행물, pp. 285-294.
36. 유동훈(2014), "디젤엔진에 있어서 연료의 성분이 아산화질소 배출에 미치는 영향", 한국마린엔지니어링학회, 제38권 9호, pp.1045-1050.
37. 유영배(1983), "오수정화시설의 설계를 위한 해설", 건축사, 제6권, pp. 89-59.
38. 유희정(2018), "극미량 육불화황의 연속 측정 분석 시스템 개선에 관한 연구", 한서대학교 대학원 환경공학과 박사학위 논문.
39. 유희정, 김종호, 김영철, 박수복, 구태영, 이진복, 문동민, 박관영, 김종현, "항공기를 이용한 온실

가스 3차원 입체 집중 관측 연구", 한국대기환경학회, 2009 추계학술대회 논문집, pp. 251-252.
40. 육군본부(2011), "기술교범 K9(0)-1300-260-탄약제원 및 취급", 국군인쇄창.
41. 육군본부(2014), "군 환경 실무지침서", 국군인쇄창.
42. 윤충식(2009), "석면과 건강에 대한 이슈", 한국환경보건학회지, 제35권, 5호 pp. 426-432.
43. 이광래, 박석환, 배재흠, 송근호, 안송엽, 이장훈(2014), "최신 환경공학", 도서출판 동화기술.
44. 이기영, 송미영, 강상준(2014), "수질관리의 새로운 과제, 비점오염원관리", 경기연구원, 이슈&진단, Vol. 158, pp. 1-24.
45. 이병일, 손은하, 오미림, 김윤재(2009), "지상 및 위성 고분해 적외스펙트럼 센서에서 관측된 황사 특성", Atmosphere, 제19권, 4호, pp. 319-329.
46. 이영춘, 전종기(2012), "PFC 배출 저감을 위한 파일롯 규모 촉매 공정 연구", 청정기술, 제18권, 2호, pp. 216-220.
47. 이정현, 김경렬(2008), "서울관악산 대기 중의 SF6에 관한 연구", 대기학회지, 제18권, 3호, pp. 225-235.
48. 이준호, 박갑성(2008), "매향리 내륙 사격장 토양의 중금속 오염 분포", Journal of Korea Society on Water Quality Vol. 24, No. 4., pp. 407-414.
49. 이준호, 양승호, 방기웅(2015), "여과형 비점오염 처리장치의 오염물질 제거특성 및 역세척 분석", Journal of Korean Society on Water Environment, Vol. 31, No. 5, pp. 523-532.
50. 이채홍, 전영남(2010), "과불화탄소 제거를 위한 플라즈마 워터젯 스크러버 개발", 한국대기환경학회지, 제26권, 6호, pp. 624-632.
51. 임영욱(2015), "환경정의 미세먼지 토론회-미세먼지 취약 직업군의 건강 영향", 미세먼지취약직업군을 위한 근무 현황 실태점검 및 정책개선을 위한 토론회 pp. 41-64.
52. 장삼수, 한현하(2000), "대기오염 배출량을 이용한 군집분석, 통계학술논집 Vol. 15, pp. 166-181.
53. 전수연, 김유진, 경선영, 이상표, 박정웅, 정성환(2010), "이산화질소 흡입에 의해 발생한 폐쇄성 세기관염 1예", 대한직업환경의학회지 제22권, 1호, pp. 64-68.
54. 전세진, 송재준, 유근우, 이용석, 장봉기, 정종태, 한동준, 허우명(2008), "수질오염개론", 신광문화사.
55. 전영봉(2014), "부유토사 유출 억제를 위한 침사지 설계에 관한 연구 -단지개발 토공사 사례를 중심으로- 광운대학교 대학원 환경공학과 박사학위논문.
56. 조경숙, 희옥(2007), "매립지의 메탄 배출 저감을 위한 생물공학기술", 한국미생물 생명공학회지, 제 37권 4호, pp. 293-305.
57. 조윤아, 정미정, 전태완 이희성, 김용준, 연진모, 조나현, 신선경(2017), 페인트 중 수은의 물질흐름분석 연구", 대한환경공학회지, 제39권, 4호, pp. 180-185.
58. 조은래(2012), "토양환경의 보전과 책임", 토지법학, 제 28-1호, 30. June, pp. 209-234.
59. 차민환, 이한욱, 박재우(2010), "현장 미생물을 이용한 생물학적 복합토양정화공정에 관한 연구", 한국지반환경공학회 논문집, 제11권 5호, pp. 5-13.
60. 최유진(2011), "대기질 관리 패러다임의 변화 : 오염물질 통합관리", SDI 정책리포트, 제86호.
61. 최중대, "비점오염원 연구에 관한 고찰", 한국농공학회지, pp. 6-11.
62. 한국품질재단(2009), "민군규격통일화사업-군수품 석면함유제품 및 환경유해물질 실태조사 및 대

처방안연구", 국방기술품질원

63. 현준기(2019), "농경지의 아산화질소 배출저감연구", 경희대학교 대학원 환경응용과학과 석사학위논문.

64. 황의영, 남궁 완, 박준석(2000), "환경인자가 토양내 석유계탄화수소의 분해에 미치는 영향" 한국토양환경학회지, 제5권 1호, pp. 85-96.

65. Crawford, Neta C.,(2019), "Pentagon fule use, climate change, and the cost of War", Cost of War.

66. Headquarters department of the Army(1993), "FM100-5 Operation".

67. Humer, M, and P. Lechner,(1999), "Alternative approach to the elimination of greenhouse gases from old landfills," Waste Management & Research No.6, pp. 443-452.

68. Kay Vandette, "US military emits more CO_2 than some small industrialized countries", Earth.com

69. Kim J.(2008), "Transport routes and source regions of Asian dust observed in Korea during the past 40 years (1965-2004)", Atmospheric Environment, Vol. 42, pp. 4778-4789.

70. Kurosaki, y., & M., Mikami(2004), "Effect of Show Cover on threshold wind Velocity of Dust Outbreak, Geophysical Research Letters, Vol. 31, No 3106.

71. Mulligan D.n., Yong R.N., and Gibbs, B.F., (2001), "Remediation technologies for metal-contaminated soils and groungwater : an evaluation", Engineering Geol., 69. pp. 193-207.

72. U.S. EPA(1995), "How to evaluate alternative cleanup technologies for underground storage thank Sites : A guide for corrective action Plan Reviewers", 510/B-95/007.

Chapter 04

재난관리

제 I 절 개요

제 II 절 자연재난

제 III 절 인적재난

제 IV 절 사회재난

제 V 절 산업재해, 안전관리

학습목표

본 장을 학습한 후 다음과 같은 내용을 확인할 수 있다.

1. 재난의 특성, 관리절차 영역 및 발생 시 지방정부와 군의 역할을 파악한다.
2. 자연재난의 특성과 종류를 이해한다.
3. 인적재난의 정의, 구분 및 종류를 이해한다.
4. 사회재난의 정의, 구분 및 종류를 이해한다.
5. 산업재해의 발생이론, 관련 통계 현황과 군의 안전관리에 대해 파악한다.

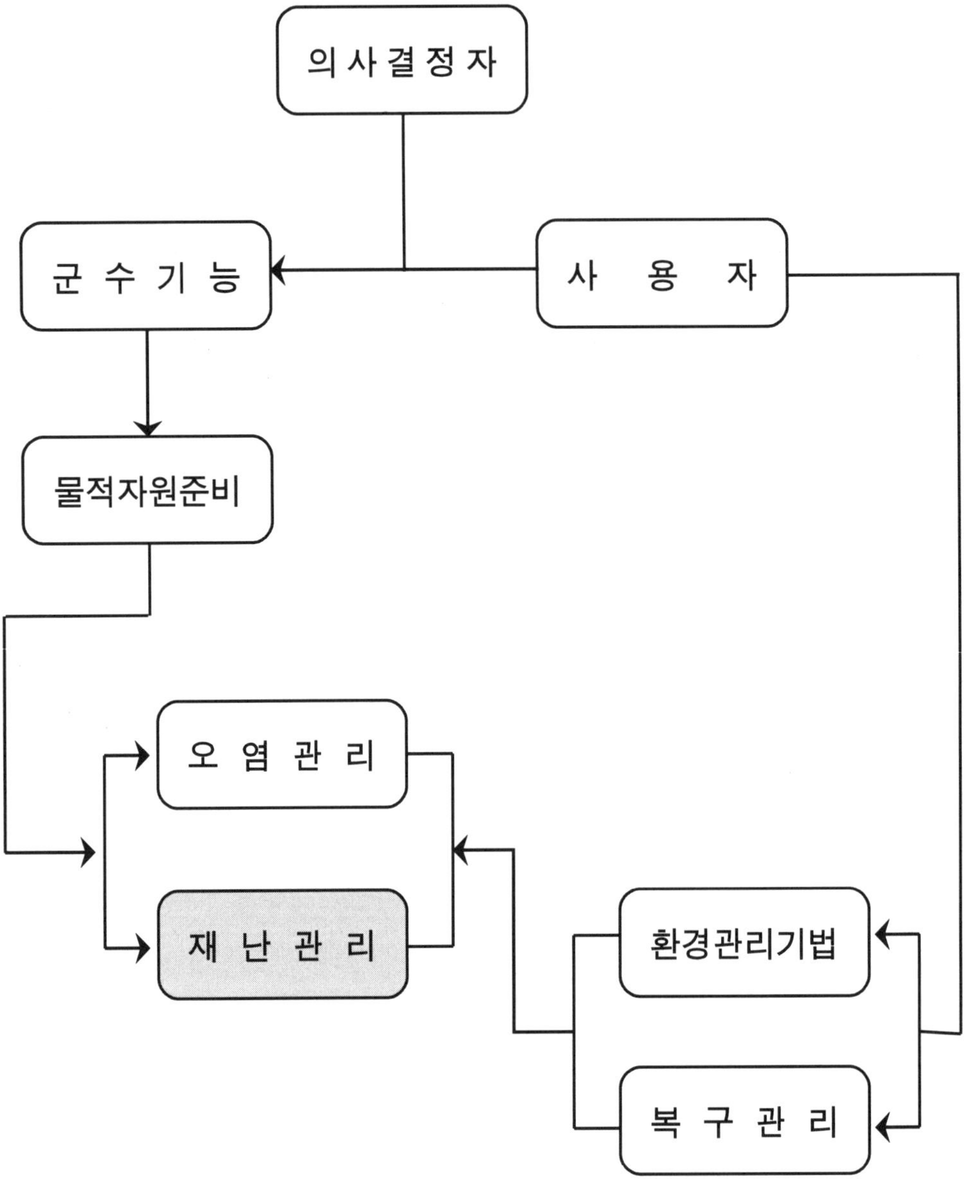
의사결정자
군 수 기 능
사 용 자
물적자원준비
오 염 관 리
재 난 관 리
환경관리기법
복 구 관 리

제 I 절 개 요

환경오염, 재난, 테러 및 전쟁 등은 모두 환경파괴의 원인이다. 환경파괴는 사람, 자연 및 물적자원이 상호작용한 결과이다. 사람이 누가, 언제, 어디서, 무엇을, 왜, 어떻게 물적자원을 사용하는지에 따라 환경파괴를 유발하기도 하고 물적자원을 이용하여 환경파괴를 예방하고 복구하기도 한다. 본 장에서는 재난의 어의적 개념에서부터 재난의 특성, 구분, 관리절차, 자연재난, 인적재난, 사회재난, 끝으로 안전관리 등을 살펴본다. 그 내용은 〈그림 4-1〉로 제시한다.

재난관리

개 요	자연재난	인적재난	사회재난	산업재해(안전관리)
• 개념 - 위기, 재난, 전쟁, 테러	• 기후	• 전쟁	• 교통사고	• 시대별 발생추이
• 특성	• 태풍		• 원자력	• 발생이론
• 구분: 인적,물적,사회		• 테러		
-기준 : 인과설, 결과설 인지설, 요인설	• 장마, 홍수		• 감염병	• 통계지수
• 관리질차	• 지진	• 소음	• 인수공통감염병	• 군, 안전관리

〈그림 4-1〉 재난관리의 범위

1. 개념

1) 위기

위기는 영어로 Crisis이며 그리스어 Κρiσiς 즉 Krisis에서 유래하였다. 본래 의학 용어인 Krisis는 죽음과 회복의 분기점에서 갑작스럽고 결정적인 병세의 변화를 지칭하였으나 의미가 변하여 정치, 안보, 경제, 사회 또는 환경의 부정적인 변화를 나타낸다.[92,123] 허먼(Hermann, 1963)은 정치학 배경에서 자극과 반응을 기준으로 위기를 언급하였다. 그는 위기를 조직이 중요하게 여기는 최우선의 가치를 위기에 반응하는 데 필요한 시간이 부족하고 조직이 예상 또는 예견하지 못하는 뜻밖의 것이라고 하였다.[113] 이재은(2013)은 안보정치학을 바탕으로 포괄적 안보관점에서 사람의 존엄성을 유지하는 것의 여부에 따라 위기를 언급하였다.[63] 김영옥(2003) 등은 경영학 관점에서 300대 기업을 중심으로 기업의 재무적인 관점에서 위기를 다루기도 하였다.[92] 미트로프(Mitroff, 1988)는 관리과정론적 접근을 바탕으로 재난 및 위기관리에 대해 다양한 사례를 제시하면서 재난과 위기의 개념을 혼합하여 제시하고 있다.[118] 여기서 다양한 사례는 불량품의 회수(recall) 조치에서부터 테러리즘(terrorism)까지를 포함하고 있으나 전쟁은 제외하였다. 이상에서 제시한 위기의 공통 개념은 급격한 변동, 사람의 존엄성, 경제적, 환경파괴에서부터 공포까지를 포함하고 있다. 이들 모두는 평범한 일상의 중단으로 요약된다.

2) 재난

재난은 영어로 Disaster이다. Disaster의 어원은 중세 프랑스어 desastre에서 왔으며 disastre는 이태리어의 disastro에서 유래하였다. 단어 disastro는 라틴어의 dis와 astro의 합성어로 astro의 의미는 "하늘의 별"이다. astro의 어원은 라틴어의 astrum으로 의미는 astral에서 유래된 "별"이다. 영어 단어 Disaster는 Dis와 Aster로 나뉜다. Dis는 "불일치 또는 나쁜" 의미이고 라틴어로 Aster는 영어로 star이며 의미는 별이다. Dis와 Aster의 의미는 '별의 배열이 일치하지 않는다'는 의미로 불일치 현상을 예방하거나 통제할 수 없는 것으로 인식하는 자연현상이다.[18]

종합된 Disaster의 의미는 "an unfavorable aspect of a planet or star"이며 뜻은 "행성 또는 별의 불길한 양태(모양)"이다. 재난의 현대적 의미는 "상당한 손실, 손상 및 파괴를 초래하는 갑작스러운 사건"이다. 즉 사람이 재난으로부터 상당한 손실, 손상 및 파괴를 입음으로써 일상에서 벗어나게 하는 일이다. 일상에서 벗어난 결과는 일상의 파괴, 인명의 손실로 근심, 걱정으로 귀결될 수 있다. 즉, 재난은 사람에게 해로운 영향을 끼치는 것으로 짧은 시간과 특정의 지역(범위)에서 발생하는 급격한 변동이다.

재난에 대해 UN(Unite Nation, 1992)은 특정 조직이 보유한 자원만으로 피해를 감당할 수 없을 정도로 광범위한 자원(인적, 물적) 및 환경적 손실을 일으키는 심각한 사회적 기능의 중단이라고 설명하였다. 미국의 연방위기관리청(FEMA; Federal Emergency Management Association)은 공동체 재산의 손실 혹은 인명 피해를 불러일으키는 자연적, 인위적 원인에 의해 발생한 사고로 정의하였다.[107] 아시아재난감소센타(ASRC; Asia Disaster Reduction Center, 2003)는 소유하고 있는 자원만을 사용하여 대처할 능력을 초과하는 인적, 물적 또는 환경적 손실을 야기한 심각한 파괴로 설명하였다.[102] 세계보건기구(WHO; World Health Organization)는 현존하는 일상을 갑작스럽게 중단하는 것과 그 중단으로 사회가 통제능력을 초과하여 피해가 발생한 상황이라고 하였다. 끝으로 한국의 재난 및 안전관리기본법에서 재난은 국민의 생명 · 신체 · 재산과 국가에 피해를 주거나 줄 수 있는 것으로 규정하였다. 상기와 같은 여러 기관에서 제시한 재난은 〈표 4-1〉과 같이 정리하였다.

〈표 4-1〉 기관별 정의 및 주요 개념

기 관	정 의	주요개념
U N	특정 집단이 보유한 자원만으로 피해를 감당할 수 없을 정도로 광범위한 인적, 물적 및 환경적 손실을 일으키는 심각한 사회적 기능이 중단을 의미	피해, 집단 자원, 손실 중단
FEMA	공동체에 재산의 손실 혹은 인명 피해를 불러일으키는 자연적, 인위적 원인에 의해 발생하는 사고	공동체 손실, 피해 사고
ASRC	소유하고 있는 자원만을 사용하여 대처할 능력을 초과하는 인적, 물적 또는 환경적 손실을 야기하는 사회적 기능에 대한 심각한 파괴	자원, 초과 능력초과 손실, 파괴
WHO	현존하는 일상을 갑작스럽게 중단 시키는 것과 중단의 영향을 받은 사회가 통제능력을 초과하여 피해 수준을 유발하는 상황	중단 능력초과
한 국	국민의 생명 · 신체 · 재산과 국가에 피해를 주거나 줄 수 있는 것	피해

이상의 UN, FEMA, ASRC, WHO 및 한국에서 재난을 정의한 공통된 구성개념 중의 하나는 피해이다. 피해는 사람으로 하여금 일상을 중단하게 하거나 중단시킬 것

으로 예상되는 모든 사건과 사고의 결과이다. 따라서 피해로 귀결되는 모든 사회적, 개인적 행위는 재난으로 여길 수 있다.

한자로 재난의 재(災)는 물(水)와 불(火)의 합성인 재(災)로 재앙을 의미하고 난(難)은 근심하다. 어렵다. 꺼리다. 괴롭히다. 물리치다의 뜻을 지니고 있다. 물과 불이 사람의 생활을 괴롭힌다는 것의 의미로 근심이 된다. 이치에 맞게 운행하여야 할 바람, 물 및 비 등의 자연현상이 자연스러움을 벗어나서 사람을 괴롭히는 태풍, 홍수, 호우, 강풍 및 해일이 되어 근심이 되는 상태를 말한다. 따라서 재난이란 인위적, 자연적 현상으로부터 발생한 결과가 사람의 일상을 파괴하는 사회적 현상이다. 환경파괴는 개인적, 사회적 파괴의 결과로 이어져 위기, 재난 등이 된다.

피해가 발생하여 일상에서 벗어나는 원인은 자연적, 인위적 및 사회적 관점 3가지로 구분할 수 있다. 먼저, 자연의 본질 또는 성(natural)이 파괴된 현상은 자연재해이다. 둘째, 사람의 욕심을 충족하기 위해 발생한 심각한 근심거리가 인적재난이다. 끝으로 사람의 공익적 이념, 신념 및 목적을 구현하려는 과정에서 주체자의 의도와 무관하게 사회질서를 파괴하는 결과로 이어지는 현상이 사회재난이다. 여기서 본질은 자연 질서를 의미한다. 따라서 본질이 파괴되었다는 것의 의미는 자연의 질서에서 이탈하였다는 것을 의미하게 됨으로써 무질서가 된다. 무질서는 결국 사람이 사는 환경이 파괴되어 사람에게 피해를 끼치게 됨을 의미한다.

본질이란 성을 의미하는 것으로 하늘이 자연계에 부여한 본성(천명지위성; 天命之謂性)이다. 하늘이 모든 사물에게 부여한 역할이 있다. 예를 들면, 하늘이 나무에게 부여한 나무로서의 역할이 있고 사람에게 부여한 사람의 역할이 있다. 그래서 나무와 사람이 다를 수 있다는 것이다. 사람이 만든 물건(질) 역시 그 물건(질)이 특정 역할을 작용하도록 부여하였으나 성이 급격하게 파괴되는 과정에서 발생하는 현상이 자연재난, 인적재난 그리고 사회재난이다.

위와 같은 관점에서 볼 때 역할의 상실로 발생하는 재난, 위기 및 환경오염은 집단적이고 광범위하여 일정 범위를 초과함으로 누구나 쉽게 인식할 수 있는 정도의 피해가 발생하는 것이다. 피해가 발생하는 원인에 따라 자연재난, 인적재난, 사회재난으로 구분하고 하위 개념으로, 산업재해 및 안전관리로 구분할 수 있다. 산업재해와 안전관리는 상대 개념이며 산업재해를 예방하기 위해 취할 수 있는 이성적인 사람의 행위가 안전관리이다. 안전관리는 환경파괴와 재난관리와 대응하는 개념으로 〈그림 4-2〉와 같이 제시한다.

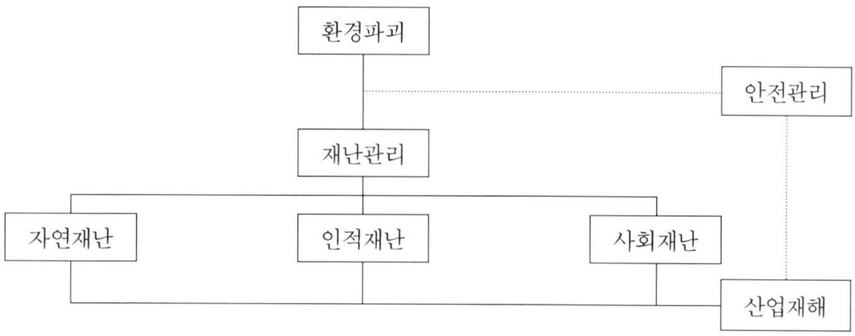

* 실선(-) : 상 · 하개념, 점선(···) : 대응(상대)개념

〈그림 4-2〉 환경파괴 발생요인과 대응

2. 특성

1) 개요

다음 〈표 4-2〉는 1949년부터 2014년까지 한국에서 발생하였던 대형 사고의 사례이다. 대형 사고는 〈표 4-2〉를 바탕으로 재난이 발생한 내용을 귀납법적으로 분석하고 범주화하면 상호작용성, 불확실성, 복잡성[101] 이외에도 반복성, 긴급성, 유사성, 한정성, 파급성, 안전불감증성, 상호작용성, 위법성 끝으로 의외성 등이 있다. 특성을 범주화하는 목적은 동일한 유형의 환경파괴가 발생하는 것을 예방하는데 있다.

〈표 4-2〉 연도별 재난 발생 피해 현황

발생연도	재난 발생명 (인명피해 ; 명)	발생유형
1949. 10. 05	인천 여객선 평해환 침목사고(120)	해상(선박)
1949. 08. 18	죽령터널 열차사고(48)	육상(시설)
1951. 07. 11	여객선 제5 편리호 침몰사고(80)	해상(선박)
1951. 10. 22	순천-여수간 열차탈선사고(120)	육상(시설)
1953. 01. 09	창경호 침몰사고(292)	해상(선박)
1956. 01. 12	태신호 화재사고(65)	해상(선박)
1959. 07. 17	부산 공설운동장 압사 사고(67)	육상(시설)
1960. 01. 26	서울역 귀성객 압사 사고(31)	육상(시설)
1960. 03. 02	부산 국제고무공장화재(62)	육상(화재)
1963. 01. 18	여객선 연호 침몰사고(140)	해상(선박)

1963. 01. 18	거제 장승포 압사 사고(69)	육상(시설)
1963. 10. 23	조포나루터 익사 사고(49)	해상
1969. 01. 31	천안 열차 추돌 사고(41)	육상(시설)
1970. 04. 08	와우 아파트 붕괴 사고(33)	육상(시설)
1970. 10. 14	모산 수학 여행 참사(46)	기타
1970. 12. 15	여수 남영호 침몰사고(323)	해상(선박)
1971. 05. 10	청평호 버스 추락 사고(80)	기타
1971. 12. 25	대연각 호텔 화재 사고(163)	육상(시설)
1972. 12. 02	서울시민회관 화재사고(51)	육상(시설)
1974. 11. 03	대왕코너 화재 사고(88)	육상(시설)
1976. 10. 28	동해어선 침몰사고(325)	해상(선박)
1977. 11. 11	이리역 열차 폭발사고(59)	육상(시설)
1981. 05. 14	경산열차추돌사고(55)	육상(시설)
1983. 09. 01	대한항공 007 격추 사건(269)	공중(항공)
1983. 10. 09	버마 아웅산 모역 테러사건(21)	기타
1984. 08. 31	한강 댐 홍수(사망,189,실종150)	해상(선박)
1987. 08. 29	오대양 집단자살 사건(32)	기타
1987. 11. 29	대한항공 858 폭파테러 사건(115)	공중(항공)
1989. 07. 27	대한항공 803(72)	공중(항공)
1993. 03. 28	구포역 무궁화 전복사고(78)	육상(시설)
1993. 07. 26	아시아나 항공 733편 목포 추락사고(68)	공중(항공)
1993. 10. 10	서해훼리호침몰사고(292)	해상(선박)
1994. 10. 21	성수대교붕괴사고(32)	육상(시설)
1995. 04. 28	대구상인동가스폭발사고(101)	육상(시설)
1995. 06. 29	삼풍백화점 붕괴사고(502)	육상(시설)
1997. 08. 06	대한항공801편 괌 추락 사고(225)	공중(항공)
1999. 10. 31	인현동 호프집 화재(52)	육상(화재)
2002. 04. 15	중국국제항공129편 김해 추락사고(129)	공중(항공)
2003. 02. 18	대구 지하철 방화사건(사망,192, 실종21)	육상(시설)
2007. 12. 07	태안 기름유출 사건	해상(선박)
2008. 02. 10	숭례문 방화 사건	육상(시설)

2) 반복성

자연재난을 비롯한 인적재난은 반복하여 발생하는 특징이 있다. 〈표 4-2〉는 대량 인명 피해가 발생하는 수단이 선박임을 알 수 있다. 화재는 인명과 재산 손실의 피해를 가장 크게 미치는 원인 중의 하나이다. 반복성은 한 번 발생한 선박화재 및 비행기 추락 사고가 두 번, 세 번 반복적으로 발생함을 의미한다. 사고의 반복성은 여건이 성숙 되면 언제든지 발생할 수 있다. 여건의 성숙이란 단 하나의 위법성 등의 요인으로 사고가 발생할 수 있으나 반드시 그런 것은 아니다. 특정 사고가 발생하기 위해 여러 구성인자가 여러 건의 위법성 또는 사소한 실수 등이 중복되었을 때 사고가 발생하며 이때 발생하는 사고는 대형 사고가 되는 것을 알 수 있다.

재난이 반복적으로 발생하는 원인은 사람에게 망각의 주기가 있어서 일정 시간이 경과 하면 사람은 과거의 사건을 기억에서 잊는다. 잊혀진 상태에서 대비는 느슨해지고 법규를 어기고 오랫동안 익숙해진 안일함 속에서 재난이 발생한다. 그러므로 모든 사람이 재난에 대해 깨어 근신하며 항상 경계함을 잊지 말아야 한다. 이것은 마치 구매자가 장비 및 물자를 구매하기 위한 노력보다 유지관리 하는데 보다 많은 관심과 주의를 가져야 하는 것과 동일하다.

한국에서 자연재해 중 수재는 연중 7월에서 9월 사이에 발생하는 반복성이 있다. 수재의 경우는 매년 수 명에서 수 백명의 사상자, 실종자 및 이재민이 발생하는 대형 자연재난 중의 하나이다. 이전에는 발생하지 않았던 지역에서 수해가 발생하는 것은 도시를 설계하는 시점에서 물길의 흐름을 파악하지 못하거나 예상 강우량을 정확하게 예측하지 못하거나 끝으로 기후변화의 요인을 간과하여 발생한다. 예를 들면, 제천 참사(2017)에서 볼 수 있듯이 대형 사고는 총체적인 부실에서 기인 된다는 것을 알 수 있다. 이외에도 대표적인 세월호(2014) 등의 사고는 좋은 예이다. 대형재난의 발생 원인은 자연현상과 인위적인 복합현상으로 요약된다. 구체적으로 도시화, 인구집중 및 산업화와 같은 인위적인 요인이 자연현상과 겹치면 재난이 발생할 가능성이 크다.

반복적으로 발생하는 문제를 해결할 수 있는 대책은 개인, 정부 및 학계를 포함한 전문가 차원의 의견제시 및 입법 등이 있다. 개인 차원의 대책은 개인의 욕심을 버리고 인륜을 기반으로 한 애민정신이 요구된다. 정부 차원의 대책은 상식과 원칙을 바탕으로 제도를 정비하고 대중에게 예방 교육과 훈련을 실시하는 것이다. 학계를 포함한 풍부한 경륜을 지닌 전문가는 이론을 바탕으로 원칙을 고수하는 고집스러움이 필요하다. 학계가 현실과의 타협은 향후 안전을 보장하지 못함을 알아야 한다. 따라서 현장에 근거를 둔 이론을 정립하는 학자와 전문가, 올바른 규정과 법을 입법하는 위정자, 집행하고 준수하는 공무원과 시민이 지녀야 할 집단의 도덕적 의무가 요구된다.

3) 긴급성

재난 발생 후 해결을 위한 노력은 절대시간(golden time)을 준수하여야 한다. 절대

시간은 재난 발생 직후 인명과 재산의 희생과 손실을 최소화할 수 있는 시간이다. 모든 사고는 짧은 시간에 인명을 치명에 이르게 할 수 있다. 사회는 개인을 바탕으로 형성되므로 개인의 긴급은 사회적 긴급성이다. 사회적 긴급성에 대비하기 위해 국가는 단 1~2명이 희생될 위기에 처해 있다고 하더라도 구조원을 급파하는 체계를 구비 하여야 한다.

4) 한정성

천재 즉 자연재난을 포함한 인적재난은 지역적으로 한정되어 발생한다. 예를 들면, 지진은 지진대 지역, 폭설은 고산지대, 산사태는 절개지에서 발생하며 미국에서 발생하는 토네이도(tornado), 허리케인(hurricane)은 한국에서 거의 발생하지 않는다. 물론 사람 행위의 결과로 발생하는 인적재난은 사람이 있는 곳이면 어디든 발생하는 것 역시 대상의 한정성이다. 구체적인 예는 화재이다. 화재는 발생할 만한 여건이 성숙 되면 어느 지역에서나 발생하는 무한정성이 있다.

한정성은 자연에 대한 세밀한 관찰을 할 수 있는 능력을 구비 하여야 한다. 능력의 구비는 과학, 기술로 달성할 수 있다. 과학기술은 현상에 대한 원인을 분석하고 대비책을 수립하게 만든다.

5) 유사성

현재 발생한 재난은 과거에 발생한 재난과 유사한 형태를 띤다. 예를 들면, 법규 위반, 정원 초과 및 주의 태만 등과 같은 원인은 재난 발생의 유사성이다. 재난의 유사성은 사람이 경각심과 경계심을 바탕으로 대비하여야 할 충분한 이유를 알려주고 있다. 유사성이 있는 재난에 대해 사람이 충분하게 경계하지 못하고 발생하는 재난의 결과는 사람이 감당하여야 할 몫으로 남는다. 유사성으로 발생하는 재난을 예방하는 대비책은 하는 일에 집중을 하는 것이다. 집중이란 일과 관련된 법규, 방침 및 지침을 준수해야 함이다.

6) 파급성 또는 전이성

하나의 재난은 또 다른 재난으로 전이되는 특성이 있다. 전이현상은 발전된 산업사회일수록 그 정도가 심각하다. 자연재난이 사회기술적 재난이나 인적재난으로 연결되어 예상치 못했던 피해를 유발한다. 파급성은 재난 손실 비용 면에서도 언급할 수 있는데 재난으로 발생한 직접손실보다 간접손실이 4배에 달할 수 있다는 연구 결과를 인용하지 않더라도 구체적인 예로 파급성을 설명할 수 있다.[48] 2011년 일본에서 해일이 발생하였을 때 인적 피해는 약 2만 4천 명이었으나 이후 후쿠시마 원전에서 방사성 물질의 유출은 해일 자체로 발생한 재난 피해액을 초과하였다. 대형지진의 자연재해는 해일로 전이되었으며 해일은 원자력 발전소를 파괴하는 원인이 되었다. 자연현상에서 시작된 지진이 사회기술적인 재난으로 사람에게 악영향을 끼친 것으로 종결되었다.

한국의 사례로서 2007년 발생한 허베이 스피리트(hebei spirit)호의 충돌사고는 사고 자체로 발생한 피해액보다 더 큰 규모의 2차 피해가 발생하였다.[96] 예를 들면, 굴, 바지락과 해삼 등을 생산하는 어장 839개소 15,558,131ha에 피해가 발생하였으며 해수욕장 38개소의 1천 4백 만m^2에 걸쳐 피해를 유발하였다. 이뿐 아니라 생태계의 파괴는 해상국립공원으로서 위상을 상실하게 되었다. 인적재난이 물리적 가치의 손상은 물론이고 사람의 정신적 가치의 손상, 경제적인 피해 그리고 자연에 미친 악영향은 금전으로 환산하기가 불가능하다.

7) 안전불감증

이 정도면 괜찮겠지 또는 이 정도면 되겠지라는 안일한 태도에서 재난이 발생한다. 재난의 발생 빈도가 이를 설명하고 있다. 안전불감증은 총체적 부실이 원인이다. 어디선가, 어떤 시점에서, 어느 누군가, 어떤 방법으로든 단 한 번만이라도 올바른 방법으로 통제를 가하면 재난은 예방할 수 있으며 최소화될 수 있다. 이것을 '한스법칙'으로 지칭한다. 한스법칙에서 한스는 네덜란드의 한스 브링커(Hans Brinker)이다. 그는 암스테르담 서쪽에 있는 바닷가 근처에 사는 소년의 이름이다. 네덜란드는 육지가 해수면보다 낮은 국가이다. 네덜란드는 제방을 만들어 바닷물의 유입을 막아 주거지로 만들었다. 어느 날 그 소년은 하굣길의 제방에 작은 구멍을 발견하고 처음에는 손가락으로 구멍을 막고 구멍이 커지자 온몸으로 구멍을 막아 마을을 구했다는 이야기이다.

위와 같이 한 사람이 지각한 위험을 예방하고자 실천하면 대형재난을 예방할 수 있다. 모두가 아는 예를 들어보자. 율곡이 10만 양병설을 주장하였으나 조정은 실천으로 옮기지 않았다. 몇 년 후 조선은 임진왜란으로 엄청난 피해가 발생하였다. 훗날 서애(西厓) 유성룡(柳成龍)은 이이(李珥)를 진성(眞聖)이라는 호칭하고 자신의 잘못을 뉘우쳤다. 그러나 무슨 소용이 있으랴 율곡의 바람은 진성이라는 호칭보다도 자신의 충언이 국정에 반영되기를 더 원했을 것이다. 재난 발생을 후회하면서 영웅을 만드는 것보다 기미를 알아차리는 사람의 생각을 소중히 받아들여 실천하는 것이 더 소중하다. 사소한 의견이라도 경계의 말은 귀 기울여 듣고 방비하도록 행동으로 옮기며 실천하는 노력이 안전불감증을 해소한다.

8) 위법성

재난이 발생하는 공통된 특징 중의 하나는 법규를 준수하지 않았다는 점이다. 법규의 미비와 부재로 발생하는 재난은 거의 없다. 많은 기업을 포함한 개개인은 규정과 법을 간과하기 쉽고 법규를 준수하는 것에 인색하다. 법규는 복잡한 절차로 많은 시간과 투입되는 인력을 요구하므로 비용을 상승하게 하는 요인이 되기 때문이다. 법과 규정을 어기는 과정에서 여러 절차를 생략하여 시간과 비용을 절약할 수 있어 자신의 욕심을 더 많이 채울 수 있다. 사람이 만든 절차를 생략하는데 근원은 욕심이며 욕심은 화의 원천이라는 것을 많은 사례로부터 교훈을 얻었다. 그러므로 법, 규정 및 지침 등의 생략은 결국 사람의 욕심을 바탕으로 한 그릇된 이익에 불과한 것이다. 그릇된 이익은 미래의 어느 날 발생할지 모를 비용을 저축하는 어리석음이다.

9) 의외성

재난은 예상치 못한 장소 및 시기에서 발생한다. 믿는 도끼에 발등 찍힌다는 것을 생각나게 할 만큼 재난은 믿었던 장소, 예기치 못한 시기에 발생한다. 안전하다고 믿었던 장소인 백화점 건물(1995년, 삼풍백화점), 그리고 안전하다고 여겼던 다리(1994년, 성수대교붕괴)가 그렇다. 이처럼 사람의 욕심이 원천이 되어 생각하지 못했던 의외의 장소와 시간에서 재난이 발생하는 현상을 볼 수 있다. 의외성을 대처하는 방법은 사람이 항상 경계하고 깨어 근신하는 자세가 필요하다.

3. 구분

1) 개요

재난을 구분하는 기준이 다양하다. 랑케(Ranke, 2016)는 행위론적 관점에서 재난을 위험(hazards)으로 인지하고 지질학적 위험(geotectonic hazards)과 수문기상학적 위험(hydrometeorological hazard)으로 구분하였다.[119] 지질학적 위험은 지진, 화산폭발, 낙석과 산사태를 포함한 대량 이동(mass movement)으로 세분하고 수문기상학적 위험은 홍수, 가뭄, 폭풍과 같은 기후의 변동으로 구분하였다. 재난은 인적재난과 자연재난에 대해 설명을 하였으나 사회재난에 대한 설명은 없다. 구체적으로 인적재난은 체르노빌(Chernobyl, 1986) 및 보팔(Bhopal, 1984)사고를 예로 제시하였고 자연재난은 천체물리학, 지구물리학, 수문기상학적(홍수, 가뭄 등)으로 구분하였다.[104] 한국의 재난 및 안전관리기본법(약칭; 재난안전법, 2013)은 자연재난 및 사회재난으로 구분하고 있다.

앞서 제시한 내용을 바탕으로 재난의 발생을 인과설, 인지설, 요인설 3가지로 정리하였다. 먼저 요인설이다. 요인설은 3요인설과 2요인설로 구분한다. 3요인설은 자연재난, 사회재난 및 인적재난이며 2요인설 구분은 자연재난과 사회재난이다. 3요인설과 2요인설의 구분을 위한 기준은 재난의 원인과 결과에 두었다. 둘째, 인지설이다. 인지설은 누구나 쉽게 재난으로 인지하는 명시적 재난과 재난이라고 여기기 어려울 만큼 사소한 환경오염으로 시작된 잠재적 재난으로 구분하였다. 끝으로 인과설이다. 인과설은 재난 발생 전 원인에 따라 구분하는 원인설, 재난 발생 후 결과에 따라 구분하는 결과설로 지칭하였다. 재난의 구분은 〈그림 4-3〉이다.

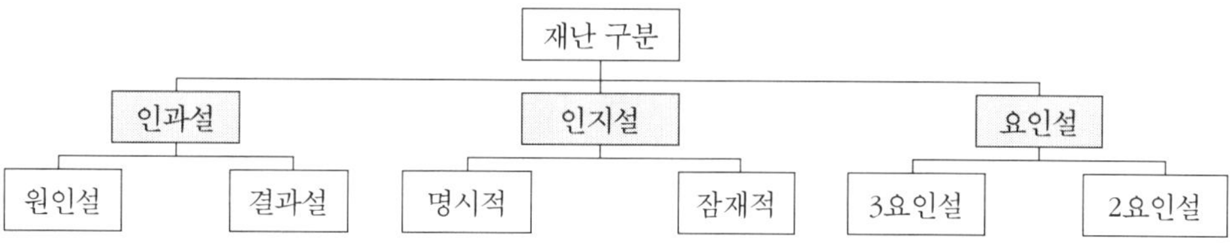

〈그림 4-3〉 재난의 구분

2) 인과설

(1) 원인설

인류사에서 재난은 시기 및 장소와 관계없이 발생하였다. 원인설의 기준은 재난이 발생했던 동기와 원인에 따라 구분한다. 먼저, 재난이 발생했던 원인은 세 가지이다. 하나는 인적재난이다. 인적재난은 사람이 의도한 목적을 달성하기 위해 적극적인 행동의 결과로 발생한 재난이다. 예를 들면, 전쟁, 테러, 방화 및 폭침과 같은 행위이다. 인적재난은 사람이 깨어 근신하였더라면 재난이 발생하기 전에 예방할 수 있는 시간적 또는 절차적인 여유가 있다.

다른 하나는 자연재난이다. 자연재난은 사람이 충분히 조심하고 주의를 기울였으나 예측할 수 없었던 자연현상으로부터 발생한 재난이다. 예를 들면, 자연발화인 화재 및 폭우로 발생하는 산사태 등이다. 자연재난 역시 예방할 수 있는 시간이 있다. 나머지 하나는 사회재난이다. 사회재난은 행위자의 의도와 무관하게 시설물 및 기타의 파괴로 평범한 일상이 흩어지는 현상으로 예방할 수 있는 시간이 부족한 것이 특징이다. 예를 들면, 실화를 포함하여 사람의 안녕을 위해 개발하였던 특정 물질이 불특정한 외부의 어떠한 자극도 없이 폭발하여 다량의 피해가 발생하였다. 그렇다면 사람이 행할 수 있는 모든 조치를 사전에 하였음에도 발생한 결과라면 그것은 사회적 재난으로 인식하여야 한다. 그렇다고 법률적인 책임까지 면제되는 것은 아니다. 상기 재난이 발생한 원인을 바탕으로 재난을 구분하면 〈그림 4-4〉와 같이 제시할 수 있다.

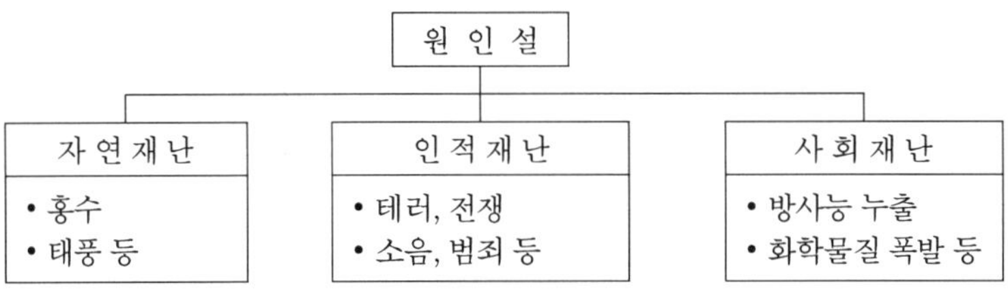

〈그림 4-4〉 원인설에 의한 재난의 구분

(2) 결과설

결과설은 원인을 파악하지 않고 발생한 결과만을 기준으로 삼는 분류이다. 한국에서 규정한 재난 및 안전관리기본법에서는 인적재난을 제시하지 않고 자연재난과 사회재난만을 언급하였다. 이 구분은 결과에 의한 재난의 구분으로 여겨진다. 예를 들어, 화재 발생은 실화, 방화 및 자연발화 3가지가 있다. 원인설은 화재가 발생한 3가지에 대해 선명하게 설명할 수 있으나 결과설은 설명하기에 모호한 부분이 있다. 자연발화와 실화는 분명한 구분이 된다. 자연발화는 자연재난이고 실화는 사회재난으로 인정할 여지가 있다. 그러나 방화는 인적재난으로 판단하는 것이 타당하나 한국의 법체계 내에서는 인적재난이 없으므로 사회재난으로 인식해야 한다. 그렇다면 방화가 사회재난인가에 대해 의문이 제기된다. 〈그림 4-5〉는 재난 및 안전관리기본법을 바탕으로 제시한 것이다.

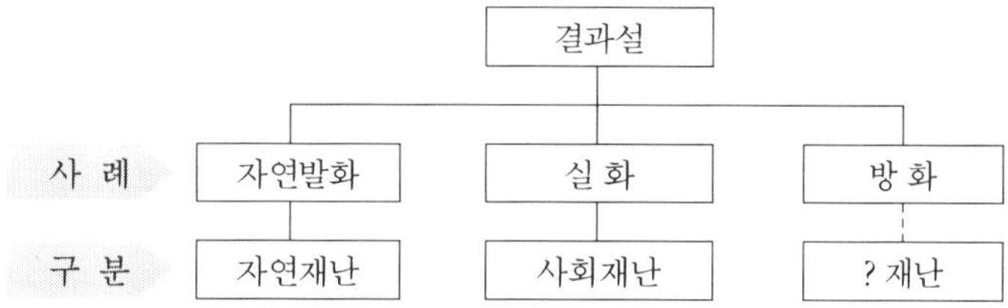

〈그림 4-5〉 결과설에 의한 재난의 구분

(3) 원인설과 결과설 구분의 필요성

재난을 원인설과 결과설로 구분해야 하는 이유는 다음과 같다. 먼저, 원인설의 경우 재난 발생 책임 소재를 규명할 수 있다. 책임 소재를 바탕으로 문제가 재발하지 않도록 대책을 수립하기가 쉽다. 결과설은 원인보다 결과에 중점을 두었기에 책임 소재를 규명하기 어렵다. 둘째, 원인설은 책임소재를 바탕으로 비용청구 및 해결책을 위한 다양한 대안을 제시하는 것이 용이하다. 그러나 결과설은 책임 소재의 규명이 어려움으로 비용청구 및 해결책에 대한 대안 수립이 모호하다. 재난의 책임을 개인이 아닌 사회로 책임을 돌렸기 때문이다.

다음의 예는 원인설과 결과설의 내용을 이해하기 위해 구성한다. 다른 모든 조건이 동일하다는 가정하에서 수십 전부터 특정한 시간 동안에 2~300mm의 폭우가 쏟아져도 홍수가 단 한 번도 발생하지 않았던 지역이다. 이 지역에 도로가 새롭게 개설된 이후 과거와 동일한 시간 동안 동일한 양의 비가 내렸는데 지역 일대에서 홍수가 발생하였다. 물론 도로공사를 위해 강수량에 따른 환경영향평가를 하였음에도 홍수는 발생하였다. 이러한 상황에 대해 다음과 같은 견해차가 발생할 수 있다. 먼저, 결과설은 사회재난으로 결론을 짓는 것에 반하여 원인설은 인적재난으로 규정할 수 있다.

재난 구분을 위한 기준으로 원인설과 결과설에 대한 의견을 정리하면 다음과 같다. 재난이 발생한 결과가 같다고 할지라도 발생하였던 상황과 원인에 따라 인적재난과 사회재난으로 구분할 필요가 있다. 그 이유는 사람이 재난을 예방하고 일으키는 주체이기 때문이다. 이렇게 본다면 사회재난 역시 인적재난이다. 사회재난의 그 뿌리는 현대사회에서 발생하는 재난의 특성인 복잡성, 파급성과 다양성 등을 반영한 것이며 사회재난에서 사람은 사회를 구성하는 일원이라는 관점에서 인적재난을 사회재난에 포함하였다면 사람이 존재하지 않는 사회가 존재할 수 있는가라는 의문이 생긴다. 따라서 사회재난을 인적재난에 포함하거나 인적재난과 동등한 격으로 구분하는 것이 타당하다.

3) 인지설

환경파괴를 기준으로 사람이 재난을 인지하는 과정, 시기 및 원인에 따라 명시적 재난과 잠재적 재난으로 구분할 수 있다. 명시적 재난의 특성은 누구나 인지할 수 있는 환경파괴의 속도와 지역적 제한성이 있다. 예로써 홍수, 폭설, 강풍, 붕괴 및 화산 폭발 등은 명시적 재난이다. 피해복구는 천문학적 자원이 요구된다. 동시에 과학의 발전이 명시적 재난을 예측하는데 한계성이 있을 수 있다.

잠재적 재난에서 잠재적이란 미래의 불특정시점에 사람에게 악영향을 끼친다는 것을 의미한다. 잠재적 재난의 특징은 자연의 정화능력으로 사람이 인지하지 못할 정도의 느린 속도로 환경파괴가 진행된다. 그러나 환경파괴가 지속적으로 발생하여 임계치를 초과하면 생태계와 사람의 생명을 위협한다. 임계치가 초과하기 전 예측하여 예방할 수 있으나 사람이 무관심으로 일관하면, 임계치가 초과한 후 파괴된 환경이 사람에게 어떠한 영향을 끼칠지 예측하기가 어렵다.

잠재적 재난의 또 다른 특징은 사람이 재난이라고 인식하지 못하는 사이에 엄청난 사회적 비용을 유발한다. 그러므로 과학의 발전과 사람의 경계심으로 해결할 여지가 충분히 있는 재난이다. 잠재적 재난은 사람의 준법정신과 매사에 환경에 대한 경각심을 가지고 행동하는 것이 필요하다. 잠재적 재난의 예는 기후변화, 잔반 처리비용,

자동차의 지·정체로 발생한 비용, 명절 기간 동안 발생하는 교통사고로 인적 및 물적인 자원낭비, 끝으로 축제 동안에 발생하는 사건 사고 및 환경파괴 행위 등이다. 잠재적 재난이 임계치에 처한 대표적 예는 기후변화이다. 기후변화가 심각한 정도를 알리기 위해 2019년 영국 더 가디언(The Guardian)지는 기후위기 또는 기후비상이라는 용어를 제시하였다. 여기서 임계치의 초과는 지구의 회복탄력성 및 자연복원력을 상실한다는 개념과 동일하다.

잠재적 재난으로 발생한 인명 피해와 재산상의 손실이 명시적 재난으로 발생한 인명과 재산상의 손실보다 작다고 할 수 없다. 이러한 현상이 '잠재적 재난의 역설'이다. 잠재적 재난의 역설이 발생하는 이유는 사람이 일시적으로 발생한 현상에 대해 더 큰 관심을 보이기 때문이다. 느린 속도로 많은 양이 발생 하거나 빠른 속도로 적은 양이 발생하면 재난으로 인식하지 못한다. 사람이 대처할 능력과 대안을 찾을 수 있어 여유를 가지기 때문이다. 재난의 역설이 발생하는 원인은 사람이 현실을 바로 잡을 만한 의지의 부족, 주의력 결핍 및 지속적인 관심의 소홀 등이다. 예를 들어 장비를 구매할 때 가졌던 관심보다 시간이 지나면서 장비를 관리해야 하는 데 쏟는 관심의 부족으로 발생하는 사건 및 사고 등이다. 〈그림 4-6〉은 명시적 재난과 잠재적 재난의 발생 사례이다.

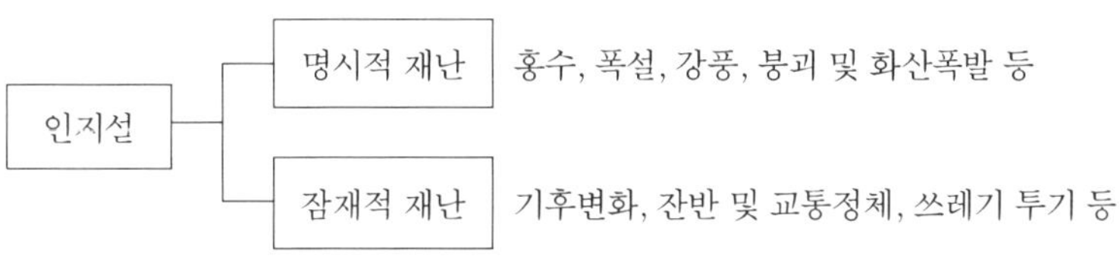

〈그림 4-6〉 명시적 재난과 잠재적 재난

4) 요인설

한국정부는 재난 및 안전관리기본법에서 재난을 자연재난과 사회재난으로 구분하는 것을 2요인설로 지칭하고 본서와 같이 자연재난, 사회재난 및 인적재난으로 구분하는 것을 3요인설로 한다. 재난의 구분은 정부에서 제시하는 것과 같이 2요인설로 구분하기보다는 3요인설인 자연재난, 인적재난 및 사회재난으로 구분하는 것이 타당하다. 재난 및 환경관리의 주체가 사람이므로 사람을 배제하고 재난을 설명하는 논리는 합리적이지 못하며 타당성과 신뢰성이 낮다.

5) 소결론 : 원인설 및 3 요인설

인적재난을 구분하지 않는 것은 사람에 의한 재난 발생 요인을 고려하지 않겠다는 것이다. 사람이 존재하지 않으면 재난을 인지할 수 없으므로 재난의 발생 여부 자체를 의식할 수 없다. 따라서 사람이 존재하는 한 재난의 주요한 축은 사람이다. 만약 2요인설이 더 타당성을 얻으려면 자연재난과 인적재난으로 구분하고 인적재난의 하위 개념으로 사회재난이 포함되어야 한다. 그러나 현대사회의 특성을 고려하면 3요인설에 기본을 두고 자연재난, 인적재난 및 사회재난으로 전개하는 것이 옳다. 〈그림 4-7〉은 3요인설에 바탕을 둔 재난의 구분이다.

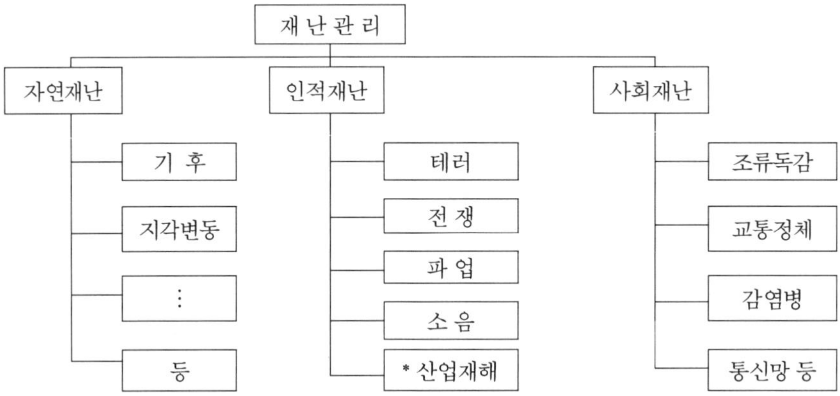

〈그림 4-7〉 3요인설에 따른 재난의 구분

4. 관리절차

1) 개요

한국의 재난 및 안전관리 기본법은 절차적 관점에서 재난관리 단계를 예방, 대비, 대응 및 복구로 하였다. 재난관리를 관리과정론적 관점과 비교 분류하면 예방과 대비는 계획으로 대응과 복구는 실행으로 볼 수 있다. 그렇다면 절차적 관점의 재난관리는 평가 기능이 약화 되거나 생략되었다고 할 수 있다. 따라서 대응과 복구를 위해 사용하였던 물적자원의 과부족을 평가하는 군수지원분석(LSA; Logistic Support Analysis) 단계가 필요하므로 평가단계를 보완한다. 이를 〈표 4-3〉에서 비교하였다.

〈표 4-3〉 재난관리의 절차적 접근과 과정론적 접근의 비교

절차적 접근	예방	대비	대응	복구	?
과정론적 접근	계획		실행		평가

위와 같은 절차적 접근의 단점을 보완하는 방법은 예방, 대비, 대응 및 복구단계 이후에 평가를 의미하는 조정 및 평가관리를 포함하는 것이 타당하다. 여기서는 평가 및 사후로 하지 않고 조정 및 평가라고 표현한다. 조정 및 평가관리는 예방, 대비, 대응 및 복구 과정에 벌어진 틈을 보완하는 의미로 사용한다. 따라서 평가 및 사후관리는 반성의 의미도 있으나 실천에 중점을 둔 용어인 조정 및 평가를 채택한다. 이를 〈표 4-4〉로 제시하였다.

〈표 4-4〉 절차적 접근으로 단계를 수정한 후

절차적 접근	예방	대비	대응	복구	조정 및 평가
과정론적 접근	계획		실행		평가

조정 및 평가는 절차적 접근의 바탕을 둔 예방, 대비, 대응 및 복구단계까지 이루어지는 모든 시설, 인력 및 행정을 종합적으로 분석하여 평가한다. 조정 및 평가는 발생이 예상되는 동종의 재난을 예방하고 대응 및 복구를 할 때 미비점을 보완하는 단계이다. 다른 하나는 분명한 비용에 의한 평가가 동반되어야 한다. 비용에 의한 평가를 수반하기 위해 숫자를 바탕으로 평가가 이루어져야 한다. 비용이 투입되는 곳이 관심 사항을 반영한다고 할 때 관심 사항이 아닌 곳에 비용을 투입하였다면 낭비인 것이다. 동시에 의사결정이 잘못된 것으로도 판단할 수 있다. 이와 같이 비용을 바탕으로 하는 관리는 명확한 의사결정 기준을 제공하여 차기에 발생할 수 있는 재난을 대비하게 한다. 따라서 조정 및 평가관리는 숫자를 바탕으로 행동, 인력 및 시설의 운영에 대한 차이를 조정하는 것을 의미한다. 여기서 숫자는 회계, 통계 및 수학적

방법을 의미한다. 숫자는 절대 기준점을 바탕으로 만들어져 있으므로 누구나 선명하게 이해할 수 있고 설득력이 있다.

2) 재난 단계별 활동과 군

군의 역할을 살펴보기 전 재난 단계를 검토한 후 군의 단계별 활동을 검토한다. 군은 정부와 동일하게 재난 단계를 예방, 대비, 대응 및 복구 4단계로 구분하였다.[116,104] 그러나 본서에서는 앞서 제시한 조정 및 평가관리를 포함하여 5단계로 제시한다.

먼저, 예방과 대비단계의 목적은 확정적 사실에 근거한 예측 가능한 위험성을 제거하고 관련 정책을 시행하기 위해 행정적으로 준비하는 것이다. 예방단계는 재난이 발생하기 전 위험요인을 분석, 제거 및 대안을 작성하여 억제 및 완화하는 과정이다. 예방단계에서 활동은 예방 대책의 수립, 안전기준의 설정 및 재난 영향의 예측과 평가, 강제적인 규제방안의 마련 및 방지 계획 수립 등이 있다. 예방을 위한 분석 요소 도출은 소요판단요소를 도출한다. 소요판단은 정성적 및 정량적 방법을 포함하고 있는 소요판단36매트릭스가 있다.[40,41] 소요판단36매트릭스는 세로축에 6개의 육하원칙 요소와 가로축에 임무, 상대방, 기후(지형), 조직, 시간 및 지역 주민 6개의 상황판단요소로 구성된 표이다. 상황판단요소는 의사결정자의 상황과 중요도에 따라 다른 요소로 대체할 수 있다. 소요판단36매트릭스의 예시는 〈표 4-5〉와 같다.

〈표 4-5〉 소요판단36매트릭스(예시)

상황판단요소 육하원칙	임무	상대방	기후 지형	조직	시간	지역 주민
왜(목적)						
언제(적용시간)						
누가(인적대상)						
무엇을(물적대상)						
어디서(장소)						
어떻게 (방법, 얼마나) (정량적,정성적)						

둘째, 대비단계이다. 대비단계는 예방 활동에도 불구하고 위기 발생 시 대응할 활동을 사전에 준비하는 것이다. 대응 활동은 재난 대응 활동 계획을 작성하고 자원준비, 홍보 및 대응 요원의 교육훈련을 포함하고 있다. 자원준비는 소요판단에 따른다. 교육은 지식교육을 포함하는 지적 활동이며 훈련은 체득의 과정이다. 교육과 훈련이 형식적으로 이루어지는 것은 행정 낭비이며, 비용과 시간의 낭비를 동반한다. 교육훈련은 자원관리교육, 장비사용교육, 보급교육, 장비정비교육 및 인명구조교육 등이다. 훈련의 예는 해난대비훈련, 지진대비훈련, 소방방재훈련, 유독성가스 방재훈련 끝으로 민방위훈련 등이 있다.

셋째, 대응단계이다. 대응단계는 예방 및 대비단계에서 수립된 다양한 계획을 실행한다. 실행 사항은 재난사태선포이다. 재난사태는 국민안전처장이 시도지사의 건의를 받아 선포한다. 재난선포 지역에는 응급조치, 동원명령, 통행제한, 긴급구조조치 등이 이루어진다. 응급조치는 위기관리 교범에 따라 피해감소 활동을 위한 조치이다. 동원 명령에는 민방위대의 소집, 장비 및 인력동원이 포함된다. 통행 제한은 구조 활동을 위한 인원과 차량을 제외하고 여타의 인원과 차량은 금지하는 조치이다. 긴급구조조치는 인명 구조 활동, 응급처치 등이며 긴급구조통제단장이 지휘한다.

여러 기관이 동시다발적으로 다양한 목적을 달성하기 위해 수행하는 활동이 전개된다. 조직은 명령일원화에 의한 지휘체계와 참여기관 사이에서 팀 단위의 활동이 조화롭게 이루어져야 한다. 특히, 국민을 향한 홍보 활동은 몇 가지 유익한 면이 있다. 먼저, 국민의 알 권리를 충족하기에 앞서 국민에게 안도감과 안정감을 느끼도록 한다. 둘째, 정부 및 각 기관의 활동을 홍보하고 국민에게 협조를 구할 수 있다. 여기서 협조란 재난 지역에 거주하는 국민에게 이동 명령을 하거나 특정 장소로의 안내를 하며 특수한 기술 및 자재제공을 요청하는 것을 포함하고 있다. 재난 현장에서 정부가 다양한 조직을 일사분란하게 행동하도록 통제하는 것은 현실적으로 쉽지 않다. 따라서 현장에서의 일사분란한 행동은 반복적인 교육훈련으로 체득된 결과이다.

계속해서 대응단계는 평시에 표준화된 업무절차, 유연성이 있는 의사결정을 바탕으로 중앙집권적인 의사결정이 요구되는 단계이다. 표준화된 업무절차와 유연성이 있는 의사결정은 이율배반적인 용어이다. 현장 상황에 따라 적용되어야 할 업무 내용의 원칙이 결정되어야 한다. 결정 능력은 지식, 경험 및 창의적인 사고가 문제를 해결하는 기본이다. 여기서 상황은 정태적인 상황과 동태적 상황으로 구분할 수 있다. 정태적 상황은 표준화된 업무절차를 준수하고 동태적 상황은 유연성을 기준으로 수행하는 의사결정이다. 창의적인 의사결정은 전문지식과 경험을 바탕으로 체득되어 순간적으로 나타나는 반응이다. 구체적으로 정태적 상황이란 구조된 이재민에게 구호품의 지급과 같은 현상을 말한다. 동태적 상황이란 구조된 이재민의 건강상태 확인을 하고 의료인력의 조정 및 지원 물품에 대한 집행 시기를 결정하는 상황이다. 그리고 창의적인 의사결정은 원리원칙을 벗어나지 않은 건전한 상식적인 행위의 결정으로 문제를 해결하는 방식을 의미한다. 창의적이란 일종의 사고 이동(paradigm)을 의미하는 의사결정이다. 이 단계에서의 물적자원의 지원은 실질적인 효과를 거두는 단계이다. 따라서 장비, 물자는 가동상태와 사용 가능 상태를 유지해야 한다.

넷째, 복구단계이다. 복구단계는 장기 복구 활동과 단기 복구 활동이 있다. 장기 복구 활동은 길게는 10년까지 걸리는 활동으로 시설복구, 실업자의 직업소개 등이며 단기 복구 활동은 잔해물 처리, 의료지원을 포함한 방역 활동 및 임시거주시설을 제공하는 활동 등이다.

상기와 같은 활동은 전산화하여 의사결정을 도움을 받을 수 있다. 이러한 시스템이 의사결정지원시스템(Decision Support System)이다.[121] DSS에 포함되는 모든 요구사항은 소요파악과 과거의 재난관련 사항을 분석하여 도출하는 것이 필요하다.[40]

끝으로, 조정 및 평가단계이다. 조정 및 평가는 앞서 제시한 각 단계(예방, 대비, 대응 및 복구)에서 발생하는 미비점을 보완하는 단계이다. 조정 및 평가에서 평가관리자가 소요판단평가서를 작성한다. 소요판단평가서의 작성목적은 국가가 동일한 실수를 반복하지 않는다는 것에 있다. 소요판단평가서는 재난관리 조직이 예방, 대비, 대응 및 복구단계에서 원하는 목표를 달성하지 못했던 내용을 기록한다. 기록된 사항은 평시 교육훈련 과정에서 누락 부분을 보충하고 재점검한다. 보충과 재점검 사항은 다음 내용으로 요약한다.

재점검 사항은 구조조정사항과 기능조정사항 2가지로 구분한다. 먼저 구조조정사항은 법규 등을 포함한 제도, 행정절차 및 조직이다. 기능조정사항은 차후 재난을 대비하여 군수지원 측면에서 인원, 시설, 부품, 장비, 수송 끝으로 회계 등을 조정하는 것이다. 재난이 발생하여 재난관리 활동을 펼치는 동안 평가관리자는 소요 사항을 인식하고 기록하는 것이 필요하다. 소요사항은 업무담당자와 이재민이 제시하는 내용이다. 소요사항은 문제점, 결핍, 부족, 고려사항, 희망사항, 조정사항 및 요구사항 등을 포함한다.

평가관리자는 두 가지에 중점을 두고 있다. 하나는 소요사항을 도출하여 일일 보고를 위해 기록하고 재난관리본부에 보고함으로써 이재민과의 신속하고 정확한 의사소통으로 이재민의 어려움을 해소하는데 있다. 또 다른 하나의 기록하여야 할 문제점은 일일 단위로 종합하여 기록에 남기고 남겨진 기록은 복구 후에 평시로 접어들었을 때 기록을 검토하면서 교육훈련에 반영하여 한 번의 실수를 반복하지 않도록 하는데 있다.

평가관리자는 업무 단위로 구성하고 평가관리자 요원의 특성은 다음과 같다. 첫째, 자질이다. 자질은 사람의 됨됨이로 성품이 친절하나 냉철한 이성을 지니고 있어야 한다. 재난 현장에서의 이재민은 정신적, 신체적으로 불안하고 불완전한 상태에 있으므로 안정시켜야 할 필요가 있기 때문이다. 둘째, 의사소통능력이 있는 행정 및 법규에 경험이 풍부한 사람이어야 한다. 이재민을 법률적, 행정적으로 지원할 수 있는 사항과 지원 불가능한 사항을 구별하여 응답할 수 있어야 하기 때문이다. 셋째, 소요사항을 구분할 수 있는 능력이 필요하다. 평가관리자는 단순히 재난관리본부에 연락을 위한 의사소통 요원으로서 역할 이상을 수행한다. 예를 들면, 군수 분야에 대한 전문성을 확보하여야 한다. 지원 품목에 대한 사항을 파악하고 있으므로 재난관리본부에 있는 전문가와 재난 현장의 이재민 사이에 의사소통이 원활하게 이루어질 수 있어야 한다. 따라서 군수 분야의 전문성을 바탕으로 이재민이 요구하는 사항을 적시에 재난관리본부에 보고한다. 결국, 평가관리자의 임무는 현장에서 다양하게 제기되는 이재민의 소요를 재난관리본부에 전달하는 역할을 수행하는 것이다. 현장에서 발생하는 전반적인 현황을 집계하고 종합하는 부서는 재난관리본부이다. 재난관리본부는 법률, 규정, 행정, 군수지원사항 등에 대해 매 순간마다 입장을 정리하고 의사결정을 지원할 전문가가 필요하다. 재난관리본부장의 의사결정된 내용은 대변인이 발표함으로써 국민과 이재민으로 하여금 안심하도록 하고 재난에 대응하고 있는 다양한 구성원(또는 팀)에게 관련 사항을 통보하여야 한다. 통보는 신속하고 정확한 의사를 전달하는데 있다. 대변인의 발표내용과 재난관리본부의 각 팀의 행동은 일원화를 보여야 하는 것이 필수적이다. 일원화하는 방법은 대변인이 했던 발표를 각 부서가 뒷받침하는 행동으로 보여줌으로써 이재민과 국민의 신뢰를 얻게 된다.

보급품 지원을 위한 기본 사항은 질서이다. 질서는 원활한 수송을 용이하게 하며 보급품의 중복과 누락이 발생하지 않도록 한다. 보급품의 부족은 어디서나 발생할 가능성이 있으나 필수품의 부족이 발생하지 않도록 사전에 준비하는 것이 원칙이다. 필수 보급품이 부족하면 유언비어가 난무하게 된다. 정부는 공식 대변인을 이용하여 정확한 내용을 발표하고 긴급구매(필요하면 동원 또는 징발)하여 보급하여야 한다. 재난현장에는 물품의 부족으로 무수한 소문이 발생하지 않도록 한다. 물품 지원에 관심을 두는 이유는 물품이 부족하면 유언비어가 발생하고 유언비어가 발생하면 질서가 무너지고 질서가 무너져 혼란이 발생하기 때문이다. 질서를 유지하는 목적은 재난 현장의 신속한 복구와 이재민 및 이해관계자에게 안정된 생활을 보장하는데 있다. 예방 및 대비단계에서 발생할 소요 내용은 소요판단평가서로 〈표 4-6〉과 같이 정리한다.

〈표 4-6〉 예방 및 대비, 대응 복구 단계별 조정소요판단평가서(예)

작성일시		. . ~ . .		장소			작성자			
단 계		구조조정소요		기능조정소요						비용
		법규	행정절차	인원	시설	부품	장비	수송	보급	
		계획	계획	계획	계획	계획	계획	계획	계획	계획
예방	왜									
	언제									
	어디서									
	누가									
	무엇을									
	어떻게									
	임무									

작성일시	. . ~ . .	장소		작성자	

단 계		구조조정소요				기능조정소요														비용	
		법규		행정절차		인원		시설		부품		장비		수송		보급					
		계획	실제	계획	실제	계획	실제	계획	실제	계획	실제	계획	실제	계획	실제	계획	실제			계획	실제
대비	왜																				
	언제																				
	어디서																				
	누가																				
	무엇을																				
	어떻게																				
	임무																				

재난관리에서 각 단계별로 관리해야 할 주체는 거시기관과 미시기관으로 구분한다. 기관의 개념은 조직을 의미한다. 거시와 미시의 구분 기준은 외부에서 지원하는 기관은 거시기관이며 지원을 받는 기관은 미시이다. 따라서 국가라 할지라도 외부에서 지원을 받으면 미시기관이 되며 시 · 군의 기관이라 할지라도 지원을 하는 기관으로서 역할을 한다면 거시기관이 된다. 끝으로 이해관계자에 이른다. 상기 조직간 상호협력으로 재난문제를 해결하려는 노력이 재난 복구에 긍정적인 영향을 끼치는 것으로 인식하고 있다.[101]

상기와 같은 연구결과를 바탕으로 군의 역할을 보면 다음과 같다. 군이 재난관리에 참여하는 근거는 군의 역할변화이다. 과거 전통적 안보개념에서 포괄적 안보개념로의 변화이다. 포괄적 안보개념은 소극적 포괄안보개념과 적극적 포괄안보개념으로 구분하고 소극적 포괄안보개념은 군이 재난 발생 이후 참여하는 사후적 관점인 것에 반하여 적극적 포괄안보개념은 군이 재난의 대비 및 대응단계에서 참여하는 것이다. 구체적으로 복구단계에서 잔해를 처리하는 등과 같은 활동은 소극적 포괄안보개념이다. 적극적 포괄안보 개념은 예방단계에서 군이 국민을 안전하게 만드는 활동을 하는 것이다.

여름철 태풍은 예정된 진로를 사전에 인지할 수 있으므로 짧은 시간이지만 대비할 수 있는 시간이 있다. 군은 유능하고 훈련된 상당수의 인원을 보유하고 있다. 군과 정부 및 지방자치단체와의 유기적인 관계가 형성되었다는 전제로 군은 재난대비단계에 참여 할 수 있다. 예를 들면, 도시지역은 다수의 우수관이 있다. 평시에 우수관의 뚜껑은 낙엽과 다양한 이물질로 막혀있다. 막혀있는 우수관로 뚜껑은 하나, 둘이 아니다. 막혀있는 우수관로 위로 폭우가 내렸을 때 도시는 홍수가 발생하는 요인 중의 하나가 된다. 폭우가 내리 전 군 병력의 도움으로 우수관로 뚜껑을 일시에 청소하여 우수의 배출을 쉽게 한다. 이와 같은 활동은 사회안전망을 구축하는 것으로 적극적 포괄안보개념을 구현하는 하나의 방안이다. 적극적 포괄안보개념을 구현하는 방안은 위험분석과 위험지역에 대한 정보를 공유하는 것으로부터 시작하고 위험을 평가하고 기관별, 단계별 행동 대안을 공유하는 것이다.[116] 〈그림 4-8〉은 포괄적 안보개념을 소극적 포괄안보와 적극적 포괄안보로 구분하였다.

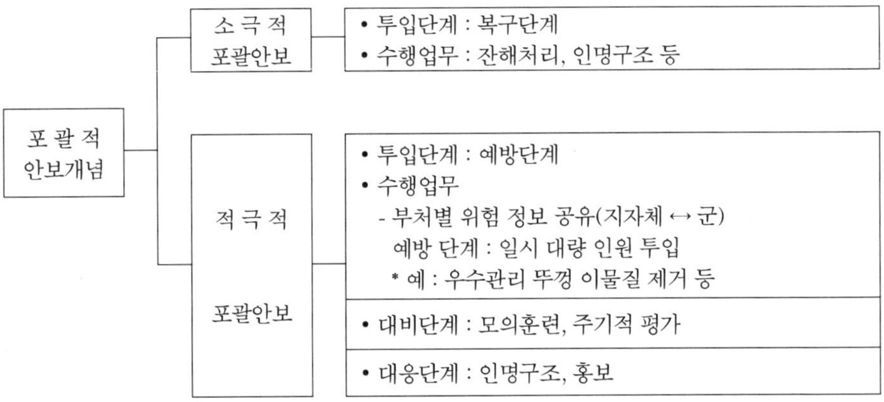

〈그림4-8〉 포괄적 안보개념

앞서 제시한 재난관리 단계별 조직간 기능 및 역할은 〈표 4-7〉에서 제시한다.

〈표 4-7〉 재난 단계별 조직간 기능 및 역할

<table>
<tr><td colspan="3"></td><td colspan="7">정부간 / 조직간 / 이해관계자</td></tr>
<tr><td colspan="2"></td><td>세계</td><td>NGO</td><td>정부,
입법, 사법</td><td>지방정부</td><td>지역사회단체</td><td>봉사단체</td><td>군</td></tr>
<tr><td rowspan="2">재 난
발생전</td><td>완화</td><td></td><td></td><td rowspan="5" colspan="4">재난에 대한 각 단계별 수행하여야할 기능 및 역할</td><td></td></tr>
<tr><td>대비</td><td></td><td></td><td></td></tr>
<tr><td rowspan="2">재 난
발생후</td><td>대응</td><td></td><td></td><td></td></tr>
<tr><td>복구</td><td></td><td></td><td></td></tr>
<tr><td>조 정
평 가</td><td>평가</td><td></td><td></td><td></td></tr>
</table>

* 자료원 : Petak, William J.(1985), " Emergency Management : A Challenge for Public Administration" Public Administration Review, Special Issue, Vol. 45. p.4의 수정

제Ⅱ절 자연재난

1. 기후

1) 개요

사람이 살아가는 모양을 결정 짓는데 주요한 영향을 미치는 것이 기후이다. 기후가 사람의 행동, 표정, 옷의 모양, 색상, 교통수단의 형태 및 집의 모양, 심지어 거리에 다니는 사람의 숫자를 결정짓기도 한다. 일반적으로 기후란 특정 지역에서 오랜 시간 동안 나타나는 평균적인 기상 현상이다.[46] 오랜 시간이란 일반적으로 30년 이상의 시간을 말하므로 기후는 기상에 비하여 추상적이며 관념적인 개념이다. 기후가 언제나 일정한 범위에서 반복하고 있으나 사람은 불규칙적인 자연현상에 관심을 갖는다. 불규칙하게 발생하는 자연현상은 태풍, 장마(홍수), 그리고 지각변동인 지진 등으로 한정하여 〈그림 4-9〉에 표시한다.

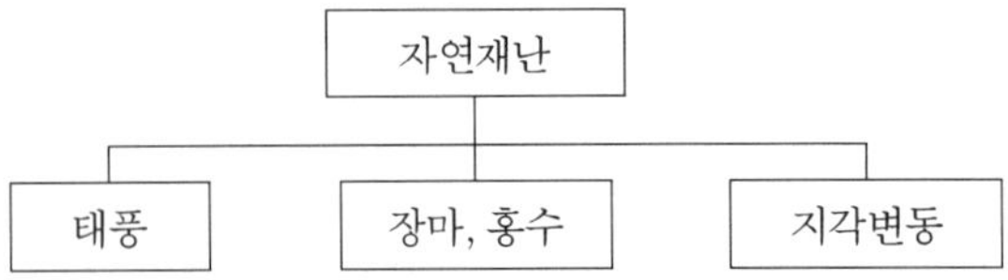

〈그림 4-9〉 자연재난의 구분

한국의 역사에서 조선 세조 때 기상 현상은 대략 10가지로 비, 눈, 대풍우, 강풍, 벼락, 우박, 서리, 안개, 햇무리 및 가뭄이다.[61] 세조 때의 기상 현상에 대해 연구자가 관심을 두게 된 이유는 1490년부터 약 250년 동안 지속하였던 '소빙기'의 시작점이기 때문이다. 이 시기의 소빙기는 지금 인류가 당면한 지구온난화와는 반대로 지구의 온도가 낮아 기근과 역병이 유행하고 인구가 감소하며 농민의 반란이 발생하는 계기가 되었다. 기상의 변화는 과거에서부터 그리고 앞으로도 사람의 생활에 직·간접적인 영향을 끼친다. 직접적인 영향은 바람, 먼지, 비, 폭설, 안개, 우박, 서리 및 폭염 등으로 사람이 살기가 어려운 환경이 조성되는 것이다. 김문기(2008)는 소빙기의 직접적인 영향을 받은 개인의 삶이 피폐해져 국내에서 반란과 국가 간의 전쟁이 발생함으로 왕조가 교체되는 데 영향을 미친다고 언급하였다. 최근, 1994년과 2018년의 기록적인 폭염과 2020년의 장기간 폭우는 기후변화의 결과를 체험하기에 충분하였다.

기상변화에 따라 사람의 생활양식은 긍정적 영향, 부정적 영향을 받는다. 비의 긍정적 영향은 산불방지, 도시 냉각 효과, 수질 개선 및 가뭄 해소 등으로 풍요로운 삶을 유지하게 한다. 반면에 부정적 영향은 폭염, 가뭄 및 홍수 등으로 이재민이 발생하고 심하면 사람을 치명에까지 이르게 한다. 자연현상에 대해 사람은 긍정적인 사항을 고양하고 부정적인 결과를 감소시키기 위한 노력을 해야 한다. 노력하는 내용은 댐 건설, 산림녹화 등으로 홍수를 예방하고 가뭄을 방지하는 것 등이다.

2) 군수지원 사항

손자는 손자병법의 계(計; 헤아리다, 예측하다) 편에서 전쟁을 수행하는데 확인하여야 할 5가지 사항을 언급하였다. 5가지 사항은 도(道)-정치, 천(天)-천시, 지(地)-지리 장(將)-장수, 법(法)-제도이다. 두 번째의 천 즉 천시가 밤과 낮, 날씨의 맑음과 흐림, 사계절을 의미하는 기후 및 기상조건을 의미한다.[42] 군이 작전을 펼치는데 기상을 고려한 예는 많이 있다. 그중 한 가지는 유비(劉備)와 손권(孫權)의 연합군이 조조(曹조)의 80만 대군으로부터 승리한 적벽대전이 있다. 3만 명으로 구성된 연합군은 11월 초에 발생하는 무역풍인 동남풍을 이용하여 조조 군으로부터 대승을 이끈 것이다.

1991년 사막의 폭풍 작전(Desert Storm)에서 미군은 척박한 사막의 환경과 모래폭풍으로 작전전개 및 군수지원에서 상당한 어려움을 겪었다.[106] 사막에서 터보엔진을 사용하지 못하므로 작전부대에 식수를 수송하는데 애로사항이 발생하였다. 식수 수송의 애로사항은 지도부가 작전계획을 수정할 것인지 아니면 군수지원병력을 증원할 것인지를 결정하여야 했다. 이처럼 기후는 사람의 생활뿐만 아니라 군사작전과 군수지원에서도 중요한 고려요소가 된다. 특히 미국과 같이 원정군에 의한 원정작전을 수행하는 경우에는 더욱 그러하다. 이외에도 1812년 프랑스, 1941년 독일이 소련을 침공하였을 때 동장군의 기세는 프랑스와 독일의 전력을 능가하였다.

공군기상단(2015)은 계절에 따른 기온의 고저, 습도의 고저, 강수량의 높고 낮음, 일사량의 다소 및 군수품의 특성에 따른 재고 및 사용 방법을 달리하여 관리할 것을 제시하였다.[1] 기상 정보는 전투기 이착륙에 영향을 미치고 이착륙은 작전계획 수립에 영향을 준다. 결국, 기상정보는 작전계획 수립에 영향을 끼친다.

2. 태풍

바람은 지표면 기온에 따라 발생하는 대류작용이다. 대류가 상승하는 기류를 상승기류, 하강하는 기류를 하강기류로 구분한다. 바람은 공기가 흘러가는 것이다.[10] 공기의 흐름인 풍속을 기준으로 중심 부근이 17m/sec 이상 또는 강우량이 100mm 이상이 예상되는 열대저기압이 태풍이다. 육상에서 태풍은 건물에 큰 피해를 주고 해상에서는 물거품과 물보라로 덮혀 완전히 희게 되며 선박의 침몰이 염려되는 상태를 말한다.

정확한 태풍 예측의 필요성은 장기적 관점과 단기적 관점으로 구분할 수 있다. 장기적 관점은 국가 차원의 방재대책을 수립하고 토목공사의 기초자료로 활용될 수 있다. 단기적 관점은 항공기의 결항, 선박 입·출항 금지 등의 대책을 수립하는데 있다. 그리고 군사적 관점에서 태풍 예측은 작전계획과 군수지원계획을 수립하는데 긴요하다.

매년 한국에 직·간접적으로 영향을 끼치는 태풍은 2~3개이다. 피해는 6~9월에 발생하나 84%가 8~9월에 집중적으로 발생하고 자연재해 중 60% 이상이 태풍에 의한 것이다.[28,6] 2002년 8월 태풍 루사(RUSA)는 말레이반도에 사는 사슴과의 일종으로 순한 동물과는 어울리지 않게 한국민에게는 많은 인명피해와 재산피해를 줬다. 300여 명의 인명피해와 더불어 재산피해액은 5조 4,696억원에 이른다. 피해 금액은 같은 해 총연구개발 투자예산인 5조 1,466억원을 초과하는 금액이다. 태풍 피해는 국가의 지속적 성장을 저해하는 요인 중의 하나로 인식하고 있다.[88]

3. 장마 및 홍수

1) 개요

한국에서 비는 주로 늦은 봄에서부터 초가을까지 집중되어 내린다. 홍수발생의 원인은 집중호우로 여름철과 가을철에 발생하며 자연재난 피해액의 90%를 차지하고 전 세계적으로 발생하는 재난의 약 30%를 차지한다.[95] 집중호우와 홍수에 대해 언급하는 이유는 최근 물로 자연재난이 증가하기 때문이다.[109]

장마 및 홍수는 여름철 동아시아 지역의 몬순의 일부분이다. 장마와 홍수는 작전계획과 군수지원 계획을 수립할 때 고려하여야 할 주요 요인 중 하나이다. 군수지원 관점에서 한국의 장마와 홍수에 대해 살펴보는 것은 의미가 있다. 일반적으로 장마의 평균 기간은 31일에서 32일간 지속하며 강수량은 73mm에서 1,167mm로 지역별 큰 편차를 보인다. 중부지역, 남부지역 그리고 제주지역으로 구분하여 보면 장마는 제주로부터 북상한다는 것을 알 수 있다. 관련된 자료는 〈표 4-8〉에 있다.

〈표 4-8〉 한국의 장마 시작, 종료일, 기간 및 강수량

지 역	시 작 일	종 료 일	기 간(일)	강수량(mm)
중부지역	6. 24 ~ 25	7.24 ~ 25	31 ~ 32	103 ~ 785
남부지역	6.23	7.23 ~ 24	31 ~ 32	73 ~ 653
제주지역	6.19 ~ 20	7.20 ~ 21	31 ~ 32	102 ~ 1,167

* 자료원 : 서경환(2011) 등, "장마의 재조명", Atmosphere, Korean Meteorological Society Vol. 21, No.1, pp. 45 - 55. Vol.21, No.1, pp. 109 - 121.

한국의 장마는 중국의 메이유(梅雨), 일본의 츠유(梅雨 ; つゆ)에 해당한다. 여름철 장마는 계절풍으로 같은 기간에 한국, 중국 및 일본이 공동으로 겪는 자연현상이다. 장마가 형성되는 원리는 한국을 중심으로 4개의 기단이 있다. 먼저, 남쪽에는 남중국과 인도의 열대몬순기단이 위치하고, 북쪽에는 몽골지역의 대륙성 기단과 동쪽으로는 오호츠크 지역의 한랭 건조한 기단이 위치해 있다. 끝으로 서쪽에는 서태평양 지역의 온난한 해양성 기단이 있다. 한국을 중심으로 동 · 서 · 남 · 북에 위치한 서로 다른 특성을 가진 기단이 충돌한다. 기단의 충돌은 기층을 불안정하게 만들고 그 결과는 천둥과 번개를 동반하는 전선을 형성한다. 이 전선이 장마전선이다. 장마전선은 6월부터 9월까지 장마의 성장과 쇠퇴를 반복한다. 따라서 앞서 제시한 〈표 4-8〉의 종료일과는 약간의 차이가 있다. 중국의 메이유와 일본의 츠유 전선을 중심으로부터 한반도 남서쪽으로 확장되는 결과는 2차 장마 또는 가을장마로 이어질 수 있기 때문이다.[39]

집중호우가 발생하는데 영향을 미치는 요인은 구름두께, 누적함수량, 부력에너지 및 불안정지수 등이다.[71] 구름두께는 운저(cloud base)에서부터 운고(cloud top)까지의 거리이다. 누적함수량은 우박의 크기와 강도를 탐지하고 집중호우 발생지점의 공간상에 존재하는 수액(water)의 양이다. 부력에너지는 양(+)의 부력에너지와 음(-)의 부력에너지로 구분하는데 양의 부력에너지는 대류가용잠재에너지(CAPE; Convective Available Potential Energy)의 값을 바탕으로 위험기상, 강한 대류 또는 스톰(storm)으로 판단하기도 한다. 정체전선일 경우에는 CAPE가 발생하지 않고 태풍의 간접영향을 받을 때는 50～1000 J kg^{-1} 또한 넓은 범위에서 분포하여 나타난다. 그러므로 몇 시간 전에 CAPE 값의 급격한 증가를 보이면 집중호우를 예상할 수 있다. 여기서 대류는 기류와 같은 의미로 상승기류와 하강기류가 있는데 상승기류는 양의 대류, 하강기류는 음의 대류와 같은 의미이다.

끝으로, 불안정지수는 호우를 예측하는데 사용하는 보조지표이다. 가장 많이 사용하는 보조지표는 SSI(Showalter Stability Index), KI(K Index), LI(Lifted Index) 등이다. 상기 지수는 고도차에 따른 온도의 변화가 크고 작음을 제시하는 것을 의미한다. 고도차는 지상으로부터 500pha(약5km)에서부터 850pha(1.5km)까지의 고도를 의미한다.

비의 긍정적인 면과 경제적 가치를 측정하는 몇몇 연구자들이 있다.[87,58] 비의 긍정적인 면은 산불방지, 대기 질 세정효과, 비가 내리기 전 · 후의 각 댐과 저수지의 물 유입량의 증가, 가뭄에서 벗어나는 심리적 안정감 등을 들 수 있다. 차기욱(2009)이 제시한 비의 경제적 가치는 다목적 댐의 저수량을 톤(m^3)당 48원의 가치로 환산하였다.

2) 군수지원 사항

홍수, 태풍, 토네이도, 지진, 산사태 및 열대성 저기압으로 발생하는 피해는 두 가지로 구분한다. 하나는 인적 피해이고 다른 하나는 물적 피해이다. 피해는 인적, 물적 피해로 구분할 수 있으나 군수지원상의 구조물자지원은 구조 활동과 피해복구가 동시에 진행되기에 구분 없이 제시한다.

인적 피해를 대상으로 하는 피해복구는 생사확인과 건강상태 점검이다. 먼저, 군수지원인력은 의료인력이 요구하는 군수품과 희생자 및 이재민을 위한 군수품을 지원한다. 지원 품목은 식수, 구조장비, 의약품, 식료품 및 이재민 시설 등이다.

둘째, 희생자와 이재민에 대한 군수품 지원사항이다. 군수품 지원에 앞서 논의할 사항은 군수지원 조직의 구성이다. 조직의 구성은 본부, 지원조직, 의료인력, 시설관리인력, 소방방제 인력, 일반지원 인력 및 지역자원 봉사단체 등이다. 본부에는 상황실, 대변인, 자원봉사단체 및 폐 · 처리 부서 등이다. 본부는 상황실을 두어 업무를 조정 통제할 수 있다. 본부에는 여러 기관이 있으나 공식적이든 비공식적이든 모든 발표는 대변인만을 통해 이루어진다. 대변인을 통해 발표하는 목적은 재난 현장에서는 출처가 분명하지 않은 추측성 소문이 난무할 가능성을 제거 하는데 있다. 난무한 소문은 확대되어 이재민과 현장 업무 수행자를 혼란스럽게 할 뿐만 아니라 인명을 구조하는데 무질서를 증가시킨다. 투명하고 신속한 의사소통의 여부에 따라 이재민과 이해관계자는 협력의 대상자로 또는 갈등의 대상자로 만들 수 있다. 따라서 이재민과 이해관계자는 신속하고 투명한 의사전달로 신뢰를 확보하여 질서를 유지하는 것이 관건이다. 질서유지를 바탕으로 형성된 신뢰성은 이재민과 지역봉사단체가 현장에 대한 확실한 지식을 이용하여 재난구조 요원이 신속한 구조 활동을 할 수 있도록 도움을 준다. 끝으로 본부의 주요한 부서는 폐 · 처리 부서가 있다. 폐 · 처리 부서의 목적은 2차 감염이 발생할 소지가 있는 쓰레기를 소독, 소각 및 매립하는 것이다.

본부 이외에의 어느 부서도 계획 및 통제부서는 별도로 두지 않는다. 계획 및 통제는 본부에서 담당하고 현장은 실행부서만 둔다. 현장에 계획 및 통제부서가 있다는 것은 의사결정을 지연시킬 뿐만 아니라 신속한 의사소통에 장애 요인이 된다. 현장부서는 현장의 상황 파악과 파악된 내용은 철저하게 관리하지만 계획과 분석은 본부에서만 한다. 본부 외의 모든 조직을 실행부서로 구성하는 목적은 신속한 의사소통으로 현장에서 발생하는 상황에 대해 유연적으로 대처할 수 있도록 하는데 있다.

재난의 유형은 홍수, 산사태, 태풍 및 지진 등이다. 재난의 유형에 따라 발생하는 유병은 익사, 찰과상, 수인성 전염병, 감전사고, 기도폐쇄 등이다. 군수지원부서는 의료, 시설, 방제, 일반지원부서가 있다. 의료부서는 의약품, 의료기기를, 시설부서는 임시거처, 조명장치, 전력회사, 통신사, 폐처리 시설, 영안실, 간이침대, 굴삭기, 지게차 등을, 소방방제 부서는 치안 활동, 소화기, 구명조끼, 밧줄, 소화기 등을, 일반지원부서는 담요, 식수와 식료품 등을 각각 담당한다. 〈표 4-9〉는 자연재난 유형별 발생 가능한 유병 요인과 군수지원팀에서 지원해야 할 군수품을 개략적으로 제시하였다.

〈표 4-9〉 재난유형별 유형에 따른 군수지원 군수품

재난 유형	유병 유형	군수지원 팀
• 홍수 • 산사태 • 태풍 • 지진 등	익사, 찰과상, 열상, 궤양, 수인성 감염병, 피부질환, 안질환, 감전사고, 탈수, 태풍증후군, 압좌손상, 외부출혈 또는 내출혈로 인한 합병증, 구획증후군, 폐부종, 아급성 또는 만성적인 폐질환 유발, 질식사, 기도폐쇄 등	• 본부 : 임시본부, 상황실, 종합방재상황실, 대변인(방송관계자), 자원봉사팀, 폐처리팀 등
		• 지원조직 (의료, 시설, 방송, 시설 등)
		• 의료팀(의사, 간호사, 응급구조사, 의약품, PTDS 예방활동 등)
		• 시설팀 (임시거처, 조명장치, 전력회사, 통신시설, 폐처리, 영안실, 간이침대, 중장비(굴삭기, 페이로다 지게차 등), 담요, 각종 시설 설치)
		• 소방방제팀 (치안활동, 소화기, 헬리콥터, 구명조끼, 보트, 바줄, 소화기, 교통통제, 구조견, 방역활동) 등
		• 일반지원 (군수품관리자) : 담요, 식수, 식료품, 자원 관리자 등

3) 영향

계절별로 대표되는 호우, 폭설, 그리고 지형의 변화를 가져오는 지진 및 화산, 폭발 등이 소중한 생명과 재산을 빼앗아간다. 자연재난 발생 후 사람에게 미치는 결과는 크게 두 가지이다. 하나는 인명에 대한 손상 및 손실이고 다른 하나는 물적손실이다.

연구자들은 재난의 발생이 지역 경제성장에 긍정적 영향과 부정적 영향을 미친다고 분석하였다.[35] 먼저, 긍정적인 영향은 산업별로 차이가 있다. 2 차산업은 피해복구를 위해 자본투자와 노동력의 투입으로 긍정적인 영향을 받는 것으로 평가되었다. 반면에 부정적 영향은 전년도 또는 전 전년도에 발생한 재난의 피해가 지역경제에서 나타났다. 직접적으로 나타나는 부정적인 영향은 자연환경의 변화에 따른 치명에 이른다는 것이다. 구체적으로 대도시 지역은 낮고 대도시가 아닌 지역은 자연재해의 피해액의 증가율이 높은 것으로 분석되었다.[56]

4. 지각변동

1) 지진

(1) 개요

지각변동은 지진을 포함한 산사태, 눈사태 및 화산폭발 등 여러 가지가 있다. 여기에서는 지진만을 제시한다. 지진연구에 대한 필요성은 학자로서 학문적, 지적 호기심도 있겠지만, 지진피해가 상상을 초월한다는 점에서 연구의 필요성이 증대하고 있다. 필요성의 예는 산업의 발달로 고층 건물이 양산되고 다수의 원자력 발전소가 건설되었으며 대규모의 댐이 구축되었다. 계속해서 대형교량 설치와 고속철도와 같은 첨단 시설은 지진에 직접적인 영향을 받는다. 지진 발생으로 시설의 파괴는 사람이 2차 피해의 대상이 될 우려가 있다. 따라서 사람이 지진을 극복할 수 있을 정도로 시설을 만들어야 하며 극복을 위해 지진예측과 예방 활동을 하여야 한다.

재난의 특성 중의 하나가 파급성이 있는 만큼 지진으로 2차 피해가 예상된다. 한국의 건축물 중 상당수는 철근 콘크리트 구조물이다. 철근 콘크리트 구조물을 대상으로 전수검사로 대비책을 갖추어야 할 것이다. 이것이 사람으로서 현실을 알고 지진의 심각성을 예지하여 지진의 파급성에 대비하는 것이다.

(2) 정의

지진은 지구 내부의 단층 운동과 화산 활동의 결과로 특정 범위 및 강도 이상으로 땅이 흔들리는 자연현상이다. 지진의 피해 규모는 지진의 진폭을 M(M; Magnitude)으로 나타내며 강도는 지진의 진도(Seismic Intensity)로 피해 규모를 나타낸다. 피해 규모는 일반적으로 M으로 표시하는데 M은 Magnitude의 약자이고 진폭의 정도를 나타내는 표시는 아라비아숫자이다. 끝으로 피해 정도를 나타내는 강도의 진도(I; seismic Intensity)는 12개의 로마자로 표기하는 것이 일반적이다. 범위와 강도의 관계는 범위가 넓고 강도가 세면 피해의 정도가 심하다고 볼 수 있으며 범위가 좁고 강도가 낮으면 피해의 정도가 낮다고 할 수 있다.

2) 파급효과

지진의 파급효과로 발생하는 자연현상은 지진해일 즉 쓰나미(つなみ), 액상화(liquefaction) 및 인공건축물의 파괴 등이다. 쓰나미에서 쓰(つ)는 항구(津)를, 나미(なみ)는 파도(波)를 의미하며 해일 발생 원인은 지진이다.[119] 쓰나미는 한자로 진파(津波)이며 진파의 의미는 지진 및 강풍 등으로 거대한 파도가 불시에 육지를 휩쓰는 것을 의미이다. 쓰나미이라는 용어는 1896년 일본 산리쿠(三陸 - さんりく)의 연안에서 발생한 규모(M) 8.2-8.5의 지진으로부터 발생한 38.2미터의 해일 현상을 경험한 이후 세계 여러 나라가 공통으로 사용하고 있다. 따라서 쓰나미는 지진으로 발생한 해일이다. 2011년 3월 발생한 지진해일로 쓰나미가 보여준 자연 파괴의 결과를 충분하게 경험하였다. 쓰나미는 해양, 해저 및 인공저수지와 같은 수역에서 발생하는 물의 파동이다.[119]

액상화는 외력에 의해 사질토의 입자 배열이 재구성되는 현상이다. 구체적으로 외력의 힘이 사질토에 전단력을 제공하고 전단력을 받은 사질토는 변형을 일으켜 수직방향으로 지탱하던 접촉점에서 분리됨과 동시에 간극수압으로 대체되는 현상을 말한다. 액상화 현상이 발생하는 요소는 느슨한 모래 지반, 지하수위 끝으로 진동 3가지이다. 액상화를 대처하는 방법은 토지를 개량하는 방법, 지하수위를 낮추는 방법, 끝으로 저항 하중을 증가시키는 방법 등이다.[13]

3) 한국지진의 특징

지진계가 설치된 1905년 이후 한국에서 발생한 연평균 지진 유감 횟수는 4.2회였다.[47] 1978년 이후 규모 3.0 이상의 지진이 발생한 횟수는 평균 9.95회로 증가하고 최근 10년 이내인 2008년부터 2017년까지 발생한 지진의 횟수는 13.2회로 분석되었다.[8] 이 중에서 2013년은 18회이며 1987년 이후 2016년까지는 34회로 급증하였다.

지진은 대륙의 이동을 설명하는 판 구조론(plate tectonics) 관점에서 설명할 수 있다. 지진의 발생은 판 경계에서 발생한다고 볼 때 한국은 환태평양 조산대 위쪽의 유라시아 경계로부터 수백 km 떨어진 판내 지역(interplate region)에 있다. 판내 지역에서 발생하는 지진이 판내 지진이다. 판내 지진의 특성은 발생빈도가 경계지역과 비교해 규모가 작고 강도가 낮은 편으로 발생 위치도 일정하지 않다.[74] 따라서 한반도의 지진 특징 중 진원의 깊이로 대륙쪽은 10km미만의 상부지각이며 대한해협과 동해 사이는 20km 이상에서 발생한다. 진앙지의 분포는 남부와 북부로 구분할 수 있고 남부는 충남, 서산에서부터 경남, 포항까지이고 북부는 서울에서부터 원산까지이다.[73] 끝으로, 한반도의 육괴(massive)는 낭림육괴, 경기육괴 그리고 영남육괴로 구분할 수 있다. 육괴란 엄청나게 큰 바위의 덩어리인 암체(rock body)를 말한다. 암체란 육괴보다 작은 바위 덩어리이다. 판 구조론 관점에서 지진은 육괴와 육괴의 충돌로 지진이 발생하며 육괴를 구분하는 기준은 구성 성분이다.

4) 군수지원사항

지진을 대비하기 위한 소요판단은 지진 발생을 예측할 수 있는가에 대한 문제이다. 만약 지진발생을 예측할 수 있다면 지진이 발생하지 않도록 예방할 수 있는지가 다음 문제이다. 지진발생예측과 예방으로 생명과 재산을 보전할 수 있으므로 예측의 중요성이 부각된다.

지진예측의 여부에 대해 정택준과 백용(2017)은 화산 내부 자료를 수집하여 일정한 파형을 분석하고 예측이 가능한 화산폭발의 조기 경보 시스템 구축이 가능할 것이라는 외국의 사례를 소개하고 있다.[81] 화산 내부 자료는 지하에서 분출되는 다양한 유형의 가스, 대기압 및 온도 등이다.

지진이 발생할 것에 대비하여 사람이 준비할 수 있는 것은 장비 및 물자이다. 장비

물자를 준비한 이후에는 지진 대피 교육과 지진 대응 훈련을 하는 것이다. 훈련에 앞서 지진으로부터 발생할 수 있는 피해를 구분하는 것이 필요하다. 피해의 형태는 1차 피해와 2차 피해로 구분하고 피해의 종류에 따라 구호장비 및 물자에 대한 품목을 결정하여 적정소요량을 판단한다. 소요를 판단하는 절차에 대해 국내의 사례가 없다면 해외 사례를 비판적으로 연구한 결과를 적용해 보고 한국의 현실에 맞도록 표준(안) 만들어 지진에 대비하는 것이 옳다.

장비와 물자는 구매하여 수시로 정비하는 것이 필요한데 장비는 가동상태를 물자는 사용 가능 상태를 확인하여야 한다. 확인하는 가장 좋은 방법은 실전과 같은 훈련이다. 장비가 훈련에서 가동되지 않고 불가동상태에 있다면 정비하거나 교체하여야 한다. 결론은 모든 장비와 물자는 항상 가동상태와 사용 가능 상태를 유지해야 한다.

구체적으로 지진으로 건물이 붕괴하면 사용할 수 있는 장비와 물자 목록을 소요부서에서 작성해야 한다. 소요목록에 포함된 장비 중 당장 사용할 수 없다면 의사결정 사항은 소요 충족 방법을 결정하는 것이다. 소요충족 방법은 연구개발과 조달(또는 구매)이다. 소요충족 방법을 연구개발로 결정하였다면 연구개발 주도기관을 결정하고 인력, 예산 및 기간을 판단하여 연구개발에 착수한다. 연구개발 주도기관의 선정 대안은 정부주도개발, 업체주도개발 및 공동개발이 있다. 여기서 소요과 담당부서의 구성원은 지진전문가와 건물전문가를 의미한다.

소요 충족 방법을 구매로 결정하였다면 조달원을 결정하여야 한다. 조달원은 국내 조달원과 국외조달원이 있다. 조달원에 따라 인력, 예산 및 기간을 결정한 후 구매협상계획을 수립하고 구매 사업을 진행한다. 사업은 사업관리를 의미한다. 연구개발 및 구매가 종료되면 관련 군수품을 사용자에게 보급하고 주기적으로 가동상태를 확인하여 정비 여부를 결정함과 동시에 정비창으로 후송을 하든 아니면 사용자에게 사용하도록 한다. 이유를 막론하고 장비와 물자는 언제나 가동되어야 하며 사용할 수 있도록 해야 한다.

끝으로 군수관리자는 사용 후 장비 및 물자의 재활용 등의 여부를 결정하고 최종적으로 매립 및 소각을 판단한다. 상기와 관련된 자료는 소요담당부서로 제공하여 차기 장비 및 물자 성능개량을 위한 소요판단 자료로 활용할 수 있다.

제Ⅲ절 인적재난

1. 개요

인재로 약칭하는 인적재난은 사람의 건전한 상식으로 해결할 수 있는 문제를 욕심이나 논리를 앞세워 비이성적인 수단 또는 비평화적인 방법으로 자신의 의사를 표시하는 사회적 현상이다. 인적재난의 범위는 전쟁, 테러, 소음, 시위, 폭동 및 다양한 범죄 등을 포함한다. 전쟁, 테러 및 소음으로부터 발생하는 사항은 군수지원사항과 결부하여 언급하고 시위, 폭동 및 다양한 범죄에 대한 사항은 논외로 한다. 따라서 본서에서 제시하는 인적재난의 범위는 〈그림 4-9〉와 같다.

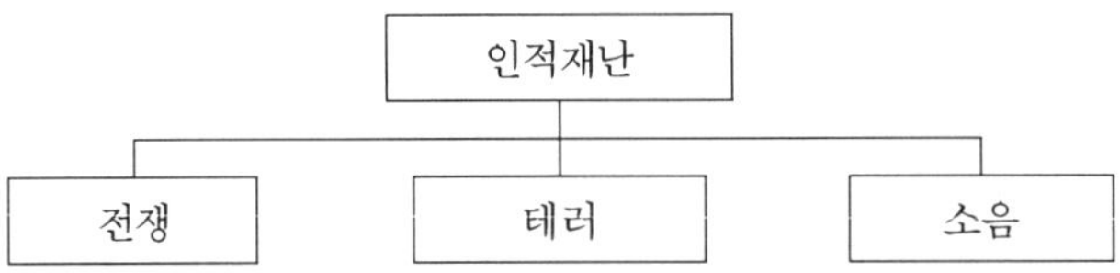

〈그림 4-9〉 인적재난에 의한 재난의 구분

2. 전쟁

전쟁이 무엇인지를 규정하는 작업은 물적자원을 관리하는 군수관리자에는 필수이다. 작전에서 요구하는 품목이 어디서, 언제, 얼마나 필요한지를 사전에 인지하여야 지원할 수 있기 때문이다. 따라서 군수관리자가 전쟁을 정의하지 않고 군수를 설명하는 행위는 물적자원 관리의 내포와 외연을 위축하는 것이다.

많은 연구자들이 전쟁의 원인에 대해 다양한 접근방법을 제시하였다. 다양한 접근방법은 철학, 생물학, 인류학, 역사학, 사회학, 맑스주의자적, 법적 끝으로 국제정치학 등이다. 전쟁의 접근방법과 발생 원인에 따라 전쟁의 견해를 종합하면 전쟁이란 사람의 모든 행위 중 어떤 특정한 원인에 대해 자신의 감정을 포함한 욕심을 충족하는 국가간 적극적 수단이다. 여기서 욕심은 사람이 추구하는 것으로 물질적인 것에서부터 정신적인 내용을 포함한다. 물질적인 것은 영토, 재산이고 정신적인 것은 이

데올로기, 신념, 가치관, 명예 및 의지 등이다. 적극적 수단이란 자비심이 없는 비인간적인 심리적 위협 수단으로부터 실제 살상을 전제로 하는 전투행위를 포함한다. 전쟁에 대한 견해 중 손자(孫子)는 전쟁에 대해 국민의 생사와 국가의 존망이 달려있는 국가의 중대한 일이므로 깊이 생각하라고 하였다.[42] 클라우제비츠(Clausewitz)는 정치적 야심을 달성하고자 하는 의지를 강요하는 폭력적 행동으로 규정하였다고 류제승(2002)이 인용하였다.[25] 전쟁을 무력분쟁의 한 형태로 인식한 스톡홀름(Stockholm)의 국제평화연구센타(SIPRI; Stockholm International Peace Research Institute)는 정부나 영토에 대한 양립불가성에 따른 분쟁의 전 과정 동안 무기를 사용하고 전투와 관련해 적어도 천명이 사망하는 둘 혹은 그 이상의 정부와 적어도 하나의 무장 집단 사이에 오랜 전투로 규정하였다.[93] 오랜 전투란 1년 이상 지속되는 전투를 말한다.

전쟁은 사람에게 심리적 및 신체적 영향을 미치는 모든 요소 중에서 가장 큰 요소라고 해도 무방하다. 그만큼 전쟁은 사람의 본성을 극악으로 치닫게 하여 도가 없는 세상을 판치게 한다. 즉, 금수와 같은 극악무도한 상태로 근접하게 만든다. 따라서 군수학적 관점에서 전쟁은 감염병의 발생, 건축물의 붕괴, 자연재난의 발생 및 다양한 사회적 기능의 마비 등이 동시에 발생하는 평온한 일상생활의 파괴이다. 다시 요약하면 전쟁이란 인적, 자연 및 사회재난이 동시에 발생하는 최악의 환경파괴이다. 여기서 건축물은 건물, 도로, 다리 및 댐 등을 말하고 자연재난의 발생은 감염병, 태풍, 홍수, 혹한, 및 혹서를 의미하며 다양한 사회적 기능은 교통기능의 마비, 치료기능을 초과한 병실, 이동할 수 없게 된 지하철 및 국가 행정기능의 마비 등이나.

군수학 관점으로 재난, 위기 및 환경관리에서 전쟁을 언급하는 이유는 다음의 몇 가지 관점이 있기 때문이다. 첫째, 군수학의 태동이 전쟁을 바탕으로 장비 및 물자를 지원하는 학문이다. 그러므로 군수학의 출발은 전쟁을 언급하지 않고는 군수학을 설명할 수 없음을 의미한다. 둘째, 모든 전쟁의 결과는 환경파괴로 귀결된다. 부연하면 재난(홍수, 폭설, 태풍 및 감염병) 역시 환경파괴로 귀결된다. 따라서 전쟁과 재난은 동일한 결과를 낳는다. 앞서 전쟁 과정은 전쟁 전, 전쟁 중, 끝으로 전쟁 후 세 과정으로 구분하였다. 먼저, 전쟁 전이다. 전쟁을 준비하기 위해 소요되는 장비 및 물자를 획득하는 과정이다. 획득은 물자를 준비 과정에서 발생하는 환경에 악영향을 끼치는 사항에 대한 점검의 필요성을 언급하는 것이다. 예를 들면, 정비창의 정비 과정에서 발생하는 오염물질의 배출, 주둔지에서 배출되는 오염 등이다. 둘째, 전쟁 중 발생하는 장비 고장은 짧은 시간 내에 정비하여 재사용하도록 한다. 파괴된 전투 장비의 복구 방법이 근접정비지원이다. 근접정비지원과정에서 환경관리사항은 사용 가능한 수리부속의 탈거로 동류전용을 활성화하고 탈거과정에서 발생하는 오일류와 사용할 수 없는 수리부속의 체계적인 수거과정이다. 끝으로, 전쟁 후이다. 전쟁을 마치고 안정화 작전에서 인도주의적인 관점으로 전쟁 지역의 혼란스러운 환경을 정리하고 사람의 산란하였던 마음을 안정시키는 역할을 하는 것이 군수학이다. 직접 담당하고 있는 기능은 재난 및 환경관리이다. 인력은 사상자의 장례와 치료이고 물자는 정비, 매립 및 소각하고 장비는 정비 및 폐기한다. 장비는 전투장비, 시험장비 및 탄 등이다. 사용 시설은 정비창, 보급창, 사격장 및 훈련장이다.

군수학의 연구대상과 목표는 물적자원을 연구개발, 조달, 재고 및 정비 등으로 군수관리자가 군수기능을 운영하는데 투입되는 비용을 감소하는데 있다. 전쟁을 전 · 중 · 후로 구분하고 전쟁목표를 달성하기 위해 지원하는 물적자원은 혈액을 예로 든다.

전쟁이 발생하기 전에 사망자와 부상자의 수를 예측한다. 예측을 바탕으로 혈액형에 따른 혈액 수요량, 구급차, 중증외상치료병원, 의료인, 치안담당자 및 소방관계자 등이 준비된 물적자원과 함께 인적자원이 유기적으로 작동할 수 있도록 준비하는 것이다. 전장터의 모든 여건은 동태적 환경으로 다양한 상황이 전개된다. 최악의 경우 전원공급의 중단으로 병원이 정상적으로 가동되지 않을 수도 있다. 여기서 실전이라는 의미는 가정 사항이 배제된다는 것을 의미하고 훈련 시 마다 가정 사항을 설정하는 것은 실전과 같은 훈련은 아니다. 예를 들면, 훈련 시점에 물적자원이 없는데 있는 것으로 가정하여 훈련하는 행위는 계획에서부터 고려하지 말아야 한다. 사용자가 물적자원을 활용하여 업무를 수행하도록 지원하는 것이 군수의 목표이므로 사용자는 장비의 사용 방법 및 오작동에 대한 대처능력을 체득하여야 한다. 따라서 실질적 훈련이 되기 위해 장비 사용의 행동은 시간을 측정할 정도로 정확하고 신속하게 진행되어야 한다. 따라서 모든 훈련은 시간에 기초한 훈련이 되어야 한다. 이를 시간기반 훈련(영어표현, TBT; Training Based Time)이라고 한다. 의료지원사항을 적용한 상기 내용은 군수기능요인과 군수지원요인으로 구분하여 〈그림 4-10〉으로 요약한다.

■ 군수기능

군수 기능	획득관리 (R/D, 조달, 리스)	운영관리 (보급, 정비, 수송, 시설)	평가관리 (환경, 회계)
전쟁 단계	전쟁 준비	전쟁 중	전쟁 후
인 적 요 인	• 정신교육 -전쟁, 전투, 애국심 • 사용법교육 및 훈련	• 안정화 작전 - 환자치료 - 물자수송	• 안정화 작전 및 주민교육 • 물자지원, 환자치료
물 적 요 인	• 장비, 물자 지원계획	• 파괴, 고장 • 상황, 축선별 지원 군수지원	• 다양한 시설 복구 • 지뢰제거 • 생필품지원 • 포로관리 • 민사작전

사상자

■ 군수자원(혈액)

인 적	전상자 부상자	• 의사, 간호사, 간병인 → 사전 교육 등 • 정신과, 소방대원, 경찰 → 사전 훈련 등	• 질서유지 : 병원 등 • 환자 발생 인원당 의료인 투입 치료 등	• 퇴원 및 사후관리 등
물 적	자 재	• 장비 및 기기 획득관리 • 백신, 혈액, 구급차 등 • 외상중증의료기관지정 등	• 치료용 기기 및 장비 투입 • 정비 및 재활용 정책 수립	• 장비, 기기 정비 및 재고유지 등
제 도	수 립 보 완	• 환자후송체계 • 국민 보호체계 구축	• 관리(수행 및 통제)	• 보완 : 연중 연습 및 부족 훈련으로 보완 등

〈그림 4-10〉 전쟁 단계별 의료지원 사항

군수는 모든 전투에서 사람의 희생을 최소로 할 수 있도록 장비와 물자를 지원하여 사람다움의 전쟁을 지원하는 것이다. 사람다움의 전쟁에 대해 다음 몇 가지를 언급한다. 먼저, 전쟁의 명분이야 어떻든 전쟁은 사람 중심의 전쟁이어야 한다. 사람 중심이란 전쟁을 통해 사람의 본성을 회복하는 것이 목표가 되어야 한다. 이념적인 전쟁에서 평화를 지키기 위한 전쟁과 공동의 선을 구현하기 위한 진쟁이 되어야 한다. 군수는 전장에서 발생한 사망자, 부상자, 경상자 및 황폐해진 정신적 피해자를 원상태로 회복시키기 위해 군수기능에 바탕으로 두고 군수지원을 시행한다.

둘째, 민간인의 희생이 최소화되는 전쟁을 치러야 한다. 민간인은 공격용 장비와 자신을 보호할 어떤 보호장구도 없는 사람이다. 수많은 전쟁에서 헤아릴 수 없을 만큼 많은 민간인이 죽었다. 정의라는 미명으로 전쟁을 수행하였으나 알고 보면 강자의 의도를 약자에게 강요하는 전쟁이었다.

셋째, 전쟁을 수행하면서 발생하는 환경오염의 내용은 본서에서 모두 언급할 수 없을 만큼 광범위하고 포괄적이다. 최근 한국은 6.25 사변을 경험하였다. 사변이 종료된 후 군수 관리자는 전쟁터에서 오염 물질을 제거하고 참전자 중의 일부가 겪는 잔상증후군(trauma)을 치료했어야 하며, 전투지역에서의 지뢰를 제거하는 등 일일이 열거하기 어려우리만큼 많은 일이 발생하였다. 이 모든 것은 군수가 재난 및 환경관리를 바탕으로 전쟁 후 관리하여야 할 내용이다. 잔상증후군은 PTSD(Post-traumatic Stress Disorder)를 의미하고 자세한 내용은 6장에서 언급한다.

끝으로, 의료 군수지원 대상은 사상당한 군인과 민간인의 치료에 있다. 한국의 의료 수준은 세계 최고를 지향하고 있으나 외상을 치료할 수 있는 병원의 확보는 어느 정도인지, 숙련된 의료인의 양성과 의료지원체계의 실태가 어느 정도 인지를 사전에 파악하여야 한다. 혈액관리는 혈액형별 재고량 및 부족한 혈액을 획득하는 방법을 포함하고 있어야 한다. 전쟁 준비완료는 비단 혈액관리만이 아니라 평시에 모든 물적자원의 지원 준비가 마쳐야 함을 의미한다. 끝으로 상기 사항은 전시에 활용할 수 있도록 평시에 지속적으로 교육과 훈련을 하여야 한다. 따라서 전쟁은 국민의 일상을 파괴한 것으로 국가의 모든 역량을 집중하여 해결할 사항이다. 그러므로 전쟁 수행능력은 국력과 비례한다.

3. 테러(Terrorism)

1) 개념 및 정의

(1) 개념

테러의 어원은 라틴어 terree에서 유래하였으며 의미는 '커다란 공포, 죽음의 심리적 상태'이다. 테러는 익숙한 용어 중의 하나이다. 익숙함의 배경에는 세계 여러 곳에서 매년 수천 건의 테러가 발생하기 때문이다. 세계 각국에서 발생하는 테러는 양적인 측면에서의 증가와 질적인 면에서 과감성과 포괄성을 지니고 있다. 구체적으로 양적인 테러는 대상과 수단의 확대, 지역의 한정성을 벗어나는 소수민족 분리주의와 이슬람 세력의 테러리즘에 의한 과감성과 포괄성으로 이념성을 띠고 있다.

테러를 인적재난으로 분류하는 것은 사람의 본성이 왜곡된 상태에서 발생하는 외부적인 표출이기 때문이다. 테러로 발생한 경제적 손실, 신체적 손상 및 정신적 충격은 재난으로 이재민이 겪는 경제적, 신체적 및 정신적 충격과 거의 동일한 수준이다.[51,45,44,49]

(2) 정의

테러의 정의는 100여 가지로 연구자들마다 동기, 목적 및 결과에 따라 다양하게 제시하였다.[85] 그러므로 특정 연구자가 제시하는 테러의 정의보다 개념을 구성하는 인자를 제시하여 테러를 이해하고자 한다.

테러를 규정하는 구성개념은 불안감 조성, 폭력성, 파장성, 공격적 성향, 목적성 및 명시성 등이다. 먼저, 불안감 조성이다. 사용하는 수단이 불법적인 폭력행위를 사용하거나 사용할 것을 위협하여 대중에게 공포와 불안을 조성해야 한다. 둘째, 폭력성이다. 폭력의 대상은 자신들의 정치적, 민족적 및 이념적 동기를 관철하기 위해 인적·물적 자원을 구분하지 않는다. 셋째, 파장성이다. 테러 행위는 정치적, 경제적, 사회적 및 민족적으로 파장을 불러일으켜야 한다.[31] 넷째, 공격적 성향이다. 테러의 심리적 근거는 박탈감을 바탕으로 하는 공격적 성향을 지니고 있다.[115] 다섯째, 목적성이다. 테러는 테러 자체가 목적이 아니라 그들이 수행한 행위로 사회 불안감을 조성하여 설정한 목적을 달성하려고 한다. 끝으로 명시적 특성이다. 테러를 감행한 후 테러리스트는 자신이 소속된 단체와 테러의 목적을 드러내는 명시적 특성이 있다.

테러의 정의를 어렵게 하는 또 다른 하나는 테러를 유발하게 하는 심리적 동기에 있다. 즉, 테러가 사람의 잘못된 심성에 바탕을 둔 자기애적 사고의 결과로 수행된 행위라면 테러는 부당한 것이며 당연히 없어져야 할 사람의 심성이다. 그러나 차원을 달리하여 민족적 자기애를 바탕으로 형성된 애국심 차원에서 수행하는 해방운동과 구별해야 한다는 주장이 성립될 수 있다. 따라서 테러 여부의 판단은 사람이 모두 평등하다는 전제하에서 양심에 따라 행동하는 기준이 되어야 할 것이다. 여기에서 양심은 자연적인 사람의 모습을 바탕으로 한 문화적인 사람의 모습을 의미한다.

다른 관점에서 북한이 남한에게 위해를 가하는 테러의 특성은 다음과 같다. 먼저, 북한의 행위는 정치적 성격과 군사적 행위가 복합되어 나타나 있음을 알 수 있다. 테러의 성격을 띠는 사례는 1983년의 아웅산 폭발사건, 1997년 대한항공의 858기 폭발사건 등이다. 다음으로 군사적 도발 행위는 1994년 핵확산금지조약(NPT; Nuclear Nonproliferation Treaty)을 탈퇴한 이후 핵무기 실험 등이다. 구체적인 예는 핵무기 실험, 미사일 발사실험으로 대륙간탄도미사일(ICBM; InterContinential Ballistic Missile) 잠수함발사탄도미사일(SLBM; Submarine-Launched Ballistic Missile) 및

1996년 동해안 무장간첩 침투 등 이외에도 2010년 천안함 폭침 사건과 같은 해 연평도 포격 사건이 있다.

상기의 예를 바탕으로 북한이 한국에게 가하는 위협은 정치적 관점에서 테러인지 아니면 군사적 도발인지를 구분할 필요가 있다. 구분해야 할 필요성은 한국이 취하여야 할 자세와 대처방법이 다르기 때문이다. 미국의 경우는 테러의 대응전략으로 군사계획을 포함하고 있다. 이것은 군의 포괄적 안보개념에 의한 국민의 생존권을 보장하기 위한 군의 역할을 확장한 것으로 인식하여야 한다. 따라서 미국은 테러를 단순한 테러가 아니고 전쟁으로 인식한다. 그에 대한 입증은 9.11 테러에 대한 미국의 반응은 아프칸 파병으로 귀결되었다.

2) 발생 원인, 특징 및 유형

(1) 발생 원인

테러의 발생 원인을 살펴보는 이유는 다음과 같다. 첫째, 테러 발생 원인을 규명하여 피해를 최소화하려는데 있다. 둘째, 테러의 발생 가능성을 줄일 수 있는 동기를 얻을 수 있다. 끝으로, 테러에 대한 대비책을 수립할 수 있다.

테러의 발생 원인을 밝혔던 김창호(2011) 등은 6명의 테러리스트에 대한 개인적 특성과 심리적 상태를 분석하였다.[19] 그 결과 6명의 공통점은 원만하지 못한 가정에서 성장하였고 청소년기를 외롭게 보내면서 사회생활의 최소단위인 가정에서 배워야 할 많은 것을 배우지 못했다는 점이다. 결국, 사람은 가정에서 태어나 성장하고 성숙해야 하므로 가정교육을 통해 올바른 심성을 유지해야 함을 입증하였다. 6명은 모하메드 메라(Mohamed Merah), 옴진리교 교주인 아사하라 쇼크(Asahara Shoko), 시어도어 카진스키(Theodore Kaczynski), 티모시 제임스 멕베이(Timothy James Mcveigh), 아네르스 베링 브레이비크(Anders Behring Breivik) 및 오사마빈 라덴(Osama Bin Laden)이다.[110,19]

테러 이론으로 거(Gurr, 1970)의 박탈감이론이 있다.[105,18] 박탈감은 3가지 유형 즉 사회심리학적 관점에서 감소적 박탈감(decremental deprivation), 점증적 박탈감(progressive deprivation) 및 열망적 박탈감(aspirational deprivation) 이다. 박탈감은 상대적 박탈감을 의미하고 박탈감은 현실과 이상과의 불일치에서 발생하는 괴리

감이다. 감소적 박탈감은 내전을 경험한 국가에서 발생하는 사례로 국민의 기대가 상승한 것이 아니라 국가의 능력이 감소함에 따라 국민이 표출하는 공격적 성향이다. 점증적 박탈감은 이념의 변화 또는 체제의 변화가 발단되어 향후에 지속적인 개선의 기대가 좌절되었을 때 발생하는 공격적 성향이다. 끝으로 열망적 박탈감은 개발도상국에서 나타날 수 있는 박탈감으로 국민의 기대감과 국가의 제한적인 실제 능력의 차이에서 발생하는 공격적 성향이다. 이렇게 볼 때 테러리스트의 저변에는 공격적 성향이 내재 되었다고 할 수 있다.

박탈감을 바탕으로 테러 발생 원인은 심리적 특성인 박탈감에 바탕을 둔 가설은 좌절-공격(frustration-aggression)가설, 부정적 정체성(negative- identity)가설 및 자기애적 분노(narcissistic rage)가설 3가지이다. 먼저 좌절-공격가설은 개인적으로 좌절된 학습 및 경험을 바탕으로 폭력적인 경향으로 표출된다. 부정적 정체성 가설은 자신이 생각한 이상과 현실에서 느끼는 차이가 수치심 등으로 전환되어 공격성을 띠는 테러이다. 끝으로 자기애적 분노가설은 자신이 생각한 이상과 현실에서 느끼는 차이를 외부에서 찾아 공격하는 것이다.

박탈감이 발생한 원인으로 정치, 경제, 사회, 종교 및 가정요인 5가지로 요약할 수 있다.[3,19,82] 정치적 요인은 정치적 불안정성, 조직적 분쟁, 폭력적 시위가 있으며 둘째, 경제적 요인은 1인당 국민소득과는 역의 상관관계가 있으며 실업률 및 경제 상황을 제시하는 지니(Gini)계수는 정의 상관관계가 있는 것으로 측정되었다. 지니계수는 이탈리아 경제학자인 지니(C. Gini)가 로렌츠 곡선으로부터 도출된 소득분배 등 불평등 정도를 제시하는 수치이다. 완전한 불평등은 100이며 완전한 평등은 0으로 표시하였다. 셋째, 사회적 요인으로는 폭력범죄, 무기의 접근성을 제시하였다. 넷째, 종교적 요인은 근본주의의 확산과 밀접한 관련을 맺고 있으며 메가테러리즘(mega terreism)으로 규정된다. 끝으로 가정요인이다. 제한된 자료를 이용하여 6명의 테러리스트의 심리적 성향을 분석한 결과이지만 자신이 속해있는 조직의 정치적·종교적인 신념보다는 소외된 성장 과정에서 사회의 부적응, 정신병적인 요소가 충족되지 않는 요구를 해소하는 과정으로 봤다.

(2) 특징

테러는 전통적 테러리즘, 새로운 테러리즘(new terrorism), 알카에다 3.0(Al-Qaeda 3.0) 또는 메가테러리즘으로 구분할 수 있다. 새로운 테러리즘은 9·11테러 이후 미국의 RAND 연구소에서 찾아 볼 수 있다. 구춘권(2005)은 새로운 테러리즘을 메가테러리즘이라는 용어를 사용하고 있으나. 그 의미와 내용은 새로운 테러리즘과 큰 차이를 보이지 않는다. 따라서 여기서는 새로운 테러리즘이라는 용어를 사용한다.

국가정보원 및 몇몇 연구자는 새로운 테러리즘에 대한 특징을 다음과 같이 기술하고 있다.[16,53,68] 먼저, IS와 같은 테러주의자는 잔혹성을 가지고 있다. IS의 잔혹성의 예는 화형, 참수, 살해 및 자살폭탄 등이다.[79] 둘째, 테러조직간 네트워크를 구성하여 테러 조직간 구성원 간의 상호 의사소통을 한다. 의사소통은 테러 조직간 수직적 또는 수평적 연계를 의미하고 테러 기획이 과거에 비해 쉽고 빈번하게 이뤄지고 있다. 이러한 현상은 테러의 프렌차이즈화, 다국적화 또는 초국적 네트워크화라고 한다.[68] 따라서 어떤 테러조직의 핵심이 제거된다고 할지라도 새로운 테러조직이 그 역할을 대신하는 점조직이 등장한다. 셋째, 과거 테러는 특정 인물 위주로 이루어졌으나 9.11 테러 이후에는 불특정 다수인을 테러 대상으로 삼는다. 테러의 대상은 특정 지역 및 인물을 분간하지 않고 극장, 기차역, 공항과 버스 등지에서 무차별적으로 발생하는 양상을 보인다. 넷째, 과거의 테러가 정치적 목적을 달성하기 위한 테러라면 새로운 테러리즘은 문화적 충돌을 기반으로 한 테러이다. 문화적 충돌을 기반으로 하는 테러의 예는 2015년 11월 프랑스 파리에서 동시다발적으로 발생한 테러에서 찾아볼 수 있다. 130여 명이 희생된 프랑스 파리 테러의 원인은 반 이슬람 문화에 대한 감정으로부터 발생하였다는 것을 지상을 통해서 알 수 있다. 끝으로 테러로 입는 피해가 상상을 초월하고, 정치적인 부담을 가중시키며 별도의 장비 없이 테러가 이루어지고 지능화되어 방어하는데 어려움을 느끼고 있다. 그리고 대중은 언론매체로부터 테러주의자의 행위를 쉽게 전달받을 수 있다.

(3) 유형

구성개념이 테러를 이해하는 데 유용하다면, 구성개념은 기존 연구자의 내용을 검토함으로써 테러의 유형을 파악할 수 있다. 먼저 조성택(2012) 등은 테러를 시대별로 구분하였다. 18세기 이전의 테러는 고전적 테러리즘이며 테러의 주요한 동기는 요인 암살 및 공포정치이다. 19세기부터 20세기 중반까지는 근대적 테러리즘이며 이 시기의 특징은 이념적인 갈등을 포함하고 있다. 20세기 중반 이후의 현대적 테러리즘은 정치, 종교 및 민족분쟁이 테러의 원인이라고 하였다.[85] 21세기에 발생한 테러리즘은 새로운 테러리즘, 알카에다 3.0 및 메가테러리즘으로 지칭하였다.[3,65]

김상범(2002)과 최진태(2008)은 테러의 유형을 조직 형태에 의한 분류, 발생 요인에 의한 분류, 수단 및 방법에 따른 분류 3가지로 구분하였다.[11,90] 먼저, 조직 형태에 의한 분류는 반체제테러리즘과 국가지원테러리즘으로 불린다. 반체제테러리즘은 사회 지배계층을 향하여 특정 목적을 달성하기 위해 자행하는 폭력행위로 범죄형, 허무형, 민족형 및 혁명형으로 구분한다. 이와 대비되게 국가지원테러리즘은 국가 당국이 개인 또는 집단에게 가하는 무력을 행사하는 의미로 테러를 자경단형태, 비밀공작원형태, 공무집행형태 및 대량살상형태로 구분하였다. 발생 요인에 의한 분류는 복잡한 사회현상을 바탕으로 자신의 목적을 달성하기 위해 자행하는 테러로써 혁명적 테러리즘, 정치적 테러리즘, 민족주의적 테러리즘, 환경주의적 테러리즘 그리고 종교적 테러리즘 등 5가지로 세분하였다. 끝으로 수단과 방법에 따른 분류는 자신의 목적을 달성하기 위한 테러로써 문명의 이기를 사용한다. 예를 들면, 요인암살, 인질납치, 자살폭탄, 항공기 납치, 폭파, 사이버 공격, 철도테러, 시설을 이용한 방화, 무장공격 및 폭발물 테러 등 다양한 문명의 이기가 이용된다.

항공기와 철도를 이용한 테러의 예는 다음과 같다. 항공기 테러로 세계최초 항공기 납치사건으로 기록되는 판암 우편물 수송기(1931), 컨티넨탈 항공기납치사건(1961), 대한항공 858편 폭파사건(1987), 판암 항공기 103편 폭파사건(1988), 프랑스 UTA항공, 772편 폭파사건(1989), 뉴욕세계무역센타충돌의 9.11 테러사건(2001) 등으로 2009년 현재까지 900여 회 납치 테러가 자행되고 있다. 철도테러의 예는 스페인 마드리드 열차 폭발사건(2004), 런던지하철 테러사건(2005), 인도 뭄바이 테러 사건(2006) 및 인도 파키스탄행 고속열차 테러사건(2007) 등을 들 수 있다.

테러를 구성하는 주요개념을 바탕으로 한 테러의 정의는 고전적 테러에서 새로운 테러리즘으로 반체제와 국가지원테러리즘으로 진화하고 혁명적, 환경적, 종교적 배경이 있으며 항공기 납치 폭파에서부터 시설의 폭파에 이르기까지 요인을 암살하고 인질을 납치하며 자살폭탄을 자행함으로 대중에게 공포를 준다. 〈표 4-10〉은 테러의 구성개념에 따른 내용을 요약하였다.

〈표 4-10〉 테러 기준에 따른 구분

기 준	내 용
시대 구분	고전적, 근대적, 현대적, 새로운 테러리즘
조직형태	반체제테러리즘, 국가지원테러리즘
발생요인	혁명적, 정치적, 민족주의적, 환경주의적 및 종교적
수 단	항공기 납치, 폭파, 사이버공격, 철도테러, 시설
방 법	요인암살, 인질납치, 자살폭탄

3) 테러의 영향

(1) 개요

테러가 사람에게 미치는 영향은 여러측면에서 볼 수 있으나 여기서는 경제적 및 심리적 영향으로 구분할 수 있다. 먼저 경제적 영향을 언급하고 후에 심리적 영향을 제시한다. 〈그림 4-11〉은 테러의 영향이다.

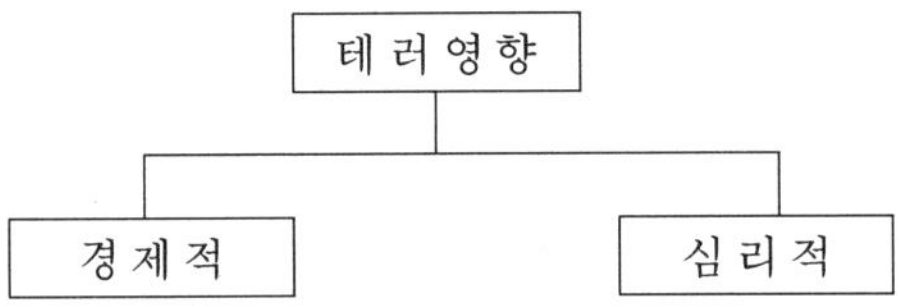

〈그림 4-11〉 테러 영향의 구분

(2) 경제적

테러가 발생한 후 인적 피해에 대해 분명하게 제시하고 있다. 실제로 미국은 9.11 테러와 국방부 청사 테러로 2,843명의 목숨을 잃었다.[115] 9.11 테러의 현상은 인명의 중요성을 경시한 것일 뿐 아니라 완전경쟁 시장에서 소수의 인원이 다수의 수요와 공급에 부정적 영향을 끼친다는 것이다. 일단 테러가 발생하면 소비의 위축으로 경제성장에 부정적 영향을 끼친다는 결과가 있다.[103] 소비의 위축이 발생하는 원인은 생산 및 소비시설의 파괴, 거래비용이 증가한다. 거래비용이 증가한다는 것은 거시차원에서 국제무역을 감소시키며 정부 재정지출에도 부정적 영향을 끼친다. 테러의 대상이 기간산업일 경우 공급능력이 감소하여 산업총생산 감소 효과가 발생한다고 주장하였다. 실제로 9·11 테러로 발생한 경제적 손실은 227억 불에 이르고 총생산감소액이 470억 불로 추정된다.[44]

(3) 심리적

테러라는 용어가 의미하듯이 테러의 희생자는 신체적, 정신적 고통으로 잔상증후군을 겪고 있다. 이라크 파병 160만 명 중 25%의 장병이 정신과 소견을 보이며 2010년 천안함 폭침을 당한 병사가 미군 병사와 유사한 고통을 받고 있음을 나타내고 있다.[50,51]

4) 군 대테러에서 군수지원

군 대테러 활동은 잠재적으로 은폐된 적을 수색하는 상황에서 이루어진다. 군은 테러리스트로부터 시간, 장소, 대상 및 수단 등을 미지의 상태에서 공격을 받을 수 있다. 군이 구비 하여야 할 사항은 조직과 자산의 운영면에서 유연성과 신속성을 유지해야 한다.[105] 구체적으로 적의 상황에 따라 이동하는 작전부대는 의사소통이 가능한 병력을 대상으로 한다. 신속하게 전개하는 작전부대를 지원해야 하는 군수부대는 크고 작은 많은 수리부속, 정비장비와 함께 이동해야 하므로 유연성과 신속성이 저하되는 것이 현실이다. 작전을 지원하는 군수부대는 군수품 지원의 유연성 및 신속성 향상을 위해 작전부대와 군수부대 간의 의사소통이 핵심이다.

의사소통은 정보시스템을 바탕으로 이루어진다. 정보시스템은 군수정보시스템과 C4I 시스템이다. 군수정보시스템은 작전군수차원에서 작전부대와 군수부대 사이에 발생하는 차이를 분석 및 예측할 수 있다. 차이는 시간과 수량의 차이에서 발생하는데 계획과 현실의 차이로 귀결된다. 구체적으로 차이는 소모량 차이(예측소모량-실제 소모량), 보급량 차이(예측보급량-실제 보급량), 보급시간 차이(예측보급시간-실제 보급시간), 이동시간의 차이(예측이동시간-실제이동시간) 등에서 군수지원의 차이량 및 시간차이를 의미한다. 차이량의 결과는 작전의 유연성에 영향을 미치고 시간 차이는 군수지원의 효과성에 영향을 미친다. 차이가 발생하는 원인은 전장상황을 인식하는 C4I와 군수정보시스템의 미연계에 있다. 미연계로 발생하는 결과는 의사결정자의 군수지원을 고려하지 않은 한정된 의사결정으로 작전이 군수지원을 받는데 상당한 애로가 발생한다. 차이의 간격을 좁히는 방법 중의 하나는 C4I와 군수정보시스템의 통합이다.

시스템 통합은 군수정보시스템 내 전군자산가시화(TAV; Total Asset Visibility)를 탑재하고 탑재된 군수정보시스템과 C4I를 통합하여야 한다. 군수정보시스템과 C4I의 통합이 탁상에서 의사결정의 유연성을 향상하는 역할을 한다면 실질적 차원의 신속성을 향상하는 차원이 수송시스템이다. 그러므로 1단계로 군수와 작전의 시스템 통합은 작전의 유연성을 군수의 신속성으로 연계시킬 수 있다. 2단계로 군수-작전 시스템 통합 이후 전술적 수송시스템과 연계는 실질적으로 유연성과 신속성을 향상하여 군수가 작전을 지원하는 예측과 실제의 차이를 감소시킬 수 있다. 1차와 2차로 구분하여 시스템을 통합하는 이유는 전장 터에서 수송시스템은 작전이 운용하기 때문이다. C4I(Command, Communication, Control, Computer and Intelligence)는 지휘, 통신, 통제, 컴퓨터 및 정보의 약칭으로 전술지휘자동화제체계라고 한다. 전술지휘자동화체계는 지휘관 및 주요 핵심관리자가 위의 C4I 요소를 유기적으로 결합하여 신속한 작전대응능력을 확보하도록 지원하는 시스템이다. 전술지휘자동화체계와 연계된 군수지원 의사결정 지원시스템은 C4IBL이라고 지칭한다. C4IBL은 군수기반 전술지휘자동화체계(C4I-Based Logistics)이다. C4IBL의 목적은 군수지원의 유연성과 신속성을 증진함으로써 작전 속도에 따라 군수의 반응시간을 일치하는데 있다.

4. 소음

1) 개념

사람에게 영향을 미치는 환경요인 중 하나는 소리이다. 사람의 감각기관 특히 청각기관으로 전달되는 소리는 의사결정에 영향을 미치는 다양한 정보를 제공한다. 소음은 주관적으로 인지되는 시끄러운 소리이다. 소음의 한자 구성은 시끄러울 소(騷)와 소리 음(音)이다. 시끄러울 "소"를 세분하면 말을 의미하는 말 마(馬)와 벼룩을 의미하는 벼룩 조(蚤)가 합쳐진 시끄러울 "소"이다. 그러므로 소음이란 그 소리가 말이

뛰는 것과 같은 굉음이든 아니면 벼룩이 다니는 것과 같은 작은 단위의 소리이든 사람이 주관적으로 느끼기에 거부감으로 인식하는 소리가 소음이다. 예를 들면, 모기가 비행하는 동안 발생하는 소리를 좋은 소리로 알아듣는 사람은 없다. 모깃소리는 사람의 방어기제가 작동하여 심리적 불안정한 상태를 유발한다. 따라서 소음은 사람의 일상생활을 방해하고, 괴롭히며, 건강에 해로운 부정적인 소리이다.[84] 소음으로 발생한 난청은 뚜렷한 치료책이 없다는 것이 소음 발생을 예방해야 하는 또 하나의 이유이다. 끝으로 일상생활이란 신체적 사항을 포함하고 있을 뿐만 아니라 경제적으로도 동일한 어려움 끼치고 있음을 의미한다.[33]

소음이 환경오염 중의 하나라고 여기는 것에는 이견이 없다. 환경오염의 분류 중에서 소음은 일시적으로 존재하였다가 대기 중으로 사라지는 오염이므로 유동환경오염(flow pollutant)에 해당한다.[108] 소음을 인적재난으로 포함한 이유는 다음과 같다. 소음 발생 배경이 자연으로부터 발생하여 사람의 삶에 영향을 심각하게 끼친다면 자연재난으로 구별하여야 한다. 그러나 사격장은 사람 즉 군의 목적을 달성하기 위한 시설에서 발생하므로 인적재난으로 귀결된다. 실내사격장을 조성하여 지역주민의 피해를 최소화하고 사격훈련의 목적을 달성할 수 있음을 볼 때 군 사격장에서 발생하는 소음은 인적재난으로 구분하는 것이 타당하다. 실내사격장에서의 훈련에 대한 찬성과 반대는 다른 지면을 활용하여 논의한다.

2) 소음의 영향

(1) 인체 및 재산권에 미치는 영향

소음이 인체에 미치는 영향은 신체적 요인, 심리적 요인 및 일상의 생활불편감 등이다. 먼저, 신체적 요인은 직접적으로 청력 상실의 동기를 제공하고 교감신경계를 자극하여 고혈압, 위궤양, 불안정, 맥박, 혈압, 소화기 및 순환기 장애 등을 유발한다. 둘째, 심리적 요인은 불안감 및 불쾌감 등으로 소음의 발생빈도와 예기치 못한 소음의 발생 및 소음원의 인지 여부에 따라 불쾌감의 정도에서 차이를 보인다. 셋째, 일상생활의 불편이 정신을 집중할 수 없도록 하는 업무방해, 소음의 수준에 따라 수면의 깊이와 장단에 영향을 끼치는 수면 방해 등이다. 넷째, 소음으로 일상적인 대화가 방해를 받는다. 끝으로 경제적인 사항은 사격장 주변 부동산 가격의 하락 등으로 사격장 주변에 거주하는 사람의 재산권에 영향을 미칠 수 있다. 예를 들면, 권현진(2014)은 1990년대부터 미국이 토양오염의 정도를 부동산 가격에 반영하는데 관심을 있다고 전제한 뒤 환경오염을 토지평가가격에 반영해야 한다고 제시하는 것과 같다.[7] 일반적으로 거의 모든 투자자는 소음이 심한 지역의 토지를 매입하지 않기 때문이다.

(2) 소음에 영향을 미치는 요인

지형적 요인, 기상요인이 소음에 영향을 끼친다.[17] 지형적 요인은 소음원으로부터 수음점까지 거리, 소음원으로부터 수음점까지 거리 사이에 장애물의 유무가 소음에 영향을 끼친다. 기상인자는 온도, 풍향 및 풍속을 의미한다. 온도는 기상상태에 따라 하강 방향, 상승 방향 또는 주간 및 야간에 따라 음의 굴절에 영향을 미친다. 소음원이란 소음이 발생한 원점을 의미하고 수음원이란 소음을 받는 지점을 의미한다.

3) 소음 평가

소음을 평가하는데 필요한 척도는 먼저, 평가량으로 개인 및 공공이 받는 소음의 영향과 상관관계가 높아야 한다. 둘째, 측정시간은 장시간에 걸친 측정과 모든 폭로조건에 적용할 수 있어야 한다. 셋째, 측정기기는 표준화가 용이하고 측정기기는 구입이 쉬어야 한다. 넷째, 소음평가가 다른 종류의 소음을 평가할 수 있어야 하며 최소한 다른 평가량과 환산을 할 수 있어야 한다.[75] 끝으로 경제적 평가에 대한 기준이 있어야 한다.

소음 평가의 목적은 소음의 주관적인 반응을 정량화하여 소음을 차단하는 대응책을 효과적으로 수립하는데 있다. 따라서 소음의 평가 대상은 공사장, 공장, 작업장, 건물의 실내공간 및 옥외공간으로 구분한다.[72,75] 여기에 포함하여야 할 또 하나의 대상은 군 장비와 시설이다.

4) 군 장비 소음

군 장비는 일반장비, 건설장비 및 화력장비 등이다. 소음 발생원은 포 사격장에서 발생하는 소음 및 소총 사격장의 소음, 건설장비의 소음 및 군 비행장의 소음 등으로 구분할 수 있다.[86,99,17,100] 먼저, 105mm의 곡사포에 대한 소음 평가는 포 주변 8개의 소음 측정 지점을 선정하여 측정하였다. 그 결과 포의 중심부의 좌우에 위치한 2명의 병사로부터 순간 최대 소음수준이 159.6㏈ 이상의 고음이 노출되었다는 연구결과를 제시하였다. 포 사격장에 의한 소음으로 155mm K9 자주포는 기상상태에 따라 최고 ±15㏈의 편차와 수음점 방향으로 3m/s에서 5m/s의 풍속으로 바람이 불 경우 최대 ±13㏈까지 소음이 증가하였다는 결과를 보였다. ±13㏈~±15㏈의 의미는 주간 공사장에서 소음이 70㏈이하로 규정하고 있음을 참고하면 이 소음의 정도가 어느 정도인지를 간음할 수 있다. 그러나 105mm에 대한 소음 연구의 한계점은 1개 사격장에서 1기의 화포에 대해 1회씩 측정하였으므로 일반화하는 것에는 무리가 있다고 여기더라도 의미 있는 결과 임에는 틀림이 없다.

소총 사격장에서 발생하는 소음에 대한 연구는 다음과 같은 몇 가지의 결과를 제시하고 있다. 첫째, 주간사격소음이 야간사격소음보다 높게 측정되었다. 둘째, 사격장에는 사격훈련병, 조교와 교관이 있다. 소음을 측정하는 위치에 따라 사격훈련병은 소음에 직접 노출되고 조교는 사격훈련병으로 50cm 밖에 있다. 끝으로 교관은 4m 밖에 위치한다. 먼저, 사격훈련병의 경우는 왼쪽 귀 위치에서 발생하는 소음 노출 수준이 오른쪽 귀 보다 높게 측정되었다. 구체적으로 왼쪽 귀의 순간최대소음수준은 150.4㏈이며 오른쪽 귀는 149.1㏈이다. 이러한 현상은 두영효과(head shadow effect) 때문이다. 두영효과란 어느 한쪽 귀로 입력된 소리가 반대쪽으로 전달되면서 그 에너지가 감소하는 현상이다. 두영효과가 발생하는 과정은 다음과 같다. M16 소총을 사격할 때 자세가 개머리판을 오른쪽 어깨에 밀착하려는 과정에서 고개가 오른쪽으로 자연스럽게 돌려지므로 총구로부터 오른쪽 귀가 멀어지게 되면서 왼쪽 귀가 총구와 가깝게 된다. 교관은 실사하는 훈련병으로부터 4m 정도 떨어진 위치에 있으나 148.1㏈로 측정되었다. 산업안전보건처(OSHA; Occupational Safety and Health Administration) 및 한국의 고용노동부 등이 제시한 충격소음의 기준은 순간최대 소음수준이 140㏈보다 낮아야 하고 소음 노출 회수는 100회 이하로 제한하고 있다.

소음을 측정하기 위해 군은 9가지 건설장비를 연구대상으로 삼았다. 9가지의 건설장비는 구난 5톤 트럭(K-712W/W), 트럭 덤프 5톤(k-713), 트럭 트랙터 5톤(6×6-715t/TW/W), 블도저(SD-20), 로더(HL35), 그레이더(SG-15), 유압식 굴삭기

(SOLAR 210W-V), 트럭 5톤 유압크레인(K-711) 및 압축기(950-CFM)이다. 이들 건설장비의 주파수별 현상은 다음과 같다. 먼저, 저주파수 대역에서 불규칙한 형태를 나타내고 중주파수 대역에서는 균일한 음압 수준이 표시되었다. 둘째, 고주파수 대역에서 음압 수준이 균일하게 감소하는 특성을 나타냈다. 감소 현상은 건설장비의 소음이 원거리까지 피해를 주는 것으로 판단하였다. 불도저와 같은 몇몇 건설장비는 운전석의 전면이 유리로 되어있어 운전석의 내부의 음압 수준이 증폭되어 나타나므로 운전자에게 피해를 주는 것으로 판단하였다. 끝으로 OSHA는 8시간 동안 지속적으로 평균소음에 노출되는 경우에는 효과적인 청력보호 프로그램을 운영하여야 한다고 요구하고 있다. 이때 허용 가능한 노출소음은 90dB 수준이다.

제Ⅳ절 사회재난

1. 개요

자연재난과 인적재난의 구분은 명확하여 구별이 쉽지만 인적재난과 사회재난의 구분은 애매하므로 기준이 필요하다. 사람이 의도한 목적을 달성하는 과정에서 발생하는 재난이라면 인적재난이다. 반면에 의도하는 목적이 없이 발생한 재난이라면 사회재난이다. 구체적으로 아무리 가벼운 교통사고라고 할지라도 의도적이고 자신이 설정한 목적을 달성하기 위한 수단으로써 의도된 결과를 예측할 수 있는 사고라면 그것은 이미 반인륜적이고 반사회적이므로 인적재난에 포함되어야 한다. 그러나 사회재난으로서 교통사고는 특정한 의도가 없고 사고 결과로부터 달성하려는 목적도 없는 상태에서 발생한다. 교통사고의 결과가 크고 작음에 관계없이 사람이 사전에 예측하지 못한 상황에서 빚어진 결과이므로 사회재난으로 분류하는 것이 타당하다. 그렇다고 법적인 책임까지 면죄부가 주어진다는 의미는 아니다. 과실이라는 용어의 범주에 해당하는 사회재난은 문명의 이기와 사람의 과실이 결합하여 발생한 재난이다.

또 다른 하나의 예는 2015년 메르스(MERS-Cov) 사태이다. 메르스 사태가 확산된 경위는 부실한 초기대응의 결과이다. 부실한 초기대응은 인수공통병의 대처에 미흡한 예방체계, 정부 · 처간 의사소통의 부족과 환자의 안전의식 미흡 등으로 요약된다. 이에 따른 결과는 인수공통병에 대한 두려움과 피해 규모를 증가시켰다.

지진해일과 같은 자연현상으로 피해를 당한 원자력 발전소가 방사능을 누출하는 것은 자연과 문명이기와의 혼합으로 발생한 사회재난이다. 앞서 제시하였듯이 사회재난은 발전된 산업에서 사람이 주의를 경계하지 않은 순간에 발생하는 재난이다.

끝으로 교통사고처럼 사소한 사고일지라도 사회재난으로 언급할 만한 충분한 가치가 있다. 교통사고는 지속적으로 그리고 전국적으로 광범위하게 발생하고 있기 때문이다. 예를 들어, TAAS(TAAS; Traffic Accident Analysis System)에 따르면 2016년 발생한 교통사고 건수는 22만여 건이며 사망자는 4천 2백여 명에 달한다. 그뿐 아니라 23조 7천여 억원에 달하는 비용은 단일사고로 봐도 적지 않으며 다수의 인명 피해가 발생하고 있다. 그럼에도 재난으로 인식하지 못하고 단발적인 사고로 인식하고 있는 사회적 무감각 현상으로 발생한 잠재적 재난이다. 잠재적 재난은 사회재난의 발생 원인으로 〈표 4-11〉과 같이 제시할 수 있다.

〈표 4-11〉 사회재난의 발생 "예"

발생 요인 구분(예)
문명이기 + 사람 = 사회재난 (사회기간산업 + 안전의식 미흡 : 교통사고)
자연현상 + 문명이기 = 사회재난 (지진해일 + 원자력발전소의 방사능 누출 : 후쿠시마 원전)
자연현상 + 사람 = 사회재난 (바이러스 + 의료체계 : MERS-Cov)

2. 교통사고

1) 수단별 유병 요인

재난관리 관점에서 수송수단은 운전자가 의도적으로 유발하지 않은 사고이므로 사회재난 차원에서 관리하여야 한다. 그렇다고 모든 교통사고가 사회재난 차원에서 다루어져야 한다는 것은 아니다. 인적재난으로 취급해야 할 사고는 예상되는 결과를 방치, 방관하거나 이에 대해 적극적으로 예방 활동을 하지 않음으로서 발생한 모든 사고를 포함한다. 인적재난의 범위에는 과실을 넘어서서 접근하여야 하는 부분도 있다.

최근 한국에서 발생하는 특정 차종의 화재사고 또는 음주운전은 모두 인적재난이다. 인적재난은 사고 후 아무리 적절하고 합법적이며 합리적인 처리보다 우선하는 것이 예방이다. 예방은 사전교육과 준법정신으로 이루어진다. 교통수단에 의한 사고는 자동차사고, 기차사고, 비행기사고 및 선박사고 등이다. 사고 결과에 따른 군수지원 사항은 다음과 같다.

2) 군수지원사항

교통사고의 결과는 물적 및 인적손실로 구분할 수 있으며 물적손실은 제외하더라도 인적손실을 보면 사망과 중상, 부상 및 경상으로 구분할 수 있다. 이에 대한 적절한 치료는 의료인의 몫이다. 교통수단별 세부적인 유병요인으로 먼저 자동차사고는 골절, 타박상, 화상, 과다출혈, 쇼크, 물에 빠진 경우 감전 및 익사 등이 있다. 기차사고는 골절, 찰과상, 인후두 기능장애, 호흡기능 장애, 저산소증으로 후유증 등이 발생한다. 선박사고는 익사, 저체온증, 기아와 탈수, 화재로 인한 화상, 구조작업자와 해양 방재작업자에 대한 안전대책을 수립하여야 한다. 끝으로 비행기사고는 가장 안전한 교통수단으로 알려져 있으나 공중폭발의 경우 생존자는 거의 없다는 것을 많은 사고로부터 경험하였다.[4] 모든 교통수단 중 최고의 건수는 자동차사고이다. 2016년 자동차사고는 22만여 건이 발생하고 이중 사망자가 4천 2백여 명에 달한다. 만약 신종 감염병자가 22만 명이고 이중 4천 2백여 명이 사망자라고 하면 사회적 파장이 어떠한지 코비드-19의 경험을 통해 충분히 학습하였다.

자동차사고와 신종 감염병에 대한 두 가지 사회적 현상에 대해 대처하는 방식이 전혀 다른 것은 다음과 같이 분석할 수 있다. 먼저, 관련 사회적 현상에 대한 충분한 정보의 유무, 둘째, 결과에 대한 예측의 확실성 여부 끝으로 문제해결의 대안 유무에 따라 사회적 현상에 대처하는 정책이 상이하게 작용한다. 자동차 출현 후 지금까지의 자동차사고와 감염병 발생 건수, 사망자 수, 관련 비용, 기간을 비교하면 감염병이 비교할 수 없이 적다. 그럼에도 일시에 많은 인력을 투입하여 감염병의 진행을 차단하려는 노력은 감염병과 관련한 충분한 정보의 부족, 결과에 대한 예측의 불확실성 끝으로 문제해결 대안의 부재로 사회 공동체적 두려움이 심리적 요인으로 작용하는 것으로 보인다. 이에 비해 자동차사고는 심리적인 두려움에서 벗어나 있음을 알 수 있다. 두 가지 사회적 현상의 해결책은 모두가 조심하고 경계하면 감소할 수 있다.

두 가지의 사회적 현상에 대해 전자는 사회적 무감각 현상으로 인식되고 후자는 사회적 현상에 민감하게 대처한다. 이러한 현상은 사회적 감각수용현상이다. 사회적 감각수용현상은 심리적 영향을 바탕으로 하고 있으며 심리적 수용현상이 높고 민감할수록 정치적, 경제적, 사회적 및 문화적 파급효과가 높다고 할 수 있다. 예를 들면, 최근의 자동차사고는 만성적인 무감각증으로 증가하고 있다. 이에 대한 인명 피해를 줄이는 방법은 자동차의 주기적인 정비 활동, 운전자에 대한 체계적인 안전예방 교육 끝으로 도로 시설물의 점검 활동이다. 특히, 낮은 비율이지만 고령화 사회에 진입하면서 노인 운전자의 증대는 교통사고의 유발 요인 중의 하나가 되었다. 이에 따른 대책은 운전자 연령대별 신체검사 기간의 탄력적 적용으로 신체기능의 측정에 대한 정밀성을 높여 자발적 및 강제적으로 운전을 제한하는 방법이다.

어떤 제도나 장비는 시대 상황에 맞게 예방, 교육 및 정비 활동을 강화하는 것이 안전을 확보하는 첫 번째 조치이다. 모든 안전예방 활동에는 1 : 10 : 100 법칙이 작용한다. 구체적으로 1명의 교통질서 준수는 10명의 교통사고 현장 처리 인원을 감소시키며 10명의 교통사고 처리 인원 감소는 100명의 사고 간접 처리 인원을 감소시킨다. 이를 비용으로 적용하면 1원의 교통사고 예방 교육은 10원의 교통사고 비용을 감소시킬 수 있으며 10원 교통사고 예방비용은 100원의 교통사고 처리를 위한 사회적 비용을 감소시킬 것이다.

3) 교통사고일괄의료지원체계

(1) 개념

교통사고 처리의 핵심은 인명피해를 최소화 하는데 있다. 인명피해를 최소화 하는데 영향을 미치는 요인은 다양하다. 다양한 요인 중의 하나는 직 · 간접 구조 인원이 사고현장에 도착하는 시간을 최소화하는 것이다. 구조 인원이 현장에 도착한 시간은 여러 가지 요인에 의해 영향을 받는다. 예를 들어 도로의 지 · 정체이다. 지 · 정체 시간을 감소하기 위해 교통사고일괄지원체계의 개념은 의료진이 사고현장으로 이동하여 환자를 치료하는 것이다. 기존의 의료지원 시스템이 환자를 병원으로 이송하여 처치하는 개념이라면 교통사고일괄의료지원체계는 환자를 치료하기 위해 병원이 사고현장으로 이동하는 개념이다.

교통사고 발생 시 현장에서 필요한 인적 및 물적자원은 다양하다. 물적자원은 환자를 치료하는데 필요한 물품을 사전에 컨테이너에 비치해 놓는다. 물적자원을 포함한 컨테이너에 치료 인력을 포함하면 응급실이 된다. 컨테이너 응급실은 사고 신고 접수와 함께 의료용 자동차, 헬리콥터, 트레일러 등의 다양한 수단을 이용하여 사고현장으로 이동시킨다. 사고현장이 혼잡하므로 정리할 교통경찰관과 사고 구조물로부터 환자를 구조할 수 있는 소방청 관계자와의 협업으로 환자를 컨테이너로 후송하여 치료를 시작할 수 있다. 이 시스템이 교통사고일괄의료지원체계이다. 교통사고일괄의료지원체계의 구성은 환자 치료를 위한 물적자원과 인적자원이다. 인적자원은 환자를 진료할 수 있는 의료진, 사고현장의 질서를 유지할 수 있는 교통경찰관, 끝으로 구조물로부터 환자를 구조하는 소방청 관계자 등이다.

(2) 운영개념

교통사고 발생신고가 상황실(119 센터)로 접수되면 신고자와의 통화 등을 바탕으로 접수자는 환자의 상태를 확인하고 사고의 규모를 판단한다. 상황실은 병원, 경찰관 및 소방관과 상호연계된 다중 통화를 바탕으로 사고지역으로 출동한다. 출동된 경찰관은 사고현장의 질서유지를 한다. 질서유지는 1차 사고에 이어 2차 사고의 예방을 위한 것이다. 또 다른 목적은 교통의 지 · 정체가 발생하지 않도록 하는데 있다. 소방관은 환자를 사고 구조물과 분리하여 치료를 받을 수 있도록 응급처치를 하는데 중점을 둔다. 사고현장에서 상기와 같은 활동을 하는 동안 병원은 중증외상치료의사, 중증외상전문간호사 및 X-Ray 기사 등을 갖춘 의료용 헬리콥터, 드론과 트레일러를 사고현장으로 급파하여 사고현장에서 응급치료를 마치고 병원으로 환자를 이송하는 것이다. 교통사고일괄의료지원체계는 이동 중 환자가 절명에 이르는 상황을 예방 하는데 있다. 시스템의 구축은 지방자치단체별로 구축하여 운영한다.

(3) 기대효과

교통사고일괄의료지원체계는 교통사고만을 예를 들어 설명하였으나 확대하면 대형 건물의 붕괴, 화재사건 등 다양한 재난 현장에서 교통사고 일괄의료지원체계를 활용할 수 있다. 일괄의료지원체계는 다음과 같은 기대효과가 있다. 첫째, 병원의 설립목적과 의사의 의무를 충실하게 이행할 수 있는 환자 중심의 의료체계이다. 둘째, 병원까지 환자를 이동하는 이동소요시간을 감소시킬 수 있다. 즉 이동소요시간이란 사고현장에서부터 환자를 병원까지 후송하는데 걸리는 시간을 의미한다. 후송시간에 영향을 미치는 요인은 후송거리, 신호등의 수, 차량의 지·정체 빈도와 시간 등을 포함한 교통여건이다. 셋째, 원격지에 있는 사고 발생지점에서 최대한의 의료서비스를 신속하게 제공할 수 있다. 끝으로 컨테이너 시설은 음압병동으로도 활용할 수 있으며 최종적으로 전 · 평시에 국민과 장병의 생명을 보존하기 위한 설비로 활용할 수 있다.

상기와 같은 기대효과와 장점이 있는 반면에 다음과 같은 단점이 있다. 먼저, 초기 투자비용이 과다하게 발생할 것이다. 이동병원은 혈액, 응급장비, 진단장비, 수술장비와 발전기 등을 적재한 컨테이너 시설을 갖추는데 초기 투자비용과 운영 유지비용이 발생한다. 둘째, 숙련된 전문 인력의 양성이 요구된다. 셋째, 경찰서, 소방서 및 병원과 파트너십(pertnership)을 바탕으로 수행되는 업무이므로 의사소통 단절 시 환자는 예상하지 못한 어려움에 봉착할 수 있다. 파트너십이란 협력적 관계와 동일한 용어로 다양한 기관이 신뢰를 바탕으로 상호 추구하는 공통의 목표를 달성하기 위해 시간, 인원과 자재 등에 관한 정보를 교환한다.[41] 여기서 다양한 기관은 병원, 경찰서, 소방서 및 보험사 등의 관계기관을 지칭한다. 상호 추구하는 목표는 다양한 기관이 추구하는 공통의 것이다. 시간, 인원, 자재 및 정보는 환자의 생명을 구하는데 신뢰성 있게 행동해야 함을 말한다. 끝으로 환자가 이동하는 대신 여러 명으로 구성된 병원의 응급구조팀이 이동하는 소요가 발생한다. 상기와 같은 어려운 점을 예상하여 국가가 정책 시행을 머뭇거린다면 다음의 예를 보자. 만약 40대의 가장 한 사람이 사망에 이른다면 가장을 잃은 그 가정은 어떻게 되겠는가. 비용을 따져보기 이전에 건강한 가정이 건전한 사회의 기초가 된다는 상식으로 판단해야 할 일이다.

3. 원자력

1) 개요

원자력은 원자의 핵에서 미세한 질량의 변화로 발생하는 엄청난 힘이다.[46] 엄청난 힘을 얻는 방법은 핵분열과 핵융합이다. 핵분열은 원자의 핵이 두 개로 분열되면서 일시에 힘을 방출하는 현상이다. 핵융합은 가벼운 두 개의 원자의 핵이 하나로 통합되면서 순간에 힘을 방출하는 현상이다. 일시에 방출하는 힘을 사용하여 물을 가열하고 가열된 물로 증기터빈을 돌려 발전하면 원자력 발전소가 된다. 증기터빈을 돌리는 힘을 무기에 사용하면 원자폭탄 또는 수소폭탄이 된다. 원자폭탄 및 수소폭탄이 군수품의 범주에 포함되지만 여기서 언급의 대상은 되지 않는다. 원자폭탄 및 수소폭탄은 무기체계 획득관리 분야 중 연구개발에서 논의되어야 할 내용이나 구체적인 사항은 정치학 및 물리학 등의 관점에서 논의되어야 할 사항이다. 따라서 환경군수에서 원자력에 대해 논의할 사항은 사용 중 발생하는 사고에 대한 처리 및 사용 후 폐기에 관한 사항이다.

2) 원자력 사고 발생 원인

사고 발생의 예측은 불가능하나 대비를 하는 것은 사람의 몫이다. 사고는 발생 장소 및 원인에 따라 분류할 수 있다. 먼저, 사고 장소에 따른 분류는 외부피폭사고, 내부피폭사고 및 환경오염사고 등으로 구분할 수 있다. 외부피폭사고는 부주의나 실수로 방사선에 노출되는 경우 등이고 내부피폭사고는 폭발에 의한 작업장의 표면, 공기 그리고 사람을 오염시킴으로써 방사성 물질이 체내에 유입되는 경우이다. 끝으로 환경오염사고는 방사성 물질이 사고 및 화재 등의 원인으로 사업소의 경계를 초월하여 일반인에게 영향을 끼친 경우이다.

원인에 따른 분류는 인적요인, 물적요인 및 사회 환경적 요인으로 구분한다. 인적요인은 분실, 도난 등과 같은 의도적인 요인과 원자력 취급자의 정신적, 신체적 결핍을 포함한 작업자의 지시 불복종과 직원의 명령 불복종 등이 해당한다. 물적요인은 적격품질의 기기를 사용하지 않아 발생하는 경우, 기기장치의 정비실패 등과 같은 현상으로 파악된다. 2014년 원전납품 비리의 경우가 해당한다.[98] 끝으로 사회 환경적 요인은 작업자의 교육훈련 부족, 작업장의 정리 정돈 부족, 관리자의 판단 및 의사결정의 오류 등을 들 수 있다.[5]

3) 원자력 사고 발생 사례

원자력 사고는 국내 · 외에서 발생했던 사례가 있다. 먼저, 외국의 경우 1979년 쓰리마일 아일랜드(Three Mile Island)에서 핵발전소의 사고는 밸브 고장과 사람의 실수로 발생하였다. 1986년 체르노빌(Chernobyl) 핵발전소의 사고가 원자력 사고 중에서 가장 큰 사고 중의 하나이다. 체르노빌 사고는 한 두 차례의 폭발로 원자로의 상부가 파괴되어 방사능 물질이 대량 분출되었다. 핵발전소의 사고로 연인원 17만 명이 이주하는 고통을 겪어야 했으며 원자로의 불이 인근 원자로에 옮겨붙지 않도록 하는 과정에서 많은 사람이 방사능에 노출되어 목숨을 잃었다.

2011년 쓰나미가 직접적인 인원이 되어 후쿠시마 원자력 발전소 원자로의 폭발로 다량의 방사능이 누출되는 사고가 발생을 하였다.[91] 직접적인 방사선 피폭으로 사망자는 없었으나 토양과 해양오염을 유발하였고 다수의 이재민이 발생하는 현상으로 일본만의 문제가 아닌 국제적인 문제로 야기되었다.[34] 이 사고로 한국정부는 방사능 물질로 오염된 일본산 식료품, 어류 등의 수입을 통제하거나 검사를 강화하는 조치를 하였다. 10년이 지난 2021년 열린 올림픽의 개최에서 많은 사람이 불안감을 느꼈던 것은 방사능오염이 주는 위협이 어느 정도 인지를 실감하게 한다. 이후 일본은 방사능 오염수를 태평양으로 유출하려는 정책에 대해 주변국들의 우려를 자아내고 있다.

한국에서 발생했던 원자력 발전 사고로 2011년 XXXX(주)에서 사망자가 발생하였다. 이 사건은 방사선 작업을 할 때 착용해야 할 개인 선량계를 패용하지 않고 규정에서 제시한 분량 50장보다 4배나 초과하는 수량을 촬영하였다. 이 사건으로 작업자 3명이 사망하였고 업체는 벌금형에 처하였다. 이 사고의 발생 원인은 작업자가 안전규정을 준수하지 않았으며 방사선 관련 사전지식의 부족으로 발생하였다. 이러한 경우는 인적재난과 사회재난이 혼합된 경우이다. 개인의 편리함을 목적으로 개인 선량계를 착용하지 않았으므로 인적재난에 해당하고 개인이 선량계를 착용하도록 교육, 규정 마련 및 지휘 감독이 소홀하였으므로 사회적 재난이다.

한국의 경우 방사선은 의료, 군사 및 산업 분야 등 약 6천 개의 기관이 사용한다.[77]

1970년부터 2010년까지의 방사선 사고는 총 65건이며 2000년대 이후에 발생한 사고는 21건으로 기록되고 있어 전체건수의 32%를 차지한다. 사고유형별 현황에서 피폭이 23건으로 35%를 점유한다. 끝으로 산업 분야별 사고는 비파괴 기관에서 36건으로 55%이다. 따라서 한국의 방사선 사고의 특징은 비파괴사업장에서 정도 이상의 피폭 및 분실사고가 상당한 부분을 차지하는 것으로 분석된다.

4) 원자력 사고 발생 대책

다양한 원인에 의한 원자력 관련 사고가 발생한다. 사고유형별 대책은 모두 다르다. 방사능 및 방사선 누출로 구분하여 살펴볼 수 있다.

(1) 방사능 누출 사고 대책

방사능 누출은 방사능이 외부로 유출되었을 때 발생하는 사고이다. 대책은 제염작업이다. 제염작업은 방사능으로 오염된 다양한 물질을 제거하는 것이다. 예를 들면, 놀이기구 등과 같은 시설물과 토양이 해당한다. 오염된 토양의 제염 방법은 겉에 오염된 흙을 걷어 내고 새로운 흙으로 덮는 방법을 사용하거나 오염된 상층부의 토양을 하층부의 토지와 교체하는 방법을 사용한다. 끝으로 놀이기구와 같은 시설은 물세척으로도 방사능물질의 제거가 가능하다.

(2) 방사선 누출 사고 대책

방사선 누출 사고는 방사선 물질 또는 방사선 발생 장치에 의해 사람의 의도와 관계없이 신체적인 악영향을 끼치는 현상이다. 발생 원인은 도난, 분실, 피폭 및 오염 등이 있다. 방사선 시설에서 발생하는 모든 비상사태는 방사선 사고를 염두에 두고 4가지 응급처치 원칙에 따라 행동하여야 한다.

4가지 원칙은 인명우선원칙, 알림원칙, 확대방지원칙, 과대평가의 원칙이다. 먼저 인명우선원칙이다. 인명우선원칙은 안전유지원칙으로 사람에게 피해가 발생하지 않도록 하는 원칙을 의미한다. 둘째, 알림원칙이다. 통보원칙으로 주변에 있는 사람, 사고현장책임자인 시설관리자와 이해관계자에게 신속하게 알려야 한다. 알리는 방법은 육하원칙을 준수하고 연락처를 반드시 기록하는 것이 필요하다. 셋째, 확대방지원칙이다. 사고가 발생한 지역에서 확대되지 않도록 가능한 조치를 하여야 한다. 화재의 경우 초기진압이 중요하므로 소화기로 진압하는 것도 필요하다. 끝으로 과대평가원칙이다. 사고 발생에 대해 결론이 도출되기 전까지는 과대평가하여 모든 이해관계자가 경계심을 늦추지 않는 것이 필요하다.

예방 대책은 관리자뿐 아니라 모든 이용자의 안전성과 직결되어 있다. 안전성 실현을 위한 몇 가지 대책이 있다. 첫째, 규정준수와 지속적 교육이다. 거의 모든 사고의 발생 원인은 규정을 준수하지 않아 발생한다고 해도 과언이 아니다. 따라서 정해진 절차와 방법에 따른 행동을 하여야 한다. 특정 제품일 경우에는 연구개발, 부품조달, 정비, 보급, 수송 및 폐기단계에 이르기까지 규정을 준수해야 하고 교육해야 한다. 건축물이면 입지선정 및 설계단계에서부터 준공 후 입주 및 사용단계에 이르기까지 안전관리 규정을 준수하고 교육이 필요하다. 교육은 사람의 사고와 행동을 변화시키는 원동력이다. 행동이 익숙해지면 습관이 되어 교정하기가 어렵다. 그러므로 언제나 일신우일신하도록 교육해야 한다. 교육은 학문을 바탕으로 한 지식교육과 행동화 교육이다.

둘째, 안전장치이다. 방사선 위험지역 근무자에게 신체의 특정 부위에 위급할 때 사용할 수 있는 자동알림 장치를 활용하는 것도 필요하다. 예를 들면, 안전 모자에 비상벨을 설치하여 위급할 때 사용하거나 자동으로 작동하는 원격 신호 발생기를 부착하는 것이다.

셋째, 예방훈련이다. 사고가 발생한 때 신속한 대처를 위해 가능한 상황별 가상의 훈련을 하여야 한다. 평소에 체득된 상태에서 움직이는 행동은 실재상황에서 당황하지 않는 첫걸음이다. 훈련은 교육을 바탕으로 이루어져야 한다. 여기서 상황별 가상훈련에서 상황이란 방사성을 포함하고 있는 물질의 분실, 피폭, 오염, 도난, 화재, 폭발, 지진 및 수송할 때 발생할 수 있는 다양한 형태의 사고를 의미한다. 훈련의 목표는 이론적으로 검증된 육체적인 반복 숙달로 체득하는데 있다.

4. 감염병

1) 개요

감염병이란 병원체가 다양한 경로로 사람이나 동물의 장기에 침입하여 감수성있는 숙주에 전파되는 질환이다. 여기서 숙주는 사람이나 동물이다. 사람에게 전이되는 감염병을 사회재난으로 인식한 이유는 사람의 본성파괴, 무의도성, 영역확대와 시간 단축 3가지의 근거에 기반을 두고 있다. 먼저, 사람의 본성을 파괴한다. 병으로 사람의 본성이 파괴되었다는 관점에서 재난으로 인식한다. 둘째, 무의도성이다. 재난 중에서 인적재난 아닌 사회재난으로 분류한 근거는 사람이 의식적으로 병을 옮길 만한 의도가 없다는 가정이다. 셋째, 수송수단의 발달과 더불어 경제활동이 확대됨에 따라 감염병의 확산 속도가 빨라졌다. 수송수단 중 비행기는 전염병을 대륙 간 전파가 가능하게 만들었다.

2) 특징

감염병의 병원체가 빠르게 확산하는 특징이 있다. 첫째, 인가가 밀집된 대도시의 형편이 신속한 확산의 원인이 되겠지만 이보다 확산 속도가 빠른 것은 과거보다 신속하고 안전한 수송수단의 증가에서 찾을 수 있다. 정치적, 경제적 및 사회적 등 다양한 목적을 달성하기 위해 증가하고 있는 수송수단이 수 시간 내에 여러 대륙으로 병원체를 운반하는 충분한 가교역할을 하고 있다.

둘째, 신종 병원체의 등장이다. 최근의 감염병원체는 의과학의 통제영역을 벗어난 병원체이다. 예를 들면, 에볼라 바이러스, 마머그 출혈열, 웨스트 나일 바이러스 및 코로나-19와 같은 병원체 등이다. 신종 바이러스의 감염률은 치사율보다 높게 기록되는데 그 이유는 항생제 또는 항바이러스제가 개발되지 못했기 때문이다. 이에 대한 또 다른 원인은 의과학의 발달속도와 병원체의 전이 및 변이 속도 간의 차이에 있다. 신종 바이러스의 발생 원인으로 정용석(2007)은 날씨의 변화로 기후, 강수량 및 습도의 증가가 생태계에 영향을 끼쳐 매개 곤충이 증가하는 결과로 이어졌다고 제시하였다.[78]

셋째, 사람과 동물 사이에 병원체의 변종으로 사람을 해치고 있다. 예를 들면, 돼지, 소, 날 짐승 등의 바이러스가 사람에게 또는 사람이 짐승에게 변이된 병원체를 주고받는 경우가 발생한다. 이러한 현상을 인수공통감염병(Zoonoses)이라고 하는데 이는 다음에서 언급한다.

3) 관리의 중요성

감염병은 시기와 장소를 막론하고 여건이 성숙하면 발생하였다. 특히, 전장에서 감염병의 발생 여건은 더욱 그러하였다. 예를 들면, 1337년 시작한 프랑스와 영국 간 백년전쟁 동안 흑사병으로 전쟁이 중단되기도 하였고 1518년 멕시코에 상륙한 스페인 군대는 8백 명에 불과하였으나 3년 후 도시 인구 30만 명 중 15만 명의 인구가 스페인이 감염시킨 천연두로 목숨을 잃었다.

한국의 역사에서도 전시에 감염병이 발병한 많은 사례가 있다. 고구려와 수나라 간 전쟁 동안 감염병이 수차례 발생하였으며[64] 고려시대 475년간 감염병 발생 횟수는 36회이며 이중 전쟁 기간 중 발병한 횟수는 26회로 전체 72.2%로 전염병의 발생 시기와 전쟁이 발생한 시기가 겹치며 감염병이 발병한 기간은 152년으로 평균 5.8년마다 1회씩 발생하였다고 분석하였다.[14] 임진왜란 시기에는 거북선이 청결하지 못하였고 비좁았으며 밀폐된 내부 공간으로 감염병의 감염률이 높았다고 주장하였다.[21] 특히, 전라좌수군의 전체 병력 6천 2백 명 중 10%인 6백 명이 감염병으로 사망하였다고 제시한 조성도의 연구결과를 인용하여 제시하였다. 해방 이후 감염병으로 사망한 사람 수는 1947년 2,797명, 1949년 3,125명이며 1948년에는 결핵만으로 8,869명에 달한다고 하였다.[62] 6.25사변 동안 1951년과 1952년 사이 민사업무를 담당한 주한민간원조사령부(UNCACK; United Nations Civil Assitance Command in Korea)가 투창 2천 4백만 건, 발진티푸스 2천 3백만 건, 장티푸스 2천 3백만 건의 예방접종을 실시하여 상당한 예방효과를 거둔 것으로 평가하였다. 그렇다고 하더라도 전쟁기간 동안 988명의 미군 병사가 유행성 출혈열에 감여되었다.[122]

전시 기간에 다수의 감염병이 발생한 이유는 전시 상황에서 군인들이 다양한 낯선 환경에 처하게 된다. 낯선 환경 중의 하나는 친숙하지 않은 식수를 음용하는 것이 포함되어 있다. 식수의 음용은 "물갈이" 현상으로부터 설사 등이 발생하고 설사의 발생은 감염병 발생원인이다. 실례로 1991년 미국이 "사막의 폭풍 작전"을 수행할 때 본토에서 이라크로 물을 수송하여 전투병에게 제공하였던 이유는 물갈이 현상을 예방하기 위한 사전 조치로 봐야 한다. 군인의 환경적 요인이 밀집, 밀폐 그리고 밀접이므로 단순한 병이라고 하더라도 공동생활로 쉽게 여러 군인에게 감염될 수 있게 한다. 끝으로 과거 전장에서 사상자에 대한 치료가 원활하지 못하고 효과적인 수송체계 또한 불비하여 감염병이 확산되었다.[117] 따라서 전시에서 사상자에 대한 관리는 체계적인 수송수단 운영과 효과적인 진료가 감염병을 적절하게 관리하는 주요한 수단이다. 그리고 체계적이란 사상자의 발생에서부터 입원까지 최단 시간에 후송함으로 수송과 의료의 시스템간 연계를 의미한다. 효과적이란 진료에서부터 퇴원까지 사상자를 지원하는 모든 물자가 부족하지 않음을 의미한다. 적절함이란 의료인에게 지원되는 물적자원을 낭비하지 않고 사용함으로 업무의 타당성과 신뢰성을 향상시키는 것을 의미한다.

4) 감염병의 구분 및 관리대상

한국의 감염병 예방 및 관리에 관한 법률은 감염병 관리대상으로 4개 군으로 분류하고 이외에 지정감염병, 세계보건기구 감시대상 감염병, 성매개감염병, 인수공통감염병, 생물테러 감염병 및 의료관련 감염병 등으로 분류하였다. 4개 군의 기준은 다음과 같다. 제1군은 생물테러 감염병 또는 치명률이 높거나 집단 발생의 우려가 커서 발생 또는 유행 즉시 신고하여야 하고, 음압격리와 같은 높은 수준의 격리가 필요한 1급 감염병은 에볼라바이러스병, 마버그열, 라싸열 및 두창 등이다. 제2군은 전파가능성을 고려하여 발생 또는 유행 시 24시간 이내에 신고하여야 하고, 격리가 필요한 2급 감염병은 결핵, 수두, 홍역 및 콜레라 등이다. 제3군은 감염병 발생을 지속적으로 감시할 필요가 있어 발생 또는 유행 시 24시간 이내에 신고하여야 하는 제3급 감염병은 파상풍, B형간염, 일본 뇌염 등이다. 끝으로 제1급 감염병부터 제3급 감염병까지의 감염병 외에 유행 여부를 조사하기 위하여 표본감시 활동이 필요한 4급 감염병은 인플루엔자, 매독 및 회충증 등이다. 〈표 4-12〉로 제시하면 다음과 같다.

〈표 4-12〉 감염병의 분류 기준 및 종류

구 분	기 준	종 류
1	즉시신고(음압격리와 같은 높은 수준)	에볼라바이러스병, 마버그열
2	24시간 이내 신고(격리필요)	결핵, 수두, 홍역
3	감시 및 24시간 이내 신고필요	파상풍, B형간염
4	표본감시 활동이 필요	인플루엔자, 매독 등

5) 감염병의 이동 경로

참여정부의 감염병 대처 방식과 박근혜 정부의 메르스 대처 방식이 달라 많은 교훈을 제공하였다. 그 내용은 부실한 초등대처, 보건의료의 인프라 부족도 있었지만 무엇보다도 감염병에 대한 인식 부족 등으로 피해가 있었던 만큼 많은 교훈을 제공하였다.[38] 당시 감염병 확산의 원인은 사람에 의한 감염이었다. 구체적으로 1번 환자(28명), 14번 환자(85명), 15번 환자(6명), 16번 환자(23명) 및 76번 환자(11명) 즉 4명에 의해 147명이 감염되었다.[22] 이렇게 보면 감염병 확산의 주요한 원인은 감염된 사람의 동선이었음을 추측할 수 있다. 박승철(1999)은 감염병의 확산 요인이 수송수단의 발전으로 인적 · 물적 교류가 확대되어 감염병 및 토착병에 대한 노출 위험이 증대되었다고 하였다. 여기서 인적인 경우에는 해외여행자, 취업자, 이주민 등이며, 물적인 경우는 원자재, 동물 및 식물의 반입과 함께 병원체가 포함되어 국외에서 국내로 유입된다고 하였다.[30]

또 다른 하나의 관점은 대형 병원에서 병원체에 감염되는 경우가 발생하였다. 이는 병원이 병을 치료하는 기관으로 역할을 하지만 동시에 병원체를 보유하고 전이하는 기관으로서 역할도 한다는 점이다. 실례로 병원에서 전이된 병원체의 감염으로 전 세계적으로 약 150만 명이 사망하는 것으로 추정한다.[20]

6) 예방의학 관점에서 예방단계

(1) 개요

감염병에 대응하는 단계는 국가별, 단체별 관점에 따라 다르다. 구체적으로 한국과 세계보건기구(WHO; World Health Organization)는 감염병 대응 4단계를 적용하나 군의 예방의학은 예방 3단계를 적용하고 있다. 한국과 WHO는 동일한 단계를 적용하고 있으나 그 내용은 차이가 있다. 먼저 한국은 관심, 주의, 경계 및 심각으로 구분하고 있고 WHO는 대응 4단계로 소강단계, 경계단계, 대유행단계 및 이행단계로 구분하였다. WHO 각 단계별 수행 업무내용과 단계 선언의 권한은 WHO 사무총장에게 있다.[60] 기관별 대응단계를 비교하면 〈표 4-13〉이다. 군에서는 예방의학 관점에서 예방 3단계로 구분하고 있으므로 여기서는 군 예방의학을 중심으로 제시한다.

〈표 4-13〉 기관별 대응단계별 비교

기관	구분	단계
군	3단계	1차, 2차, 3차
한국	4단계	관심, 주의, 경계, 심각
WH0	4단계	소강, 경계, 유행, 이행

(2) 예방단계별 군수지원 사항

① 병원

예방단계별 군수지원 사항에 앞서 먼저 의료에 대한 사항을 언급하는 것이 순서일 듯하다. 한국의 군의관, 간호사와 의무병은 평시 의료 활동에 전력을 다하고 있다. 의료진이 훈련에 참여하고 있으나 전장 터와 비교할 수 없는 안정적 상태이다. 전장 터에서 군 의료진의 활동은 전쟁 형태에 따른 환자, 발병의 원인에 따른 환자, 병의 유형에 따른 환자 등 다양한 형태의 환자를 동시에 다루어야 한다. 한국의 병원은 전투로 발생하는 중증외상환자 치료 가능한 병원 및 병상확보, 일정량의 혈액 재고량을 파악하여야 한다. 혈액 제제별 유효기간이 다르므로 제제별 유효기간에 따른 혈액 재고량을 확인하고 필요량을 확보하는 소요를 파악하는 것이 선행되어야 한다. 특히, 전시 초기 대량 피해가 예상되는 상황에서 일일소요량이 증가하여 혈액 보충 및 보급의 필요성이 증대할 것으로 예상한다. 대한적십자 혈액관리본부에서 혈액수급에 대한 정책은 최근 3년 평균 0일분을 보유한다. 계획은 외국 전쟁의 사례를 바탕으로 갱신되어야 하고 동원훈련에도 포함되어야 함을 잊지 말아야 한다. 혈액 제제별 유효기간은 적혈구 농축액이 35일, 혈장 냉동보관은 1년, 혈소판은 5일이다. 따라서 일자별 소요량 판단은 전투 인원의 생존에 필수적이다. 혈액에 관심을 가진 이유는 시효성 물자이므로 관리자의 지속적인 관심이 필요하고 대량조달의 어려움이 있기 때문이다. 혈액은 시효성 물자로써 한 가지 예를 들었을 뿐이다.

② 예방단계

예방단계별 군수지원 사항을 도출하기 위해 이해관계자는 직접이해관계자와 간접이해관계자로 구분한다. 직접이해관계자는 감염병에 감염되었을 때 직접 치료를 하거나 도와주는 관계자로 한정한다. 따라서 의사, 간호사와 위생병이 포함된다. 그리고 간접이해관계자는 직접 치료 활동을 수행하는 인력을 지원해주는 의정병과의 부사관, 군수관리자 그리고 의료연구원 등이 해당한다. 여기서는 군수지원사항을 도출하기 위해 군의 의료자원시스템을 살펴본다.

먼저 군의 특성은 집단생활을 하므로 소수의 병력에 병원체가 전염된다고 할지라도 짧은 시간 내에 다수의 병력으로 전파될 가능성이 있다. 군수학에서 감염병을 공부해야 하는 목적 중 하나는 의료이해관계자가 의료행위를 하는데 물적자원의 보급 적시성과 효과성을 달성하기 위한 것이다. 다른 하나는 관련된 물적자원을 관리하여야 할 책임이 군수관리자 즉 군수참모에게 있다. 장비는 의료장비로 진단장비와 치료장비 등을 의미하고 물자 및 재료는 진단용 시약, 치료 약품, 의약품 및 관련 도구 등을 의미한다. 한국 군의 현실을 보면 의료장비와 의약품의 소요제기는 의료인에게 일임하고 있다. 현재 군수관리는 기능화 군수지원체제를 중심으로 수행하고 있으나 의료장비 및 물자 관리 상황은 병과별 지원체제라고 할 수 있다. 따라서 진료는 의정병과에서 의료자재의 지원은 군수병과에서 담당할 필요가 있다.

예방의학에서 예방단계는 3차례로 1차는 발생 전 활동, 2차는 발병 후 진행 끝으로 3차는 재활 및 기능회복이다. 먼저, 1차 예방단계로 의료이해관계자는 병이 발생하기 전 활동이다. 발생 전 활동은 감염병 발생추세를 분석하고 예측하여 감염병을 차단하는 것이 목적이다. 감염병 차단에서 군수지원사항은 치료장비, 진단장비, 진단시약 지원 및 시설을 제공하여야 한다. 만약 정부가 감염병 관련 물자를 제공할 수 없으면 국외에서 조달 후 보급하고 보급 후 백신을 개발할 수 있도록 기업과 연구기관에 연구 장비 및 시설을 지원하는 것이다. 감염병 예방 물자의 국외도입이 경제적으로 우선한다고 하더라도 일시적 만족에 앞서 정부는 감염병 물자의 개발 관련 기술을 축적하여 외국으로 수출하는 전략을 취하여야 한다. 이러한 정책의 결과는 해당 분야가 기술종속에서 출발한 후 기술주도국가로 전환하는 전략이다. 비단 의약품만을 언급하는 것은 아니다.

2차 예방단계에서 발병 후 활동 중점은 역학조사를 통한 원인을 규명하고 감염차단에 주력해야 한다. 의료인은 발견 즉시 지역 관할 보건소에 통보하고 보건소는 질병관리청으로 보고하여 국가적 차원에서 대응책을 수립할 수 있는 시간을 확보해야 한다. 군에서 치료할 수 없는 경우에는 민간병원으로 위탁치료를 한다. 위탁치료의 결정은 의료종합상황실에서 위탁치료 심사 결과를 바탕으로 수행한다. 사실상 군 병원과 민간병원의 차별하여 관리하는 것은 불필요하다. 이와 관련하여 논의하는 것은 다른 차원이므로 논의에서 제외한다. 끝으로 3차 예방은 재활 및 기능회복으로 의료 이해관계자가 호전되면 퇴원을 결정하고 재발 여부를 확인한다. 이를 종합하여 〈표 4-14〉로 정리한다.

〈표 4-14〉 예방 단계 활동

예방	의료 관계자	활 동	군수지원사항
1차	• 발병 전	• 감염병 발생정보, 추세분석 • 백신개발 및 국외도입	• 장비, 물자 및 재료지원 - 진단장비, 치료장비 - 장비 및 치료제 개발
2차	• 발병 후 치료	• 역학조사로 원인규명 • 감염전파차단노력 • 신고 : 최기보건소 → 질병관리본부	• 물자 및 재료지원 - 치료물자
		• 위탁치료 : 군 → 민간병원	• 위탁치료 심사 - 의료종합상황실
3차	• 재활 및 회복	• 호전 시 퇴원	-

5. 인수공통감염병[89,70,65,15]

1) 개요

인수공통감염병의 영어 표현은 Zoonoses로 동물 질병을 의미한다. Zoonoses의 어원은 그리스어로 Anthropozoonosis이다. 이 단어는 인류를 의미하는 Anthropos와 동물을 의미하는 Zoo 그리고 질병을 의미하는 Nosis가 합성되었다. 단어의 뜻은 "인간과 짐승이 함께 감염하는 병"이다. 즉 사람과 짐승이 서로에게 병원체의 숙주가 되어 감염을 시킨다는 것을 의미한다. 사람과 동물 간 병원체의 전이로 발병되는 현상은 의학적 및 생물학적 관심의 대상이 됨을 넘어서 사회문화적 현상으로 확산하여 재난 차원에서 국가가 관리하여야 하는 상황에 이르렀다. 2015년 한국은 인수공통감염병으로 낙타 바이러스인 메르스(MERS; Middle East Respiratory Syndrome)를 경험하였다.

WHO는 최근 20년간 발병한 신종 감염병의 60%가 인수공통감염병이라고 하는 것처럼 애완용인 개, 고양이와 소 등으로 발생했던 사고가 심심치 않게 보고 된다. 짐승이 사람에게 직접유해를 가하는 경우도 있지만 병원체를 사람에게 옮기는 사례도 적지 않다. 이와는 반대로 사람이 짐승에게 병원체를 옮기는 사례도 있다.

2) 분류

인수공통감염병은 병원체에 의한 분류, 주요 보균자에 의한 분류, 주요전파방식에 의한 분류, 끝으로 동물역학 국제사무소(OIE; Office Interational Des Epizooties) 등의 분류가 있다.[70,52] 병원체에 의한 분류는 바이러스, 클라미디아(Chlamydia), 리케차(rickettsia), 세균, 진균, 원충, 체내·외 기생충 등으로 세분한다.

보균자 또는 전파 방향에 의한 분류는 인수질환, 수인질환, 공통질환으로 세분한다. 먼저, 인수질환 즉 사람-짐승질환(Zooanthroponsis)은 사람이 짐승에게 병원체를 옮기는 질환으로 사람의 결핵이 소에게 전염되는 우형결핵이 있다. 우형결핵은 한국에서 매년 발병률이 보고되고 있다. 수인질환 즉 짐승-사람 질환(Antropozoonosis)으로 짐승이 사람에게 병원체를 옮기는 질환으로 광견병, 브루셀라균(Brucellosis) 및 탄저 등이 해당한다. 브루셀라균은 한국에서도 감염된 것으로 판정되어 수백 마리의 소가 살처분된 사례가 있다. 끝으로 공통질환(Amphizenosis)은 사람과 짐승 사이에서 서로에게 숙주 역할로 병원체를 옮기는 질환으로 대장균, 살모넬라증 및 포도알균 감염증 등이다.

주요전파방식에 의한 분류는 직접인수공통인수질환, 순환인수공통질환, 교환인수공통질환 및 부생인수공통질환으로 세분한다. 직접인수공통질환은 병원체가 매개체 없이 병원소에서 직접 새로운 숙주에게 전파되며 사례는 광견병 및 살모넬라증 등이 해당한다. 순환인수공통질환은 병원체의 완전한 성숙을 위해 2종 이상의 동물이나 사람을 거치는 경우로 무구조충증, 포충증 등이 해당한다. 교환인수공통질환은 병원체의 완전한 성숙을 위해 척추 및 무척추동물에게 모두 필요한 경우로 홍반열 및 페스트(plague) 등이 있다. 끝으로 부생인수공통질환은 병원체의 완전성숙과 전파를 위해 무생물이 필요한 경우로 간질증 및 파상풍 등이 있다.

끝으로 동물역학 국제사무소에 의한 분류는 목록 A(Code A), 목록 B(Code B) 및 목록 C(Code C)로 구분하고 구분 기준은 위중의 정도, 확산의 범위, 경제적 영향의 정도에 따라 A, B 및 C로 구분하였다. A 범주에 해당하는 질환은 수포성 구내염 및 뉴캐슬병이며, B는 포낭충증, 탄저병 및 선모충증 끝으로 C는 흑족병, 리스테리아증 등이 있다. 상기 내용을 〈표 4-15〉와 같이 정리할 수 있다.

〈표 4-15〉 인수공통감염병 분류

병원체	보균자	전파방식	예	OIE
바이러스, 세균, 원균 등	인수질환 수인질환 공통질환	직접인수공통인수질환 순환인수공통질환 교환인수공통질환 부생인수공통질환	광견병 등 포충증 증 홍반열 등 간질증 등	목록 A 목록 B 목록 C

3) 발생 원인, 관리의 중요성 및 예방책

(1) 발생 원인

사람 감염병의 60%가 인수공통전염병이 차지하고 신종 감염병의 75% 정도가 인수공통병이 주요한 원인이라고 한다.[15] 인수공통전염병 발생의 원인은 환경, 사람과 병원균에서 찾을 수 있다. 먼저 환경요인은 기후, 날씨 변화, 산업화에 따른 생태계의 변화, 교통의 발달, 밀림의 개발 및 도시 집중화 등이다.[67] 사람에 의한 요인은 인구의 수명연장으로 노령화와 이에 따른 면역력 약화, 수송수단의 발달로 국외 여행의 증가, 항생제의 남용 등을 들 수 있다. 끝으로 병원균에 의한 요인은 야생동물에 의한 병원균의 증가이다.

동물 간 종을 넘는 인수공통전염병은 사람과 짐승 사이에 상호 전염되는 질환이므로 사람이 예방 활동을 한다고 하더라도 유병관리에는 어려움이 발생한다. 인수공통전염병의 확산은 사람의 먹을거리뿐 아니라 일상생활의 변화를 초래한다. 예를 들면, 2019년 발생한 코비드-19로 전 세계 여행 산업이 위축되었을 뿐만 아니라 수 · 출입 자체가 영향을 받아 세계 경제에 부(-)의 영향을 미치는 것을 목도하였다.

(2) 관리의 중요성 및 예방책

정부는 인수공통전염병을 재난관리 차원에서 국가별, 국가간 및 부처별, 부처간 그리고 자체적 관리가 필요하다. 먼저, 국가 간 정보는 국제적으로 상호 교류해야 한다. 특정 인수공통전염병이 자주 발생하는 국가에 대해 국가별 연구 협력 지원체계를 구축하고 연구결과, 발생추세 및 감염경로 등의 정보를 공유할 필요가 있다. 동시에 국가별로 감염경로 차단 계획이 수립되어야 한다. 이를 위해 국가 차원에서 다양한 정부 부처별 협력적 대응체계가 구축되어 관련 사항에 대한 정보를 공유하여야 한다. 특히, 담당 부서는 원천적으로 인수공통전염병이 발생하는 것을 차단하기 위한 대책을 수립 및 백신 개발에 주력하여야 한다.

둘째, 대량 가축 사육자 및 애완용 동물 사육자에게 정기적인 교육을 의무적으로 부과하여야 한다. 교육은 사육자와 관련된 주변인을 위해 필요하지만 무엇보다 사육자 당사자를 위한 교육이어야 한다. 사육 당사자를 위한 실천적인 교육이어야 실효성이 있기 때문이다. 동물 사육은 일정한 유자격자로부터 교육 이수 후 동물을 사육하도록 한다. 특히, 공동주택과 주민 밀집 지역의 경우는 사육을 양성화하되 교육수강 및 인수공통병에 대한 사전 예방조치를 강화하는 것이 필요하다. 교육은 사육하는 동물의 종류, 사육 규모, 사육 기간에 따라 차별을 두고 이론교육과 실천적인 위주의 교육 진행하여야 한다. 동시에 교육은 정기적, 반복적으로 체계적이어야 한다. 초보적인 애완용 동물 사육자는 기본적, 반복적으로 행동 위주의 사항을 중심으로 교육하고 전문적인 사육자에게는 전문적, 이론적, 관리적인 교육 등으로 내용을 차별화하여 진행한다.

제Ⅴ절 산업재해, 안전관리

1. 개요

재난의 특성 중 파급성과 복합성이 산업사회에서 발생하는 재난을 어느 하나의 재난으로 규정하기 어렵게 한다. 산업사회에서 발생한 산업재해가 사회재난으로 인식하기 위해 어의적 관계를 설정할 필요성이 제기된다. 필요성의 정립은 상·하위 개념을 바탕으로 학문적 체계화를 시도할 수 있다는 의미이다. 학문적 체계화의 시도는 구성개념을 바탕으로 이론의 체계화 즉, 지식체계를 의미한다. 구성개념을 파악하여 지식체계를 정립하였다는 것은 현상에 대한 문제를 정확하게 인식하고 해결할 수 있는 방법론을 제시할 수 있다는 것이다. 방법론의 제시는 이론적 체계화 또는 일반화를 바탕으로 현상을 규명하고 대안을 제시하며 대안을 제시하기 위해 가설, 이론, 원칙 및 법칙을 설정하는 과정을 거쳤다는 의미이다. 따라서 문제에 대한 탐구 과정을 거친 학문적 체계화는 지식체계 또는 일반화라는 용어로 설명할 수 있을 것이다.

학자는 현상을 일반화하여 설명하여야 한다. 일반화를 바탕으로 산업에 종사하는 사람에게 안전한 행동을 안내하여 산업재해 발생빈도를 감소시킬 수 있다. 대안을 제시하는 행위는 학자로서 학문에 대한 호기심에 바탕을 둔 통찰력과 윤리적 의무감으로 수행하여야 할 사항이다. 본서가 사회재난의 관점에서 산업재해를 제시하는 것은 거시적 관점에서 재해의 발생빈도를 감소시키는데 목적이 있다.

산업재해와 사회재난은 산업과 재해, 산업과 사회 그리고 재해와 재난으로 구분할 수 있다. 산업은 사회의 일부분인 하위 개념이므로 사회는 다양한 산업의 총합으로 규정할 수 있다. 그러므로 산업재해는 사회재난의 하위 개념으로 설정하더라도 무리는 아니다. 산업재해는 재난관리차원에서 언급할 수 있으며 재해의 예방책은 안전이므로 그 궤를 달리하지만 산업재해에서 안전을 기술하는 목적은 산업재해의 발생원인, 실태를 인지하고 예방하려는 원리로써 산업재해와 안전사고를 함께 기술한다.

2. 개념 : 산업재해 및 안전사고

산업재해는 산업과 재해의 두 단어로 구성된 복합어이다. 산업은 대체할 수 있는 동일한 제품류를 생산과 용역 활동을 창출하는 조직 단위의 집합이다. 직접적인 제품을 생산하지 않고 용역을 창출한다고 할지라도 하나의 산업이 된다. 용역은 광의의 의미에서 생산 활동으로 포함한다. 따라서 산업재해란 산업으로부터 재화나 용역을 창출 하는 전 과정에서 발생하는 사건, 사고로 피해를 입은 상태이다.

1) 산업재해

재해에 대한 영어의 표기는 industry accident[29,9] industrial disaster[111] 또는 industrial accident[120] 등이다. 영어 단어 accident와 disaster의 사용문제이다. 재해와 재난에서 재는 공통이므로 해와 난의 차이를 다음이 같이 인식한다. 재(災)는 물(水)과 불(火)에 바탕을 두고 있다. 재해와 재난은 물(水)과 불(火)에 바탕을 두고 발생한 유사한 범주에 있는 용어로 정리한다. 알고 보면 어떤 산업이든 원동력은 물과 불이다. 물과 불이 사용과정에서 정도를 벗어나면 재해와 재난의 원인이 된다. 난(難)은 어렵다. 근심스럽다를 의미한다. 즉 물과 불에 의한 근심이다. 해(害)는 해로움으로 의미하고 이롭지 못하다이다. 즉 물과 불에 따른 해로움을 의미한다. 영어 accident와 disaster는 예상치 못한 사고와 우주의 질서에서 벗어남을 의미하는 단어로 재해에는 accident가 재난에는 disaster를 사용하였다.

국제노동기구(ILO; International Labor Organization)와 미국의 표준연구소(Unite State of America Standards Institute, 1963)가 accident라는 용어를 사용하고 있으므로 혼란을 방지하기 위해 accident를 사용한다. accident는 재해의 의미로 비의도적, 비계획적으로 발생한 사건을 의미한다는 것에 부분적으로 동의한다.[112] 계속해서 ILO(International Labor Organization)의 정의를 제시한 이진목(1987)은 accident를 작업자가 어떤 작업 대상물에 접촉하였을 경우 작업환경 및 여건 등으로 당하는 상해라고 하였다.[66] 그리고 비교적 최근인 1992년에 개정한 UN의 재해에 대한 정의는 위험한 물질과 관련된 그 어떤 활동의 과정에서 통제할 수 없어 발생하는 결과로부터의 사건이라고 하였다.[120] 위험한 물질은 생산 과정을 넘어 취급으로 구체적인 행위는 제조, 사용, 저장, 취급, 수송 및 처리를 포함한다.

2) 안전사고

재해와 안전은 상반된 개념이다. 환경이 악화하면 안전이 약화 되고 안전이 약화되면 재난이 발생하는 것을 예견할 수 있다. 사람은 이성적이고 예지력이 있어 자신의 안전을 보장하기 위해 법과 규정 등으로 제한하고 있으나 영리추구 등과 같은 사사로운 욕심에 사로잡혀 순간적으로 안전을 망각한다. 망각하는 동안 재해와 재난이 발생할 수 있다는 사실을 기억해야 한다. 그러므로 사람은 언제나 깨어 근신하고 조금은 불편하고 몸에 잘 맞지 않아 부자연스럽더라도 절차, 규정 및 법을 준수하는 일이 생활의 기본이 되어야 한다. 자크(Jacques, 1995)는 절차, 규정 및 법규를 지키는 일은 안전을 위한 기본적인 일이라고 하였다.[114] 안전을 강화하는 노력은 산업재해를 감소시키기 위한 노력과 동일한 것이다. 예를 들어 교통사고를 감소시키기 위한 노력은 절차, 규정 및 법을 엄수하는 것과 동일한 이치이다.

3. 시대별 발생 추이

1) 1960년대 : 산업재해 인식기

1960년 보건복지부의 전신인 보사부의 자료에 따르면 175명이 재해사고로 사망하였으며 산업별 재해발생 비율은 광업, 제조업 그리고 운수통신업 순이다. 1960년대는 한국의 주요한 산업이 광업임을 유추할 수 있다.

2) 1970~1980년대 : 산업재해 암흑기

1970~80년대 국가 산업정책이 중공업 위주의 정책으로 변경됨에 따라 산업재해의 순위도 광업에서 제조업과 건설업으로 변모하였다. 중동 건설의 붐(boom) 조성으로 국외 근로자의 산업재해가 발생한 시기가 이때이다.

3차 경제개발 시기인 1973년부터 1978년까지의 경제 특징은 두 가지이다. 하나는 외국의 자금을 빌려 경제를 건설하는 차관 경제시기였으며 관치금융을 시행하였던 시기였다. 차관경제를 바탕으로 1973년 정부가 중화학 공업 선언으로 조선, 철강, 비철금속, 기계, 화학 및 전자 6개 업종을 중심으로 한 기업을 육성발전 시키고자 하는 목표를 수립하였다. 나머지 하나는 정부와 기업의 유착으로 정부가 노동자를 억압하는 행위를 묵인하는 것과는 반대로 체계적인 노동 운동을 전개하는 시기였다. 정부는 국가보위법, 유신헌법 등을 제정하여 노동 운동을 지속적으로 억압하였다. 억압의 결과는 제조업의 경우 연천인율이 1974년 43.92에서 1978년 47.00으로 증가하였다.

'70-'80년대는 경제 고도성장과 정치적 혼란으로 요약된다. '70년대 말부터 노동자의 권리 주장과 기업가의 욕심이 충돌하여 노동시장은 혼란스러웠다. 구체적으로 1979년에서 1980년까지의 정치적 혼란은 GNP 성장률이 6.4%에서 −6.2%로 역성장하였다. 이와 함께 1981년부터 1983년까지 전 산업의 재해도수율, 재해강도율 및 연천인율은 모두 상승하는 결과를 빚었다. 정치적 혼란과 노동자의 권리 주장은 지속적으로 발생하였다. 특히, 1981년에는 노동청을 노동부로 승격하였는데도 노동과 관련된 산업재해율은 좀처럼 낮아지지 않았다. 그 원인 중 하나는 정치적으로 노동 운동을 억압하고 친기업적인 노동정책을 지지한 것으로 여긴다. 이로써 1970년대의 노동 운동의 암흑기를 거쳐 1980년대의 신 암흑기를 거쳐야 했다.

3) 1990년대 : 1차 이주 노동자

'88올림픽 이후 국제무대에서 한국의 위상이 높아짐으로 외국인 이주노동자가 증가하였다. 이주노동자의 증가에 따라 한국정부는 고용허가제를 실시하여 이주노동자의 수를 감소시켰다. 그러나 불법 이주노동자의 수가 증가하여 1991년의 사망자는 2,299명에 달하였다. 세부적으로 건설업 801명, 제조업 614명, 광업 359명, 운수 통신 320명 끝으로 기타 205명이다.

4) 2000년대 : 2차 이주 노동자

(1) 실태

2차 이주 노동자의 산업재해는 2000년 전 · 후를 중심으로 발생하기 시작하였다. 2001년 사망자 수는 2,748명이며 제조업 911명, 건설업 659명, 광업 436명, 운수통신업 263명 끝으로 기타 679명이다. 2010년 총 사망자는 2,200명으로 업무상 사고 사망자는 1,383명이며 업무상 질병 사망자는 817명이다.

재해 발생에서 사망이 가장 심각한 수준이라는 마셜(Marshall)의 말을 인용하지 않더라도 재해 발생은 주의 깊게 원인을 살펴봐야 한다.[94] 사람이 세상에서 제일 중요하기 때문이다. 재해사망자 숫자를 바탕으로 한국의 산업재해에 대한 시대별 구분은 〈표 4-16〉과 같다.

〈표 4-16〉 산업재해 시대별 구분

구 분	1960년대	1970년대	1980년대	1990년	2000년
명 칭	인식기	암흑기	신암흑기	1차 이주노동자	2차 이주노동자

1960년부터 10년 주기로 피해유발 업종별 현황 자료를 이용하여 사망자를 중심으로 수행한 분석은 〈표 4-17〉과 같다.

〈표 4-17〉 사망자 기준의 재해 현황

단위, ( ) : 명

구 분	1960[1]	1970[2]	1980[4]	1991[3]	2001[3]	2010[3]	2016[4]
계	175	639	1,273	2,094(2,299)	2,748	1,737(2,200)	1,465
1위	광업 (52)	-	-	건설업 (801)	제조업 (711)	전설업 (611)	전설업 (554)
2위	제조업 (38)	-	-	제조업 (614)	건설업 (659)	제조업 (618)	제조업 (408)
3위	운수통신 (29)	-	-	광업 (359)	광업 (436)	광업 (386)	광업 (364)
4위	농업 (22)	-	-	운수통신 (320)	운수통신 (263)	운수통신 (122)	운수통신 (129)
기타	34			205	679	463	10

* 참고사항 및 자료원 : 총사망자에서 부족한 인원은 타 업종에서 발생한 사망자를 의미.
1. 보사부(1962) "한국의 산업별 재해 발생상황 -1960년 보사부 노동실태조사 성적-", 한국의 산업의학 제1권 1호 p. 11., 2. 백호곤(1978) "우리나라 산업재해의 고찰", 경상논총, 제20권.[37], 3. 고용노동부 2010년 산업재해현황분석-산업재해보상보험에 의한 업무상 재해를 중심으로-, 4. 고용노동부, 산업예방정책과(2017), 2016 산업재해현황분석, 인쇄 중문기획.

상기 〈표 4-17〉의 통계자료는 산업재해 순위가 초창기 광업에서 건설업으로 변동하였다. 변동의 원인은 국가 산업정책의 변경이 산업재해의 발생 추이와 관련성이 있다는 것을 의미한다. 따라서 향후 추진사항으로 국가 산업정책과 안전관리정책을 동시에 추진해야 하고 국가산업정책을 추진할 때 사전안전관리 활동의 강화가 필요함을 의미한다.

건설업, 제조업, 광업 및 운수 통신이 한국의 재해 발생 사망자 4개 업종이라는 의미이다. 4개 업종이 50년 이상 사망자의 순위가 변화하지 않는 현상을 개선하기 위한 노력이 정부, 기업과 개인 차원에서 이루어져 왔다. 그럼에도 사망 사고의 업종이 변화하지도 않으며 감소하지도 않고 있다는 것은 산업재해에 대한 관심이 적고 노력이 부족해서가 아니라 통계 집계 방식의 기준을 변경하는 것에 기인할 수 있다. 따라서 근본적인 문제해결 접근방식이 달라져야 한다고 여긴다. 접근방법을 논의하기 전 산업재해가 발생하는 원인을 바탕으로 현실을 규명하고 발생 규모를 측정하며 예방의 필요성을 설명하고 이론적으로 발생이론을 정리하는 것이 필요하다.

(2) 발생 요인

산업재해가 발생하는 수 만큼 원인이 있을 것이다. 원인을 규명하려는 목적이 학문적 호기심에 앞서 차후 재해 발생을 예방하는데 있어야 한다. 목적달성을 위해 산업재해 발생 원인을 시대별 추이를 살펴보는 것도 의의가 있다. 1923년에 개최된 ILO의 노동통계회의에서 재해가 발생하는 원인은 기계, 교통, 폭발(화재), 독극물, 전기, 벼락, 충돌, 낙하물, 전도 및 동물 등으로 제시하였다.[76] 송기철(1967)은 산업재해의 발생 원인을 물적요인과 인적요인으로 구분하였다. 물적요인은 시설물, 공구, 재료, 작업자의 부정돈, 복장이며 인적요인은 생리적, 심리적 및 관리자 요인을 제시하였다.[43] 구자일(1988)은 급속한 경제성장으로 한국의 산업재해 발생률이 선진국보다 10배에 이른다고 전제한 뒤 인적요인과 환경적 요인으로 구분하였다.[2] 인적요인은 심리적, 생리적 및 교육적 요인으로 구분하였다. 환경적 요인은 작업환경 불량, 작업조건의 부적당, 안전대책 경시 등을 제시하였다. 윤병준(1989)은 인적요인과 관리적 요인으로 구분하고 인적요인은 안전지식 미숙, 부주의, 감독불충분 및 시설하자 등이며 관리적 요인은 기술적, 교육적 및 작업 관리상 요인이다.[54] 이근희(1994)는 산업재해를 산업 활동 과정에서 물적 결핍으로 불안정상태와 인적요인의 불안전한 행위로 규정하고 관리적, 교육적, 사회적 및 역사적 요인으로 구분하였다.[55] 대한산업보건협회(2002)는 2001년 산업재해 현황에서 산업재해 발생 요인은 협착, 전도, 추락, 충돌 및 낙하비래 등 재래형 반복재해가 전체 재해의 71.64%라고 제시하였다. 5년이 지난 2006년의 산업재해 현황 역시 앞서 제시한 5가지 요인이 전체 재해의 78%를 차지하고 있다.[23,24] 문성현(2004)은 일반적 요인과 개별적 요인으로 구분하고 개별적 요인은 다시 개인적, 관리적 및 환경적 요인으로 구분하였다. 개인적 요인은 사업장 분위기, 작업에 대한 책임과 의무 등이고 관리적 요인은 직업병 조사, 건강진단의 만족도 등이며 끝으로 환경적 요인은 공기오염도, 소음 위험물 노출 상태 등으로 제시하였다.[26] 김성대(2010)가 제시한 현황분석에서도 5가지 요인은 변동이 없었으나 비율은 61.97%로 낮아진 추세였다. 그는 이러한 현상을 후진국형 산업재해로 평가하였다. 5가지 요인 중 협착, 전도 및 추락이 전체 재해의 52.87%를 차지하고 있어 이를 3대 다발재해라고 요약하였다.[12,97] 끝으로 박혜림(2014) 등은 외국인 근로자를 대상으로 한 현황 연구에서 산업재해 중 사망 사고가 빈번하게 발생하는 업종은 제조업과 건설업이라고 하였으며 사고 발생의 주요한 원인은 불완전한 의사소통이라고 하였다.[36] 이상의 연구자들이 제시한 요인에 대한 내용을 시대별로 〈표 4-18〉에서 요약하였다.

〈표 4-18〉 시대별, 연구자별 산업재해 발생요인

연구자(연도)	구분기준
ILO	기계, 교통, 폭발(화재), 독극물, 전기, 벼락, 충돌 낙하물, 전도 및 동물
송기철(1967)	물적 요인. 인적 요인
구자일(1988)	인적 요인, 환경적 요인
윤병준(1984)	인적 요인, 관리적 요인
이근희(1994)	결핍 : 물적요인, 인적요인
대한산업보건협회(2002)	재래형 재해 : 협착, 전도, 추락, 충돌, 낙하비래
문성현(2004)	일반적 요인, 개별적 요인
김성대(2010)	협착, 전도, 추락
박혜림(2014)	불완전한 의사소통

이상 연구자의 내용을 볼 때 산업재해의 발생 요인은 인적요인, 관리적 요인 및 환경적 요인 3가지이다. 먼저, 관리적 요인은 조직의 의사결정자가 관심을 가져야 할 사항이다. 산업의 기본구성단위는 기업이므로 기업은 최고 경영자를 중심으로 소단위의 부서로 구성되어 있다. 각각의 조직 단위의 최고 의사결정자가 인적요인과 환경요인을 관리적 차원에서 교육과 점검으로 산업재해 예방을 위한 안전관리에 관심을 가져야 한다.

(3) 발생 규모와 예방의 필요성

산업재해가 발생하는 규모의 심각성을 제시하기 위해 전쟁 중 발생했던 상해 건수와 비교하면 다음과 같다.[83] 2차 대전 시기인 1939년부터 1944년까지 영국의 매월 산업재해 발생은 22,002건이다. 2만여 건은 전쟁 중 부상을 당한 8,126건보다 2.7배가 많다. 미국 역시 같은 기간 동안 전쟁으로 상해를 입은 건수가 22,088인 것에 비교해 산업재해는 160,747건으로 약 7배를 능가하는 값이다. 이 수치는 산업재해가 전쟁보다 적은 공포심으로 다가와 사람이 인식하지 못하고 있을 뿐이다. 익숙한 상황에 발생하는 재해는 학습된 무관심의 결과로 볼 수 있다. 특히, 1985년은 산업재해로 유출되는 비용이 매일 25억 4천 만원의 경제적 손실이 발생은 실천력이 없는 사회가 치러야 할 대가를 금액으로 제시하고 있다. 심리적 관점에서 거론하면 비용도 비용이지만 미시적으로 가족의 구성원 중 한 사람이 산업재해로 입은 피해를 생각하면 비용으로 환산할 수 없을 정도의 잔상효과에 시달린다.

구체적으로 어떤 회사의 직원이자 가정의 가장이 산업재해를 당하였다고 가정하자. 희생자를 둘러싸고 있는 영향을 받는 집단은 공동사회와 이익사회로 구분할 수 있다. 먼저, 공동사회 중에서도 가장 기초가 되는 집단이 가정이다. 가정 구성원 중 한 사람인 가장의 희생은 가족 구성원 모두에게 충격과 혼란을 끼친다. 충격과 혼란의 파장은 상당한 기간 어쩌면 평생 동안 계속되어 잔상증후군으로 남아 아픔을 경험할 뿐 아니라 경제적 어려움을 동반한다. 가정의 어려움은 사회 전체적인 관점에서 부정적인 영향을 끼친 것으로 파악된다.

둘째, 여러 사회집단, 친구집단 등을 포함한 이익사회에서 혼란이 발생한다. 이익사회의 관점에서 한 사람이 산업재해를 입은 경우 영향을 받는 기관은 경찰청, 소방청, 노동부, 의료기관 등이다. 먼저 회사의 인사부서는 3~4명으로 구성된 사고수습대책반을 비상설기구로 편성할 것이다. 대외기관인 정부의 노동부, 사법기관(경찰, 검찰 등), 의료관련기관(병원, 상해보험회사, 의료보험 등) 끝으로 공익기관으로 업무를 수행하는 방송사 등이다. 상기 현상에 대해 문웅(2009)은 산업재해로 가정의 경제적 변화와 가족 구성원의 심리적 변화가 발생하였다고 제시하였다.[27] 한 가정의 가장이 희생된 경우라면 가족 구성원의 심리적 변화만이 아니라 사회에서 발생하는 인적비용과 기회비용의 파장을 〈그림 4-12〉로 제시하였다.

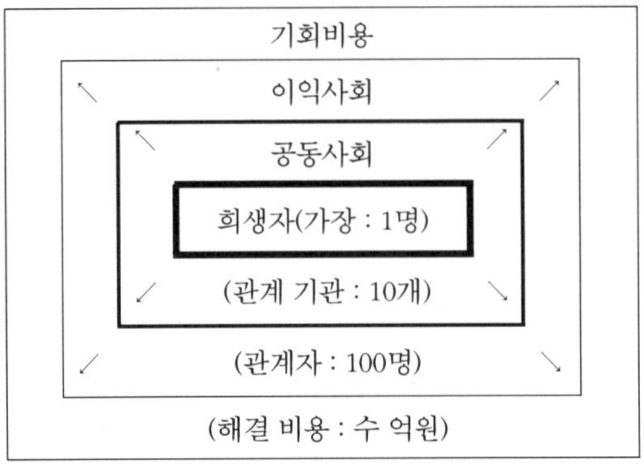

〈그림 4-12〉 산업재해로 희생을 입은 사회적 파장

가장 한 사람의 희생은 가족 구성원과 친인척을 포함한 사법기관, 의료기관, 방송사 등 적어도 수 개의 기관과 수 십 명의 사람이 협력적으로 수행하여야 할 업무를 요구한다. 따라서 "1인의 재해는 적어도 10여 개의 기관과 100여 명의 관련자와 수 억원의 사회적 비용이 발생한다"는 숫자로 표현될 수 있다. 재해 이후 직접적인 보상비용 및 다양한 기회비용 즉 새로운 신입직원을 채용하기 위한 시간과 비용 그리고 숙련공으로 양성하기 위한 시간과 비용 등의 직·간접적인 비용을 고려한다면 적어도 재해 발생 1건은 100여 명의 노력과 1,000명의 또 다른 희생을 요구한다. 따라서 재해관리는 소 잃고 외양간을 고치는 비용을 사전에 투자하여 예측시스템을 구축하는 것이 이성적인 사람이 해야 할 일이다. 이성적인 정책입안자가 해야 할 일로써 최상책은 예방이다. 예방은 교육, 훈련 및 점검으로 완성된다. 교육은 의식 수준에 영향을 주고 훈련과 점검은 실천수준의 요인으로 산업 안전에 영향을 미친다.

4) 발생이론

(1) 기존이론

산업재해는 재해 발생 자체가 기본적으로 사람과 재산의 희생을 바탕으로 한다. 만약 사람의 희생이 발생하지 않는다면 사회적으로 국가적으로 관심이 적으나 세상의 주인인 사람이 희생되고 재산이 상실되면 관심이 증가한다. 사고의 이면에는 문제가 있으며 문제를 체계적으로 접근하지 않는 한 문제는 계속해서 반복하여 발생한다.

계속해서 발생하는 산업재해에 대한 이론적 접근으로 이승한(1984)은 인간요인설,

위험요인설, 연속원인설, 시스템이론을 소개하고 있다.[57] 먼저 인간요인설은 사람이 가지는 지각능력의 한계, 사람의 행위와 의사결정 능력의 제한성 및 개인적인 특성으로 재해가 발생하는 것으로 인식하였다. 위험요인설은 사람이 작업하는 환경에서 재해가 발생할 수 있다는 전제를 두고 작업환경에서 위험요인을 제거하는 것이 필요하다는 학설이다. 계속해서 연속원인설에서 재해는 일련의 사건 결과로 재해가 발생한다는 학설이다. 다음은 시스템이론으로 많은 재해이론을 통합하여 시스템의 부작용으로 재해가 발생한다고 보는 견해이다. 끝으로 하인리히(Heinrich, 1950)가 제시한 하나의 사고는 또 다른 사고의 시발점이 된다는 관점에서 도미노 이론이다.[112] 하인리히의 도미노이론에 대해 오태근 등은 사고연쇄반응 이론으로 소개하고 있다.

오태근(2019) 등은 사고연쇄반응이론, 재해(재난)분류 및 발생원인이론, 재해비용산정이론, 작업관리이론 등을 재정리하여 소개하고 있다.[48] 먼저 사고연쇄반응이론은 하인리히(Heinrich, 1950) 등이 제시한 도미노 이론을 적용하여 하나의 사고는 다른 사고의 원인이 되므로 중간의 잘못된 관행을 수정하여야 예방할 수 있다는 학설이다. 하인리히의 학설에 동의하는 연구자는 버드(Frank, Bird Jr) 등이 있다. 재해(재난)분류 및 발생이론은 존스(Jones), 터너(Turner) 등이 제시한 재해 및 재난을 유발하는 원인에 근거를 두고 분류한 이론이다. 끝으로 재해비용산정이론은 하인리히(Heinrich, 1950) 등이 보상체계를 정리하기 위해 재해 발생 비용을 추정 및 산정에 관한 이론이다.

(2) 2요인 수준이론

재해 발생 요인이 규명되었음에도 산업재해가 끊임없이 발생하는 것은 사람의 의식수준과 실천수준의 차이에서 그 원인 찾을 수 있다고 여긴다. 의식수준은 주로 경험, 천성 및 학습 등으로 형성되는 지적능력, 판단능력 등이다. 실천수준은 작은 사항이지만 경험, 천성 및 학습으로부터 옳다고 인정하는 것에 대해 행동으로 옮겨 만일에 대비하는 능력이다. 이 두 가지 수준에서의 정도 차이가 재난의 반복성 및 대비능력을 판단할 수 있는 기준이다.

2요인 수준이론에서 2가지의 수준은 의식력과 실천력이고 수준이란 차원의 높고 낮음을 의미한다. 2요인 수준이론은 의식력과 실천력의 높고 낮음에 따라 재난 발생빈도가 결정된다는 이론이다. 의식수준에 영향을 미치는 요인은 과거 재난의 경험, 학습, 사회 분위기, 법 및 규정의 완비 정도, 재난 예측을 위한 능력 등이다. 이에 비교해 실천수준은 전문가 유무, 이전의 미비점을 보완하는 능력, 문제점 해결을 위해 행동으로 옮기는 능력 등이다. 이를 〈그림 4-13〉으로 표시하면 다음과 같다.

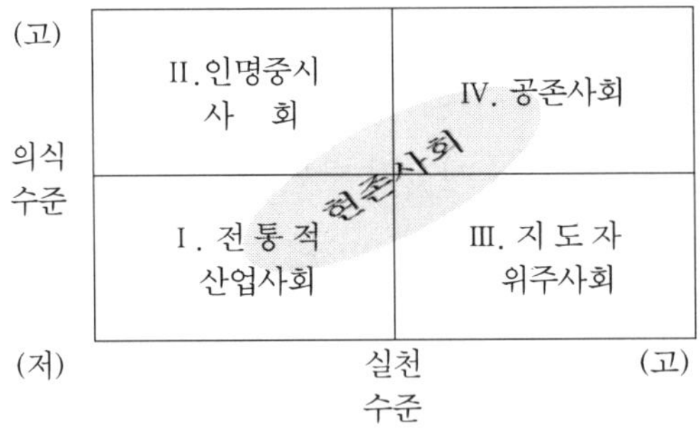

〈그림 4-13〉 4차원 수준이론

(I) 전통적 산업사회이다. 의식수준과 실천수준이 모두 낮은 사회이다. 의식수준과 실천수준이 낮은 것 자체가 경제력에서 뒤처짐을 의미한다. 경제력 저하는 후진국을 의미하고 후진국은 과학기술의 발달 수준이 낮아 재해를 예측하고 대비할 능력이 부족한 사회로 여긴다. 과학기술의 발전이 저조한 사회는 전통적 산업사회인 가내수공업을 위주로 하는 사회이다. 사회의 특징은 경제발전 및 여타의 이유로 대의를 위해 소수 인원의 희생을 감수하며 살아가는 사회이다. 인명 경시가 만연된 사회로 볼 수 있다. 과거로부터 얻은 교훈을 바탕으로 예측시스템 구축, 전문가 양성 및 사회안전망 구축 등과 같은 대응능력을 갖추는데 실천력이 낮다. 전통적 사회는 학문적 바탕을 둔 과학적인 방법으로 문제를 해결하기보다는 주술적인 방법으로 문제를 해결하는 경향이 짓다. 의식수준과 실천력이 낮은 사회는 체계적인 대응력이 약하여 동일한 현상을 반복적으로 겪는 특징이 있다.

(II) 인명 중시 사회이다. 인명을 중시하는 의식수준은 높으나 실천수준이 낮은 사회이다. 어느 하나의 목적을 달성하기 위해 사회가 매진한 후 상당한 성과를 달성하여 사회 구성원의 전반적인 의식수준이 높아졌으나 실천수준이 저조하여 동일한 재난이 반복적으로 발생하는 현상이 나타난다. 실천력이 낮은 현상이 발생하는 요인은

자원 부족으로 재난을 대비하는 예산이 후 순위로 배정되는 등의 원인을 꼽을 수 있다. 다른 요인은 의사결정자가 공평무사한 선하고 좋은 마음에 바탕을 둔 자연 본연의 마음에서 우러나오는 결정이 아니라 의사결정자 자신의 이해관계와 득실을 따져 왜곡된 의사결정에 원인을 들 수 있다. 또 다른 요인은 전문적으로 검토할 능력 있는 인원의 부재가 낳은 결과이다. 즉, 하나의 문제를 해결하기 위해 또 다른 문제를 낳은 경우이다. 끝으로 특정 조직의 의사결정자가 사회시스템 전체를 인식하는 것보다 근시안적 접근에서 문제를 해결하고자 하는 경우에 발생한다.

(III) 지도자 중심사회이다. 의식수준은 낮으나 실천수준이 높은 사회이다. 몇몇의 선각자가 특정 조직, 특정 집단을 이끌고 가는 현상에서 발생한다. 예로 1인의 강압적인 지도자가 지도력을 발휘하였던 '70년대 한국의 경제개발 등이다. 이러한 사회의 부작용은 1인의 지도력이 상실되면 전과 유사한 혼란의 시대에 온다는 것이다. 또 다른 하나는 독재가 가지는 한계로 사회의 다양한 분야에서 재난 발생을 예고하는 징조들이 묵살된다는 사실이다. '7~'80년대 이후 한국은 개발독재와 군사독재가 종료되고 심한 몸살을 치르고 난 이후에 민주사회로 진입할 수 있었다. 개발독재의 부작용은 모든 사람이 자발적으로 참여하는 것이 아니라 강제적으로 참여하게 된다. 그러므로 구성원은 인간성이 상실되는 상태에서 길들어 있으므로 1인 중심의 한 시대가 종료되면 원래 상태로 회귀하는 성향을 지닌다는 것이다. 그런 사회에서 발생하는 결과는 실천의식의 부족 등이다. 이것은 위기를 넘기면 잊어버리는 사회적 병리 현상이며 1인의 독재사회가 보여주는 후유증이기도 하다.

(IV) 공존사회이다. 공존사회는 자신의 재산과 생명을 존중할 줄 아는 것과 동일하게 타인의 재산과 생명을 중시하는 사회이다. 법과 규정에 따른 질서 이전에 대의를 위해 사회 구성원이 해야 할 일을 아는 사회로 다른 사람 사랑하기를 나 자신을 사랑하는 것과 동일하게 여기며 소중하게 지킬 줄 아는 사회이다. 타인을 배려하는 것 역시 나를 배려하는 것이라는 인식 속에서 형성되는 사회가 복지사회이며 이상사회이다. 인명을 경시하지도 않고, 나의 이익을 추구하기 위해 전체 시스템의 최적화를 파괴하지 않는 사회로 동시에 나의 이익을 추구하며 타인의 이익도 인정하는 사회이다. 이는 현실적으로 존재하기 어려운 이상사회이다. 따라서 지구상에 존재하는 사회는 (I)과 같은 전통적 산업사회도 (IV)의 공존사회도 아닌 (II)의 인명중시사회와

(Ⅲ) 지도자 위주사회의 어느 지점에 있다고 여긴다.

5) 예방대책 안전조치

산업재해에 대한 연구자로서 하인리히(Heinrich, 1950)의 말을 빌리지 않더라도 안전사고의 핵심은 사후 대책만큼이나 중요한 것이 실천이다.[112] 안전관리에 대해 한국은 이론을 바탕으로 현실에서 충분하게 학습된 사회이다.

예를 들면, 모든 한국 사람은 신호등을 잘 지켜야 한다는 사실은 이론적으로 충분히 아는 내용이며 현실적으로 잘 지키고 있다. TAAS에 따르면 연간 철길 건널목 통과 위반으로 발생한 사고는 전체에서 보면 아주 미미한 수치이다. 2017년 사고 건수는 3건이다. 3건은 발생확률의 문제로 접근할 사항이 아니라 사고로 치명에 이를 확률로 검토해야 한다.

이성적인 모든 구성원은 산업재해에 있어서 객관적으로 방관할 수 있는 사람은 없으며 모두 주관자이며 대상자이다. 나의 의지와 관계없이 사고가 발생하며 이성적으로 통제할 수 있는 경우는 거의 없기 때문이다. 그러므로 깨어 근신하고 조심하고 경계하며 실천하여야 한다.

모든 것이 잘 만들어져 있어 사고가 발생하지 않는 것이 아니다. 모든 사람이 경각심을 가지고 실천할 때 예방이 가능하다. 잘 만들어져 있다는 것은 다양한 과거의 통계 분석에 대한 해석을 바탕으로 제도, 이론, 법률, 교육이 잘 만들어져 있음을 의미한다. 이론적, 의식적으로 수준이 높은 사회에서 필요한 것은 이성적인 판단과 함께 행동으로 실천하는 것이 중요하다. 손을 잘 씻고, 소방도로에 주차하지 않으며, 신호등을 잘 지키며 무심코 하는 말이 비방이라고 생각되면 하지 말고 말을 전달할 때도 없는 말을 덧붙여서 해서는 안 되며 자신보다 앞서가는 사람이라고 생각하면 인정하는 습관이 필요하다. 욕심과 시기에 바탕을 두고 사람을 평가하기보다 객관적인 평가가 필요하다. 다른 사람을 위해 길을 비켜주는 도덕적이고 양심적인 사회가 될 때 인성이 올바로 설 수 있으며 자신의 잘못을 감추기 위해 또 다른 거짓말을 하지 말아야 한다.

요순과 에덴의 시대는 과거나 이상 속에 존재하는 것이 아니라 바른 양심을 가진 사람 모두가 실천하는 마음과 행동으로부터 요순시대를 찾을 수 있다. 누구나 짧은 순간 살기 위해 거짓으로 진실을 이길 수 있다. 그러나 거짓의 환상은 오래가지 못하며 설사 오래간다고 하더라도 거짓이 개인적 차원을 넘어서 사회적으로 확산한 후에 거짓을 바로잡기 위해 많은 사회적 비용과 희생의 댓가로 지불되고 난후에 바로 잡을 수 있다. 바로잡는 과정에서 시간이 오래 걸리는 만큼 그사이에 많은 보이지 않은 선의의 희생자와 비용이 발생한다. 그러므로 사회 구성원은 욕심에 근거한 거짓을 멀리하고 정직하고 바른 언행으로 실천을 하여야 한다. 거짓을 바탕으로 만들어진 현상은 진실을 규명하는데 많은 인력, 비용 및 시간은 고스란히 사회적 및 국가적 비용으로 귀결되는 점을 인식해야 한다.

6) 문제해결 대안 : 현장소요실태 확인방법

(1) 개요

3대 다발재해를 예방하는 방안은 정부로부터 기업과 개인에 이르기까지 법규제정, 교육훈련 및 실천으로 이어지는 하나의 체계를 구축하는 것이 필요하다. 체계를 구축한다는 것은 시스템을 의미하며 시스템은 장비, 물자를 포함한 작업환경과 다양한 제도 등이다. 정부, 기업과 노동자는 잘못된 제도를 수정하기 위해 세밀하고 실천적인 노력을 집중하여야 한다. 노력이 없이 완성되는 실천은 없다.

정부관계자는 현장을 방문하고 현장의 목소리를 청취할 필요가 있다. 현장은 근로자가 근무하는 현주소이고 기업은 사고가 발생한 공간을 의미한다. 이를 현장소요실태 확인방법이라고 지칭한다. 현장소요실태 확인방법의 목적은 국가는 동일한 재해가 반복하지 않도록 해야 하며 방법과 목표는 제일 문제가 되는 단 하나를 놓고 토의하고 문제를 해결 하는데 있다. 그리고 현장소요실태 확인방법의 기본은 건전한 상식을 기초로 문제에 접근하는 것이다. 현장소요실태 확인방법은 다음의 5단계로 진행한다.

(2) 적용절차

1단계 문제선정단계이다. 문제를 선정하는 기준은 과거 일정기간 동안의 산업재해(또는 문제)가 가장 자주 발생하는 산업 중에서 특정 기업의 문제가 되는 공정을 선정한다.

2단계 의견청취단계이다. 의견청취의 전제는 특정 기업에서 발생하는 문제는 다른 기업에서도 발생할 수 있다. 현장에서 의견을 청취하는 목적은 현장의 상황을 공유하여 참여자의 이해력 증진과 현장감을 체감 하는데 있다. 참여자는 관련 전문가, 정부 관계자, 근로자, 기업관계자 필요에 따라 여야의 정치권이다. 둘째, 현장을 직접 방문하여 조사 차원이 아닌 제도개선을 위한 현장의 목소리를 경청하는데 있다. 주의사항은 기업관계자, 근로자 이외에 누구도 설명해서는 안 된다. 의견청취단계의 목적은 기업관계자, 노동자의 의견을 듣고 그들의 요구사항, 문제, 결핍사항, 개선사항, 희망사항 즉, 소요를 듣는 것이다. 따라서 듣고, 답하는 것이 아니다. 다만, 참여자가 모르거나 이해가 부족한 사항에 대해 질문할 수 있고 기업가와 근로자의 진술로부터 고민하고 문제를 탐색하고 해결책을 제시하는데 중점을 두어야 한다. 그리고 법규화를 위해 공무원, 야당과 여당이 팀을 구성하여 현장을 함께 방문한다. 현장방문자들은 현장의 문제를 듣고 듣는 과정에서 질문을 할 수 있으나 기업관계자, 노동자에게 질문에 대한 답을 요구할 수 없다. 질문에 대한 답은 1분을 넘기면 안 된다. 1분은 절대시간이 아니라 가능한 짧은 시간이어야 함을 의미한다.

3단계 집단토의 단계이다. 집단토의는 객관적이고 일반화하는 내용으로 전환하는 것이다. 참여자는 전문가, 관련 공무원, 여 · 야 정치권에서 참여하는데 2단계에 참여하였던 사람이다. 일반화를 위한 객관적인 의견을 제시하는 시간은 3주간 정도의 시간을 부여하고 각 참여자 집단별 해결안을 제시한다. 이번에는 반대로 기업관계자, 노동자는 의견을 듣고 전문가, 공무원과 여야 정치권에서 제시하는 의견과 해결책을 청취한다. 3주는 절대적 시간이 아니다.

4단계는 해결방안을 제시하는 단계이다. 3단계에서 제시된 내용을 바탕으로 수용할 사항과 수정할 사항을 제시하며 가장 문제가 되었던 사항에 대해 해결하는 방안을 제시한다. 이 단계는 각자의 입장에서 조율하고 정리하여 해결 대안을 제시할 수 있는 것과 제시할 수 없는 것을 확정한다. 5단계는 4단계에서 인식된 문제를 제도화 또는 입법화하여 문제를 해결한다. 상기 과정을 〈그림 4-14〉로 제시한다.

절 차	내 용
1. 선 정	• 목표 : 가장 심각한 현상, 문제를 유발하는 산업, 기업의 공정 문제 해소 • 기준 : 과거 발생 실적 5년 동안 통계 자료 활용
⇓	
2. 의견청취	• 목 표 : 소요 인식(문제, 희망, 부족, 개선사항 등) • 참여자 : 여 · 야 국회의원, 공무원, 전문가 산업관계 실무자, 이론전문가, 공정실무자 → 담당자 • 발언자 : 다년간의 경험자, 실무전문가 및 산업 경영자로 한정 • 목 적 : 요구, 개선, 희망, 바람, 결핍, 부족, 문제 갈등 인식 및 파악 • 방 법 : 발언자의 발언내용 청취하는 것이 핵심이므로 발언자 외 질문은 가능한 생략하고 어떠한 설명이나 의견 제시는 절대 불가 • 목 표 : 공통된 문제 인식 및 도출 후 해결안 제시
⇓	
3. 집단토의	• 가장 중요한 1~2가지로 주제 선정 후 이해관계자와 토의 ※ 실무자, 담당자 참석은 가능 하지만 의견 제시는 최소한 허용
⇓	
4. 해결(안)제시	• 방법 : 국회 해당 상임위원, 학계실무자, 전문가, 집단토의에 참여한 실무자 참여 토의 후 제도화 발의
⇓	
5. 제도반영	• 법률반영(법, 시행령, 시행령 규칙) 및 지침 등 반영

〈그림 4-14〉 현장소요실태확인방법

4. 통계지수

1) 개념

재해 조사를 바탕으로 자료를 수집, 분석하는 목적은 몇 가지로 제시할 수 있다. 정규철(1967)은 두 가지 목적을 제시하였다.[76] 하나는 재해 발생 원인을 분석하여 재발을 방지하는데 있다. 나머지 하나는 재해 재발 방지와는 관계없이 보상기준과 처벌기준을 위한 자료로 활용하는 목적이다. 이외의 또 다른 목적은 국가별, 산업별, 시대별 및 시기별 발생 현황을 바탕으로 상호비교를 할 수 있고 이러한 비교를 바탕으로 선진국의 산업재해관리 정책을 배울 수 있는 자료로 활용하기 위함이다. 끝으로 산업재해 발생 통계는 산업별 위험에 노출된 작업 공정을 선별하여 작업자에게 관심을 집중시키고 주의를 환기해 경각심을 고취하는 데 있다. 산업재해 예방 목적을 달성하기 위해 사용되는 지표는 도수율, 강도율, 및 천인율이다.

2) 지수산출방법

(1) 재해율

작업장에서 발생하는 다양한 재해의 형태를 분석하는 방법은 도수율, 연천인율, 강도율 및 종합재해지수 등이다. 먼저, 재해율은 산업재해의 발생 강도와 빈도를 나타내는 재해통계의 지표이다. 계산식은 재해를 당한 전체 근로자의 수(재해자 수)를 근로자 수로 나눈다. 공식은 아래와 같다.

$$재해율 = \frac{재해자수}{근로자수} \times 100$$

(2) 도수율

도수율(FR; Frequency Rate of Injury)은 빈도율과 동일한 의미로 연 1백만 작업시간 중에 발생하는 산업재해 건수가 차지하는 비율을 의미한다. 즉, 1백만 시간 당 재해의 발생빈도를 나타내는 지표이다. 지표의 목적은 산업간 비교를 위해 산출한다. 예를 들어, 1,000명이 일하는 작업장에서 매주 40시간씩 50주간 업무를 수행하는 동안 60건의 재해가 발생하였을 때 도수율은 다음과 같다.

$$F = \frac{재해건수}{총실작업시간수} \times 1,000,000$$

$$= \frac{60}{(1,000 \times 40 \times 50)} \times 1,000,000$$

$$= 30$$

빈도율이 30이다. 30이라는 의미는 1백만 인시를 작업하는 동안 30건의 재해가 발생하였음을 의미한다.

(3) **연천인율**(N.A; Number of Accident Per Year in Thousands)

연천인율은 특정 기간 동안 평균근로자수를 기준으로 1천 명당 발생하는 재해자 수를 비율로 나타낸 것을 의미한다. 산출공식은 아래와 같다.

$$연천인율 = \frac{재해자수}{일정기간\ 동안\ 평균\ 근로자수} \times 1000$$

연천인율이 가지는 단점은 평균근로자수를 사용함으로 근로시간이나 근로일수의 변동이 잦은 사업장은 적용하기 어렵고 재해자 수가 근로시간, 출근율, 가동 일수와 무관하다는 점이다. 끝으로 산업재해가 어느 정도 발생하는지의 정도를 의미하고 재해의 경중을 제시하시 못한다는 점이 지적된다. 그러나 산출하는 방법이 쉽다는 장점이 있다.

(4) **강도율**(S.R; Severity Rate of Injury)

연천인율, 빈도율이 재해의 경중을 나타내지 못하는 단점이 있다. 단점을 보완하는 강도율은 경중을 나타내기 위해 강도율 기준표를 사용한다. 강도율 기준표는 재해 등급별 근로손실일수를 고려하여 작성한다. 재해의 정도를 의미하는 기준표를 적용하여 장애등급 1~3등급인 경우에는 근로손실일수를 7,500으로 설정하고 있으며 장애 14등급은 50일의 근로손실일수로 계산한다. 따라서 재해율은 재해피해자가 재해를 당한 정도에 따라 등급을 정하고 등급에 따라 근로손실일수를 계산하여 재해 정도의 경중을 비교하는 척도로 제시하고 있다. 다음은 신체장애 등급별 근로손실일수를 나타내는 〈표 4-19〉이다.

〈표 4-19〉 신체장애 등급별 근로손실 일수

신체장애 등급	1~3	4	5	6	7	8	9	10	11	12	13	14
근로손실 일수	7,500	5,500	4,000	3,000	2,000	1,500	1,000	600	400	200	100	50

3) 종합재해지수

지금까지 사용한 재해통계지수로써 종합재해지수는 기업 간 재해지수의 비교를 위해 재해 발생빈도와 상해 정도를 종합하여 나타내는 지표이다.

5. 군 안전관리

1) 개요

한국의 산업재해관리에 대한 공식적인 업무는 1952년 육군본부 인사참모부 사제과 안전계에서 시작하였다. 해상과 항공에 대한 안전관리 규정은 해군과 공군이 별도로 정하였다. 이후 육군본부는 1956~1957년 전 육군 예하 부대에 19명의 안전관리 장교를 바탕으로 종합적인 안전기획을 수립하여 시행하였다. 그리고 사단급까지 5천 명 이상의 안전요원이 활동한 결과 1961년에 비해 1968년은 사고 건수가 40%나 감소하는 성과를 달성하였다.[59,32]

군에서 발생하는 사고는 군기사고와 안전사고로 구분할 수 있다. 여기서는 본서의 취지와 일치하도록 안전사고만을 언급한다. 군에서 안전사고의 원인은 물적자원을 취급함으로써 발생하는 사고로 한정한다. 구체적으로 살펴보면 사고는 차량, 비행기 등의 장비사용에 따른 사고, 장비 정비간 사고 및 기타로 구분한다.

2) 군수에서 안전사고 유형

(1) 장비사용에 따른 사고

장비사용에 따른 사고는 무기체계(화력장비, 총포, 특수무기 등), 일반장비 등을 사용하여 훈련목적을 달성하기 위해 장비를 가동하는 시간에 발생한다. 화력장비는 자주포 등이고 특수무기는 발칸 등이며 일반장비는 차량을 포함한 건설장비 등이다.

(2) 정비 간 사고

UH-60 항공기를 정비할 때 사용하는 화학물질이 단일 및 복합화학물질이다. 먼저 단일화학물질은 초산(acetic acid), 아세톤(acetone), 에틸알코올(etyl aclcohol) 및 이소프로필알코올(isopropyl achcohol) 등으로 17종 25개이며 화학물질이 포함된 물질은 32종 170개이다. 복합화학물질은 접착제(adhesive), 알로다인(alodine), 안티시즈컴파운드(antiseize compound) 및 어셈블리프루이드(assembly fluid) 등이다.[80] 상기 물질은 안전지침이 포장 용기에 기재되어 있으며 사용할 보호구 또한 정해져 있다. 작업자가 상기 물질에 장시간 노출될 경우 피부, 시력, 신경 및 신장 등에 치명적인 상해를 입은 결과만 남기므로 어떠한 물질이 건강에 치명적인 원인을 제공하였는지 파악하는데 어렵다는 것이 한계이다. 따라서 작업자는 규정에 따른 복장과 보호장구를 착용하여야 한다. 〈표 4-20〉으로 예시할 수 있다.

〈표 4-20〉 장비정비 사고 (예)

사 고 원 인	장비명	군수기능(병과)
• 정비시 화학물질 취급으로 인한 사고 발생 - 사용 화학물질 : 초산 및 접착제 등	UH-60P	정비(군수-화학)

(3) 기타 사고

군수품에 대한 사고는 먼저 건물, 차량, 유류 및 탄약고에 대한 화재, 훈련 중의 사고로 추락, 전복, 충돌 및 추돌 등이 있으며 끝으로 천재지변에 의한 사고는 홍수, 폭설 및 폭풍에 의한 사고가 있다.

[참고문헌]

1. 공군기상대(2015), “기상과 작선”, 국군인쇄창.
2. 구자일(1988), “산업재해발생의 원인과 대책”, pp. 32-45.
3. 구춘권(2005), “메가테러리즘의 등장배경과 원인 : 지구화의 충격과 이슬람 근본주의의 부상”, 국제지역연구 제14권 1호, pp. 109-138.
4. 국군간호사관학교 교재
5. 국군화생방방호사령부(2016), “2017 전군 방사선 작업 종사자 직장 교육”, 국군화생방방호사령부.
6. 국방부(2012), “국방재난대응백서”, 국군인쇄창.
7. 권현진(2014), “토양오염 부동산 평가에 관한 연구”, 부동산연구 제24집, 2호, pp. 7-22.
8. 기상청 홈페이지 날씨 누리.
9. 길국호(2017), “산업재해에서 안전방호장치의 특성 분석”, J Ergon Soc Korea 제36권, 6호, pp. 741-752.
10. 김광웅, “군사작전에 영향을 미치는 기후 및 기상(2)”, 군사평론, 제54호, pp. 42-55.
11. 김상범(2002), “현대 테러리즘의 유형과 미래 전망”, 주간국방논단, 한국국방연구원, pp. 1-10.
12. 김성대(2010), “산업재해통계: 2010년 산업재해의 현황은 어떠했을까”, 안전기술, 제 156권, pp. 24-25.
13. 김수일(1998), “국내 액상화 현상의 평가 및 대책”, 한국지반공학회학술발표 및 세미나 자료, pp. 3-30.
14. 김순자(2007), “고려시대의 전쟁, 전염병과 인구”, 이화사학연구소, 제34권, pp. 55-88.
15. 김우주(2016), “신종인수공통전염병의 출현 전망과 대응전략”, 대한인수공통전염병학회 춘계학술대회, p. 14.
16. 김응수(2012), “글로벌 테러리즘 양상과 한국 대테러 체계 발전 방향에 관한 연구”, 군사논단, 제70권, pp. 156-192.
17. 김응수(2016), “대구경 사격소음 전달 영향인자에 대한 실험적 분석”, 한국소음진동공학회논문, 제26권, 4호, pp. 412-419.
18. 김태환(2010), "신재난관리체계를 새로운 시점에서 분석한 재난관리론“, 백산출판사.
19. 김창호, 김세진(2011), “테러리스트의 심리적 동기 및 테러발생원인 사례분석”, 한국치안행정논집 제9권 2호, pp. 73-95.
20. 김천수(2015), “중동호흡기증후군 2015년 사태와 관련된 의료법령의 분석과 입법론 -의료법 및 감염병의 예장 및 관리에 관한 법률의 쟁점 조항을 중심으로- 의료법학, 제16권 2호, pp. 197-225.
21. 나승학(2017), “임진왜란기 조선 수군 진영 전염병의 발생 실태와 영향”, 육군군사연구소, 제144권, pp. 57-81.
22. 노태호(2017), “감염병 예방 및 확산 방지를 위한 개선방안에 관한 연구”, 한국화재소방학회논문집, 제31권 3호, pp. 144-150.
23. 대한산업보건협회(2002), “2001년 산업재해 현황”, 산업보건, pp. 68-74.
24. 대한산업보건협회(2007), “2006년 산업재해 현황”, 산업보건, pp. 56-60.

25. 류제승 역(2002), “전쟁론”, Carl Von Clausewitz의 원저-Vom Kriege, 책세상.
26. 문성현(2005), “산업재해발생의 요인분석”, 사회복지정책, 제20집, pp. 155-169.
27. 문웅(2009), “산재근로자 재해 전후 가정환경의 변화”, 연세대학교 보건대학원 산업보건학과 석사학위논문.
28. 문일주, 최의수(2011), “객관적인 태풍 통계자료 구축을 위한 ‘한반도 근접 태풍’의 정의 및 기준설정”, Atmosphere, Korean Meteorological Society 제21권, 1호, pp. 45-55.
29. 박성진, 정치경(1995), “한국 산업재해의 변동요인”, Korean J. Occup, Health 제34권, 3호, pp. 97-105.
30. 박승철(1993), “국내의 수입 감염병 개관”, 감염 제25권, 4호, pp. 283-288.
31. 박웅신, 윤해성(2013), “테러개념에 대한 소고”, 한국테러학회보 제6권 2호, pp. 44-71.
32. 박원묵(1987), “조직인력의 안전관리에 관한 연구-군조직의 안전관리를 중심-”, 단국대학교 경영대학원 경영학과 석사학위논문,
33. 박인권, 이민주(2017), “소음 · 진동에 의한 경제적 피해 추정에 관한 연구 : 포천시 영평사격장 사례”,한국소음진동학회학술대회논문집, 제39권, 4호, p. 169.
34. 박진희(2009), “원전위험 인식의 사회적 구성-체르노빌 원전사고와 후쿠시마 원전 사고의 경우 비교”, KRF-2009-32A-H0002 pp. 117-143.
35. 박한나, 송재민(2016), “자연재해가 지역경제가 미치는 영향”, "국토계획", 제51권, 2호 pp. 193-213.
36. 박혜림, 이선애, 김순신, 김동건, 홍가연, 양원호, 이석용(2012), “외국인 근로자의 산업재해 현황과 그 특성”, 대구카톨릭대학교 자연과학논문집, 제10권 1호, pp. 103-110.
37. 백호곤(1978), “우리나라 산업재해의 고찰”, 경상논총, 제20권.
38. 서경화, 이정찬, 김계현, 이얼(2015), “감염병 발생 시 우리나라의 위기관리체계에 관한 고찰”, 국가정책연구, 제29권, 4호, pp. 219-242.
39. 서경환, 손준혁, 이준이(2011), “장마의 재조명”, Atmosphere, Korean Meteorological Society 제21권, 1호, pp. 109-121.
40. 손병식(2013), “군수학원론”, 서울경제경영출판사.
41. 손병식(2020), “자원봉사기관의 소요기반성과측정(Requirement-Based Preformance Measuremet, RBPM)요소 개발”, 국제개발협력, 제15권 1호, pp. 95-126.
42. 손자, 손자병법-박삼수 옮김(2019), “쉽고 바르게 읽는 고전 손자병법”, 문예출판사.
43. 송기철(1967), “산업재해와 안전관리”, 고려대학교 노동문제연구소.
44. 신용도(2013), “초국가적 테러의 경제적 영향”, 한국테러학회보, 제6권 3호, pp. 99-118.
45. 신용도, 조흥제(2011), “테러리즘으로 인한 경제적 파급효과”, 한국테러학회보, 제4권, 1호, pp. 67-84.
46. 안동만(역, 2001) "환경학", Raven, Peter H., Linda R., and George B., Johnson(2001)-." environmnet.(환경학(2001), 안동만 번역 “Environment" 2nd, 보문당.)
47. 안종필, 심태섭, 박창희(1987), “한국의 지진 특성과 액상화 측정에 관한 고찰”, 국토개발연구, 제17권 1호, pp. 49-72.
48 오태근, 송창근, 구재현, 류상일, 윤영근, 엄태수(2019), “안전 및 재난관리의 주요이론”, 도서출판 윤성사.

49. 우정희(2011), "테러관련 국가재난 시 재해간호활동 발전방안", 한국테러학회보, 제4권 2호, pp. 33-54.
50. 우정희(2012), "해외파병군인의 외상후스트레스장애(PTSD)에 관한 연구", 한국테러학회보, 제5권, 2호, pp. 72-103.
51. 우정희, 박주영(2014), "테러 등 위험지역 파병군인의 우울측정도구개선 방안", 한국테러학회보, 제7권, 1호, pp. 84-111.
52. 유한상(2016), "인수공통감염병 대책 개선 방안 연구", 서울대학교 산학협력단.
53. 윤민우(2013), "국제테러 양상과 도시안전망", 도시문제. 48 (536).
54. 윤병준(1989), "한국의 산업재해에 관한 분석(1978~1988)", 한국보건통계학회지 제14권 1호, pp. 63-71.
55. 이근희(1994), "한국산업재해의 실증적 분석", 공업경영학회지 제17권, 29집, pp. 1-12.
56. 이미연(2015), "자연재해 피해의 결정요인 및 경제적 파급효과", 서울대학교 환경대학원, 박사학위논문.
57. 이승한(1984), "산업재해의 원인분류", 산업보건소식, Vol 4, pp. 3-6.
58. 이영곤, 김백조, 차기욱, 박길운, 류경식(2010), "오랜 가뭄 뒤 내린 비에 대한 긍정적 측면의 경제적 가치 연구 : 2009년 4월 21~22일 강수 사례 중심으로" Atmosphere, Vol. 20, No. 2, pp. 173-186.
59. 이영순, "국내기업의 산업재해현황과 안전관리 과제", pp. 87-101.
60. 이옥철(2015), "감염병 대유행과 재난관리", The Magazine of The Koreas Society of Hazard Mitigation", pp. 18-22.
61. 이욱, 홍윤(2012), "조선 세조대 기후특성과 재해 경감 노력", 대기, 제22권, 2호, pp. 199-208.
62. 이임하(2013), "한국전쟁기 유엔민간원조사령부(UNCACK)의 만성 전염병 관리", 한국사회사학회, 제100권, pp. 325-395.
63. 이재은(2013), "국가안보환경의 변화와 국가위기관리 - 포괄적 안보 개념 하에서의 국가위기위형-", 한국위기관리논문집 제9권 2호, pp. 177-198.
64. 이정빈(2021), "고구려-수 전쟁과 전염병", 한국고대사연구, 제102권, pp. 169-206.
65. 이존화(2003), "주요인수공통전염병의 발생과 피해 및 그 대책", 대한수의사회지, 제39권 8호, pp. 717-731
66. 이진목(1987), "산업재해의 원인분석과 예방대책", 경영학논집, 제9집, pp. 1-26.
67. 이해춘(2011), "기후변화 질병의 경제적 영향과 적응 대책", 신안보연구, 제171호, pp. 33-63.
68. 이현(2014), "테러리즘과 국제개발협력: '분쟁과 개발'의 맥락으로 본 테러리즘", 국제개발협력, 제9권 3호, pp. 177-194.
69. 이현숙(2003), "신라 통일기 전염병의 유행과 대응책", 한국고대사학회, 제31집, pp. 212-219
70. 임현술, 김홍환(2003), "우리나라 인수공통전염병의 발생 현황과 관리대책", 동국의학 제10권 1호, pp. 13-54.
71. 장민, 지준범, 민재식, 이용희, 정준석, 유철환(2016), "모델 예측변수들은 이용한 집중호우 예측 가능성에 관한 연구", 대기, 제26권, 4호, pp. 495-508.
72. 장선오(1994), "소음과 난청", 한국소음진동학회-'94추계학술대회논문집, pp. 7-17.

73. 전명순(1994), "한반도 및 주변의 지진 특성", 지진연구논문집, 제1권 1호, pp. 63-75.
74. 전명순(2001), "한반도의 지진발생 양상 및 그 특성", 지반환경 제2권 3호 pp. 68-76.
75. 전진용(2004), "소음이 인체에 미치는 영향의 평가", 한국소음진동학회-인체에 미치는 소음진동 평가기술 세미나, pp. 3-24.
76. 정규철(1967), "산업재해통계", 한국의 산업의학, 제6권 3호, pp. 11-14.
77. 정규환, 권정완, 윤길현, 이동명(2013), "우리나라 방사선사고의 통계와 특징 고찰", 대한방사선어학회 2013년 추계학술발표회 논문요약집, pp. 182-183.
78. 정용석(2007), "신 변종 바이러스의 출현에 대한 생태학적 인자의 영향", 미생물과 산업, 제33권 2권, pp. 8-12.
79. 정육상(2015), "IS(Islamic State)의 테러양상과 우리나라 테러가능성 평가", 한국경찰연구학회 학술대회, pp. 3-17.
80. 정준욱(2017), "육군 항공부대의 화학물질 안전관리 체계에 관한 연구- UH-60P 헬리콥터 정비를 중심으로-", 공주대학교 안보과학대학원 항공안전관리학 전공, 석사학위논문.
81. 정택준, 백용(2017), "4차 산업 혁명과 지반재해", 한국지반공학회, 제33권, 5호, pp. 10-15.
82. 정현수(2014), "테러발생에 영향을 미치는 주요 원인 분석 - OECD 가입 국가를 중심으로 - ", 서울대학교 대학원 석사학위 논문.
83. 조규상(1976), "산업재해와 안전관리", 한국의 산업의학, 제6권 3호, pp. 9-11.
84. 조기호(1995), "소음의 주관적 인식과정에 관한 고찰", 한국소음진동학회지 제5권, 4호, pp. 473-481.
85. 조성택, 김석주(2012), "테러리즘의 개념 및 유형에 관한 시론", 한국테러학회보 제5권, 2호, pp 188 - 204.
86. 주덕훈, 김재수(2010), "군 건설장비 소음의 전달 및 감쇠특성에 관한 연구", 한국소음진동공학회 논문, 제20권, 9호 pp, 797-804.
87. 차기욱(2009), "댐 사업 측면에서의 강수의 경제적 가치 강수의 경제적 가치평가 워크숍 자료집, pp 47-58.
88. 차은정, 박윤호, 권혁조(2008), "2007년 태풍의 특징", 대기, 제18권 3호, pp. 183-197.
89. 최원영(1994), "인수공통기생충(Zoonosis)이란", 건강소식, 제18권, 9호, pp. 54-57.
90. 최진태(2008), "미래 국제테러 유행과 전망에 관한 연구", 한국경호경비학회지, 제15호, pp. 337-358.
91. 하정철, 송영주(2015), "후쿠시마 원전사고 및 방사능 오염에 대한 인식조사", Journal of Radiation Protection and Research, 제41권, 1호 pp. 7-14.
92. 한경business, 코콤포터벨리, 김영욱(2003), "한국기업위기관리현주소",한경비즈니스, 제 400호 pp. 16-24.
93. 한국국제협력단(2014), "개발학 강의", 푸른숲, 2014.
94. 한국원자력산업회의(1988), "산업재해에 대한 고찰", 원자력산업, 제8권, 3호, pp. 17-
95. 한국재난간호사회(2011), "재난간호와 공중보건 실무가이드", 제2판, 대학서림
96. 해양수산부, 태안군청, "피해대책본부", 2009년
97. 허정현(2102), "3대 다발재해 예방", 안전기술, 5월호, pp. 64-68.

98. 홍원주(2014), “적합성 평가 제도와 관행 : 원전부품비리의 교훈”, 퍼플
99. 황성호, 박재범(2013), “군대 소총사격장에서 군인들의 주야간 소음노출평가”, 한국환경보건학회지, 제39권, 4호, pp. 354-359.
100. 황성호, 이경종, 박재범(2016), “우리나라 포 사격장에서의 소음 노출 수준”, 보건학논집 제53권 1호, pp. 1-6.
101. 황은하, 정덕훈(2011), “조직간 관계 특징이 재난관리 협력 및 성과에 미치는 영향”, 대한경영학회지, 제24권, 제3호, (통권 86), pp. 1797-1813.
102. Asian Disaster Reduction Center(2003), "Glossary on natural disasters", www.adrc.or.jp/
103. Blomberg S. Brock, Gregory D. Hess, and Athanasios Orphanides(2004), "The Macroeconomic consequences of Terrorism", Journal of Monetary Economics vol. 51. pp. 1007-1032.
104. Clay, Bruce B(1985), "The Evolution and Structure of Nature Hazard Police", Public Administration Review, Special. Vol. 45, pp. 20-28.
105. Eccles, Henry, E.,(1959), "Logistics in the National defense", Greenwood Press.
106. F. Marion Cain Ⅲ(1993), "Foce Project : Building Desert Storm Force Structure", Military Review, July, pp. 20-30.
107. FEAM(Federal Emergency Assistance Act), "Guide for all-hazard emergency operations planning-glossary of terma“ pp. 1-9.
108. Gonzalez, A.E.(2014), "What Does "Noise Pollutions" Mean?, Journal of Enviromental Protection, 5, pp. 340-350.
109. Gupta, Anil K., Sreeja S. Nair, Florian Bemmerlein-Lux, and Sandhya Chatterji,(2013), "Dister Management and Risk Reduction - Role of Enviromental Knowledge-", Narosa Publishing House.
110. Gurr Ted R. why men reval, Princeston University Press, 1970.
111. Hayim, Granot(1998), "The Human Factor in Industrial Disaster", Disaster Prevention and Management, Bradford, Vol 7, Issue 2. pp. 92-102
112. Heinrich, H. W.(1950), "Industrial Accident Prevention - A Scientific Approach-", McGRAW-HILL BOOK COMPANY, INC.
113. Hermann, Charles F.,(1963), “some consequences of crisis which limit the viability of organizations, Administrative Science Quarterly, Vol. 8, No. 1, pp. 61-82
114. Jacques F. J., Van Steen and Marrten H. Brascamp(1995), "On The Measurement of Safety Performance", Loss Prevention and Safety Promotion in the Process Industries, Volume I, pp. 57-69.
115. Kean Thomas. H., Lee H. Hamilton, Richard Ben-Veniste, Bob Kerrey, Fred F. Fielding, John F. Lehman, Jamie S. GorelicK, Timothy J. Roemer, Slade Gorton, James R. Thompson, “The 9/11 commission report –Final report of the national commission on terorist attacks upon the unite states-executive summary”.
116. McLoughlin, David(1985), "A Framework for Integrated Emergency Management", Public

Administration Review, Special. Vol 45. pp. 165-172.
117. Melinda Musil(2016), "Model By War" American Civil War, Vol. pp. 40-49.
118. Mitroff Ian I.,(1988), "Crisis Management Cutting Through the Confusion", Sloan Management Review, Winter, Vol. 29, No. 2, pp. 15-20.
119. Ranke, Ulrich(2016), "Natural Disaster Risk Management - Geoscience and Social Responsibiliry", Springer
120. United Nations(2017), "Convention on the Transboundary Effects of Industrial Accidents".
121. Wallace William A., and Frank Ed Balogh(1985), "Decision Support Systems for Disaster Management", Public Administration Review, Special Issue. Vol 45. pp. 134-146.
122. Yoon, Shong sam, Takeo Sakai, Masaio Mizuno Ishizuka and Wong-Chang Lee,(1993), "Epidemic patterns of encephalitis, hemorrhagic fever and rabies Korea(1979-1988)", Preventive Veteriary Medicine, Vol.15, pp. 285-290.
123. Http://en.wikipedia.org/wiki/Crisis#cite_note-1, 2014. 5. 1 검색일

Chapter 05

환경관리 기법

제 I 절 개요

제 II 절 카이젠(改善) 분석

제 III 절 물질흐름분석(MFA; Material Flow Analysis)

제 IV 절 수명주기평가기법
(LCA; Life Cycle Assessment)

제 V 절 물질흐름분석원가회계
(MFCA; Material Flow Cost Accounting)

제 VI 절 LCA와 군수 비교

제 VII 절 환경기반 사회적 지배경영
(ESG; Environmental Social Governance)

학습목표

본 장을 학습한 후 다음과 같은 내용을 확인할 수 있다.

1. 물적자원 관리자가 물적자원을 관리하기 위해 적용할 수 있는 환경관리기법을 이해한다.
2. 물질흐름분석(MFA)의 구성개념, 분석 절차를 이해한다.
3. 수명주기평가기법의 수행단계, 한계점을 바탕으로 ILS의 LCC의 개념과 관련 내용을 비교할 수 있다.
4. 물적자원관리에 물질흐름원가회계를 현실에 적용할 수 있도록 한다.
5. LCC의 개념과 물질흐름분석, 수명주기평가기법을 통합하여 환경에 적합한 방법을 활용할 수 있다.
6. ESG의 출현배경, 구성요소 및 평가 요소를 파악할 수 있다.

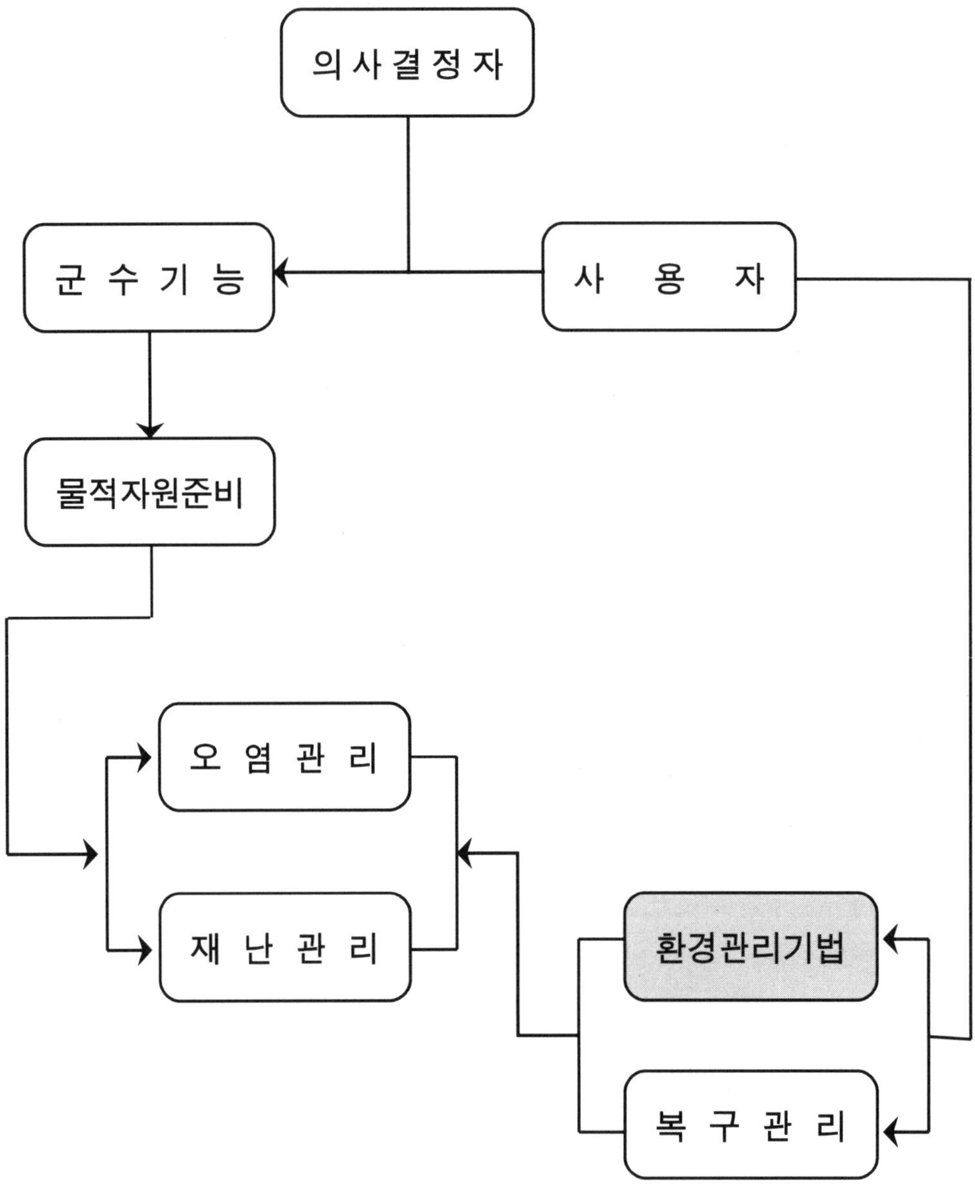
의 사 결 정 자
군 수 기 능
사 용 자
물적자원준비
오 염 관 리
재 난 관 리
환경관리기법
복 구 관 리

제Ⅰ절 개 요

군수관리자는 관리적 접근방법과 환경지식을 바탕으로 군수품 폐기여부에 대한 의사결정을 함으로 물적자원 지식과 환경관련 지식을 공유해야 한다. 환경군수의 관리적 접근방법은 카이젠 접근방법, 물질흐름분석, 수명주기평가기법 물질흐름원가회계 그리고 정부기관 등이 기업에 의무적으로 적용할 것을 요구하는 ESG (Environmental Social Governance) 등이 있다. 군수관리자는 다양한 조직에서 물적자원을 관리하는 사람을 의미한다. 다양한 조직이란 군, 소방청, 철도공사와 병원 등이다.

군 환경관리의 대상은 군수품 즉 물적자원으로 범위는 소요를 시작으로 폐ㆍ처리까지이다. 소요를 거처 연구개발에서 환경에 적용하는 접근방법은 종합군수지원(ILS; Integrated Logistics Support)이다. ILS를 획득 ILS와 운영 ILS로 구분할 때 획득 ILS와 운영 ILS가 연계된 의사결정이 필요하다. 연계의 필요성은 사용자와 개발자 간의 심리적 거리뿐 아니라 실질적인 업무 거리를 단축할 수 있기 때문이다. 개발자와 사용자의 통합은 폐·처리 단계를 포함한 환경에서 발생할 수 있는 문제를 연구개발단계에서 해결함으로써 자원과 인원을 절감하여 비용과 시간을 절약한다. 위와 같은 배경에서 제 5장 환경관리기법은 〈그림 5-1〉과 같이 제시한다.

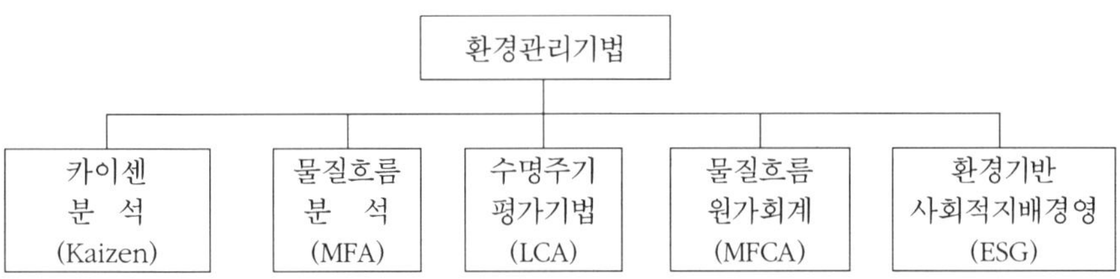

〈그림 5-1〉 환경관리기법

제Ⅱ절 카이젠(改善) 분석

1. 개념

사업전략으로 적용하던 방법인 카이센 분석은 환경문제 해결을 위해 적용하였다. 카이센(改善, Kaizen, かいぜん) 분석에서 카이(改, Kai)는 고치다 즉 변화를 의미하고 센(善, Zen)은 향상을 의미한다. 그 뜻은 급진적인 변화가 아닌 지속적인 변화를 말한다. 고얄(Goyal et al.) 등은 전기생산 장비 업체에서 발생하는 폐기물을 감소시키기 위해 데밍 주기(Deming Cycle)를 바탕으로 카이센을 적용하였다.[31] 데밍 주기는 PDCA로 준비(Plan), 실행(Do), 통제(Check) 및 조치(Action)이다.

전기생산 장비업체에서는 쓰레기 감소를 위해 교차기능팀을 구성하고 팀 내에는 카이센 전문가와 고압전기공학자 두 사람을 포함시켰다. 두 사람으로 구성된 교차기능팀은 문제해결을 위한 방법론으로 두뇌선풍(brainstorming)과 인과분석(cause and effect)을 적용하여 문제가 되는 부분을 선정하여 개선하였다. 개선 후 생산된 제품을 검토한 결과 전체 쓰레기 량의 13.8%를 감소하였다고 제시하였다. 따라서 발생하는 쓰레기 량을 줄이기 위해 지속적으로 공정을 관찰함으로 기업의 실질적 성과를 달성하게 되었다. 쓰레기 관리는 자원관리와 비용관리 차원에서 지속적으로 접근할 필요성을 제시한 것으로 볼 수 있다.

제Ⅲ절 물질흐름분석

1. 개념

물질흐름분석의 MFA(Material Flow Analysis)에서 M은 material로 물질이다. 물질을 의미하는 영어 단어는 material과 substance가 있다. 먼저, Material은 원료, 재

료, 생산물 및 부산물을 의미하고 Substance는 특정 물질 그 자체로 화합물을 의미한다. 용어 간 위계는 Material을 상위로 두고 Substance를 하위로 설정하였다. 근거는 MFA의 하위에 있는 SFA의 S는 Substance가 사용되었기 때문이다.

물질흐름분석에서 물질흐름이란 특정 물질의 수명주기 전 과정 또는 특정 과정 동안 물질이 시스템 경계의 진입과 퇴출 과정에서 발생하는 물질수지(material balance)를 다면적으로 분석하는 방법론이다. 물질의 순환은 자연에서 채취된 물질이 가공의 과정을 거쳐 경제재로 만들어져 사람이 사는 시스템 내로 투입되어 사용 후 자연상태로 퇴출됨을 의미한다. 분석이란 진입과 퇴출 과정 동안 사람이 사는 환경에 미치는 양의 영향과 부의 영향을 계산하는 것이다. 분석은 대상의 수준, 규모 및 목적에 따라 국가(Macro), 산업단지(Meso) 및 개별기업수준(Micro)으로 구분할 수 있으며 물질흐름의 추적방식은 특정 제품이나 물질을 대상으로 삼을 수 있다.

정적물질흐름분석은 질량보존의 법칙에 바탕을 두고 특정 기간 동안 물질흐름이 선형적이라는 가정하에서 물질 흐름을 규명할 수 있는 반면에 동적물질흐름분석은 물질의 흐름을 시간의 흐름에 따라 지속성있게 분석하려는 관점이다. 다면적은 생물학과 경제학적 접근을 의미하고 물질 수지에서 수지는 시스템 내에서 물질의 증가와 감소를 의미하는 회계적 개념이다.

1960년부터 시작된 물질흐름분석은 1992년 국가 수준의 물질흐름계정을 작성하였다. 이후 독일 통계청이 물질 및 에너지 흐름계정을 발표하였고 2000년 유럽통계청(Eurostat), 2003년 OECD 등 그리고 여러 나라에서 물질흐름분석을 적용하기 시작하였다. 물질흐름분석은 제품을 구성하고 있는 자원, 물질 또는 제품수명주기(life cycle) 동안 사람을 포함한 생태계에 미치는 영향을 분석하는 방법이다. 물질흐름분석의 특징은 생태계에 영향을 미치는 분석의 기준이 화폐가 아니라 물질의 량이다. 화폐를 분석기준으로 사용하지 않는 이유는 뒤에서 언급한다.

2. 구성개념

1) 엔트로피

물질흐름분석은 환경문제를 해결하기 위한 하나의 방법론이다. 물질흐름분석의 전제는 물질균형법칙과 엔트로피(entropy)법칙이다. 먼저, 물질균형법칙이란 어떤 물질이 원자재로부터 운반, 가공, 완제품 및 사용 후 회수, 폐기되는 과정에서 물질의 총량은 변화가 없다는 것이다. 물질변화과정을 평가하는 기준은 물질흐름의 전 과정에서 산출되는 부산물, 폐기물과 제품이다. 평가 기준이 제품, 부산물 및 폐기물이므로 부가가치를 측정하지 않고 화폐로도 평가하지도 않는다. 전 과정이란 자연상태에 있는 원자재, 가공, 처리, 조립, 완제품, 사용 후 매립 또는 소각되어 자연상태로 환원되는 과정이다. 화학에서의 질량보존의 법칙은 환경과 경제에서 유사한 개념이 물질균형법칙이다. 수식으로 표현하면 다음과 같다. 즉,

유입량 + 축적량 = 유출량

유입량 - 축적량(제품 + 부산물 + 폐기물) = 유출량

엔트로피(entropy) 법칙에서 엔트로피는 무질서라는 의미이다. 모든 물질은 특정 상태에서 또 다른 특정 상태로 변환되는 경우 무질서도가 증가하는 현상이 있다. 무질서도가 증가한다는 것은 특정 상태의 물질이 또 다른 특정 상태의 물질로 변환되는 경우 경계 시스템이 성장하는 과정을 의미한다. 시스템이 성장한다는 것은 기존의 시스템을 탈피하여 새로운 시스템으로 진입하는 것이다. 따라서 물질흐름분석은 물질이 정체되어있는 개념이라기보다는 기존의 틀에서 새로운 틀로 변화하는 물질의 이동과정을 추적하는 개념이다.

2) 측정도구

과거 물질흐름을 추적하고 평가하는 과정에서 사용된 기준이 가격이었으나 가격을 평가의 지표로 적용하는 것은 한계가 있음을 지적하고 있다. 가격의 결정이 때로는 비이성적으로 터무니없는 사람의 욕심에 의해 결정되기 때문이다.

일반적으로 재화의 가격은 실질 가치와 관계없이 희소성 즉 한계효용에 따른 주관적 가치에 의해 결정되고 있다. 구체적으로 수요가 증가하고 공급이 감소하면 가격이 상승하거나 반대의 경우에 가격이 하락한다. 가격이 비정상적으로 상승하는 사례는 2008년 한국에서 발생한 배추가격을 예로 들었다.[11] 위와 같은 예는 비단 배추와

같은 완전경쟁시장에서도 비성적으로 결정되는 것이 가격인데 하물며 독과점시장에서는 가격 결정이 얼마나 비합리적인가를 짐작할 수 있다. 비합리성의 예는 얼마든지 찾아볼 수 있다. 상기 현상이 발생하는 원인은 가격이 가치를 반영하고 있는데 이때의 가치가 절대적인 가치라기보다는 주관적이며 상대적 가치이기 때문이다. 주관적이라는 것은 자신의 욕구 충족을 위해 필요 정도에 따라 소중한 가치로 평가하기도 하고 형편없는 가치로 평가하기도 한다. 상대적이라는 것은 수요량와 공급량에 의해 교환가치 즉 가격이 결정됨을 의미한다. 수요량과 공급량은 특정 지역에서 생산되고 요구되는 수량을 의미한다.

수요량과 공급량이 일치할 때 가격 균형이 이루어진 상태로 볼 수 있다. 수급량의 비율이 1보다 작거나 크면 불균형이 발생하는데 불균형의 정도를 가격이 반영하고 있다. 가격은 화폐로 평가되는데 화폐는 통화량, 경제 제도 및 물가수준과 밀접한 관련이 있으므로 같은 품목이라도 국가별, 지역별로 다른 가격으로 평가되기도 한다. 따라서 왜곡된 경제 현상으로 자원의 고유가치 즉 본질적 가치를 측정하는 것은 현실적으로 거의 불가능하다.

윌리엄(William, 1999) 등은 가격이 경제적 가치를 측정하는데 문제점을 6가지로 지적하였다.[48] 첫째, 가격은 자원의 가치에 의해 결정되어야 하나 생산원가나 시장외적인 요인에 의해 가격이 결정된다. 즉, 본질적 가치에 의해 가격이 결정되는 것이 아니라 생산가격, 수요량 및 공급량에 의해 가격이 결정된다는 것이다. 둘째, 가격은 현재의 자산을 미래가치로 평가하는데 오류가 발생한다. 오류의 원인은 이자율 등의 요인이 작용하기 때문이다. 셋째, 정확한 미래가치를 평가하는데 어렵게 하는 요인은 시장의 변동성으로 자원 고유의 가치를 반영하지 못하고 있다. 넷째, 자산 항목에 포함되는 보완재와 대체재를 반영하는 대차대조표는 사람의 일상생활에서 어느 항목이 더 중요한지를 제대로 반영하지 못하는 단점을 지니고 있다. 다섯째, 완전경쟁시장에서 구매자-공급자 관계는 완전한 지식과 정보를 가정하고 있으나 이는 현실을 제대로 반영하지 못한다고 제시하였다. 이와 같은 이유로 물질흐름분석에서는 분석단위의 평가지표가 화폐가 아닌 물질로 제시하였다. 물질이며 측정방법은 회계적 원리를 적용한다.

3) 분석단위

화폐를 기준으로 물질을 평가하는 기준은 한계가 있음을 알았다. 물질흐름을 기준으로 생태물리적인 지표를 적용하기 위해 분석단위별로 다양한 지표가 사용된다.[33] 다양한 지표는 HANPP(Human Appropriation of Net Primary Production), EF(Environmental Space), ES(Environment Space), 생물다양성지표(Biodiversity) 및 PITO(Physical input-out table) 등이다.[32] 생태 물리적인 가치 평가에 대한 지표는 경제활동과 자연환경간의 관계를 나타내는 점에서 유용하다. 여기서는 HANPP에 대한 지표를 설명하고 나머지는 생략한다.

HANPP는 경제활동을 바탕으로 가격 또는 화폐라는 측정기준을 사용하지 않고 다른 기준 즉, 물질을 사용하는 것이다. 화석연료가 사용되어 경제적 효익을 얻었다면 탄소 배출량으로 수익을 측정하고 물이 사용되어 이익을 얻으면 물의 사용량을 바탕으로 이익을 측정할 수 있다.[39]

HANPP는 HA와 NPP의 개념이 합쳐진 것이므로 NPP(Net Primary Production)와 HA를 분리하여 설명한 후 HANPP의 개념을 제시한다. NPP는 일정 기간 동안 사람이 특정 식물을 생산하기 위해 사용하였던 에너지의 총량을 의미한다.[45] 즉, NPP는 광합성 작용으로 식물이 유기물의 생산량을 의미한다. 사람전용(HA; Human Appropriation)은 생태계의 에너지 흐름에서 사람이 끼친 영향을 설명하는 개념이다. 따라서 HANPP는 NPP의 변화를 유도하기 위해 사람이 유발했던 에너지의 총합이다.[31] 에너지의 총량을 위해 사용되는 기준인 바이오매스(biomass)는 생물자원이다.

$$HANPP = NPP_{lucc} + NPP_{h}$$

NPPlucc : 토지사용과 지표의 변화를 통한 NPP의 양

NPP_{h} : 사람이 생산한 획득량(harvest)

3. 구조

1) 개요

구조적 관점에서 물질흐름의 분석단위는 국민경제, 산업 단위 끝으로 제품 단위로

구분할 수 있다.[33] 특정 국가에서 생산 및 소비되는 물질 전체에 대해 적용하는 수준은 EW-MFA(Economy-Wide MFA)라고 한다. EW-MFA는 거시적 관점으로서 경제 전체 또는 물질 전체가 적용된다.[25,6] 둘째, 거시적 관점 즉 EW-MFA보다는 규모가 작은 것으로 중간(Meso)단위가 있다. Meso는 산업부문 또는 부분별 복합물질에 대한 흐름을 나태는 PIOT(Physical Input-Out Table) 또는 NAMIEA(National Accounting Matrix Including Environmental Account)가 있다. 여기에는 합성물질을 추적하는 물질시스템분석(MSA; Material System Analysis) 혹은 환경자원별 계정을 의미하는 NRA(Natural Resources Account)가 있다.[14] MSA와 NRA에 대한 예는 음식물 쓰레기 저감 및 재활용에 적용하였던 사례가 있다.[1] 셋째, 개별단위로서 SFA는 특정 제품별 물질흐름에 대해 관심을 가지는 분야이다. 끝으로 앞서 제시한 3개의 관점에 대한 MFA의 추적을 회계적 접근을 통해 질과 양 그리고 금액으로 평가하는 방법이다.[18] 상기 내용을 요약하면 〈그림 5-2〉와 같다.

<table>
<tr><th>적 용
수 준</th><th>시스템의 경계
(공정, 물질선택)</th><th colspan="2">절 차</th><th>적 용
개 념</th><th>평 가</th></tr>
<tr><td>국 가</td><td>대륙별 경계(국가경계)
→ 아시아, 유럽, 미주 등</td><td rowspan="3">• 투입-산출
↓
• 배출물 규명
↓
• 정책제시</td><td rowspan="3">LCA
↕
MFCA</td><td>MFA</td><td rowspan="3">질 량
및
금 액
MFCA</td></tr>
<tr><td>산 업</td><td>산업별 경계
→ 지역별, 시간별, 제품별 등</td><td>MSA,
NRA,
PIOT</td></tr>
<tr><td>개 별</td><td>제품별
→ 특정 제품, 특정 지역 등</td><td>SFA, LCI</td></tr>
</table>

〈그림 5-2〉 MFA의 구조

* 자료원 : Femial, A. and S. Moll,(2005), "Use of MFA-Related Family of Tool in Environmental Policy -Making :Overview of Possibilities, Limitation and Existing Example of Application in Practice. European Environment Agency p. 1-2004, 조영탁, 최정수(2006), "물질흐름분석(MFA)의 의의와 정책적 함의", 제5권, 제2호, pp. 1-26. 안상전, 정재수, 임송택, 정윤화(2007), "산업단지형 물질흐름분석(MFA) 적용방안 연구", 한국전과정평가학회지, pp. 59-66, 손병식(2014), "군수회계도입에 관한 연구", 국방정책연구, 제30권 4호, pp. 183-211.

2) 국가단위로서 전 경제물질흐름분석(EW-MFA; Economy Wide-Material Flow Analysis)

1970년대 초 국가단위로서 EW-MFA에 대한 연구가 시작되었다. 이후 약 30년이 지난 1999년에 미국과 일본이 공동으로 MFA를 제안하여 2000년에 OECD의 환경정보 및 전망 실무위원회(WGEIO; Working Group on Environment Information and Outlooks)가 물질흐름계정에 관한 세미나를 후원하였다. 그리고 폐기물 방지 및 실무 위원회(WGWPR; Working Group on Waste Prevention and Recycling)가 폐기물 물질흐름과 자원의 효율성에 관한 세미나를 개최하면서 국가 단위로서 EW-MFA에 대한 다양한 후속 연구를 진행하였다.[3]

특정 국가의 물질흐름량은 먼저, 해외에서 물질수입량과 국내채취량으로 구성한다. 해외에서 수입한 물질의 량은 물질수입량(IM; Import Material)으로 표시하고 국내에서 채취한 물질의 량은 국내채취량(DE; Domestic Extraction)이다. 물질수입량과 국내채취량의 합이 직접물질유입량(DMI; Direct Material Input)이 되고 특정 국가의 물질 총량이다. 국내에서 채취된 물질 대부분은 국내 경제시스템 내부로 유입되지만 일부는 채취현장에 남아있어 사용하지 않은 채로 있다. 이들 미사용 물질은 국내잠재흐름(DHF; Domestic Hidden Flow)이라고 한다. 해외로부터 유입된 물질 수입량은 사용된 부분과 미사용된 부분으로 구분하는데 사용하지 않은 물질은 국외환경부담(FHF; Foreign Hidden Flow)으로 남는다. 이들의 합은 국민경제가 사용한 물질의 총량 즉 총물질소요량(TMR; Total Material Requirement)이 된다. 따라서 총물질소요량은 다음과 같이 계산한다.

$$TMR = DMI(IM + DE) + DHF + FHF$$

TMR : 총물질소요량, DMI : 직접물질유입량
IM : 물질수입량, DE : 국내채취량
DHF : 국내잠재흐름, FHF : 국외환경부담

3) 산업단위로서 MSA 및 NRA

MFA는 기본적으로 물질의 양적 관점에서 투입량과 산출량에는 변동이 없다는 전제이다. 경제학자인 레온티에프(Leontief, 1970)와 포드(Ford, 1972)가 물질의 투입과 산출에 대한 결과를 환경에 적용하려고 하였다. MSA는 MFA와 달리 산업 및 제품과 환경 사이에 흐름을 정확하게 제시하는 PIOT(Physical Input-Output Table)와 NAMEA(National Accounting Matrix Environment Accounting)가 사용된다. PIOT에서 IO는 투입과 산출을 의미하고 환경계정(NAMEA)은 국가회계를 의미한다. 따라서 MFA는 국가적 관점에서 환경학, 경제학 및 회계학의 융 · 복합을 바탕으로 물질흐름량을 측정하고 평가하는 사고의 틀을 형성한다. 회계는 물질흐름원가회계에서 제시한다.

상기와 같은 평가와 달리 안상전(2007) 등은 MFA의 3가지 수준 중 산업단지형 물질흐름분석 적용의 연구가 미비하다고 제시한 후 그 이유를 4가지로 언급하였다.[14] 첫째, 기업정보 및 환경 관련된 통계자료의 부족 둘째, 통계자료의 신뢰성 저하 셋째, 공장 이전 및 업종 변경, 끝으로 입주 업체의 변동성 및 업종 간 물질흐름에 대한 추적의 복잡성이다. 산업 단위 적용에 관한 많은 사례는 Agriculture, Ecological Economics 등의 학술지에서 찾을 수 있다고 덧붙였다. 여기서 첫째와 둘째에 대한 통계 부족 및 신뢰성은 각 산업별 종사자와 관리자의 투명한 경영이 전제되어야 한다. 세 번째, 산업별 기업간 공조체계관리(SCM; Supply Chain Management)를 조망할 수 있는 전체 흐름도가 작성되지 않았음을 의미한다. 산업별, 기업별 구매자-공급자 간 SCM지도가 만들어지면 물질의 흐름 전 과정을 파악할 수 있을 뿐만 아니라 업종 간 물질흐름의 추적이 가능하다. 동시에 발생하는 부산물의 파악이 가능하므로 환경에 유익한 다량의 정보를 얻을 수 있다. 끝으로 MFA는 어느 물질이 국가 및 산업에 어떠한 영향을 얼마만큼 미치는지를 파악할 수 있는 정보를 제공한다.

4) 개별단위로서 SFA(Substance Flow Analysis) 및 LCA(Life Cycle Assessment)

국가 수준과 산업단지 수준에서는 MFA에 중점을 두고 적용하며 개별단위는 SFA을 적용한다. 앞서 제시하였듯이 물질과 물체를 구별하는 연구자와 구별하지 않는 연구자가 있다. 따라서 SFA는 특정 제품 및 물질을 구별하지 않고 연구할 수 있다. 장은실(2011) 등은 LCA를 적용하여 물질과 물체를 구별하지 않고 수은에 대한 인체 유해성을 산업별 그리고 배출경로를 LCA로 파악하였다.[21]

4. 분석절차

MFA의 적용 절차는 먼저, 분석하려는 경제단위를 설정한다. 경제단위는 국민경제, 산업단위 그리고 개별경제 3가지로 구분한다. 분석단위를 선정하는 이유는 MFA

를 적용하는 저변에 시스템적 접근방법을 사용하고 있기 때문이다. 각 경제단위는 하나의 독자적인 시스템을 구축하고 있으므로 여러 시스템 사이에는 경계가 설정됨으로써 물질의 유입, 변형 및 산출과정에서 새로운 물질로 변형되는 양 즉, 사용된 양과 사용하지 않은 물질의 정체(hidden flow)량을 파악할 수 있다. 사용되지 못한 물질의 정체량은 폐기물의 양과 부산물의 양을 의미한다.

둘째, 물질흐름을 정의한다. 거시경제 시스템에서 물질흐름의 투입자원은 수입이고 시스템 경계에서 산출물은 처리된 원부자재(또는 제품), 수출 및 환경 배출물로 구분한다. 산업의 경우 시스템 경계에서 물질흐름은 직접흐름과 간접흐름을 구분하고 원부자재와 제품의 생산에 대한 직·간접 투입물질의 흐름을 구분한다. 배출물은 자연계로 배출되는 환경부하물질 즉, 폐기물과 같은 의미이다. 셋째, 제품 사용에 대한 직·간접에 대한 흐름 등 관련된 각종 지표를 산출하여야 한다.

끝으로, 물질수지균형을 확증하기 위해 회계적 접근이 필요하다. 환경관리 관점에서 회계학을 적용한 MFCA(Material Flow Cost Accounting)는 기존에 비용과 수익으로 상계되지 못한 부분을 분명하게 설명함으로 더 명확한 수지를 산출할 수 있다.[17] MFCA를 접근하기 위한 기본적인 사항은 군수학적 관점의 회계 군수를 참고한다.[13]

5. 장·단점

1) 장점

MFA의 장점은 먼저, 물질이 흐름의 관점에서 생애주기별 관리가 가능하다는 것이다. 생산자는 과다한 자원사용 여부를 검증하며 천연자원의 이용 지수를 산출할 수 있다.[3] 둘째, MFA 연구는 국가적, 산업별 및 제품별 자원 활용도를 분석할 수 있다. 활용도 평가는 국가 환경정책을 계획할 때 적용할 수 있다. 산업은 자원 소비 현황을 파악하고 자원 소비 업종을 규명하는데 활용할 수 있다.[14] 셋째, 제품별 단위 자원의 투입과 산출의 흐름 분석은 환경의 유해한 요소로부터 노출 위험을 확인할 수 있다. 넷째, 물질균형의 법칙 즉, 질량보존의 법칙에 근거를 두고 있으므로 MFA을 적용하여 총환경부하량은 투입물인 자원사용량과 산출물인 폐기물 배출량을 합하면 동일하다. 이를 분석하여 국가단위, 산업단위 그리고 개별단위를 대상으로 환경부하량을 산출할 수 있으므로 환경에 부담이 되는 부분을 관리하기 쉽다. 다섯째, 환경 관련 다양한 분석은 환경정책에 도움을 제공한다. 예를 들면, 생태효율성, 자원생산성, 물질집약도, 오염물질집약도, 생태경제효율성지수 및 총환경부하량 등의 지표는 오염물질관리정책, 에너지 정책 등을 수립하는 하나의 지표가 될 수 있다. 여섯째, MFA 관점에서 지속 가능한 자원관리를 위해 자원생산성, 물질순환이용율 및 디커플링 지표 세 가지 지표를 사용한다. 디커플링 지표(decoupling Indicator)는 국가의 경제활동이 탈물질화(dematerialization) 정책을 시행하는지를 확인하는 것이다.[4,34,50]2) 디커플링은 에너지 사용과 경제성장의 관계를 나타내고 탈물질화는 생산 활동에서 물질사용량 자체를 감소시키는 것이다.

디커플링은 절대적 디커플링(absoiute decoupling)과 상대적 디커플링(relative decoupling)으로 구분한다. 절대적 디커플링은 일정 기간 동안 국내총생산(GDP; Gross Domestic Product) 관점에서 에너지 사용량보다 경제 성장률이 높은 경우이고 상대적 디커플링은 에너지 사용량보다 경제 성장률이 낮은 경우이다. 구체적으로 디커플링 요인이 0에서 1사이의 값을 취하면 디커플링이 발생하고 0보다 작으면 디커플링이 발생하지 않았다고 제시한다.[5,50] 계속해서 디커플링 비율과 디커플링 요인을 적용하여 국내 경제성장과 물질 소비간의 디커플링의 발생 여부를 평가하였다. 평가방법은 아래와 같다.

디커플링 비율 = (EP ÷ DP) ÷ (EP ÷ DP)

디커플링 요인 = 1 − 디커플링 비율

단, EP : 환경오염요인

DF : 경제개발촉진요인

2) 단점

MFA의 단점은 특정 제품을 개발한 이후에 MFA를 적용함으로 제품 개발전 소요관

---

2) 디커플링과 탈물질화를 이해하기 위해 필요한 내용으로 Jevons' 역설과 환경쿠츠네츠곡선(EKC; Environmental Kuznets Curve)가설에 대해서는 다음 내용을 참고한다. Sorrell, steve(2009), "Jevons' paradox revisited: the evidence for backfire from improved energy efficiency", Energy Policy, Vol.37, No.4, pp. 1456-1469,; Dinda, soumyananda(2004), "Environmental Kuznets Curve hypothesis: a survey", Ecol. Econ., Vol.49, No.4, pp. 431-455,

리, 연구개발 단계에서 쓰레기 량을 감소시킬 기회가 없다. 둘째, 물질 흐름의 양을 합산에 하는데 통일된 기준이 미흡하다는 한계점이 있다.[29] 통일된 기준은 현실적이고 객관적인 방법론으로 누구나 쉽게 응용할 수 있는 기준으로 만들어야 한다. 셋째, 물질흐름을 추적하는데 복잡성과 환경 관련 자료의 부족이 객관적이고 신뢰성있는 자료를 구축하는데 미흡한 원인이 된다. 넷째, 생산에서부터 폐기 이후 단계까지 발생하는 다양한 오염물질과 오염의 양을 사전에 예측하는데 한계가 있다. 끝으로 MFA의 출발은 경제학과 생태학적 관점이므로 물적자원관리를 연구대상으로 하는 군수학적 관점을 도외시하고 있다. 군수학적 관점이란 거시군수 관점으로 사용자의 필요성을 제기하는 소요에서부터 원재료에 부가가치를 창출하기 위해 연구개발을 거쳐 부품의 조달, 보급, 정비, 수송, 시설 및 평가를 위한 회계에 이르기까지 전 과정이다. 이는 군수 관점에서 환경관리를 구현해야 하는 당위성을 제시하는 이유이기도 하다. MFA와 군수를 통합하는 부분에 대해서는 본장에서 후술한다.

제Ⅳ절 수명주기평가기법(LCA; Life Cycle Assessment)

1. 개념

수명주기평가기법에 대한 다른 명칭은 목적에 따라 PLCA(Product Life Cycle Assessment) 또는 REPA(Resource & Environment Profile Analysis)로 불리기도 한다. LCA 방법의 기초는 미드웨스트연구소(MRI; Midwest Research Institute)에서 코카콜라 용기에 대해 환경영향평가 용역을 수행하는 과정에서 만들어졌다.[2] LCA(Life Cycle Assessment)는 수명주기평가기법으로 번역하고 Life Cycle은 전 과정으로 번역하였다. 이는 기존의 문헌과의 통일을 위한 것이기도 하거니와 다른 이유는 군수학의 주요 개념인 ILS의 수명주기비용(LCC; Life Cycle Cost)과 구별을 위한 것이다.

1970년대 미국, 독일, 스위스 및 일본 등은 에너지 파동기간 중 에너지 절약과 자원 재활용에 관심을 가졌던 국가로서 자국의 산업에 LCA를 적용하였다. 한국은 1993년 LCA에 대한 연구가 진행되었으며 1997년에는 전과정평가학회가 설립되어 본격적으로 연구할 수 있는 토대를 마련하였다.

LCA는 환경 영향을 평가하는 방법론은 재화의 각 수명주기 단계별로 투입되는 자원, 에너지 및 배출물질을 정량화하고 환경부하를 평가하여 환경을 개선할 기회를 탐색하는 것이다.[20,15] 각 수명주기 단계의 다른 표현은 제품의 전 과정을 의미하는 투입, 변형 및 산출로써 원료의 획득, 제조, 사용, 폐기 및 처리 그리고 중간 과정에서 발생하는 부산물을 포함한 모든 과정에서 환경 영향을 평가한다. ISO(2006)는 LCA를 제품의 전 과정 동안 사용되는 자원과 잠재적인 환경 영향을 평가하는 도구로 정의하였다.[41] 그란(GŐran, 2009) 등은 LCA에 대해 환경 문제를 예방하는 유용한 도구로 평가하였다.[38] 이전의 제품에 대한 환경관리는 특정 조직 내에서 수행하는 미시적이고 단편적인 환경정책이었던 것에 비해 LCA는 기업간 또는 산업간 장벽을 넘는 환경관리정책으로 역동적이며 거시적인 도구로 평가할 수 있다. 이렇게 볼 때 공조체계관리(SCM; Supply Chain Management)가 기업간 제품과 용역을 생산하기 위한 협력체계라면 LCA는 제품과 용역에 대한 기업내 협력적인 환경을 관리하는 도구라고 할 수 있다. 환경 영향을 평가한다는 것은 사람과 환경에 부정적인 영향을 미치는 정도를 평가한다는 것을 의미한다. 부정적인 영향을 미치는 물질은 폐기되어야 한다. 〈그림 5-3〉과 같이 기업 내에서 수행하는 LCA를 표현할 수 있다.

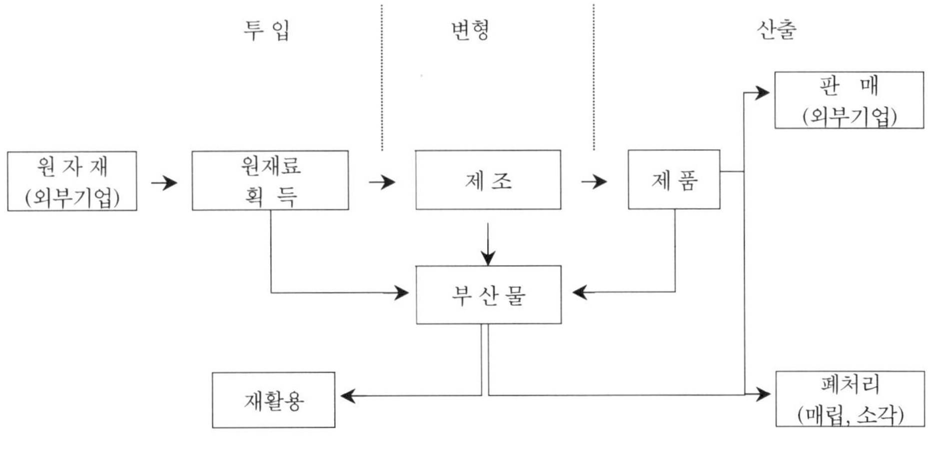

〈그림 5-3〉 기업의 LCA

2. LCA 수행단계

1) 개요

국제표준화기구(ISO; International Standard Organization)는 상기 목적을 달성하기 위한 LCA 표준으로 14040에서부터 14049까지 10개의 시리즈를 4단계로 구성하였다. 먼저, 목적 및 범위 정의(GDS; Goal Definition & Scoping), 둘째, 전 과정목록분석(LCI; Life Cycle Inventory analysis), 셋째, 전 과정 영향 평가(LCIA; Life Cycle Impact Analysis) 끝으로 전 과정 결과해석이다. 끝으로 LCA는 4단계로 〈그림 5-4〉와 같다.

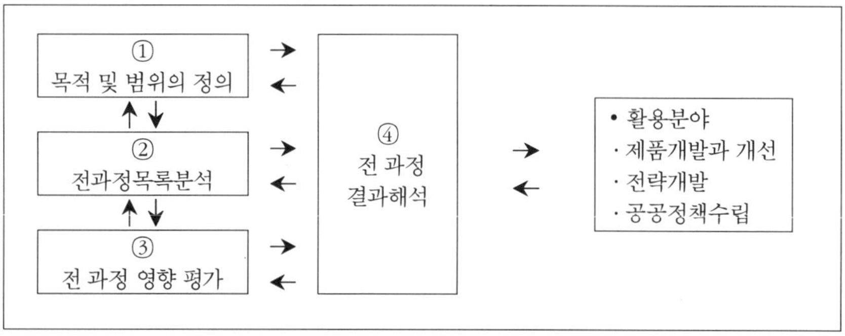

〈그림 5-4〉 전 과정 평가 수행 4단계

* 자료원 : ISO(2006), "Environmental Management -Life Cycle Assessment - Principals and Framework, ISO 14040 -International Standard 2rd edition.

2) 목적 및 범위 설정 단계

목적 및 범위 설정 단계는 LCA를 수행하는 첫 단계로서 연구자가 수행하는 목적, 적용하는 시스템을 설정하는 단계이다. 연구자가 연구하는 목적에 따라 연구방법, 연구수행기간, 대상지역, 연구결과를 적용하는 분야가 달라지므로 LCA 연구결과를 어떤 목적으로 사용할 것인가 등 전반적인 사항을 결정하여야 한다. 목적 및 범위 설정 단계에서 연구자가 결정하여야 할 사항은 기능단위, 시스템경계, 할당절차, 데이터 품질조건 및 환경영향평가 방법론 등이다.

먼저, 기능단위이다. 기능단위는 사용자 관점에서 연구대상이 되는 시스템의 주요한 기능을 측정하는 가장 작은 구성단위이다. 기능단위를 설정하는 목적은 연구목적을 기술할 때 시스템경계를 명확하게 하고 계량화하며 신뢰성을 높이는 데 있다. 예를 들면, 기능단위는 세탁기 1대, 냉장고 1대 등으로 설정한다. 이러한 기능단위는 연구자가 환경부하량을 계량화하는데 용이하고 다른 시스템과 환경부하 요인을 비교하는데 적용할 수 있다.

연구자가 연구목적을 결정한 후 다음은 시스템경계를 결정한다. 시스템경계는 시스템의 투입요소와 산출요소를 제외한 변형과정에 속해 있는 시스템을 지역, 장소, 시간으로 구분할 수 있도록 시스템경계를 구체적으로 규정해야 한다.[38] 여기서 시스템은 원료 획득에서부터 최종 폐·처리까지를 의미하며 연구목적에서 불필요한 공정은 제거할 수 있다. 그러나 연구자가 왜 특정 공정을 제거했는지에 대한 이유는 투명하고 공정하게 밝혀야 한다.

할당절차는 다양한 제품을 처리하는 과정에서 할당의 문제가 발생한다. 할당문제의 발생형태는 다중투입, 다중산출 및 공개재활용(open-loop recycling) 3가지 형태가 있다. 다중투입형태는 하나의 공정에서 여러 개의 폐기물 처리하는 형태로서 소각이다. 다중산출형태는 하나의 폐기물을 처리하여 여러 개의 제품을 생산하는 형태로 제련업이 해당한다. 끝으로 공개재활용은 하나의 폐기물이 또 다른 제품으로 재활용되는 경우로서 폐지가 소각되는 과정에서 발생하는 열이나 전기를 생산하는 형태를 말한다.

데이터 품질조건에서 연구결과의 일관성을 확보하기 위해 필요한 데이터의 요건은 자료의 정밀성(precision), 완전성(completeness), 대표성(representive), 일관성(consistency) 및 재생산성(reproducibility)이다. 상기 내용은 〈그림 5-5〉와 같으며 굵은 선은 시스템경계이다.

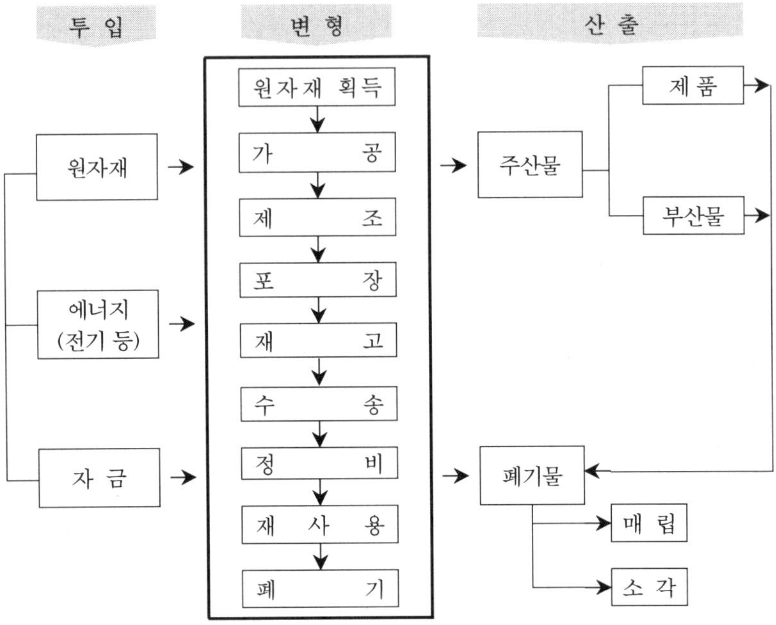

〈그림 5-5〉 군수 기능과 시스템 경계, 단위 공정, 기능 단위

3) 전과정목록분석

(1) 개요

전과정목록분석에서 전과정이란 원자재 획득에서부터 생산을 거쳐 폐기단계까지이다. 목록이란 소비되는 자원의 종류와 양에 대한 기록서이다. 분석이란 소비되는 자원의 종류와 양에 대한 내용을 살펴보는 행정적 절차이다. 따라서 전과정목록분석이란 제품 수명주기단계별 투입되는 모든 자원의 종류와 양을 분석하는 것이다. 전과정목록분석에서 획득의 의미는 소요와 연구개발을 제외한 것이다. 이점에 대해서는 LCA와 군수 비교에서 기술한다.

기록 단계는 연구대상이 되는 시스템의 자원 흐름에 대한 자료를 수집한다. 수집된 자료는 투입된 자원의 에너지, 원자재 및 부수 기자재에 따른 산출된 자원의 양을 계량화한다. 산출물은 완성품, 부산물을 포함하여 쓰레기 및 각종 오염물질(대기, 수질, 토양 등) 등이다. 목록분석을 위한 방법으로 투입 및 산출 매트릭스를 작성하여 정량화, 객관화 및 구체화로 타당성을 얻을 수 있도록 한다. 투입 및 산출 매트릭스의 작성 목적은 분석할 단위공정을 확인하고 관련 자료를 수집하여 제품의 각 수명주기별 부하량을 정확하게 산출하는데 필요한 정보를 얻는 것이다. 관련 정보를 획득하는 행위는 전과정영향평가의 모든 단계에서 이루어져야 한다. 목록을 분석한다는 것은 투입되는 자원과 산출되는 각종 오염물질을 정량화하는 과정이다.

제품수명주기에 따라 투입과 산출이 반복되는 자원집중화(resource - intensive) 과정은 반복적인 절차에 의해 완성된다. 수집되는 자료는 타당성이 있어야 하며 연구대상이 되는 제품의 기능 단위와 관련된 자료는 전과정목록분석에 활용할 수 있다. 다음 〈표 5-1〉은 입 · 출력되는 자원의 양을 산출하는데 필요한 전과정목록분석의 "예"이다.

〈표 5-1〉 전과정목록분석에서 투입-산출 매트릭스의 "예"

구 분		소비되는 자원			오염물질 대 기			오염물질 토 양			총계
조사항목		물	석유	목재	CO_2	NOX	SOX	RDX	VOCs	TPH	
에너지 소모량 단위		톤	L	톤	g	g	g	g	g	g	
1 차 생산자	인력투입										
	자원획득										
	수송										
	원료가공										
2 차 생산자	수송										
	원재료가공										
	부품제조										
	포장										
	재고										
	상·하차										
3 차 생산자	수송										
	재고관리										
	부품가공										
	포장										
	재고										
	상·하차										
사용자	수송										
	재고관리										
	부품가공										
	완성품사용										
	정비										
	회수										
폐 기	포장										
	수송										
	매립 / 소각										

(2) 데이터 구축방법

① 개요

전과정목록분석의 데이터 구축방법은 자료를 수집하는 방식에 따라 산업연관분석법(I/O Table Approach), 개별적산법(Aggregating Approach) 및 통합조합법(Integrated Correlation Analysis) 등이 있다.[15,16,19,22]

② 산업연관분석법

산업연관분석법은 레온티에프(Leontief, 1970)가 제시한 내용으로 산업을 대상으로 분석하는 거시경제 관점에서 일정 기간 동안 재화 및 서비스 산업 간 거래를 표(table)로 만든 것이다. 산업연관분석표는 영어의 투입인 Input에서 I와 산출의 Output에서 O를 사용하여 작성한 표(table)이므로 I-O Table이라고 한다. 산업연관분석표는 국내에서 생산되는 모든 제품을 구매자와 공급자 관점에서 거래된 수량을 일괄적으로 정리한 것이다. 특정 산업의 완성품은 다른 여러 산업의 원재료 또는 최종 제품을 사용하는 수요자에게 제공된다. 거시적 관점에서 작성되어 환경부하를 통합적으로 파악할 수 있으므로 객관성을 띄는 장점이 있다. 반면에 연구개발에 의한 신기술 또는 재활용으로 산업연관표에 표시되지 않은 항목은 분석할 수 없는 단점이 있다. 일정 기간은 국민경제를 대상으로 하여 1년을 의미한다.

③ 개별적산법

소프트웨어로 구현되는 방식인 개별적산법은 SETAC(Society of Environmental Toxicology and Chemistry)과 미국의 환경보호청(EPA; Environment Protection Agency)이 많은 관심을 나타내고 있다. 특히, SETAC에서 주로 사용하는 방법이므로 SETAC 방식으로 불린다. 목록분석을 작성하는 개별적산법은 특정 제품을 제작하기 위해 투입되는 모든 자재의 종류와 수량에 따라 환경부하와 부산물을 추정한다. 현재 실용화된 많은 외국의 S/W는 대부분 개별적산 방식을 사용하고 있다.

개별적산법의 장·단점 중 먼저 장점은 평가대상이 개별 제품이므로 생산, 유통, 소비, 재할용 및 폐기에 대한 환경부하 대책을 반영할 수 있다. 그러나 특정 제품의 투입과 산출의 다양한 과정을 거쳐야 하므로 많은 시간, 비용 및 인력이 요구되는 비경제적인 문제가 발생할 수 있다.

④ 통합조합법

통합조합법은 산업연관표와 개별적산법의 장점을 혼합한 방법이라 하여 혼합방식 또는 통합방식으로 지칭한다. 통합조합방식의 장점은 산업연관분석표에서 구분한 내용을 이용하므로 상세한 구분이 가능하여 포괄적이다. 상세한 구분이 가능하고 포괄적이므로 객관성이 부족하다는 단점이 있다. 통합조합방식의 구분은 개별적산법을 기초로 하는 방법과 산업연관분석법에 기초를 둔 방법에 따라 단계별조합, 투입산출조합, 끝으로 통합조합법으로 구분한다. 상기 방법의 장·단점은 〈표 5-2〉와 같다.

〈표 5-2〉 전과정목록분석 방법별 장·단점

구 분	장 점	단 점
산업연관방식	• 분석 범위의 확장이 가능 • 계산이 쉬워 시간이 절약 → 노력이 절감 • 종합적인 분석 가능	• 각 제품의 기술적 분석 적용 애로 발생 • 산업연관표에 누락된 항목 분석 불가능 • 에너지 통계 자료와 산업연관표의 산업분류가 불일치 발생
개 별 적산법	• 조사 대상의 공정분석 가능 • 제품의 기술적 분석 가능 • 가격변동으로부터 독립성 유지	• 시간, 비용 및 인력 투입 광범위 • 다량의 데이터 분석 불가능 • 복잡한 제품체계 취급으로 비용과다발생
통 합 조합법	• 산업연관방식과 개별적산법의 장점을 사용 • 상세한 구분 및 포괄적 방법 적용 • 다양한 적용방법이 제시 → 단계별 조합 등	• 상세한 구분과 포괄적 방법으로 인한 객관성 결여 • 방대한 작업 소요량이 발생

* 자료원 : 유호천(2004), “전과정 평가(LCA)”, 대한 설비공학회 강연회 및 기타 간행물, pp. 93-121. 내용수정, 송지윤, 이정호, 장미란(2016), “건물부문의 환경부하 평가모형 개발을 위한 기초연구”, 한국환경정책 · 평가연구원.

4) 전과정영향평가 과정

(1) 개요

전과정목록분석 과정은 제품에 대한 수명주기 단계별 잠재적인 환경영향평가에 대한 중요성을 평가하는데 사용한다.[28] 평가절차는 연구목적과 범위에 맞도록 반복적 계산과정을 거친다. 전과정영향평가는 전과정목록분석에서 작성된 투입 및 산출 매트릭스로부터 산출된 환경부하량을 계산한다. 계산방법은 정량적 및 정성적 방법이 있으며 장점은 환경에 미치는 영향을 다양한 측면에서 검토할 수 있다. 계산 절차는 〈그림 5-6〉과 같이 분류화, 특성화, 정규화 끝으로 가중치를 부여하는 것으로 마친다.[37,26,20]

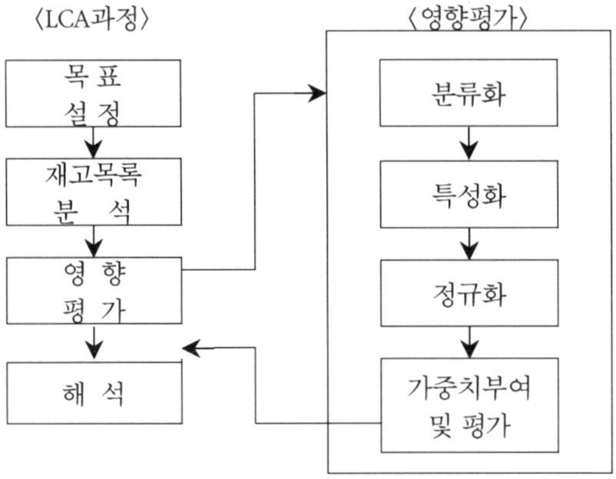

〈그림 5-6〉 영향평가 계산과정

* 자료원 : ISO14040

(2) 분류화

분류화는 범주화라는 용어와 동일하며 분류화란 연구목적에 맞게 선정된 시스템이 환경에 미치는 잠재적인 영향을 평가하기 위해 선정한 환경 영향 범주를 말한다. 범주화의 목적은 다양한 항목을 통합하여 분석을 쉽게 하는데 있다. 환경 영향 범주는 천연자원, 생태계 영향 및 인간보건 3가지가 있다. 각 범주별 하위 영향 범주에서 먼저 천연자원은 자원고갈, 자원 및 에너지이며 생태계는 지구온난화, 광화학산화물 생성, 오존층 파괴, 생태계 독성, 산성화 및 부영양화이다. 인간보건은 인간 독성의 영향과 같은 내용을 포함한다. 상기 잠재적인 환경 영향 평가를 위한 범주화는 모두 8개로 한국형 환경 영향 평가 지수이다. 환경지수 계산식은 다음과 같다.

$$E \bullet I = \sum (LCIresult \times C_i \times \frac{1}{N_i} \times W_i)$$

N_i : 정규화 요인, C_i : 특성화 요인

$\frac{N_i}{T_i}$: 저감계수, fi : 상대중요 요인

W_i : 가중치 요인, Wi : $\frac{\ni}{Ti} \times fi$

환경 영향 범주별 정규화 및 가중치 부여요인의 값은 〈표 5-3〉에 있다.

〈표 5-3〉 환경 영향 범주별 정규화, 가중치 부여요인

환경영향범주		$\frac{N_i}{T_i}$	fi	wi
자원고갈		1.6	0.242	0.242
지구온난화		1.05	0.211	0.246
오존층 파괴		1.71	0.172	0.289
광화학산화물		1.09	0.047	0.078
산성화		1.05	0.064	0.139
부영양화		1.46	0.060	0.136
생태독성	수질	1.00	0.144	0.144
	해양	1.00		0.144
	토양	1.50		0.216
인간독성		1.42	0.074	0.105
$\frac{N_i}{T_i}$ = 감소요인 fi : 상대적 중요 요인 wi : 가중치 요인				

* 자료원 : ISO 14040.

(3) 특성화

특성화는 분류화된 항목들로부터 세부 환경 영향 범주에 미치는 영향을 정량화 또는 정성화 하는 과정이다. 정량화 또는 정성화 하는 과정은 범주 내에 있는 각각의 요소별 특성을 분석하는 것이다. 특성을 분석한다는 것은 환경에 악영향을 제공하는 요인과 환경에 좋은 영향을 제공하는 요인으로 구분한다는 것이다. 그리고 나쁜 영향을 끼치는 요인과 좋은 영향을 끼는 요인을 합하여 전체 영향을 산출할 수 있다.[29]

특성화를 구체적으로 사용하는 것이 특성계수이다. 특성계수는 특정 환경부하 항목이 환경에 어느 정도 영향을 미치는지를 구체적인 수치로 표시할 수 있다.

$$CI_i = \sum_{ij} CI_{ij} = \sum (Load_j \times eqv_{ij})$$

$load_j$: j번째 목록항목 환경부하량

equ_{ji} : j라는 환경영향범주에 속한 j번째 목록항목의 특성화 계수 값 equ(Equivalency Factor)

(4) 정규화

정규화는 특성화 단계를 바탕으로 산출된 결과를 환경 영향 범주 사이에 상호 비교를 위해 측정단위를 하나로 통일하는 것이다. 또 다른 하나는 특성화 결과로서 발생할 수 있는 오류를 검토하는데 있다. 정규화 방법은 특정 기간 동안 해당 지역에서 잠재적으로 영향을 미칠 수 있는 개별 기능 단위를 모든 목록 항목들의 잠재적인 환경 영향으로 나눈다. 나누어진 값은 특정 기간 동안 해당 지역에서 평균적으로 개인에게 미치는 영향을 의미한다. 측정단위를 일치시키기 위한 정규화 공식은 다음과 같다.

$$NI_i = \frac{CI_i}{N_i}$$

단, CI_i : 범주 내 기여 하는 잠재적 환경 영향

N_i : 특정 지역 내 배출되는 목록 항목들이 기여 하는 잠재적인 환경 영향

NI_i : 정규화 값

(5) 가중치 부여

가중치를 부여하는 목적은 환경범주별로 산출된 결과를 정규화하여 이해관계자에게 이해력을 향상시키는데 있다. 그러나 환경오염 수준이 상이하여 최종적인 결론을 내릴 수 없으므로 특성화에 따라 가중치를 부여한 것이다. 가중치를 부여하는 방법은 비용환산에 의한 방법, 전문가 집단의 자문 즉 Delphi 방법 등이 있다. 가중치를 부여하는 절차가 LCA의 장점이지만 가중치 자체가 주관적 평가에 기초를 두고 있으

므로 ISO에서는 특별한 경우에만 적용할 것을 규정하고 있다.[9] 가중치를 부여하는 방법은 다음과 같다.

$$T_i : \sum I_i = \sum (N_i \times V_i)$$

$$I_i : N_i \times V_i$$

단, Ti : 전체 시스템의 환경영향

I_i : j번째 영향범주의 상대적인 중요도가 고려된 I번째 영향범주에 미치는 시스템의 환경영향

델파이 방법은 2단계를 거친다. 먼저 환경 영향 평가 전문가가 제시한 정성적인 의견을 바탕으로 상대적 중요성을 판단한다. 두 번째는 상대적 중요성의 정성적인 내용을 정량적인 내용으로 전환하여 평가하는 방법이다. 평가결과의 수치가 클수록 환경부하량이 높다는 것을 의미한다. 이외에도 통용가치(monetization), 환경표준(environment standards) 및 Eco-Indicator method 등의 방법이 있다.

5) 전과정해석

LCA의 마지막 단계에서 전과정해석을 한다. 전과정해석은 목록을 분석한 결과에 대한 전과정환경영향평가를 수행한 내용을 종합 정리하는 과정이다. 종합 정리된 내용은 이해하기 쉬어야 하며 완전하고 신뢰성이 있어야 하고 처음 LCA를 적용하려던 목적과 일치해야 한다. 그리고 종합 정리된 내용을 바탕으로 환경관리자는 원료 획득에서부터 완제품 생산 단계를 거쳐 유통단계 및 사용 후 폐기단계에 이르기까지 환경부하량이 가장 높은 단계를 선별하여야 한다. 환경관리자가 선정한 단계의 환경개선을 위한 대책을 수립한다. 어느 단계에서 환경에 영향을 미치는 물질이 배출되며 환경에 어떠한 영향을 미치는지를 확인한다. 환경개선은 각각의 수명주기단계에서 배출되는 시설 및 공정에 대한 분석으로 설비 및 공정을 바람직한 방향으로 개선하는 것이다.

LCA의 결과가 의사결정자에게 다음과 같은 정보를 제공한다. 먼저, LCA의 결과는

자원의 재활용 및 폐기 여부를 결정하게 한다. 둘째, 각각의 수명주기 단계별 공정, 생산, 포장 및 수송 과정을 재검토할 수 있는 기회를 제공한다. 셋째, 전과정 해석을 체계적으로 수행하기 위한 기준으로는 민감도 분석 및 신뢰성 검정이 있다. 민감도 분석의 목적은 LCA의 4개의 각 과정에서 시행된 내용이 목적과 합당한지 여부를 확인하는 것이다. 신뢰성 검정은 LCA에서 사용된 방법, 절차 및 자료들이 신뢰성이 있는지 그리고 기능 단위에 맞도록 시스템의 경계를 설정하고 할당하였는지를 검토하는 것이다. 깊이 있는 검토를 위해 물적자원관리자가 군수기능을 적용하여 재검토할 수 있는 기회를 얻는 것이다.

6) 전과정평가의 활용

전과정평가 결과는 주체에 따라 다양한 목적을 달성할 수 있다. 먼저 소비자는 개인적 관점에서 제품을 구매할 때 친환경제품 여부를 활용할 수 있고 소비자 단체 관점에서는 유사제품 간 기업으로 하여금 환경친화적인 제품을 생산하도록 요구하는 근거 자료로도 활용할 수 있다. 생산자 입장에서 기업은 소비자가 친환경제품을 요구하기 이전에 설계단계에서부터 제품의 친환경 여부를 고려할 수 있다. 그런가 하면 정부는 환경법규를 제정하는 기준으로 적용할 근거가 될 수 있다. 결론적으로 LCA는 의사결정자로 하여금 환경에 대한 기준을 설정하고 활용할 수 있게 한다.

3. LCA의 한계점

LCA는 여러 나라에서 광범위하게 적용하고 있으며 한국이라고 예외일 수는 없다. 그렇다고 LCA가 지닌 한계가 없는 것은 아니다. 예를 들면, 하나의 특정 제품에 대해 원자재 획득에서부터 폐기단계까지 환경부하량을 산출하여 환경부하량이 높은 생산공정을 수정할 수 있는 유익한 정보를 제공한다는 점은 틀림없다. 그러나 전 과정을 평가하는 것은 사실상 어려운 문제이다. 구체적으로 국제표준을 제정하여 지역적인 특수 상황을 배제하고 전 과정을 평가하는 것은 한계가 있을 수 있다. 둘째, 구체적으로 자료의 값에 대한 가중치를 부여하는데 환경관리자의 주관적인 가치관이 개입할 수 있다. 셋째, 자료의 부족은 연구 결론을 도출하는데 제한이 될 수 있으며 자료의 신뢰성 문제가 제기될 수 있다. 따라서 연구자는 신뢰할 수 있는 자료를 바탕으로 불확실성을 감소시킬 수 있는 도구의 개발이 필요하다. 여기서 불확실성은 연구 대상이 되는 실제 시스템에 대한 자료 부족을 포함하고 있다.[38] 넷째, 사용하는 자료의 값이 지역별로 편차가 있고 시간에 따라 환경영향평가에 대해 다른 결과를 가져올 수 있다는 것이다. 다섯째, 환경을 공학적으로 접근하여 물리적 내부 공정 흐름을 판단하므로 부피, 오염물질을 평가할 수 있다. 그러나 시간에 기초해서 발생하는 비용에 대한 분석내용을 제공하지 못하는 한계점이 있다. 끝으로 목적 및 범위의 정의 단계에서 분명히 결정해야 할 사항은 연구소요 판단과정에서 결정된다. 그러나 LCA는 소요판단 과정과 연구개발 단계가 없다. 소요판단 이후 LCA의 적용 범위는 연구목적을 달성할 수 있도록 연구의 심도성, 광범위성 및 정밀성을 충분하게 규정하여야 한다. 심도성, 광범위성 및 정밀성은 연구대상의 제품과 관련된 시스템 경계, 기능 단위(functional unite), 할당절차, 환경영향평가, 방법론, 자료 소요, 가정사항 및 한계점 등을 기술함으로써 달성된다. LCA의 한계점의 일부를 해소하는 방법은 군수기능과의 융합을 도모하는 것이다.

4. LCA, LCC 및 TLCSM 비교

LCA가 환경관리에서 제품의 수명주기 동안 사람과 환경에 영향을 미치는 정도를 측정한다면 제품수명주기비용관리(LCC; Life Cycle Cost)는 군수관리에서 제품을 사용하는 동안 발생하는 비용을 측정한다. LCC는 연구개발기법 중의 하나인 종합군수지원의 하위 개념이다.[12] 구체적으로 LCC는 연구개발단계에서 무기체계 운영유지비용을 사전에 판단하는 방법이다. 목적은 사용자가 최소의 비용으로 무기체계(또는 장비)를 운용하는 것이다. 유사한 개념으로 기업의 구매관리자가 총소유비용(TCO; Total Cost of Ownership)이라는 개념을 적용하는 것과 같다. TCO는 All-in-cost와 유사한 의미이며 TCO는 단순하게 구매비용만을 의미하는 것과는 달리 제품을 구매하는데 사용된 구매비용, 제품을 수리하는 정비 및 유지비용 그리고 제품 자체를 소유함으로 발생하는 소유비용을 포함하고 있다.[35] 구체적으로 수송비, 검사비, 저장비, 생산비, 폐기비용, A/S 비용 및 재작업비를 포함한 비용이다. 이렇게 보면 TCO의 개념과 LCC의 개념이 유사하다. 그러나 근본적인 차이점을 보면 TCO는 구매자 관점에서 구매 전 운영비용을 추정하는 것이며 LCC는 연구개발자 관점에서 개발 전 운영비용을 추정하는 것으로 비용을 추정하는 주체, 범위 및 비용을 추산하는 관점과 시점에서 차이가 있다. 구체적으로 LCC가 비용 추정을 위해 사용하는 개념은 할인율, 현재가치, 미래가치, 물가상승률 및 이자율 등이다. 따라서 LCC는 연구개발단계에서부터 폐·처리시까지 투입되는 정비비용을 포함한 수명주기동안 투입되는 모든 비용을 추정한다.

LCA와 관련된 또 다른 접근방법은 총수명주기체계관리(TLCSM; Total Life Cycle System Management)이다. 총수명주기체계관리는 무기체계를 획득할 때 ILS를 잘 적용 해보고자 하는 차원에서 조직론의 관점을 적용한 개념이다. 따라서 TLCSM은 미국의 경우 국방부 조직을 변화시키는데 맞추어진 개념이다. 이렇게 볼 때 LCA, ILS-LCC, TOC 및 TLCSM 모두 수명주기를 바탕으로 출발점은 동일하지만 그 관점이 조금씩 다르다. 먼저 LCC, TCO는 비용을 최소화하고, TLCSM은 조직을 개혁하는데 중점을 두었으며 끝으로 LCA는 환경 관점에서 제품이나 서비스를 사용하는 동안 발생하는 환경부하량을 최소화하는 기법이다. 환경부하량이란 자원소모량과 환경오염물질에 대한 배출량을 의미한다. 환경오염 배출물질은 수질, 대기 및 토양에 영향을 미치는 쓰레기이다. LCA는 환경부담을 감소시키고 환경 영향을 최소화하며 환경개선을 최대로 함으로써 사람의 삶을 환경으로부터 보호하고자 하는 것을 목표로 하고 있다. 위 방법의 목표와 관점을 〈표 5-4〉로 정리한다.

〈표 5-4〉 목표와 관점

구 분	목 표(발생시기)	관 점
L C A	환경부하량 감소 및 개선 (1969년)	환경관리
I L S (LCC)	운영 유지비용 절약 (1960년대 중반)	군 수 학
T O C	제품의 단계별 비용 (1960년대 중반)	구매관리
TLCSM	조직 개혁 (2001년)	군 수 학

위 개념 중 어느 개념이 더 광범위하고 협소하다고 평가하기보다는 위의 개념을

융합하여 환경문제를 해결하기 위한 방법론으로 적용해야 한다. 위 문제를 해결하기 위한 전제는 측정기준을 통일해야 하여야 한다. 군수개념인 LCC는 화폐단위를 바탕으로 경제성을 측정하는 반면에 MFA의 LCA는 탄소배출량 및 물의 사용량과 같은 물리·화학적 기준이다. 두 방법론을 환경과 군수에 적용하기 위해 공통으로 적용할 수 있는 기준이 필요하다.

LCC의 경제적 기준과 LCA의 물질의 환경평가 기준을 통합하는 방법에 대해 최형래(2013)는 시스템의 미비로 인식하였다.[27] 본서는 LCC와 LCA의 통합의 대안으로 회계적 접근방법을 제시한다. LCA에서 계정과목은 금액이 아닌 물질 또는 제품명과 기관명이 될 수 있으므로 LCC의 비용과 연계시킬 수 있다. 구체적으로는 기관별, 품목별로 계정과목을 통일한다. 물질 또는 제품으로 계정과목을 일치하는 방법이 물질흐름원가회계(MFCA; Material Flow Cost Accounting)이다.[13]

제Ⅴ절 물질흐름분석원가회계

1. 개념

수명주기평가기법은 특정 공정에서 발생하는 환경부하물질과 수량을 측정하는 것이 가능하였으나 보편타당한 기준으로 환산하여 의사결정자에게 정보를 제공하는데 어려움이있다. 현명한 의사결정은 모든 관리자 추구하는 목표이므로 의사결정자는 누구나 인정할 수 있는 객관적인 도구로 숫자를 사용하여야 한다. 예를 들면, 관리자는 제품의 제조과정에서 수율(yield) 관리, 불량 및 손실(loss)의 정밀한 파악과 같은 물질의 흐름에 대한 정확한 계산이 필수이다. 관리자가 생산 공정에서 물질의 이동과 정체가 어떻게 발생하고 양품과 불량품 및 폐기물의 발생 지점을 파악하는 것은 다양한 업무 중 하나이다. 환경회계기법은 의사결정자가 물적자원의 이동과 정체, 양품과 불량품, 폐기물에 대한 원가를 측정하고 판단하는 도구이다.[27]

2. 정의

물질흐름원가회계의 개발 동기는 IMU((Institute fur Management und Umwelt)가 제약회사인 Merckle사의 컨설팅 과정에서 폐기물 금액이 상당량의 금액이라는 사실에 주목한 것으로부터 시작하였다. 구체적으로 김종대(2007) 등에 의하면 MFCA는 독일의 바그너(Wagner)와 민간경영연구소 IMU의 스트로벨(Wagner & Strobel) 등이 개발하였다. 그들은 물질흐름비용의 구조, 물질흐름의 모형, 물질수지표, 생태수지표 및 물질흐름회계의 차이점을 비교 분석에 관한 내용을 설명하고 물질흐름원가회계에 대한 기초를 완성하였다고 하였다.[7]

물질의 흐름에 따른 MFCA란 관리자가 제품생산과정에서 발생하는 환경의 부정적 영향을 감소시키기 위해 물질흐름을 분석하고 금전적으로 측정한 원가관리를 바탕으로 효율적 의사결정을 달성하기 위한 관리회계이다.[24] 기본적으로 회계는 사실을 기록하는 것에 한정되어 있다. 사실에 기반을 둔 물질흐름의 가치를 회계적으로 추적하고 판단하여 현명한 의사결정에 도움을 제공하는 관리적 도구 중 하나가 MFCA이다.

물질흐름원가회계의 특징은 다음과 같다. 먼저, 기존의 활동기준원가회계에 비해 제조업 내에서 적용대상이 확대되었다. 구체적으로 활동기준원가회계는 모든 원가를 양품에만 부담시켰다. 둘째, 가공원가에 무관심하여 원가를 왜곡시킬 가능성이 상존한다. 셋째, 활동기준원가회계와 물질흐름원가회계를 적용한다면 원가정보생산비용이 증가한다는 점을 지적하고 있다.[24]

그러함에도 불구하고 많은 연구자는 물질흐름분석을 바탕으로 회계기준을 적용하는 것이 유용하다고 제시하고 있다.[17] 첫째, 공정의 문제점과 개선방볍을 제시함으로써 실제로 원가절감과 폐기물 감축을 동시에 가능하도록 해주는 구체적인 기법이다.[7] 둘째, MFCA의 공정정보 및 원가정보는 기업의 환경 경영혁신을 바탕으로 재무적 성과에 간접적으로 영향을 미치고 있다.[8] 셋째, 일동전공(日東電工) 물질흐름원가회계를 적용하여 3년 동안 폐기물 원가의 비중을 약 32%에서 25%까지 절감하였다.[23] 그러므로 기업뿐 아니라 비영리조직도 환경보전을 위해 MFCA를 적용할 가치가 충분할 것으로 여긴다. 따라서 본서는 연구자의 연구내용을 바탕으로 물질흐름원가회계에 대한 가상의 사례를 간단하게 제시한다.

3. 적용(예)

적용예는 국가적 관점에서 물질흐름분석을 바탕으로 투입량과 산출량을 분석하고 물질흐름원가회계를 이용하여 의사결정자가 현명한 의사결정을 하기 위한 내용이다. 1개 공장에 대한 물질흐름분석을 바탕으로 공업용수의 투입량과 산출량을 비교하면 투입량과 산출량이 일치하지 않게 될 것이다. 일치하지 않는 수량은 수증기 증발량 또는 누수량이다.

다음 〈표 5-5〉는 물질흐름분석을 바탕으로 한 "공업용수" 계정과목을 만들었다. 만들어진 공업용수 계정과목에서는 투입량과 산출량을 예시로 제시한 것이다. 제품이 증가하게 된 경우 분개와 총계정 원장의 약식인 T자 계정에서는 다음과 같이 전기가 이루어진다. 공업용수 T자 계정의 월말에는 물을 정수하였던 정수량과 증발한 증발량이 산출되고 폐수량도 얼마인지를 산출할 수 있다. 차변의 제품은 자산의 증가를 의미하고 대변은 자산의 감소를 의미한다. 자산의 증가량과 감소량이 일치하여야 하나 차이량이 발생한다면 증발량 또는 누수량을 의미한다. 증발량은 공업용수 계정의 차변에 기록한다.

〈표 5-5〉 MFA에 대한 투입량과 산출량의 "예"

**제품

차변	대변
19/3 **제품 XXX	13/3 공업용수(톤) X
	31/3 공업전기(시간) X
	31/3 공업인력(인력) X
XXX	XXX

공업용수

차변	대변
13/3 폐수량 X	19/3 **제품 XX
31/3 정수량 XX	25/3 @@제품 XX
31/3 증발량 X	
XXXX	XXXX

공업용수 계정의 차변에서는 특정 제품을 생산하는 과정에서 발생하는 결과물을 표시할 수 있다. 결과물을 볼 수 있는 이유는 원장에는 분개한 차변과 대변의 상대 계정

과목을 기록하기 때문이다. 계정과목에는 정수량, 증발량 및 폐수량 등이 있다. 이를 종합하면 특정 회사의 공정에서 사용한 공업용수가 기록됨으로 제품별, 회사별, 산업별로 종합할 수 있고 국가 차원에서 동일한 계정과목으로 환경부담물질의 양을 종합할 수 있다.

종합된 내용을 바탕으로 다음과 같은 분석이 가능하다. 공업용수 중 정수량이 어느 공장, 어느 공정에서 가장 많이 발생하는지를 판단할 수 있다. 어느 공정 어떤 부분이 수질 및 대기 오염도에 영향을 미치는지를 상대적으로 판단하고 분석할 기준으로 삼을 수 있다. 동시에 시간대별, 시대별, 생산량별, 제품별, 기술의 진보 여부를 평가할 수 있는 절대적 평가 기준으로도 활용할 수 있다. 이와 같은 비교가 가능한 이유는 화폐가치로 평가를 하지 않고 물질의 투입량, 변환량, 증발량 및 산출량을 만을 제시하였기 때문이다.[13] 금전적 가치로 환산할 필요가 있다면 언제든지 화폐가치로 평가가 가능하여 금전적으로도 평가할 수 있다. 따라서 화폐의 가치가 아닌 물적 평가이므로 시대를 초월한 동등한 가치로 평가를 할 수 있다. 동시에 동일제품에 대한 기술의 진보를 평가할 수 있는 직접자료를 확보하는 계기가 된다. 목적이 다른 LCA와 LCC에 대한 평가 기준을 충족하면서 관리자의 요구를 충족시킬 수 있다. 따라서 회계적 접근을 사용하여 LCC와 LCA의 평가 기준을 일치시킬 수 있다.

제Ⅵ절 MFA, LCA와 군수 비교

1. 군수와 MFA

MFA와 군수관리는 물적자원을 관리하는 방법에 대해 동일한 점과 차이점이 있다. 먼저 동일한 점은 MFA와 군수관리는 물적자원을 흐름의 관점에서 수명주기접근방법을 적용한다. 수명주기접근방법의 적용대상은 제품, 부산물 및 폐기물이다. 둘째, 경제단위 분석기준에서 MFA는 국가, 산업단지, 개별 기업 수준으로 군수관리 역시 군 전체, 군(육군, 해군, 공군), 사단 및 연대 그리고 방위산업체에 세분화하여 적용할 수 있다. 셋째, 물적흐름에 대해 회계적 접근이 가능하다.[18,13] 끝으로, 김익과 김만영(2007)의 연구에서 MFA는 시스템적 접근을 사용하고 총체적 접근의 성격을 띠고 있다고 하였다.[6] 군수는 9개 기능을 바탕으로 관리과정론을 적용하고 있으나 기본적으로 시스템적 접근방법을 취하고 있으므로 유사하다고 볼 수 있다.[10]

위의 내용과는 달리 MFA와 군수관리의 차이점을 살펴보기 위해 MFA를 중심으로 기술한다. MFA는 사전에 오염물질 예측량을 통제할 수 있는 기능이 없으나 군수는 소요단계와 연구개발 단계에서 제품에 사용하는 물질로 발생할 수 있는 환경오염물질 배출량을 사전에 제시할 수 있다. 군수에서 사전 분석 및 예측이 가능한 기능은 소요관리와 연구개발이다. 소요관리에서는 예상되는 문제, 사용자의 요구, 욕구, 희망, 바람, 법규화, 요구조건 및 정규화 등을 사전에 적시하여 다양한 이론적 검토를 수행할 수 있다. 계속해서 진행되는 연구개발단계에서는 제품을 구체화하면서 실증적으로 환경오염 물질이 어느 정도 배출되며 현실에서 요구하는 조건을 충족할 수 있는지를 검증할 수 있다. 그리고 MFA는 정비에 대한 사항을 고려하지 못하고 있으나 군수는 정비를 고려하고 있어 정비할 때 발생하는 폐기물 및 부산물의 양을 사전에 예측할 수 있다. 이렇게 본다면 군수는 MFA에서 예상할 수 없거나 분석과정에서 발생할 수 있는 문제를 사전에 예측하여 제거할 수 있다.

만약 학문의 궁극적인 목적 중 하나가 문제되는 사항을 사전에 예측하여 해결하기 위한 대안 찾는 것에 있다면 MFA는 군수에서 제시하는 내용을 수용하는 것이 필요할 것으로 여긴다. 구체적으로 경제적, 환경적 관점에서 군수 기능 중 소요관리, 연구개발관리 및 정비관리를 MFA에 적용하는 것이 필요하다. MFA에서 군수 기능의 차용은 학문 간 융합이 아니더라도 실질적인 업무의 상승효과를 위해서라도 통합이 필요하다. 상기 내용은 〈표 5-6〉으로 요약한다.

〈표 5-6〉 MFA와 군수 비교

구 분	기 준	MFA	군수
같은점	적용대상	물적자원	물적자원
	적용방법	시스템적방법	시스템적방법
	적용조직	국가, 산업, 기업	군, 산업, 사단
차이점	적용범위	원자재구입단계 -정비 미 고려	소요, 연구개발단계 -정비 단계 고려

2. LCA와 군수기능의 비교

군수와 LCA를 비교하면 다음과 같은 동일한 점과 차이점이 있다. 먼저, 관심의 대상은 물질로 대상에서는 차이가 없다. 기능을 비교하면 군수는 소요, 연구개발 및 정비가 있으나 LCA에는 없다. 이외에도 군수는 9가지 기능이 하나의 기능처럼 상호 연결되어 있어 통합된 시각으로 의사결정을 할 수 있으나 LCA는 군수 기능 중의 하나인 환경을 중심으로 물적자원을 관찰하는데 있다. 군수 및 LCA는 모두 수명주기접근방법과 회계적 접근이 가능하다. 몇 가지 점을 제외하면 군수와 LCA는 동일한 관점으로 환경부하량을 평가할 수 있으므로 동일한 기준인 수치를 바탕으로 계획을 수립할 수 있다. 따라서 LCA에 소요, 연구개발 및 정비 기능을 적용하여 LCA의 적용 영역을 확장할 수 있다. 이들의 관계를 표시한 〈그림 5-7〉의 굵은 상자 내의 괄호에 있는 굵은 글씨는 군수 기능이며 상자 내의 엷은 글씨는 LCA의 단계이다.

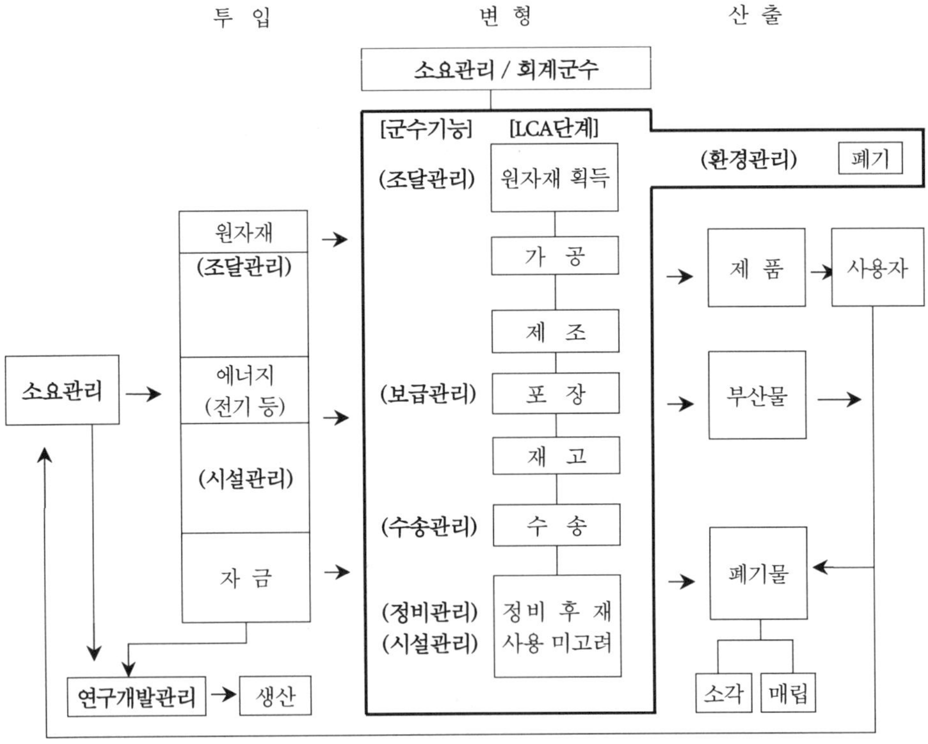

〈그림 5-7〉 군수기능과 LCA 수명주기단계와 비교

제Ⅶ절 환경기반 사회적 지배경영

1. 개요

산업사회 중심에는 경제 주체로서 기업이 있고 그 중심에는 물적자원이 있다. 경영자는 물적자원을 사용하기 위해 현명한 의사결정을 하고 기업이 영속적으로 존재하기를 바란다. 대다수의 기업은 제품개발로 영리를 추구하고 사회에 이익을 환원하는 등 선한 영향력을 발휘하고 있다. 그러나 소수의 기업은 이익을 창출하는 과정에서 오염물질을 배출하고 차별적인 고용정책 등으로 사회 구성원간 갈등을 발생시킨다. 동시대 그리고 같은 공간에서 살아가는 일원으로서 정부와 시민사회단체 등은 이 갈등을 해소하기 위한 노력 중 한 가지로 환경을 바탕으로 기업의 사회적 책임과 지배구조에 대한 접근을 요구하고 있다.

2. 발전배경과 확산동기

1) 개념

2004년 현재 1천 5백여 개 기업이 적용하고 있는 ESG 개념 출현 배경은 UN을 중심으로 다양한 국제기구가 환경문제를 논의하는 과정 중 발생한 밸데즈(Valdez)호의 기름유출사고가 직접적인 동기가 됐다. 국제기구가 환경문제를 논의한 것은 1972년 로마클럽을 시작으로 1946년 ISO(International Standard Organization)에서 제정한 환경국제표준(ISO14000 시리즈), 37001(부패방지 경영시스템), 26000(사회적 책임), 1987년 몬트리올 의정서, 1997년 교토의정서, 1988년 UN산하 기후변화에 대한 정부간협의체(IPCC; Intergovernmental Panel on Climate Change)결성, 1992년 리우에서 UN환경개발회의, 2015년 파리협정, 2016년 키칼리 협정 등이 있다. 다양하고 많은 국제기구와 협정은 토양, 수질 및 대기오염으로 생활환경에서 발생하는 오염으로부터 시작하여 생태계 파괴에 이르는 문제를 논의하였다. 지금은 지구촌 환경오염으로 여기는 미세플라스틱, 미세먼지, 해양환경오염 그리고 빈곤감소, 교육, 물, 성평

등, 고용문제, 부의 분배를 포함한 남북문제를 다루고 있어 사실상 지구에서 발생하는 거의 모든 문제를 포함하기에 이르렀다.

상기와 같은 논의를 바탕으로 형성된 ESG는 1973년 인간환경선언을 실행하기 위해 설립된 유엔환경계획(UNEP; United Nations Environment Programme)의 세계환경개발위원회(WCED; World Commission on Environment and Development)가 제시한 브룬트라트 보고서(Brundtland report) 제목인 "우리 모두의 미래(our common future)"에서 지속가능발전(Sustainable Development)의 개념을 바탕으로 ESG가 도출된다. 지속가능발전이란 현존하는 인류가 자신들의 요구를 충족하기 위해 후손이 사용할 수 있는 자원을 사용하는 일이 없도록 하면서 자신들의 요구를 충족하는 개발이라고 하였다. 이후 지속가능발전은 1992년 리우 UN환경개발회의에서 채택된 의제21(Agenda 21)과 리우선언문(Rio Declaration)의 핵심 내용이 되었으며 사회, 경제 및 환경을 위한 실천과제로써 제시되었다.[50] 1992년 현재의 상태가 계속된다면 지속불가능발전이 인류에게 닥친다는 역설이 성립된다. 그렇게 만드는 요인은 국가 간 전쟁, 에너지 문제, 환경문제 등이다. 그러므로 지속가능발전이 가능토록 하기 위한 노력은 사회, 경제 및 환경을 중심으로 인류가 실천해야 함을 의미한다. 사회는 지구적 차원의 평화, 평등과 같은 사회적 가치를 추구하고 경제는 경제 주체별 양적 팽창을 중요시하는 것과 같이 질적인 가치를 추구하여야 하며 끝으로 환경은 환경친화적인 자세를 취하여 환경관리 및 보전과 관련된 실천이다. 이후 브룬트라트 보고서의 주요 개념이 인적자원 개발, 빈곤타파, 성평등, 부의 분배, 환경보전 등을 위한 주요한 기초를 제공하였으며 ESG의 개념이 도출하는데 영향을 끼쳤다.

지속가능발전은 유엔개발계획(UNDP; United Nations Development Programme)이 동서문제를 넘어 남북문제의 해결을 위해 제시한 지속가능발전목표(SDGs; Sustainable Development Goals)로 변경되었다. 남북문제를 다루는 SDGs에서는 사람, 지구, 번영, 평화, 협력(5P; People, Planet, Prosperity, Peace, Partnership)을 바탕으로 사회, 경제, 환경 사이에 균형 잡힌 발전을 도모하는 것을 목표로 삼고있다. 구체적으로 SDGs가 추구하는 목표는 2030년까지 빈곤퇴치, 기아종식, 보건, 교육, 성평등, 깨끗한 물, 청정에너지, 경제성장, 산업혁신, 불평등 해소, 지속가능한 도시, 생산(소비), 기후변화, 해양 및 육상생태계, 평화 및 정의, 파트너십 17개이다. 논의의 핵심은 환경을 바탕으로 시간을 초월한 인류의 공존공영이다.

상기와 같은 논의가 진행되는 과정 중 1989년 3월 24일 엑슨 모빌(Exxon Mobil)사 소속의 발데즈(Valdez)호가 암초와 부딪쳐 기름 43.9백만 리터가 유출되어 미국의 알래스카만을 오염시켰다.[45] 유출된 기름띠가 알레스카에서부터 서남쪽으로 750km까지 퍼졌으며 25만 마리의 조류가 죽었는데 이중 가장 큰 피해를 본 조류는 바다오리이다. 바다오리의 기름 유출 전 · 후의 생태계 변화는 번식의 감소로 개체 수가 줄어들었다. 이후 바다오리는 1993년이 돼서야 비로소 정상적인 번식을 할 수 있을 만큼 회복하는데 많은 시간이 소요됐다. 왜 바다오리가 유독 많은 피해를 입었는지에 대한 사항은 논외로 한다.

발데즈가 유출한 해양 오염 사건이 세레즈(CERES; Coaltion for Environmentally Responsible Economics)가 출범하는 직접적인 영향을 미쳤는데 처음에는 발데즈 원칙이라고 불렸던 것이 후에 세리즈 원칙으로 수정되었다.[51] 세리즈는 이름이 의미하듯 미국의 투자기금, 환경 단체 및 민간이 결정한 비영리단체이며 비정부기관으로 1989년 처음으로 비공식 회의가 개최되었다.[37] 세리즈와 UNEP는 협약을 맺고 1997년 GRI(Global Reporting Initiative)를 세웠다. GRI는 기업의 사회적 책임과 관련된 지속가능성 보고서에 대한 지침을 제시하는 연구기관이다. GRI의 참여자는 환경보고서 작성을 핵심으로 여기고 환경, 경제, 및 사회 세 부분을 평가하기 위한 지표로써 지속가능개발(Sustainable Development)에 중점을 두고 보고서를 발행하였다.

세리즈 원칙은 10개로 쓰레기감소, 자원에 대한 책임 있는 자세, 안전한 제품, 이사회의 책임 있는 행동, 내부 감사수용, 환경 관련 연간보고서 발행 등이다. 상기 원칙은 기업이 환경과 관련된 원칙을 준수하도록 강제하지는 않으나 환경 현안에 대해 기업의 책임이 있는 행동과 이해관계자들에게 환경 관련 정보를 제공할 것을 요구하고 있다. 따라서 세리즈 원칙은 환경 관련 기업 행위에 대해 사회적 책임을 구체적으로 제시한 것이다.[47] 기업에게 요구하는 세레즈 10원칙은 시간에 따라 변하고 있다. 예를 들면, 처음 세리즈 원칙에는 투자자의 사회적 책임에 대해 언급하지 않았던 내용이 후에 포함되었는데 그 원칙은 설리번 원칙(Sullivan principles)이다. 설리번 원칙에서 설리번은 레온 H. 설리번(Leon H. Sullivan)으로 남아프리카의 인권운동가이다.[30] 설리번 원칙의 내용은 종업원 존중, 공평한 기회 제공, 공정한 보상 등과 같은

7가지와 기업이 설리번 원칙을 적용한다는 것을 외부에 공시하는 것을 포함하여 모두 8개이다. 이후 코피 아난(Kofi Annan) 유엔사무총장과 설리번이 고용에 있어서 인종 차별 철폐를 공동으로 발표하면서 글로벌 설리번 원칙(GSP; Grobal Sullivan Principles)으로 확장하였다. 설리번 원칙은 고용에서 인종 차별을 반대하는 기업의 사회적 책임을 강조한 것이다. 이 글로벌 셀리번 원칙을 세레즈 원칙이 포함한 것이다.

2) 확산 계기

ESG의 확산 동기는 정치적 관점과 경제적 관점에서 살펴볼 수 있다. 먼저, 정치적 관점에서 ESG가 탄력을 받는 동기는 미국 트럼프(Trump) 대통령이 파리협정을 탈퇴하는 것과는 달리 바이든(Biden) 대통령이 취임 직후 2050년까지 탄소 중립 실현을 선언하고 파리협정에 재가입하며 기후위기 방지 예산을 늘리면서 기업을 규제하겠다고 선언한 것이다.

경제적 관점에서 ESG는 2005년 처음 사용하였는데 그 배경에는 2004년 유엔사무총장 코피 아난(Kopi Annan)이 주요 금융기관 50명 이상의 CEO에게 유엔 글로벌 콤팩트(UN Global Compact), 국제금융공사(International Finance Corporation) 그리고 스위스 정부가 주최하는 공동 이니셔티브(joint initiative)에 참여할 것을 요청하면서 시작되었다.[49,42] 공동 이니셔티브는 ESG를 자본시장으로 통합하는 방법을 찾는 것이 목표였다. 1년 후 이보 크노펠(Ivo Knoepfel)이 작성한 보고서는 총자산 6조 달러 이상을 관리하는 9개 국가의 20개 이상의 금융기관을 대상으로 만들어졌다.[3] 보고서의 내용이 코피 아난 유엔 사무총장에게 전달되고 그 핵심이 ESG였는데 주요 내용은 환경, 안전, 고용을 잘 관리하는 기업이 지속가능한 사회를 만드는데 공헌할 뿐 아니라 자본시장에서 투자자에게 신뢰성을 제공한다는 것이다. 달리 말하면 환경요인을 잘 관리하는 기업이 경영성과가 양호하다는 기존의 많은 연구자들이 제

[3] 보고서의 대상이 되었던 기업의 명단: ABN Amro, Aviva, AXA Group, Banco do Brasil, Bank Sarasin, BNP Paribas, Calvert Group, CNP Assurances, Credit Suisse Group, Deutsche Bank, Goldman Sachs, Henderson Global Investors, HSBC, IFC, Innovest, ISIS Asset Management, KLP Insurance, Mitsui Sumitomo Insurance, Morgan Stanley, RCM(a member of Allianz Dresdner,Asset Management), UBS, Westpac, World Bank Group.

시한 내용을 바탕으로 투자자가 투자하는데 활용하겠다는 것이다. 이는 향후 투자자가 투자기준으로 기업의 재무공시에서 ESG 정보 공시를 적용하겠다로 해석된다.

ESG 공시에 포함된 내용은 환경, 사회 및 지배구조로 비재무적 요인이다. 환경 요소는 환경오염방지(에너지효율, 탄소배출감소, 폐기물 배출 감소 등)이며 사회책임은 인권, 성평등, 산업안전, 지역사회 기여이다. 끝으로 지배구조는 투명성 보장을 바탕으로 한 윤리경영, 반부패 공정한 경쟁 및 법령준수 등이다. 이러한 내용은 유엔 글로벌 콤팩트는 10원칙, 세레즈원칙, SDGs 그리고 지속가능개발에 있는 요인이다.

3. 평가 요소

공공성을 가진 제 3자가 기업이 물적자원에 부가가치를 창출하는 과정에서 영향을 미치는 환경, 사회 요소를 평가한다면 평가기관과 피평가대상에 따라 요소가 상이할 수 있다. 먼저, 기본적으로 ESG를 바탕으로 측정하는 요소는 동일하지만 세부적인 내용은 국가별, 기업별 환경과 여건에 따라 차이가 있으므로 여기서는 MSCI(Morgan Stanley Capital International)의 평가 요소와 내용을 제시하였다. 평가결과는 최상 AAA에서부터 최하 CCC까지 분포하며 평가치는 절대값이 아니며 산업의 다른 기업과 비교하여 표준화한 상대적 가치이다.[43] MSCI의 평가요소는 위험과 기회이며 위험은 사업 수행 과정에서 비용을 발생시키는 자재이고 기회는 이익을 발생시키는 자재를 바탕으로 한다.

ESG에서 E의 환경은 앞서 제시한 3장과 6장에서 제시한 3대 오염원인 대기, 수질, 토양과 자원순환의 폐기물에 대해 기업이 얼마나 많은 관심을 가지고 오염 방지와 폐기물을 절감하도록 기술을 개발하고 노력하는지를 이해관계자가 평가하는 항목이다. 예를 들면, 이산화탄소의 배출량은 얼마나 되는지를 직접배출량과 간접배출량으로 구분하여 평가한다. S의 사회는 4장에서 언급한 재난으로부터 사람을 안전하게 보호하는 노력을 평가한다. 안전이란 단순하게 작업 과정에서 발생하는 사고으로부터 안전이 아니라 구체적인 안전이다. 예를 들면, 기업 내 사망, 부상, 및 질병 발생 건수가 얼마인지 그리고 어떻게 조치하였는지를 평가하며 제품안전은 제품을 일괄회수(recall)하여 수거, 파기, 시정조치를 한 건수와 조치내용을 평가한다. 그리고

SDGs에서 언급하는 평등, 다양성, 신규고용, 이직, 청년 인턴 채용, 제품안전, 공정경쟁 등을 평가한다. 끝으로 G의 지배구조는 기업의 투명한 경영활동을 바탕으로 형성된 주주의 권리, 새로운 투자가치, 이사회의 권한을 평가하는 항목이다. 상기와 같은 원칙이 주는 의미는 기업이 ESG를 수행한다면 어느 정도 잘 수행하는지를 평가하고 이를 지속가능보고서와 지배구조보고서로 작성하여 공개한다는 점에서 준수할 책임이 높아지고 있다.

이외에도 유엔 글로벌 콤팩트에서는 10원칙을 제시하였다. 10원칙은 인권, 노동, 환경 그리고 반부패 4부분으로 구성되어 있으며 인권은 2가지로 인권남용금지원칙, 국제인권 선언이며 노동은 노사 협상 권리를 인정하고 어린이 노동 폐지를 하며, 노동자 차별 금지 원칙 3가지이다. 환경은 사전환경 보호조치, 환경에 대한 확대 책임, 환경친화적인 기술 개발 끝으로 반부패는 뇌물과 뇌물요구 등과 같은 모든 반부패 행위를 준수한다는 원칙이다. 상기 내용은 물적자원을 사용하는 과정에서 발생하는 오염원으로부터 세레즈원칙, 유엔 글로벌 콤팩트원칙 그리고 MSCI가 제시한 평가요소를 〈그림 5-8〉로 제시하였다.

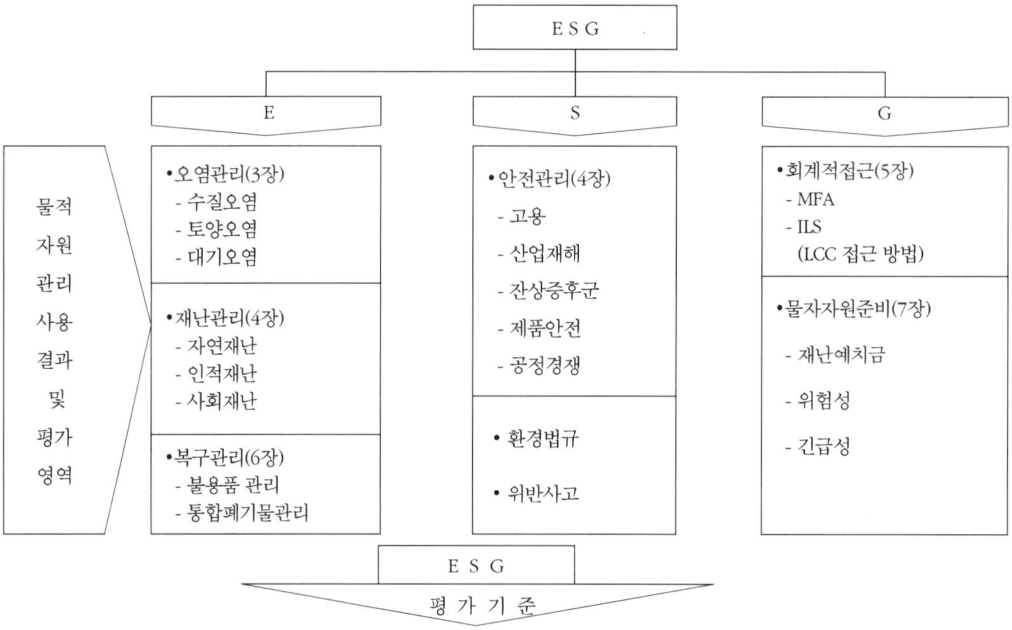

* (숫자) : 평가 기준 요소의 개수

〈그림5-8〉 ESG의 구성 및 평가 요소

4. ESG를 넘어

투자자가 투자를 결정하는 요인으로 기업에게 환경을 바탕으로 한 사회적 책임과 지배구조를 공시하도록 요구하고 있다. 지속가능개발 요인이 환경, 경제, 사회 3가지로 제시한 것을 바탕으로 보면 경제 주체는 가계, 기업, 금융기관 및 정부로 구성된다. 그러나 투자자가 ESG에서 요구하는 주체는 기업으로 한정되어 있어 환경을 보전하고 관리해야 하는 책임이 마치 기업이 전부라고 인식될 수 있다. 경제의 주체가 가계와 정부도 포함되어야 한다고 보면 현재의 ESG를 넘어 ESG의 확장이 필요하다.

필요한 이유는 온실가스를 배출은 기업만 아니라 가계, 정부 및 공공기관 모두이기 때문이다.

확장된 ESG의 대상은 가계와 정부 및 공공기관이다. 가계, 정부 및 공공기관에서 배출하는 환경오염물질은 기업이 배출하는 오염 물질의 량과 다양성을 비교하더라도 적지 않다. 따라서 가계별, 정부, 공공기관별 환경오염물질의 배출량과 종류를 일정 기간마다 공시해야 할 책임을 부담하여야 한다. 가계, 정부 및 공공기관의 감독기관은 시민사회단체가 된다. 시민사회단체가 참여하는 이유는 감독자이자 실천의 행동 주체이기 때문이다. 시민사회단체는 가계, 정부 및 공공기관에서 배출하는 폐기물량과 물질의 종류에 대해 감축(절감) 홍보, 권고, 책임을 부담하는 자세를 취하도록 요구해야 한다. 공공기관에는 물적자원관리의 대상기관인 군, 소방청, 병원, 철도공사 등이 포함된다.

앞서 제시한 MFCA는 LCC 단계별 발생하는 폐기물 배출량, 온실가스 배출량, 물 사용량 등을 산출할 수 있다는 가능성을 제시하였다. 따라서 물질흐름에 따른 회계처리하는 방법을 조기에 정착하는 것이 필요하다. MFCA의 적용의 이점은 물적자원관리자가 이해관계자에게 물적자원관리의 투명성을 제공하고 신뢰를 얻을 수 있으며 사용자에게는 물적자원관리의 효율성과 효과성을 향상시킬 수 있다.

끝으로 온실가스 등 환경에 부의 영향을 미치는 경제 주체에 대한 체계적 관리를 위해 환경교육의 조기 정착이 필요하다. 가정은 점오염원이지만 비체계적 집단으로 통합적 관리, 배출물질의 다양성으로 관리가 어려워 실천을 강조하는 교육이 필요하다. 교육의 범주는 철학적인 내용으로부터 실천적인 내용이다. 예를 들면, 철학적인 내용은 사람이 지구촌에 생존하는 주체이자 동시에 구성원 중 하나로서 시대와 공간을 초월한 지속가능발전 유지해야 한다. 실천적인 내용은 초월한 탄소 배출량 감축을 위한 실천 교육으로 그 대상은 가스, 물, 전기 사용량을 줄인다. 정부 기관과 공공기관은 환경공시가 필요하다. 따라서 환경기반 사회적 책임은 개인으로부터 공공기관까지 확대 적용해야 한다.

[참고문헌]

1. 김광만(2013), “물질흐름분석(MFA)을 활용한 주방 음식물쓰레기 저감 전문가 시스템”, 대한안전경영학회지 제15권, 4호, pp. 245-251.
2. 김병관(1998), “LCA(Life Cycle Assessment)의 연구현황과 금후의 과제”, 기계와 재료 제10권 3호, pp. 41-53.
3. 김성용(2006), “자원효율성 및 지속가능성 증진을 위한 선진국 물질흐름분석 관련활동에 대한 평가”, 자원환경지질, 제39권, 5호. pp. 615-626.
4. 김유정, 김성용, 허은녕(2008), “물질흐름분석을 이용한 국내 지속가능한 자원관리 시스템 모형 연구”, 자원환경지질, 제41권, 2호, pp. 253-265.
5 김유정, 물질흐름지표를 이용한 한국의 지속가능한 자원관리 평가 연구, 한국지질자원연구원 자원경제연구실
6. 김익, 김만영(2007), “국가수준의 물질흐름분석 방법론 개발 및 적용”, Korea journal of LCA, 제8권, 3호, pp. 21-27.
7. 김종대, 조문기, 김영기(2007), “물질흐름을 이용한 원가관리 : PCI Augsburg GmbH 사례”, 환경경영연구 제5권 1호, pp. 65-91.
8. 김효주, 정화영(2017), “물질흐름원가정보, 환경경영혁신 및 재무성과간 관계”, 경영경제연구 제39권, 2호, pp. 1-21.
9. 박진영(2017), “국도건설사업 계획단계에서 토공부의 LCA기반 환경부하 산정모델”, 대학원 건설환경에너지공학부, 박사학위논문.
10. 손병식(2001), “로지스틱스 학문체계 정립에 관한 연구”, 한국국방경영분석학회, 제27권, 1호, pp. 39-57.
11. ______(2011), “국방구매공급관리”, 범한출판사
12. ______(2013), “군수학원론”, 서울경제경영출판사
13. ______(2014), “군수회계도입에 관한 연구”, 국방정책연구, 제30권 4호 pp. 183-211.
14. 안상전, 정재수, 임송택, 정윤화(2007), “산업단지형 물질흐름분석(MFA) 적용방안 연구”, Korea journal of LCA, 제8권, 7호, pp. 59-66.
15. 유호천(2004), “대한설비공학회 강연회 및 기타간행물 - 강좌명 : 전과정 평가(LCA)”, pp. 93-121.
16. 유호천, 조균형, 이영아(2002), “전과정 평가에 의한 공동주택의 에너지 소비량 평가 연구”, 대한건축학회, 제18권 5호, pp. 177-184.
17. 육근효(2009), “물질흐름원가회계(MFCA)의 이론적 분석과 연구과제”, 상업교육연구, 제23권, 1호, pp. 73-94.
18. 육근효(2013), “MFCA(물질흐름원가회계)와 LCA(전과정평가)의 비교가능성에 관한 시험적 연구”, 경영학연구, 제42권, 1호 pp. 269-291.
19. 이선동, 유호천(2004), “사무소건축 리모델링에서의 전과정 평가에 관한 연구”, 한국태양에너지학회 제24권, 3호, pp. 85-92.
20. 이훈석, 조재립(1999), “환경친화적 품질향상을 위한 전과정평가(LCA)의 이론과 기법 개발, 레이

저공학 제10권, pp. 77-88.
21. 임재화, 이석준(2005), "환경경영을 위한 전과정평가(LCA)의 고찰 및 사례연구", 산학경영연구 제 18권, 1호, pp. 59-79.
21 .장은실, 김경환, 황윤영, 허탁(2011), "수은에 대한 물질흐름분석 및 인체 위해성 평가", Korean Journal of LCA, 제12권. pp. 66-80
22. 정영선(2010), "주거건물의 전과정에 따른 이산화탄소 배출량 예측모델에 관한 연구", 서울시립대 학교 대학원 박사학위논문.
23. 정재연, 신승묘, 연병모(2004), "물질흐름원가회계(Material Flow Accounting)의 개념과 성과", 환경경영연구, 제2권 1호, pp. 39-59.
24. 조수익(2013), "ABC와 MFCA의 통합원가회계모형의 유용성에 관한 연구",서경대학교 대학원 박사학위논문.
25. 조영탁, 최정수(2006) "물질흐름분석(MFA)의 의의와 정책적 함의", 환경정책연구 pp. 1-26.
26. 최용승(2006), "전과정평가(LCA)를 적용한 하천환경영향평가 방법 연구", 전북대학교 대학원 석사 논문.
27. 최형래(2013), "건설공사 BIM 기반 기능성/ 경제성/ 환경성 통합평가 모형 개발", 경상대학교대학원, 토목공학과 박사학위논문.
28. 허탁(1997), "환경친화적 자동차산업과 전과정평가(Life Cycle Assessment)", 한국자동차공학회, Workshop. pp. 163-197.
29. 홍석진(2010), "목재의 물질흐름분석과 탄소 계정에 관한 연구", 건국대학교 대학원 박사학위논문.
30. Alexi GY(2010), "Global sullivan principles", Green business: An A-to-Z Guide. SAGE.
31. Ankur Goyal, Rajat Agrawal, Rakesh Kumar Chokhani and Chiraranjan Sahs(2019), "Waste reduction through Kaizen approach: Acasestudy of acompany inIndia", Waste Management & Research, Vol 37, No.1, pp. 102–107.
32. Daniel W. O'Neill Æ Peter H. Tyedmers Æ Karen F. Beazley(2007), "Human appropriation of net primary production(HANPP) in Nova Scotia, Canada", Reg Environ Change,Vol..7, pp. 1-14.
33. Daniels, Peter L., and Stephen Moore(2002), "Approach for Quantifying the Metabolism of Physical Economies-Part1: Methodological Overview" Journal of Industrial Ecology, pp. 69-93.
34. Dinda, soumyananda(2004),"Environmental Kuznets Curve hypothesis: a survey", Ecol. Econ., Vol. 49, No.4, pp. 431-455.
35. Dobler, Donald W, and David N. Burt,(1998), "Purchasing and Supply Management - Text and Cases-,"McGraw-Hill.
36. Femial, A. and S. Moll,(2005), "Use of MFA-Related Family of Tool in Environmental Policy-Making: Overview of Possibilities, Limitationand Existing Example of Applicationin Practice.European Environment Agencyp. 1-2004.
37. Gelfand, Anne M.(1992), "The CERES principles: Does adopying a voluntary code of management produce corporate Accountability", University of California at Santa Crua, B.A.

Environmental Studies.
38. GŐran Finnvenden, Michael Z. Hauschild, Tomas Ekvall, Jeroen Guinee, Reinout Heijungs, Stefanie Hellweg, Annette Koehler, David Pennington, Sang won Suh(2009), "Recent developments in Life Cycle Assessment", Journal of Enviromental Management, Vol.91, pp. 1-21.
39. Haberl Helmut, Thomas Kastner, Anke Schaffartzik, Nikolaus Ludwicz다, Karl-Heinz Erb(2012), "Global effect of national biomass production and consumption: Austria' sembodied HANPP related to agricultural biomass in the year 2000", Ecological Economics, Vol 84, pp. 66-73.
40. Hemming(1992), "Eco-Labelling of washing machines: A UK Pilot Study", Integrated EnvironmentManagement, Vol.1, No.2, September. pp.17-19.
41. ISO(2006), "ISO 14004 International Standard. In : Envrionmental Management-Life Cycle Assessment-Principle and Framework. International Organization for Standardization, Geneva, Switzerland.
42. Kell, Georg(2022). "The Remarkable Rise Of ESG". Forbes. Retrieved 21 January.
43. MSCI ESG Research LCC(2022), "MSCI ESG ratings methodology", MSCI.
44. Musel, Annabella, "Human appropriation of net primary production in the Unite Kingdom, 1800-2000 changes insociety'simpacton ecological energy flows during the agrarian-industrialtransition", Ecological Economics, Vol. 69, pp.270-281.
45. Piatt, John F., and Paul Anderson(1996), "Response of common murres to the Exxon Valdez oil spill and long-term in the Gulf of Alaska marine ecosystem", American Fisheries Symposium 18, pp. 702-737.
46. Rees William E., and Mathis Wackernagel(1999), "Monetary analysis: turning a blind eye on sustainability", Ecological Economics, Vol. 29, pp.47-52.
47. Smith III J. Andy(1995),"The CERES principles: Model for public environmental accountability", Review of European Community & International, Vol.4, N.2, pp. 116-122.
48. Sorrell, steve(2009), "Jevons' paradox revisited: the evidence for backfire from improved energy efficiency", Energy Policy, Vol. 37, No. 4, pp. 1456-1469,
49. Swiss Federal Department United Nations of Foreign Affairs " Who cares wins connecting financial markets to a changing world".
50. Ulrich Grober (2007), "Deep roots-A conceptual history of 'sustainable development", Wissenschaftszentrum Berlin für Sozialforschung (WZB).
51. Waddock Sandra A., and Allen White(2007), "On CERES, the GRI and corporation 20/20: Sandra Waddock talks to Allen White", Journal of Corporate Citizenship, Vol.26, pp. 38-42.

Chapter 06

복구관리

제 I 절 개요

제 II 절 인명손실

제 III 절 불용품 관리 : 자원순환관리관점

제 IV 절 통합폐기물

학습목표

본 장을 학습한 후 다음과 같은 내용을 확인할 수 있다.

1. 재난 발생 후 물적자원 관리자가 할 수 있는 활동에 대해 확인한다.
2. 재난발생 후 물적자원 관리자가 최소한의 인명손실과 신속하게 잔상효과를 제거할 수 있는 지원방안을 강구한다.
3. 통합폐기물관점에서 폐기물의 구분, 발생원인과 처리 과정을 이해한다.

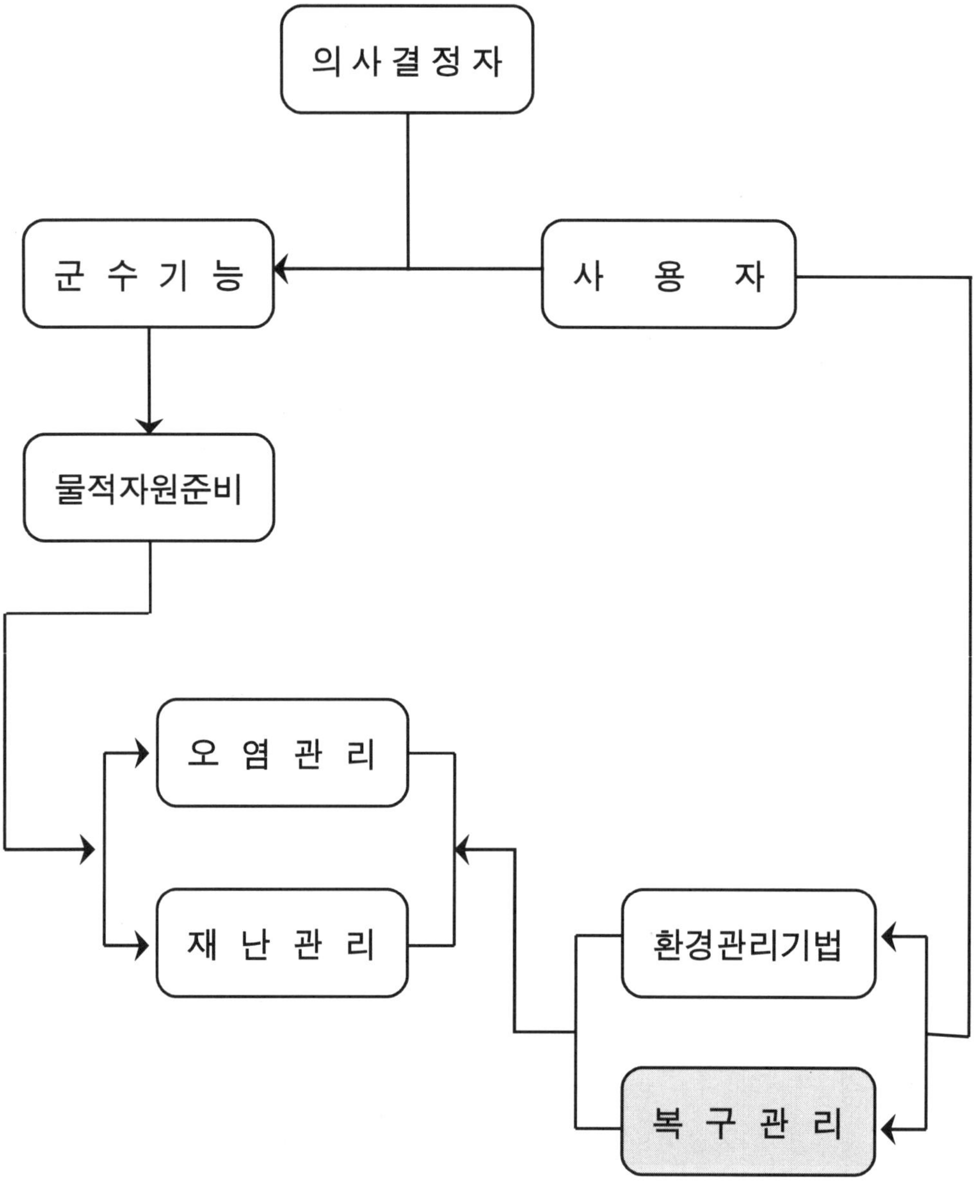
의사결정자
군 수 기 능
사 용 자
물적자원준비
오 염 관 리
재 난 관 리
환경관리기법
복 구 관 리

제I절 개 요

재난의 결과로 나타나는 환경의 파괴는 인성 및 물성파괴로 나누어 볼 수 있다. 인성파괴는 인명손실, 환자, 이재민 및 감염병의 발생 등이다. 물성파괴는 유용하였던 물건의 수명 단축과 무가치한 물건의 발생으로 정비 및 폐·처리 대상물의 발생이다. 복구관리는 일상으로의 복귀를 위해 물적자원 사용 여부를 검토하고 사람은 정상적인 생활로의 복귀를 돕는 방법을 탐색하는 데 있다. 물적자원은 재활용 여부를 확인하고 최종적으로 매립 및 소각 중 안전한 방법을 선택하여 처리하여야 한다.

물건이 아닌 사람은 격이 있는 존재이므로 수명을 다하였다고 무가치할 수 없다. 사물과는 다르게 사람은 죽은 후에도 사람이므로 어느 순간이나 소중하게 다루어져야 하고 존경받을 가치가 있다. 살아있는 사람은 사물과 다르게 급속한 환경파괴의 충격으로 잔상증후군을 경험할 수 있다.[22] 〈그림 6-1〉은 복구할 대상으로 사람의 주검에 대한 처리로부터 다양한 환자의 처치 및 이재민 관리를 포함하고 물성은 파괴와 복구로 구분하여 관리한다. 〈그림 6-1〉은 복구대상을 그림으로 표시한다.

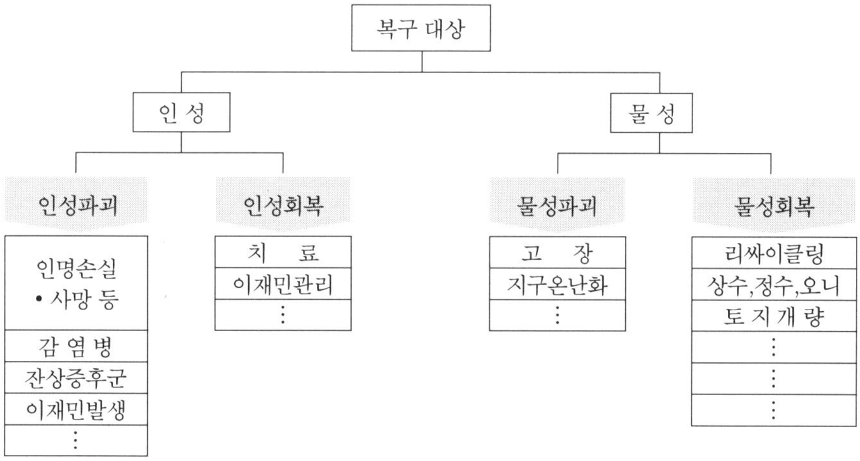

〈그림 6-1〉 복구관리

제Ⅱ절 인명손실

1. 개요

전쟁, 테러, 산업재해, 자연재해 및 감염병 발생의 결과는 인적손실과 물적손실이다. 인적손실은 이재민에 대해 그리고 물적손실은 불용품관리 차원에서 접근한다. 본 절에서는 먼저 정부차원에서 이재민이 발생하지 않도록 예방을 위한 노력을 제시한다.

2. 이재민 관리

1) 개념

한국의 역사에서 이재민 구휼에 대한 사례는 구체적인 예를 들지 않더라도 많이 찾을 수 있다. 더구나 현대 복지사회에서는 이재민에 대해 두 말할 필요 없이 과거보다 더 깊게 그리고 폭넓은 지원을 하고 있다. 이재민은 재해 발생으로 피해를 보거나 피해가 예상되어 안전하게 대피하는 사람이다. 이들의 관리 즉, 이재민 관리란 일상생활이 파괴된 시점에서부터 일상생활에 복귀할 때까지의 전 과정을 정부(지방정부 및 자원봉사자 포함)가 안전하게 보호함을 의미한다. 재난의 결과로 이재민은 인성파괴와 물성의 파괴를 경험한 사람들이다. 이재민은 심성의 파괴와 여러 가지 물질의 상실로 경제적 손실 또한 막대한 피해를 본 사람이다.

예방적 관점에서 한국의 많은 법률은 국가가 재해를 예방하고 위협으로부터 국민을 보호하기 위한 조직과 기구를 갖추고 있다. 조직과 제도는 국가가 할 수 있는 국민의 보호 조치 중 하나이다.

2) 이재민 관리단계

지방정부 및 지원 단체를 포함한 중앙정부는 이재민을 관리할 때 소요판단, 지원 및 사후관리로 나누어 수행해야 한다. 첫째, 소요판단 단계에서는 재난의 원인이 천재 또는 인재인지를 구분하고 더 세분해야 한다. 천재일지라도 여름철의 홍수인지 겨울철의 폭설인지에 따라 이재민을 구조하는데 필요한 장비, 물자, 시설 및 용역이 다르기 때문이다. 소요판단 단계에서는 일차적으로 재난의 형태를 인식하고 필요한 인원과 장비를 예측하기 위해 전문가 집단을 중심으로 실무진을 편성하는 것도 필요하다. 이재민의 인적구성은 어떠해야 하는지를 파악하여야 한다. 판단하여야 하는 이유는 지원할 장비, 물자, 용역 및 시설의 종류, 수량을 결정하기 위한 기초자료가 되기 때문이다. 이재민은 사람이므로 다양한 욕구가 있으며 그 특성 또한 천차만별이므로 이재민 관리의 핵심은 그들의 불편을 해소하고 요구를 충족시키는데 있다. 따라서 소요판단에는 욕구, 불만, 불편 및 요구사항을 구분하여 파악한다. 욕구에 대한 사항은 매슬로우(Maslow)의 욕구계층이론과 그에 따른 정의 그리고 허즈버그(Herzberg)의 2요인이론의 위생요인과 동기요인에서 살펴볼 수 있다.

긴급성 여부에 따라 구호품은 긴급구호품과 정상구호품으로 구분하여 평시에 관리를 하여야 한다. 학생이 있다면 이들에게 학습할 수 있는 공간을 제공하는 것이 필요하다. 필요사항을 결정하는 요소는 미시소요판단 요소로 육하원칙과 상황판단요소이다. 상황판단요소는 임무, 상대방, 기후, 시간 등이다. 그러나 이재민 관리에서는 이재민을 위주로 한 소요판단 상황판단요소를 새롭게 작성해야 한다. 예를 들면, 발생한 이재민 숫자, 연령별 및 성별분포, 가족의 수, 지병 여부 등 다양하고 많은 요소 중 가중치를 두고 판단하여야 한다. 연령별, 성별분포의 주요 구성 내용은 기본생활용품 지급의 판단기준이 된다.

둘째, 지원단계이다. 구호품이 실재 이재민에게 도달하는 시간을 최소화하여야 한다. 이재민의 수와 발생 시기에 따라 수량, 지원 방법 및 장소 등이 소요판단 과정에서 수립된 계획과 상이할 수 있다. 계획과 현실이 일치하는 상황은 거의 발생하지 않으므로 수요자의 요구와 차이가 발생한다. 차이가 발생하는 만큼 불만으로 이어진다. 차이는 수요자의 요구사항과 공급자의 공급내용이 불일치이다. 불일치의 내용은 수량, 시기, 품질, 장소의 차이 등이다. 그 결과는 과잉공급, 재고관리의 필요성 증대, 결품발생 및 역수송에 대한 문제 등으로 자원, 인원 및 시간의 낭비가 발생한다. 차이가 크면 클수록 수요자의 요구가 충족되지 못해 불만이 증폭된다. 증폭된 불만의 표출은 다양한 형태로 발생한다. 수요자의 요구를 충족하기 어려운 이유는 수요 예측의 기본 전제가 현실과 불일치하다는 것이다. 관리자는 일정한 허용오차를 염두에 두고 있으나 동시에 예측의 정확성을 높이는 노력이 필요하다.

정부나 관리자는 예측을 바탕으로 정책을 수립하여 수요자의 불만이 정부와 사회에 대한 불신으로 이어지지 않도록 주의하여야 한다. 지원단계에서 파악된 내용에 따라 관리자는 현실 적응을 위해 응용능력과 창의력을 가지고 지원해야 한다. 모든 계획은 계획대로 이루어지지 않고 오차가 발생하기 때문이다.

끝으로, 사후관리이다. 발생한 재난에 대한 형태별, 시기별 지원 자료는 차기 재난 발생에서 활용할 수 있는 원천자료이다. 원천자료는 4장의 조정소요 판단평가서 즉 군수지원분석 자료를 분석하여 미흡한 사항은 훈련에 반영하고 부족한 장비 및 물자는 치장 및 비축으로 사전에 보충하여 놓아야 한다. 사후관리를 해야 하는 이유는 재난 발생 현장에서 수요자의 요구사항을 인식하는 것이 현실적으로 불가능하기 때문이다. 따라서 관리자는 기존 사례를 분석하고 현상을 추적하면서 지속적으로 보완시켜야 한다. 문제로 지적된 사항에 따라 작성된 이재민 지원 물품목록을 새롭게 작성하고 작성된 물품은 치장 및 비축물자로 지정하고 보관해야 한다. 이재민 관리는 지속적인 점검과 체득된 훈련으로 이루어진다. 〈그림 6-2〉는 이재민 지원관리단계를 제시한다.

구분	1 단계	2 단계	3 단계
단계	소요판단 →	지 원 →	사후관리
의사 결정 사항	• 과거지원분석 결과검토 - 유사 사례 검토 • 소요판단 요소(5W1H) - 인적요소 성별, 연령별, 기존 질병 유무, 생존 유무별 - 상황판단요소 - 물적소요 및 거시소요 주관 기관, 수송 방법 필요 물품 목록 등 미시소요(5요소) 참여기관, 수행할 임무, 기간, 수량, 참여 및 대상인원	• 차이 발생 -형태 : 시간, 품질, 수량, 장소 등 - 해결 대안 창의력, 응용능력 경험 등	• 기록 유지 및 분석 (LSA : Logistics Support Analysis) -인적요소 성별, 연령별 발생 환자별 -물적 요소 → 조정소요 판단평가서 • 차기 훈련 대비 등

환 류

〈그림 6-2〉 이재민 자원관리 단계

3) 필요성

정부 차원에서 이재민을 관리해야 하는 이유는 다음과 같다. 먼저, 노약자, 어린이, 여성 및 심신장애자 등이 2차 피해가 발생할 우려가 있다. 노약자 등은 신체적 및 심리적으로 취약하여 증상을 악화시킬 여러 가지 상황에 노출되어 있으므로 위생적으로 안전한 화장실, 수면시설 및 의료시설 등이 확보되어야 한다.[51,8,20] 둘째, 재난 발생지역은 안정된 상태에서 무질서한 상태로 전환되기 쉽다. 재난으로 1차 피해가 발생한 결과는 무질서한 상태로 전환되어 약탈, 폭력 및 절도 등 2차 피해가 발생할 가능성이 상존하므로 치안 유지가 필요하다. 동시에 다양한 시설은 소방, 급수, 급식, 의료 및 방역시설 등 재난 예방 및 사후조치를 수행하는 대책 또한 필요하다. 셋째, 재난지역은 위생적으로 불안전한 지역이다. 쓰레기 및 분뇨 등으로 오염된 식수와 음식물은 다양한 감염병을 유발할 수 있으므로 감염병 예방 활동에 관심을 기울여야 한다. 끝으로, 정부는 현장에서 구조 활동을 수행하는 소방관과 자원봉사자를 포함한 구조자에 대한 관심이다. 집행본부는 소방관과 자원봉사자들이 이재민과 함께 생활하므로 정신적, 신체적 및 경제적으로 어려움을 당하지 않도록 사전에 배려심을 가져야 한다. 소방관과 자원봉사자들에게 무관심할 경우 이재민이 겪는 동일한 수준의 잔상증후군으로 고생할 수 있기 때문이다.[4] 실제로 가축의 살처분과 매몰업무를 담당한 공무원은 잔상증후군으로 정신적 고통이 발생하였다.[16]

4) 이재민 관리 조직

현대 재난의 특징 중 한 가지는 파급성이다. 파급성이란 재난이 하나의 사건으로 마무리 되기 전 2차 사고로 전이됨을 의미한다. 전이를 차단하기 위해 다양한 전문가가 필요하다.

한국을 포함한 많은 국가는 재난에 관한 전문성을 지닌 많은 단체가 있다. 구체적으로 2004년 창설한 재난안전네트워크(KDSN; Korean Disaster Safety Network), 미국의 전국재난자원단체협의회(NVOAD; National Voluntary Organization Active in Disaster) 및 일본의 재해구조볼런티어네트워크(NVNAD; Nippon Volunteer Network Active in Disaster)가 운영되고 있다. 조직은 재난 발생 예방 활동, 각 지역의 방재, 재해지원, 사전교육 및 훈련 등을 주관한다.[29] 정부와 민간 전문가의 협력은 지식과 지혜를 공유함으로 재난 발생 시 신속하고 정확한 대응을 가능하게 한다.

3. 잔상증후군(PTSD; Post-Traumatic Stress Disorder)

1) 개념

프로이드(Freud) 이후 심리적 현상을 나타내는 용어로 쓰인 트라우마(trauma)는 고대 그리스어 traumotismos가 어원이며 "몸에 가해진 상처"를 뜻한다.[47] 이후 정신병리적 상처 또는 심리적 트라우마티즘으로 의미가 확장되었고 외상 후 스트레스 장애, 즉 PTSD라는 주제로 연구가 진행되고 있다.

2010년에 발행한 QDR(Quadrennial Defense Review)의 핵심내용 중 하나가 4P이다.[27] 4P는 승리의 Prevail, 예방의 Prevent, 준비의 Prepare, 보호의 Preserve이다. 4P 중의 하나인 보호는 미군과 그의 가족을 보호하는 것으로 전쟁에 참여한 군인과 가족을 스트레스로부터 보호한다는 의미이다. 전쟁뿐 아니라 재난 및 재해를 겪은 후 생존했던 사람은 심리적 및 신체적 후유증을 겪는다. 후유증은 외상과 내상으로 구분하고 외상은 신체적 장애, 내상은 심리적 고통이다. PTSD는 심리적 고통 상태를 표현하는 다양한 명칭 중 하나이다. 이외에도 Da Costa 증후군, railway spine, Shell Shock, Fright Neurosis, War Neurosism 등이다.[74] 현재 사용되는 PTSD란 명칭은 1980년과 1994년에 미국 정신의학회(APA; American Psychiatric Association)의 정신장애의 진단 및 통계 책자 제 3판(DSM-III; Diagnostic and Statistical Manuals of Mental Disorders III)에서 처음 사용한 진단명이다.[35,47] PTSD를 한국에서는 "외상 후 스트레스 증후군"으로 사용하고 있으나 여기서는 잔상증후군으로 사용한다. 그 이유는 첫째, "외상 후 스트레스 증후군"은 외국어를 번역하여 사용하는 것 같은 느낌이 들고 둘째, 명칭은 간단하고 함축적이어야 하며 한 번 들어 쉽게 이해하여야 한다. 그러나 외상 후 스트레스 증후군은 이해하기 어렵다. 이에 비해 "잔상증후군"이라는 용어는 간단하고 함축적이다. 잔상증후군은 특정 시점에 심각한 정신적, 육체적 충격을 받은 사람의 머릿속에 남아 있어 일정 기간이 경과 한 후 지속적으로 일상생활에 영향을 미친다는 의미를 담고 있어 PTSD의 정의와 동일하다.

기존의 PTSD 정의는 외부적인 충격을 받은 후 계속되는 심리적 불안정상태라고 하였다. 본서에서 잔상증후군의 정의는 기존 정의를 포함한 몇 가지 주요한 구성개념을 포함하고 있다. 첫째, 정신적인 내용뿐 아니라 신체적인 내용을 포함하였다. 둘째, 일정 기간이라는 시간의 개념을 포함하였다. 시간의 개념은 1개월 이상 지속하는 현상을 저변에 두고 있다.[22] 외부적인 충격은 외상이라는 의미와 동일하고, 외상이란 생존에 필요한 생활환경의 급격한 변화에 따라 신체에 가해지는 물리적 충격으로부터 발생하는 상처를 의미한다. 충격은 물리적 충격으로부터 부상에 이르는 심리적인 급격한 변화를 포함하고 있다. 또 다른 하나의 정신적 외상은 주관적, 심리적 및 신체적인 반응을 중시하고 있어 환경의 변화만을 의미하는 사고와는 대비되는 개념으로 정신적 외상을 줄 수 있는 사건을 외상적 사건이라고 할 수 있다.[56] 급격한 변화는 기존의 생각과 감정으로 판단하였던 내용이 심리적 압박감으로 가치체계가 바뀌는 것을 의미한다. 압박감은 심리적 불안정상태가 얼마나 지속되느냐에 따라 개인차가 있다.

구체적으로 외상이란 다음과 같은 다양한 인위적, 자연적 현상의 결과를 포함하고 있다. 인위적 현상은 전쟁(베트남 전쟁 등), 사변(6.25 사변 등), 건축물붕괴(삼풍백화점, 성수대교), 화재(씨랜드), 전투(서해교전, 연천 군부대 총기 난사 사건 등), 9.11 테러, 5.18 광주 민주화운동, 교통사고(대구 지하철 참사와 세월호 사건 등), 방화와 성폭행 등이다. 자연적 현상은 자연재난(홍수, 태풍, 폭설과 산사태 등)이고 사회적 현상은 감염병(메르스, 코로나-19 등) 및 위기 등이다. 이처럼 순간적이고 충격적인 사건뿐만 아니라 지속적이고 심리적인 압박감 역시 외상으로 작용할 수 있다. 구체적으로 박일(2013) 등이 제시한 심리적 압박감은 군의 통제된 생활환경, 자기희생을 요구하는 조직의 특성, 잦은 근무지 이동 등으로 심리적인 부정적 영향을 받을 수 있다고 제시하면서 7가지 유형을 제시하였다.[25] 7가지는 진급지향형, 전시효과지향형, 조직지향형, 상명하복절대형, 안정된 환경제약형, 암묵적 차별 인지형, 불충분한 보상과 지원 인지형이다. 7가지 요인이 부하, 동료와 상급자에게 피해를 주어 타인의 군 생활을 어렵게 만든다.

2) 유형 및 증상

정신의학적 관점에서 사건, 사고로 발생하는 잔상증후군은 시간 경과와 지속 형태에 따라 구분된다. 먼저 마일리와 메스(Mylle and Maes,2004)는 잔상증후군을 두 가지 범주로 구분하였다.[68] 부분잔상증후군장애(partial PTSD)와 부분진단잔상증후군장애(Subthreshold PSTD)이다. 부분잔상증후군장애는 B, C, D 증상 3개 중 하나가 발생하는 것을 말하고 부분진단잔상증후군장에는 최소 한 개의 증상이 있으면서 동시에 기능적 손상이 발생한 경우이다. 또 다른 분류는 3가지로 급성스트레스반응(ASR; acute stress reaction), 급성스트레스장애(ASD; acute stress disorder) 및 급성잔상증후군장애(PTSD 또는 PTSS; Post-Traumatic Stress synDrome)이다. 이를 〈그림 6-3〉으로 표시하였다.

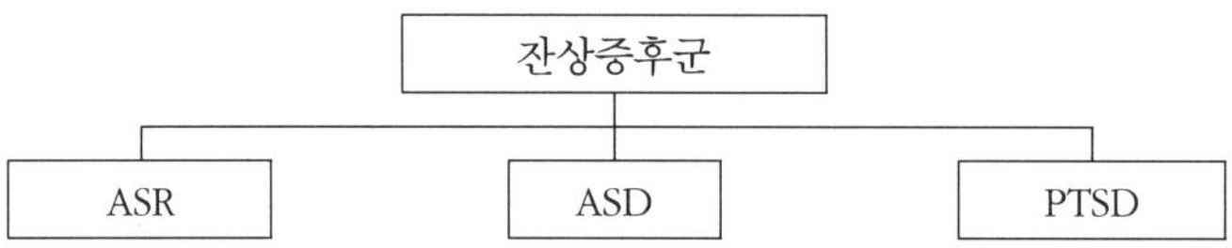

〈그림 6-3〉 잔상증후군의 구분

일반적인 잔상증후군의 증상 구분 기준은 재난을 경험한 후 발병한 시점으로부터 정상적인 수준으로 돌아오는 기간(또는 시간)으로 정한다. 먼저 급성스트레스장애는 충격 후 2일 이상 4주 이내까지 지속되는 것으로 식욕의 변화, 피로감, 통증 및 불안 등의 증세를 동반하는 경우가 있다. 잔상증후군은 스트레스가 1개월 이상 지속될 때 나타나는 것으로 외상과 연관된 생각과 악몽들을 통해 외상을 재경험하거나, 지속적으로 신체적 과각성을 보이고 마비되는 증상을 보이는 정신장애이다. 공통된 특징은 만성화될수록 치료가 어려워지므로 사고가 발생하면 신속한 대응체계로 조기진단과 치료가 필요하다.

APA(American Psychiatric Association, 2011)에서 제시한 내용을 재인용한 안현의와 주혜선(2011)은 잔상증후군의 주요 증상을 재경험, 회피 및 정서적 마비, 과각성 등으로 제시하였다.[35] 구체적으로 재경험은 기억, 악몽 등이고, 회피는 영향을 끼친 사건과 관련된 자극, 장소 등을 피하려는 증상이며 과각성은 영향을 끼친 사건으로 인해 홍미 감소, 분노 폭발, 수면 방해, 놀람, 경계와 같은 증상이므로 신경이 지나치게 예민하게 반응하는 현상이다. 끝으로 증상의 정확한 진단의 필요성은 홍미 감소, 분노 폭발 및 수면장애 등이 조현병에서도 나타남으로 정확한 진단이 필요하다.

3) 잔상증후군의 노출 대상

일반적으로 무기를 다루는 일에 종사하는 사람의 2% 정도가 잔상증후군을 경험한다는 통계가 있다. 이 통계를 60만 한국군에 단순하게 적용하면 1만 2천 명이 잔상증후군을 경험하는 것으로 이해된다. 계속해서 다른 사람의 죽음을 목격한 경우에는 8%이며 끝으로 전투를 경험한 경우에는 40%에 달한다고 하였다. 1994년 9월부터 1995년 5월까지 최진희(1997) 등은 한국전과 베트남전에 참전하였던 장병을 대상으로 잔상증후군 장애 유병률을 조사하였다. 연구결과는 6.25 사변에 참여한 장병의 유병률이 8.8%이고 베트남전에 참여한 장병의 경우는 23%라고 하였다.[58] 사람은 일생 동안 50% 정도가 잔상증후군에 노출되고 노출된 외상적 사건 이후 최소한 10~20%가 잔상증후군을 겪는다고 하였다.

우정희(2014) 등이 테러 발생지역의 파병군인을 대상으로 잔상증후군을 측정할 수 있는 검사 도구를 개발하기 위해 실시한 연구에서 우울증 현상을 발견하기도 하였다. 우울의 영역은 신체적, 인지적, 정서적, 대인관계, 욕구충동성 및 문화적인 면에서 발생한다고 하였다.[38] 노성숙(2016)은 잔상증후군의 대표적 증상으로 과각성, 침투 및 억제를 제시하였다.[18] 침투는 위험 상황이 해소되었는데도 위험 상황으로 되돌아가는 현상을 의미하고, 억제는 위험 상황을 회피하기 위해 둔감해지려는 노력을 말한다. 5.18 민주화 관련 희생자, 성폭행 피해자, 삼풍백화점, 국내 외국인 근로자, 베트남 참전군인 및 산업재해 근로자 등은 유사한 증상을 경험하였다고 여러 연구자가 규명하였다.[9,10,57]

위와 다르게 재난 피해자를 구조하는 과정에서 겪은 정신적 충격이 잔상증후군이다.[36] 예를 들면, 재난을 당하고 있는 인명과 재산을 구조하고 복구하는 과정에 참여하는 인원이 육체적, 정신적 잔상증후군으로 고통을 받는다.[44] 그리고 구제역 방역에 참여하여 가축의 살처분과 매몰을 담당하였던 공무원이 무력감을 경험한 것 등이 있다.[16]

심리적 고통은 직접적으로 전쟁, 재난 및 재해를 겪은 사람에게만 있는 것이 아니라 주변인에게도 나타날 수 있다. 예를 들면, 5.18 민주화 운동 세대와 같은 시대를 살아가는 사람은 당시 그들과 함께하지 못했다는 부채의식을 가질 수 있는데 이 또한 잔상증후군이다. 세월호 사건은 국민 모두의 가슴에 남아 있는 사건으로 잔상증후군을 나타낸다. 대형 재난사고를 겪은 유가족의 잔상증후군 지수가 그렇지 않은 가족보다 높다는 결과가 제시되고 있다. 이러한 현상은 잔상증후군의 노출 범위에 포함되고 전이현상(transference)으로 설명할 수 있다.[45]4)

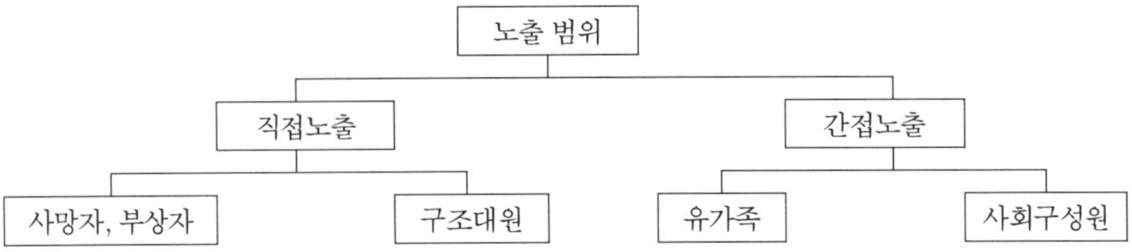

〈그림 6-4〉 잔상증후군 노출 범위

4) 치료방법

잔상증후군의 치료방법은 약물치료, 상담치료, 미술심리치료 및 동물치료 등이 있다. 약물치료나 상담치료에서 효과를 보이지 않는 경우 대안적으로 미술심리치료와 동물치료가 추천되고 있다.[62] 구체적으로 알추러(Altschuler, 2018)는 개, 말과 같은 포유류 중 특히, 개를 이용한 동물치료가 잔상증후군 치료에 도움이 되었다고 하였다. 개를 이용하여 약물치료를 중단하고 개와 협업하여 새로운 업무를 시작하며 과제도 수행할 정도로 향상된 모습을 보였다고 주장하였다. 이외에도 앵무새와 같은 조류도 잔상증후군 치료에 도움이 된다고 하였다. 임재호(2019)는 외상적 사건이 장애라기보다는 적극적 치료와 삶을 대하는 자세의 변화로 한 층 성숙한 자신의 모습을 가꾸는 기회로 삼아야 한다고 하였다.[53]

사람이면 누구나 살면서 어려움을 겪지 않는 사람이 없다. 단지 어려움에 대처하는 방식이 다를 뿐이다. 대처하는 방식이 그동안의 삶의 기조에서 우러나온다. 따라

4) 전이현상: 이장호와 신희천(1997)은 '전이(transferance)'를 프로이드(Freud,1895)가 처음 제시한 개념이라고 언급하고 "환자는 자신의 치료자에게 자신의 괴로운 생각을 옮기는 현상이다."라고 하였다. 이와 반대의 현상이 발생하는 것을 역전이 현상이다. 전이현상은 정신분석의 가장 큰 장애물로 인식하였다. 프로이드이는 전이를 긍정적 전이(positive transference)와 부정적 전이(negative transference)로 구분하였다. 긍정적 전이의 예는 치료자가 환자를 치료하면 형성되는 사랑과 관련된 감정으로 신뢰, 존경 등은 정신치료에서 중요한 요인이 된다. 반대로 부정적 전이의 예는 증오의 어휘장에 포함된 분노, 적개심 및 경멸 등과 같은 심리적인 감정을 포함한다. 많은 의학적 연구에서는 스트레스와 관련성이 깊은 혈중 코티졸(cortisol)의 저하, 신경전달 물질인 노어에피네프린(norepinephrine) 증가 등의 신경생물학적 변화가 발생한다. 이러한 변화는 삶의 질이 저하되고 사회적 활동에 소극적이며 결국 사망률을 증가시킨다는 보고가 있다.

서 삶의 가치관 전환을 바탕으로 기존의 삶의 방식을 떨쳐버리고 새로운 시각의 삶으로 대처하는 통찰력을 얻어 더 성숙한 삶의 방식으로 삼아야 한다. 막스베버(Max weber)는 통찰력을 열정, 소명의식, 혼 및 착상과 같은 용어로 설명하였다. 결국 통찰력은 학습과 암기 그리고 깊은 사유를 바탕으로 현실과 적응하는 과정에서 자연스럽게 발현된다고 할 수 있다.

5) 예방활동

장병이 갈등을 해결하는 방법은 첫째, 갈등이 발생하는 당위성에 대한 정신교육, 둘째, 개인보호 장구류의 지급이다. 정신교육은 군수 관점을 벗어나므로 제외하고 개인보호 장구류에 대한 사항을 보면, 리히터버거(Lichterberger, 2018)는 미국의 시민전쟁, 1차 세계대전, 아프가니스탄 및 이라크 전쟁의 사망률을 비교하였다. 시민전쟁 사망률은 63%였는데 이라크 전쟁 사망률은 4% 정도로 감소하였다. 통계로 본 6.25 전쟁에서 박동찬(2014)이 제시한 미 육군 병력 302,483명과 사망자 2만 7천 여명을 기준으로 보면 사망률이 약 9.2%에 달한다. 문명사회가 될수록 전투에서 사망률의 감소는 전투장비의 개발과 함께 보호 장구류의 발전이 영향을 미치는 것으로 평가된다.

제Ⅲ절 불용품 관리 : 자원순환관리 관점

1. 개념 및 관리 범위

불용품 관리에서 자주 사용되는 어휘는 두 번, 재차, 다시 한번, 원점에서 시작의 의미를 가진 단어 '재(再)'이다. 영어에서 '다시'를 의미하는 접두사 're'인 것과 같다. 즉 're'가 붙은 영어 단어 rework은 재작업, remanufacturing은 재제조, recycling은 재활용, reuse는 재사용, repair는 수리, renew는 재생 등이 있다.

환경관리자는 가치가 없는 자원에 대해 '다시, 재' 가치를 부여할 것인지의 의사결정을 해야 한다. 관리자는 무가치한 폐기물을 재활용, 재사용, 재판매, 재제조, 재이용, 정비, 수리, 동류전용, 물물교환, 위탁처리 및 재생을 바탕으로 유용한 물품으로 전환하거나 폐기를 결정한다. 폐기 여부에 대한 의사결정 과정이 리사이클링(recycling) 또는 자원순환관리활동이다.

리사이클링은 다운사이클링(Down-Cycling)과 업사이클링(Up-cycling)으로 나뉜다.[5] 다운사이클링은 성능이 저하된 제품을 재활용하는 것이다. 업사이클링의 구성은 업그레이드(upgrade)와 리사이클링의 합성어로 폐기되는 제품에 새로운 가치를 부여하여 자원의 선순환을 이루는 방식이다. 새로운 가치는 공정 및 디자인을 개선하거나 첨단기술을 접목하는 방식이다. 업사이클링은 원제품이 가지는 속성을 유지하면서 생산 당시의 제품과 동일한 성능을 부여하는 것이다.

업사이클링과 관련된 활동에 대해 다우러샤히(Dowlatshahi, 2000)는 전략적 요인과 운영적 요인으로 분류하고 전략적 요인은 품질, 고객서비스, 법률, 환경이고 운영적 요인은 비용분석, 수송, 창고, 공급관리, 재제조, 재활용 및 포장이다. 환경관리의 구체적인 활동의 관점에서 지운티니와 엠델(Giuntini & Amdel, 1995)이 제시한 6가지의 활동은 인식, 발견, 검토, 갱신, 제거 및 리엔지니어링이다.[65] 티에리(Thierry, et al., 1995) 등은 자원관리를 제품복구관리(PRM; Product Recovery Management)로 규정하고 자원관리 활동을 수리, 재연마(refurbishing), 재제조, 동류전용(canniblization) 및 재활용으로 구분하였다.[71] 카터와 엘렘(Carter and Ellram, 1998)은 회수되는 물품에 따라 재사용, 재활용, 폐처리(소각과 매립)로 구분하였다.[64] 존슨(Johnson, 1998)은 재사용, 재판매, 재제조, 재활용 및 폐처리를 제시하였다.[66] 바하브자데와 라스너(Vahabzadeh and Rosnah, 2012)는 활동 가능한 영역으로 재연마, 재제조, 재판매, 수리, 재활용과 처리로 구분하였다.[72] 펜먼과 스탁(Penman & Stock, 1994)은 물적유통관리 관점에서 환경과 관련된 활동으로 구매 및 조달, 수송과 창고관리를 포함한 물적배송, 폐기물 관리 및 재활용을 언급하였다. 로저스(Rogers et al., 2012) 등은 재활용, 재연마, 재제조가 포함되어야 한다고 제시하였다.[70] 끝으로, 한국은 자원관리와 관련하여 쓰레기 종량제 정책을 5가지로 분류하였다.[28] 쓰레기 발생을 억제하는 정책 5가지는 감소, 재사용, 재활용, 소각과 매립이다.

특정 시점에 이르면 모든 군수품은 불용품이 된다. 불용품에 대해 국방군수용어편람(1991)과 물품관리법(2009)은 필요성이 없다고 판단되는 수리부속, 예상되는 수요를 초과해 보유하고 있는 군수품 중 관리전환으로 처분을 할 수 없는 군수품, 사용할 수 없거나 가치가 없는 군수품이다.[3] 육군 군수사 물자근무지원계획(2016)에서는 불용품을 쓰레기, 연소재, 오니(슬러지), 폐유, 폐산, 폐알카리 및 동물의 사체 등 사람의 생활이나 사업 활동에 필요하지 않게 된 물질로 정의하고 있다.[40] 이외에도 폐기물관리법(2017)에서 폐기물은 사람의 생활이나 사업 활동에 필요하지 않게 된 물질로 정의하였다. 따라서 폐기물관리법, 국방군수용어편람, 물품관리법 및 물자근무지원계획에서 언급하는 공통적인 용어는 "필요성이 없는", "처분할 수 없는", "필요하지 않게 된", "사용가치가 없는 군수품 또는 물질"이다. 사용가치가 없는 물질에서 물질이란 제품(군수품, 상거래 목적의 물품 포함)이 물품관리자에게 효용성이나 경제성을 제공할 수 없는 것이다. 여기에는 쓰레기, 폐기물 및 불용품 등이 포함된다. 관리전환이란 해당하는 군수품의 품목관리관이 변경되는 경우에 사용하는 행정 용어이다.

법률적 관점에서 "필요하지 아니하다"는 것은 상대적이고 주관적 의미가 아니라 객관성, 명확성 및 절대성이 확보된 기준이어야 한다.[15] 객관성과 명확성을 확보하기 위해 군은 경제적수리한계를 설정하여 적용하고 있다. 경제적수리한계는 군수학원론 정비관리를 참고한다. 참고로 기업은 감가상각 또는 감모상각 등을 적용하여 자산의 가치를 측정하고 있다. 만약 폐기물이 상거래의 목적이 된다면 경제적 가치가 있다는 것으로 용도가 있음을 의미한다. 폐기물이 경제적수리한계를 초과하고, 감가상각 시점을 지났다고 하더라도 사용자가 의도한 목적을 달성할 수 있다면 폐기물이 아니라는 견해가 있을 수 있다. 따라서 위의 어떤 방법을 적용하더라도 자원의 희소성에 따라 사용가치가 있고 없음을 결정하게 된다는 것이다.

화이트(White, et al., 1995) 등은 쓰레기를 인간 활동의 부산물로써 무가치한 것이라고 정의하였다.[75] 화이트 등의 정의는 쓰레기를 인간 활동의 부산물로만 한정하고 있으므로 자연재해로부터 발생한 무가치한 부산물은 포함하지 않고 있다. 그러나 태풍이 지나간 뒤 많은 쓰레기가 강가, 호수 및 해변에서 발견된다.

폐기물, 쓰레기 및 불용품은 본성이 변질된 것이다. 사용가치가 없는, 즉 경제성, 효용성이 없는 군수품 역시 본성이 변질된 것이다. 즉, 성질이 변화되고 변질되어 경제성과 효용성을 상실한 물질은 쓰레기, 폐기물 및 불용품이다. 성질이 변화된 쓰레기, 폐기물 및 불용품은 살아있는 생물에게 유해한 영향을 미친다. 그러므로 적절한 방법으로 처리하여야 한다.

위 용어들을 정리하면 다음과 같다. 불용품을 쓰레기와 폐기물의 유개념(genus)으로 설정하고 쓰레기와 폐기물은 불용품의 최근류가 되며 쓰레기와 폐기물을 종개념(species)으로 설정하므로써 불용품의 최근종이 된다. 위 용어의 정리는 종차 개념으로 불용품의 범위에 대한 용어의 혼란을 예방할 수 있다. 불용품의 최근류는 사용가치가 없는 군수품 즉, 물적자원을 의미한다.

폐기물로 불용이 결정된 군수품은 불용품으로 매각 및 폐기할 수 있으나 실제로는 군수품을 매각할 수 없는 예가 있다. 그것은 매각으로 환경오염을 유발할 수 있는 물질로 구성된 품목이다. 예를 들면, 공사폐자재, 방사능 포함 품목, 폐소화기, 폐건전지와 폐기름 걸레 등이다. 위와 같은 물질은 군이 경매를 통해 처리업체를 선정한 후 폐 · 처리한다. 불용품 관리방법은 소각, 재제조, 재판매, 동류전용, 매각, 매립, 재활용, 물물교환, 위탁처리 및 재생이용 등이 있다. 〈그림 6-5〉는 어휘장 관점에서 불용품을 관리하는 범위이다.

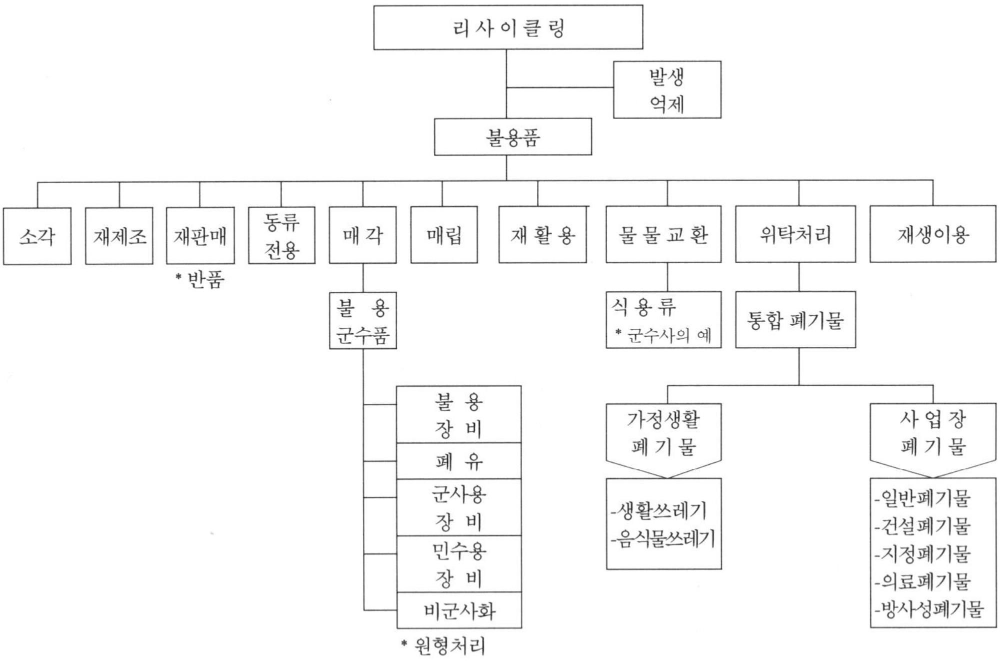

〈그림 6-5〉 리사이클링의 범위

2. 처리방법

1) 발생억제

쓰레기 및 폐기물에 대한 감소방법은 예방적 차원에서 수요와 공급을 억제하는 것이다. 수요를 억제하는 활동은 수익자부담원칙(BBP; Beneficiary Pays Principle)과 오염원인자책임원칙(또는 오염원인자 부담원칙 PPP; Polluter Pays Principle) 그리고 공급 억제방법은 제조물책임(product liability)이다. 수익자부담원칙은 특정 개인이 공공재를 이용하는 과정에서 개별적, 구체적으로 직접편익을 획득한 것에 대한 반대급부를 조세 이외의 방법으로 부담하는 원칙이다. 수익자부담원칙 적용의 예는 쓰레기 종량제 적용, 종이컵 및 비닐봉투 등의 1회 용품 사용 억제, 화장품, 과자류 과대포장억제 등이다. 유사하게 오염원인자책임원칙은 특정 개인이 재화를 사용한 결과로 피해를 유발한 개인에게 오염된 환경을 개선하기 위한 비용을 부담한다는 것이다. 특정할 수 없는 환경개선을 위해 적용하는 경우에는 수익자부담원칙과 혼용되는 경우가 발생한다. 한국의 환경정책기본법 제 7조와 8조에서는 오염원인자책임원칙과 수익자 부담원칙을 적용하고 있다. 따라서 이익이 발생한 범위에서 환경보전을 위한 사업비용의 전액 또는 일부를 부담하여야 한다고 규정하고 있다. 반면에 공급을 억제하는 제조물책임은 관련법에서 제조업자가 제조상, 설계상 및 표시상 결함으로 피해가 발생하였을 경우에 대한 사항을 규정하고 있다. 제조물책임법에서 책임은 제조자 즉 생산자가 사용자의 안전과 환경에 대한 안전을 보장하는 것으로 해석할 수 있다.

물질흐름분석의 관점에서 쓰레기를 처리하는 비용까지 고려하여 환경에 부담이 최소화되도록 의사결정을 해야 한다면 발생억제 정책은 관점에 따라 상이할 수 있다. 예를 들면, 1회용 기저귀를 사용하는 것과 천 재질의 기저귀를 사용하는 것 중 환경에 부담이 적은 어느 한 가지를 선택하여야 한다. 의사결정 기준은 쓰레기 발생 자체를 억제하는 것이 아니라 환경 전체에 미치는 악영향을 최소화하는 것이어야 한다. 동시에 의사결정자의 결정과 소비자의 소비행위 결정은 부분의 최적화보다는 시스템 전체의 최적화가 될 수 있는 결정을 하여야 한다.

2) 소각

소각이 불용품을 처리하는 가장 대중적인 방법 중 하나이다. 소각은 부패성 물질을 안정화하는 방법중 하나이며 소각할 때 열이 발생한다.[61] 발생하는 열은 고위발열량과 저위발열량으로 구분된다. 연소할 때 발생하는 전체열량은 총발열량이며 저위발열량이라고 하는 진발열량은 총발열량에서 증발잠열을 제외한 발열량이다. 증발잠열은 연료 중 수분이나 수소의 연소로 생성된 수분을 제외한 열량이다. 증발잠열이란 온도 변화 없이 1g의 액체를 증기로 변화시키는 데 필요한 열량을 말한다. 식으로 표현하면 아래와 같다.

총발열량 = 고위발열량 + 저위발열량

저위(진)발열량 = 총발열량 – 증발잠열

소각은 쓰레기를 태울 때 산소를 이용하는지에 따라 소각방식과 열분해방식으로 구분한다. 소각방식은 쓰레기를 투입한 후 소각할 때 산소를 이용하여 가연성 물질을 태우는 방식이다. 열분해방식은 산소를 투입하지 않은 상태에서 쓰레기를 투입하고 외부에서 용기에 열을 가하여 화학물질이 분해되도록 하는 현상이다.

상기 두 가지 방식으로 쓰레기를 처리할 때 잔유물질이 남게 되는데 남는 물질은 바닥재(bottom ash)이고 산화되어 공중으로 흩어지는 물질은 비산재(fly ash)이다. 전체 소각재 발생량 중 95%는 바닥재이고 5%는 비산재이다. 비산재는 중금속을 포함하고 있으므로 집진장치로 거른 후 대기로 방출하여야 한다.[13] 소각재는 에코시멘트, 콘크리트 생산 원료 및 세라믹 재료로 재활용할 수 있다.

소각방법 중 열분해방식은 다른 불용품 처리방법에 비해 다음과 같은 장점이 있다.[42,49,7] 첫째, 폐기물을 소각함으로 감량화를 실현할 수 있다. 소각은 폐기물 전체의 양 중에서 90% 이상을 태울 수 있어 무게의 75% 감량화를 실현할 수 있다.[63] 감량화된 폐기물은 잔유물이 적어 매립지 확보가 쉽고 매립지를 오래 사용할 수 있으므로 좁은 국토 면적을 넓게 활용할 수 있도록 한다. 둘째, 소각할 때 발생하는 열로 발전, 지역난방 및 온수공급으로 지역주민의 삶과 지역경제에 기여한다. 셋째, 매립할 경우 발생할 수 있는 지역갈등문제를 감소시킬 수 있다. 지역사회를 위한 소각열 활용방안을 제시함으로 갈등은 감소시키고 님비(NIMBYS; Not In My Back Yard Syndrome) 현상은 예방할 수 있다. 그러나 소각과정에서 유해물질인 바닥재가 발생한다는 단점이 있다. 여러 장 · 단점에도 불구하고 폐기물을 소각하는 궁극적인 목적은 무해화, 감량화 및 폐열회수에 의한 에너지 절약, 선도적인 환경 행정 이미지 구축 등으로 요약할 수 있다.

3) 매각

매각은 불용이 결정된 군수품을 국가 이외의 민간(기관과 개인)에게 반대급부를 받고 군수품을 양도하는 행위이다. 군수품의 민간양도는 군수품의 종류에 따라 국가의 세입과 세출의 원인이 된다. 세입의 원인은 군이 장비 및 물자에 대해 비군사화를 한 후 활용가치가 있는 군수품을 민간에게 현금으로 판매함으로써 발생한다. 국가가 매각하는 군수품은 불용장비, 폐유(윤활유, 일반유 등), 폐탄피, 폐활성탄, 군사용 장비 및 민수용 장비 등이다. 반대로 세출의 원인이 되는 경우는 군이 폐기하는 군수품에 대해 민간에게 별도의 처리비용을 지급하는 경우이다. 세출의 의미는 군이 민간에게 군수품을 처리하는데 수반되는 비용을 지급한다는 것이다. 군이 비용을 지급하고 매각하는 품목은 폐기물 및 방사성 물질 등이다. 비군사화란 군사용 장비가 민간에게 매각될 때 군이 수행하는 업무이다. 군이 수행하는 비군사화 방법은 군용 표시 제거, 대번호제거 및 부품원형훼손 등이 있다. 부품원형훼손은 절난 및 세절과 같은 방법을 사용한다.

4) 매립

폐기물 처리의 일반화된 방법은 매립과 소각이지만 일부에서는 법적으로 매립을 금지하는 규정을 제정하는 사례가 있다.[24] 매립의 이점은 적은 비용으로 폐기물을 처리할 수 있다는 점이다.[52] 폐기물 매립에 대한 의사결정 사항은 매립지선정, 매립 중 관리, 끝으로 사후관리이다. 매립지가 선정되면 폐기물의 매립이 시작되고 오랜 시간에 걸쳐 매립이 종료되면 사후관리가 시작된다. 사후관리의 필요성은 매립지에 대한 부실한 관리가 토양오염과 수질오염을 유발할 가능성이 있기 때문이다.

오염의 유발 가능성을 배제하기 위해 배민기와 장병문(1999)은 일반폐기물의 매립지 선정에 미치는 영향 요인으로 사회경제적, 환경적, 입지적 및 제도적으로 매립지 관리를 제시하였다. 이와 같은 요인을 기준으로 매립지를 평가하는 방법은 계층분석방법, 통계적방법, 공조분석방법, 상쇄분석방법 및 우열법 등이 있다.[26] 환경적 요인은 자연적인 환경요인으로 지하수위, 홍수가능성, 지형, 토양, 지질, 기상, 식생 및 경관 등을 포함한다.

매립지를 중심으로 발생하는 다양한 문제는 교통 혼잡, 소음, 악취, 인근 주민의 불평불만, 매립 가스의 발생 및 침출수의 발생 등이다. 이중에서 매립가스(LFG; Land Fill Gas)는 가연성 물질인 탄화수소로 메탄가스(CH_4), 이산화탄소(CO_2), 미량유해가스인 벤젠, 톨루엔, 자일렌(BTX; Benzen Toluene Xylene), 악취가스인 암모니아(NH_3)와 황화수소(H_2S)를 포함하고 있어 식물의 고사와 같은 2차 피해를 유발할 수 있다. 이를 해소하기 위해 매립 가스를 정제한 후 사용할 수 있는 압축천연가스화(CNG; Compressed Natural Gas)는 시내버스 연료로 사용할 수 있고 인근 공장의 원료, 전력생산, 청소 차량의 연료로 사용하는 등 다양한 활용방안으로 상용화하고 있다.[60] 매립가스는 폐기물 특성, 매립조건, 매립구조, 지형특성 등이 서로 유기적으로 분해와 결합의 과정을 반복하면서 발생한다.[23] 폐기물의 특성은 수분, 온도 pH, C/N비 등을 의미한다. 폐기물을 안정화하는 방법은 물리적, 화학적, 생물학적 접근으로 이루어진다.[55] 정제는 고질화라는 용어와 유사하며 매립지에서 발생하는 가스는 메탄가스와 이산화탄소가 주성분으로 가연성을 높이기 위해 이산화탄소를 제거하고 첨가물을 포함하는 과정이다.

폐기물 매립장에서 발생하는 침출수는 PH가 낮고 화학적 산소요구량과 생화학적 산소요구량은 높은 고농도의 수질오염물질로 구성되어 있다. 수질오염물질은 매립지의 부적절한 관리로 발생하는 2차 오염원이 된다고 하였으나 김경웅과 손호웅(1995), 위창수(2005)의 연구결과는 토양오염, 수질오염에 대한 피해가 큰 것으로 보고하지 않았으나 매립장 피해 여부는 매립장을 얼마나 철저하고 꼼꼼하게 관리하느냐에 달려있다고 볼 수 있다.[6,48]

5) 재활용

폐기물을 처리하는 방법은 재활용을 의미하는 사전적 처리방법과 매립을 의미하는 사후적 처리방법으로 구분할 수 있다.[54] 사전적 처리란 폐기물의 성상 변화 없이 처리하는 것이다. 성상이란 성질과 형태를 의미하는 것으로 성질을 변화시키지 않는다는 것으로 변성을 시키지 않고 재활용하는 것이다. 사례는 건설 시 발생하는 흙을 복토용 흙으로 사용하는 것이다. 형태를 변화시키지 않는 예로는 가정에서 배출하는 음식물을 동물의 사료로 사용하는 것과 헌책방에서 헌책을 구매하여 재판매하는 것 등이다. 변형과 변성으로 음료수 캔을 녹여서 다른 물품을 만드는데 활용하는 것 역시 재활용에 대한 사례이다.

사후적 처리란 매립지를 관리하여 폐기물 처리의 효과성과 경제성을 증진시키는 방법이다. 구체적인 방법은 매립 후 불투수성 덮개로 피복하여 침출수 생성을 현저히 줄이는 방법, 매립방식의 변경으로 매립지의 수명을 연장하는 방법 그리고 매립이 종료된 후 녹지를 조성하고 주변의 환경을 정비하여 지역주민에게 환원하는 방법이 있다.

최근 잠재적 재난에서 명시적 재난으로 부각되는 플라스틱은 소각, 매립 재활용 및 폐기물에서 다룰 수 있으나 본서에서는 플라스틱이 미세플라스틱으로 변형되어 사람에게 환원된다는 점을 강조하기 위해 재활용에서 논의한다. 플라스틱의 재활용 방법은 물질재활용, 에너지재활용, 화학적 재활용 등이 있으나 근본적인 대안이 될 수 없는 한계점이 있다. 따라서 근본적인 방법은 생산자가 친환경 설계로 폐기물을 저감 하는 방법보다 생산자와 사용자가 공동으로 소요단계에서부터 플라스틱의 사용 요구 자체를 통제하는 접근이 이루어져 새로운 물질을 개발하는 것에 박차를 가하여야 한다. 만약 생산자와 사용자가 협력하여 과거 사용하였던 식물로부터 옷감을 추출하고 간벌한 나무를 사용하여 장난감 및 생수병 제작 등에 사용되는 소요 자체를 줄인다면 많은 량의 플라스틱을 절약할 수 있다. 또 다른 방법은 모든 플라스틱이 석유에서 추출되었다는 점을 착안하여 폐플라스틱으로부터 석유를 추출하는 방법이다.

6) 위탁처리

위탁처리는 일종의 아웃소싱으로 용역업체가 군의 폐기물을 용역업체에 위탁받아

처리한다. 위탁처리업무는 정부에서 폐·처리 업체에게 대금을 지불하고 처리하는 경우와 정부가 처리업체로부터 대금을 받고 처리하는 때가 있다.

군이 대금을 받고 처리하는 군수품은 재활용이 가능한 군수품이며 구체적으로 리튬 건전지, 군복, 폐유 및 생활 폐기물 등이다. 이와 반대로 폐기물 처리에 대한 전문지식, 절차 또는 인력이 요구되고 반출시 사회에 피해를 유발하는 물질이 포함된 군수품은 군이 용역업체에 비용을 지급하고 처리한다.

7) 재제조(Remanufacturing)[69,34,1,12,]

(1) 정의

재판매를 전제로 하는 재제조는 생산자가 제조한 군수품을 정비관리자 또는 원생산자가 회수하여 신품으로 재생하는 활동이다. 재생산 및 재제조를 포함한 재생은 분해수리 활동을 포함한 회수, 해체(분해), 정비, 수리, 조정, 검사 및 동류전용 등이다. 재생 대상이 되는 장비는 자동차, 항공기 및 수리부속 등이다. 전투용 장비로는 기동장비, 전투기, 화력장비, 함정 및 일반장비 등이 있고 수리부속은 엔진과 같은 조립체이다.

한국의 경우 정비창에서 정비하는 장비는 순환정비대충장비(RCF; Repair Cycle Float)이다. 순환정비대충장비는 정비창이 장비의 고장 여부와 관계없이 일정 사용시간과 거리에 따라 정기적으로 정비를 실시하는 장비이다. 순환정비대충장비의 정비공정은 장비후송, 장비해체, 구성품 분해, 부품세척, 품목별 검사, 부품보수, 구성품 조립, 구성품별 성능시험 및 완성장비 조립으로 이루어진다.[37] 1975년 정비창이 설립된 이후부터 재제조 개념을 적용하였으므로 군에서는 새로운 개념이 아니다. 순환정비대충장비는 정비의 개념으로 수명연장을 위해 실시하는 적극적 정비에 해당한다. 순환정비대충장비 개념은 군수학 원론의 정비관리를 참고한다.

재제조는 순환정비대충장비로 선정된 장비를 대상으로 적용한다. 순환정비대충장비는 성능을 개량할 목적으로 새로운 제조 기술을 적용하여 사용자로 하여금 새로운 장비를 사용할 기회를 제공한다. 예를 들면, 선정된 K1A1 전차는 분해수리 정비를 하여 K2로 성능개량을 한다. 따라서 창정비는 정비로 예전의 성능으로 회복하는 것이 아니라 한 단계 높은 성능을 가진 장비로 거듭나게 하며 이점은 새로운 장비를 만들기 위한 재료, 가공방법, 비용, 시간, 인력 및 공간 등을 절약할 수 있다.

(2) 고려사항

재제조 개념을 적용하기 위해 몇 가지 고려해야 할 사항이 있다. 첫째, 연구개발자, 제조업자, 부품공급자, 사용자와 정비업자 간의 새로운 기술과 장비의 특성에 대해 의사소통이 요구된다. 의사소통을 하는 목적은 연구개발에서부터 정비까지 일관된 규정과 법을 적용하는데 있다. 둘째, 제조업자, 정비업자 및 재제조업자간 기술과 다양한 표준이 상호공통적으로 적용되어야 한다. 다양한 표준은 기술표준, 부품표준, 업무표준, 문서표준, 부품규격, 완성품 규격 및 형상표준 등이다. 셋째, 특허를 포함한 법률적, 경영적 및 환경적 사항에 대한 공통의 목표를 위해 신속한 의사소통 체계를 구축하여야 한다. 특허는 군수품을 구매-공급할 때 필요한 일정한 조건으로 계약서에 반영하여야 한다. 경영적 사항은 재제조 시 원가에 근거를 둔 가격 결정이 합리적 및 합법적으로 되어야 함을 의미한다. 환경적 사항은 원제조자가 출고 당시 환경인증 평가를 받은 제품과 동일한 수준 또는 그 이상의 수준에서 환경인증을 재평가 받아야 한다. 예를 들면, 재생 프린터 토너를 사용하는 프린터 중 일부는 일시에 다량의 인쇄를 하는 경우 토너 가루가 밖으로 유출되는 현상이 발생한다. 토너 가루의 유출은 사용자의 폐 건강에 악영향을 끼칠 수 있으므로 재제조 업자는 이를 기술적 토너유출현상을 결함으로 인식하고 적절한 조치를 취해야 한다. 여기서 조치 사항으로는 재생토너를 재제조하는 제조업자가 기술 및 환경적으로 국가의 검정기관으로부터 기술 승인을 받아야 함을 의미한다. 다섯째, 재제조 여부를 결정하는 기준은 경제적수리한계이다. 경제적수리한계는 군수학원론(2013) 정비관리를 참고한다.[30]

(3) 재제조 업체의 유형

재제조의 유형은 통합재제조(IR; Integrated Remanufacturing), 계약재제조(CR; Contracted Remanufacturing), 독립재제조(Independent Remanufacturing) 및 위탁재제조(Independent OEM Remanufacturing) 등이 있다.[19,12]

통합재제조업체는 자사의 제품에 대해 직접 재제조업에 참여하는 경우로 원제품 재제조(OER; Original Equipment Remanufacturing)라고도 한다. 계약재제조는 원제품 제조업자가 재제조 활동을 수행하는 것이 아니라 원제조업자와 제조계약을 맺은 업체가 재제조를 한다. 독립재제조업은 원제품 제조업자와 관계없이 사용자가 일정한 시설을 갖추고 재생 활동을 한다. 한국의 육군 종합정비창이 독립재제조업에 해당한다. 육군 종합정비창은 사전에 예비부품을 구매하고 정비하여 독자브랜드로 제품을 유통시킨다. 끝으로, 위탁재제조는 원제조업체와의 계약을 바탕으로 제한된 범위에서 협력관계를 구축하여 재제조를 하는 것으로 제품과 관련된 정보를 원제조업체로부터 받을 수 있다.

(4) 재제조의 이점

재제조의 이점은 군수, 경제 및 환경적 관점에서 찾을 수 있다. 첫째, 재제조는 비용 및 자원을 절약하여 경제적일 뿐만 아니라 환경적 이점이 있다.[12] 원제품에서 정비가 필요한 부분을 찾아 성능을 신제품과 동등하게 유지하면서 운영비용, 물적자원, 인적자원 및 시간을 절약할 수 있다. 뿐만 아니라 정비 시에 발생할 수 있는 다양한 종류의 쓰레기 발생량을 감소시킬 수 있다. 이는 동류전용과 유사한 기능을 포함하고 있다. 동류전용은 후술한다. 둘째, 수명주기관점에서 재제조와 연구개발을 비교해볼 때 이점은 구형 장비에 새롭게 개발된 부품을 사용하여 적은 비용으로 장비의 성능을 향상함으로써 개발 기간에 따른 인력과 비용을 절감할 수 있다. 그리고 새로운 장비를 배치하여 발생할 수 있는 사용자 운영 교육이 최소화된다.

8) 동류전용(cannibalization)

동류전용은 재활용의 한 가지 방법이다. 동류전용이란 사용이 불가능한 장비에서 사용이 가능한 수리부속이나 부분품을 취발하여 동일 종류의 장비를 정비하는 행위이다.[30] 동류전용은 환경관점과 정비관점에서 언급할 수 있다. 본 장에서는 환경관리 관점만 언급하고 정비관리 관점은 군수학 원론의 정비관리를 참고한다. 동류전용은 폐기대상의 장비에서 부품 및 수리부속을 취발하여 사용함으로써 자원의 경제성, 효율성이 높아 예산을 절약할 수 있다. 일반적으로 동류전용은 군사령부급 이하 제대인 야전 사용자가 수행한다.

동류전용은 다음과 같은 경우에 적용할 수 있다. 먼저, 장비의 분류상태에 따라 정책적으로 동류전용을 적용할 수 있는 장비와 적용하지 못하는 장비를 제시하고 있다. 장비의 분류상태는 군수학 원론(2013)을 참고한다. 둘째, 행정 사항으로 특정할 수 없는 계약의 지연으로 수리부속이 지연 입고될 경우에 적용할 수 있다. 수리부속의 지연 입고는 유휴장비가 발생한다는 것이고 유휴장비의 발생은 전투력 공백이 발생한다는 의미이다. 끝으로, 애로수리부속은 노후화된 장비의 수리부속으로 정해진 일정에 따라 조달할 수 없는 수리부속이다. 애로수리부속에 의한 동류전용은 주로 결합체에서 발생하며 결합체의 동류전용 정비는 비체계적으로 발생하는 문제이므로 시간을 두고 해결하여야 할 사항이다. 장비의 가동률이 저하되는 결과를 유발하기 때문이다. 따라서 특별한 경우가 아니면 원칙적으로 동류전용은 금지한다. 예를 들면, 2010년, 2011년 국회가 F-15K에 대한 동류전용이 증가하고 있다고 지적하였다. 이 당시 F-15K는 표준장비이므로 동류전용을 해서는 안 되며 수리부속의 조달이 지연되어서도 안 된다. 비체계적이란 전형적으로 발생하는 사항이 아니고 비전형적으로 발생하는 사항이므로 사안별로 해결할 대안이 다르다는 것을 의미한다. 당시 F-15K의 계약방식 변경으로 발생하는 문제는 논외로 한다.

9) 재생이용[43,73]

화석연료의 고갈을 예상하는 사람들이 대체에너지를 요구한다. 대체에너지의 필요성은 태양광발전, 바이오에너지 및 풍력발전과 같은 방법을 고안토록 하였다. 에너지를 재생하여 사용하는 재생에너지는 특정 물질을 사용자가 원하는 용도와 목적에 맞도록 기술적, 물리적 및 화학적으로 변화시킨 에너지이다. 먼저, 태양광발전은 자연 상태에서 발생하여 자연적으로 소멸하는 에너지를 전기에너지로 전환하여 사용하는 것이다. 태양, 풍력, 수력, 해양, 지열 및 바이오에너지 등이 있다. 바이오에너지는 동물 등의 배설물과 같은 바이오매스(biomass)를 전환방법을 이용하여 에너지의 형태로 전환하는 것이다. 생산 물질은 발효법을 바탕으로 에탄올을 생산하거나 염기성 박테리아를 이용하여 메탄가스를 생산할 수 있다. 위와 같은 재생이용의 사례는 업사이클링이다.

10) 물물교환

물물교환은 사람의 요구와 필요를 충족시켜주는 가장 오래된 그리고 기본적인 방법이다. 군수사는 폐식용류를 업체에 제공하고 필요로 하는 군수품으로 대체하여 수령하는 행위가 물물교환이다.

11) 재판매(Resale)

재판매는 사용자가 특정 제품을 통해 목적을 이룬 후 용도 폐기된 제품에 대해 제조업자가 새로운 또는 동일한 용도의 목적을 달성하도록 생명력을 부여하여 다른 사용자에게 제품을 판매하는 행위이다. 재판매의 의사결정 사항은 품질표준의 결정, 원가판단 및 재판매 가격 결정 등이다.

12) 반품(Claims and Commercial Returns)

군수품에서 반품은 하자와 관련이 있으므로 하자를 제시하고 반품을 제시하는 것이 설득력이 있다. 하자란 구매자-공급자 간 계약서와 상이한 군수품을 구매자에게 납품하는 현상이다. 그러므로 하자는 반품의 대상이고 동시에 거래의 미완성이며 분쟁 발생의 시점이다. 반품은 원제조업자 또는 유통업자에게 군수품을 반환하는 것을 의미한다. 하자는 졸저인 국방구매공급관리(2011)를 참고한다.

제Ⅳ절 통합폐기물

1. 개요

환경 관련 법률이 무려 1,000개에 이를 만큼 방대하다. 50년간 급격한 환경변화에 대응하는 많은 법률의 신규 제정과 개정은 시대별로 많은 환경문제가 있었음을 암시한다. 폐기물 처리에 대한 법적 접근은 1961년 오물청소법이 처음이다. 이후 1963년

공해방지법에 이어 1977년 환경보전법이 제정되었고 1979년 합성수지폐기물사업법으로 개정되었으며 1986년 폐기물관리법이 제정되었다. 환경업무 담당 부서는 보사부 내의 공해계로 시작하여 1980년 환경처로 확대 개편하였고 1990년에는 환경청으로 승격된 이후 1994년에는 환경부로 격상되어 현재에 이른다.

시대별로 구분하면 1960년대 태동기를 시작으로 1970년대는 환경 오염원별로 관리했으며, 1980년대에는 폐기물 관리에 집중하였고, 1990년대 이후에는 재활용에 역점을 두고 있다.[21] 이후 2000년대를 거쳐 2010년대 후반에는 자원순환기본법을 시행하면서 폐기물 감량화에 중점을 둔 수명주기관리를 하고 있다. 이후에는 통합적 자원관리시대가 되어야 한다. 통합적 자원관리는 연구개발자가 각 단계별 소요를 반영하여 환경유해사항을 사전에 제거하는 시대가 되어야 한다. 이를 위해 필요한 군수기능이 소요와 연구개발이다. 여기서 각 단계는 설계를 포함한 생산, 보급, 수송 사용, 정비 및 폐기단계이다. 위 내용은 〈표 6-1〉로 정리한다.

〈표 6-1〉 환경보전 시대별 변천

연 대	시 대	법 률
1960	태 동 기	오물청소법(1961), 공해방지법(1963)
1970	오염원별관리	환경보전법(1977)
1980	폐기물관리	폐기물관리법(1987)
1990	재활용관리	폐기물처리시설 촉진 및 그 주변지역지원 등에 관한 법률(1995)
2018	자원순환관리	자원순환기본법 : 폐기물 감량화 중점
향후	통합적 자원관리	단계별 환경유해물질 사전 제거(소요연구개발중심)

한국의 폐기물관리법(1991)은 액상폐기물, 반고상폐기물, 고상폐기물로 구분한다. 액상폐기물은 고형물의 함량이 5% 미만인 경우이고 반고상폐기물은 15% 미만이다. 끝으로, 고상폐기물은 고형물이 15% 이상인 경우를 지칭한다. 유해성 기준에 의한 분류는 일반폐기물과 지정폐기물로 구분한다. 발생원인별 분류는 생활폐기물과 사업장폐기물이다. 생활폐기물은 사업장 이외의 폐기물로 유해 여부를 기준으로 유해성 폐기물과 무해성 폐기물로 구분한다. 생활폐기물은 일반적으로 가정에서 배출

하는 쓰레기로 유해성이 포함된 물질로는 폐합성수지, 폐농약, 폐유기용제, 폐건전지, 폐페인트 등이 있다. 사업장폐기물은 유해성이 있는 물질을 지정폐기물로 정하고 있으며 여기에 해당하는 물질은 폐산, 폐알카리, 폐유기용제, 폐석면 및 분진 등 21종이다. 폐기물관리법과 동일한 분류를 적용한 육군본부(2014)는 발생원에 따라 생활폐기물과 사업장폐기물로 분류하고 생활폐기물은 생활쓰레기와 음식물쓰레기로 세분하며, 사업장폐기물은 지정폐기물, 건설폐기물, 사업장 생활폐기물 및 사업장배출시설폐기물로 세분하였다.[41] 상기 분류한 내용을 보기 전에 폐기물의 발생 원인과 처리 과정을 살펴보는 것이 필요하다.

2. 발생원인 및 처리과정

1) 관리원칙 및 기준 : 유해성

모든 유기체가 사는 곳에는 폐기물이 발생한다. 발생하는 폐기물을 처리하기 위해 처리원칙이 필요하다. 폐기물의 처리기준은 사람을 포함하여 살아있는 모든 생물에 유해한 영향을 끼치는지 여부이다. 폐기물 유해성에 여부의 처리기준에 대해 이정임(2016)은 부식성, 용출독성, 감염성, 폭발성, 인화성, 생태독성, 금수성, 자연발화성 및 산화성을 제시하였다.[46] 각각의 요인이 폐기물로 판단될 뿐 아니라 혼합되었을 때 발생하는 현상까지 함께 고려하여야 한다.

폐기물의 처리원칙을 제시한 박균성(1998)은 국민에게 폐기물 처리정책에 대한 신뢰성을 제공하기 위해 기본원칙을 제시하였다. 그의 원칙은 여섯 가지로 예방의 원칙, 발생지처리원칙 또는 근접지처리원칙, 폐기물자원화우선의 원칙, 협동의 원칙, 발생자책임의 원칙 또는 오염자부담의 원칙, 폐기물정보공개 원칙, 끝으로 주민참여의 원칙이다.[21]

2) 발생원인

쓰레기와 재난이 발생하는 원인은 인구의 증가, 도시 집중화, 제품의 수명주기 단축 등을 제시하고 있다.[14,67] 즉, 사람이 사는 곳은 어디든지 쓰레기가 발생한다. 또 다른 관점의 한 가지는 인구 증가가 자연환경에 영향을 끼친다는 것이다. 군의 관점에서 보자면 작전반경에 따라 주둔하는 인력이 환경오염의 주요한 원천이 된다고 할 수 있다.

군수품으로부터 쓰레기가 발생한다는 관점은 군수품 수명주기 관점, 군수기능을 통합관리 관점 및 유통관리 관점이다. 군수품 수명주기의 관점에서 쓰레기 관리는 정비, 재활용 및 재사용이다. 군수기능의 통합관리 관점은 소요에서부터 폐기단계를 하나의 관점으로 인식하는 것이다. 끝으로, 유통관리 관점은 군수품의 조달, 보급 및 수송 등의 기능 업무를 수행하는 과정에서 발생하는 무가치하고 무효용적인 물질을 바탕으로 한다.

3) 처리과정

군수기능적 관점에서 쓰레기 발생을 억제할 수 있는 가장 최적의 시기는 연구개발 이전 단계인 소요단계에 있다. 소요단계에서는 물질의 특성을 부여하기 전에 먼저 육하원칙과 상황판단요소를 고려해 쓰레기 발생량을 사전에 판단한다. 그 이후에 사용하는 물질의 제작 목적과 이유, 사용자 환경 등을 고려한 재질, 온도 및 습도 등 전반적인 내용을 고려한 판단이 필요하다. 다른 방향으로 보면 소요단계에서 이학적적 측면과 문과적 측면을 고려할 수 있다. 먼저, 이학적인 측면에서는 생물학적, 물리학적, 화학적, 의료적 및 공학적인 사항 등을 고려해 의사결정을 한다. 문과적 측면에서는 철학적, 관리적, 경제적, 정치적, 사회적, 문화적 및 예술적 측면 등을 고려한다.

이학적 측면의 의사결정은 연구개발의 속도를 결정하고 문과적인 측면의 의사결정은 방향을 결정한다. 육하원칙과 상황판단요소는 방향과 속도를 결정하고 소요단계에서부터 쓰레기의 발생량을 감소시킬 수 있다. 즉, 의사결정자는 소요단계에서 폐 · 처리할 기준까지 제시하고 폐기처리 시에는 소요단계에서 제시한 사항을 적용한다. 다음 〈그림 6-6〉과 〈그림 6-7〉은 군수품 쓰레기 발생원인을 수명주기관점, 기능별관점 및 유통단계별로 쓰레기 처리 과정을 정리하였다.

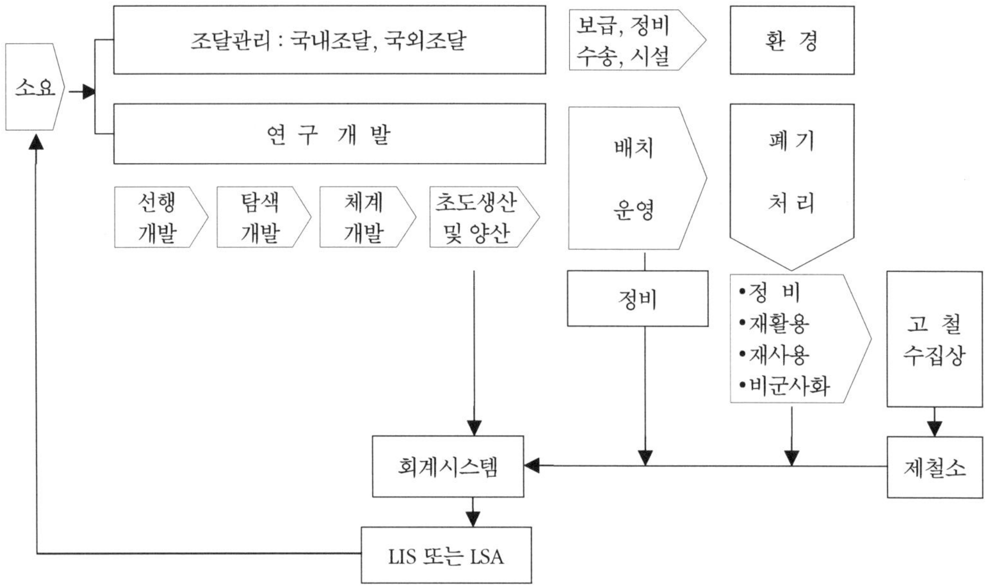

〈그림 6-6〉 군수품 수명주기 및 기능별 관점의 쓰레기 처리 과정

*군수정보시스템(LIS : Logistics Information System)
*군수지원분석(LSA : Logistics Support Analysis)

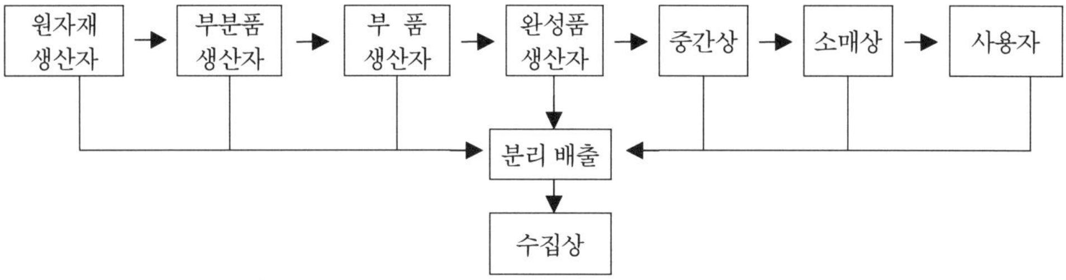

〈그림 6-7〉 군수품 유통단계별 쓰레기 발생도

3. 폐기물 구분

1) 개요

발생원에 따른 폐기물의 구분은 생활폐기물과 사업장폐기물로 구분하고 생활폐기물은 생활쓰레기와 음식물쓰레기로 세분한다. 사업장폐기물은 지정폐기물, 의료폐기물, 건설폐기물, 일반폐기물 및 방사성폐기물 등이 있다. 폐기물의 구분은 〈그림 6-8〉과 같이 제시한다.

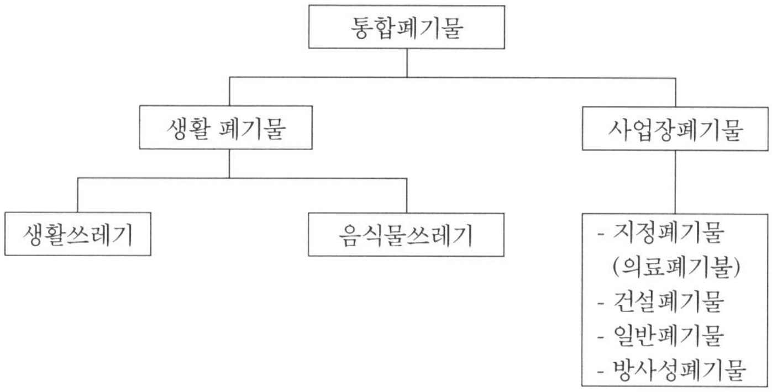

〈그림 6-8〉 쓰레기 발생 원인별 분류

2) 생활폐기물

(1) 생활쓰레기

재활용품을 제외한 생활쓰레기는 가연성분과 불연성분으로 구분할 수 있으며 가연성분은 음식물, 채소류 등으로 생활쓰레기가 높은 점유율을 차지하고 있다. 생활쓰레기를 처리하는 기술은 크게 생물학적 처리와 열처리 방법으로 구분하고 생물학적 처리는 호기성 미생물로 분해하는 퇴비화와 혐기성 미생물이 분해하는 혐기성 소화로 구분된다. 열처리는 연소방식을 취하는 소각, 열화학적으로 처리하는 열분해, 열화학적으로 전환하는 가스화가 있다.[11] 혐기성이란 무산소성으로 물질(물, 흙 및 물건 등)에 산소가 존재하지 않는 상태를 의미한다.

끝으로, 가전제품의 수명주기 단축은 폐가전 제품을 증가하게 하였고 동시에 폐 · 처리의 중요성이 두드러졌다. 폐가전 제품은 납, 수은, 금 및 은 등 유해물질과 다양한 원재료를 포함하고 있다. 납, 수은 등은 중금속으로 인체에 유해한 영향을 주지만 금 및 은과 같은 물질이 포함되어 재활용할 수 있는 자원이다. 금, 은을 포함한 폐기물 더미는 이른바 도시광산(urban mining)이라고 한다. 도시광산에서 자원을 추출하는 산업을 도시광산업이라고 한다.[14]

(2) 음식물쓰레기

① 정의

음식물쓰레기는 식품으로서 효용가치 또는 활용가치가 없는 물질이다. 그 대상은 농, 수, 축산물로써 발생원은 물적유통과정, 소비과정으로 구분할 수 있다. 먼저, 물적유통과정은 생산자, 수집상, 도매상, 분배상, 소매상 및 소비자에 이른다. 이 과정에서 농, 수, 축산물로부터 쓰레기가 발생한다. 둘째, 소비과정이다. 소비과정은 조리과정과 식후과정으로 구분할 수 있다. 먼저 조리과정은 농, 수, 축산물을 다듬고 세척하고 정리하는 과정에서 발생하는 쓰레기이다. 식후과정에서 발생하는 쓰레기는 먹고 남는 잔반이다.

② 특징

섭취하고 난 후의 음식물쓰레기의 특징은 다량의 습윤성, 기온 민감성 및 관리의 비체계성이다. 먼저, 습윤성이다. 한국 음식의 특성 중 하나는 매 끼니 마다 국물을 섭취한다. 국물과 함께 버려지는 건더기는 결국 물기를 포함한 쓰레기이므로 토양에 매립을 하면 침출수의 원인이 된다. 둘째, 기온에 민감하다. 높은 기온의 여름철 음식물쓰레기는 부패하기 쉬워 악취를 동반한 병원균의 온상이 된다. 끝으로, 관리가 비체계적이다. 유통과정의 마지막인 소비단계에서 발생하는 음식물쓰레기는 도시, 농촌, 어촌 등 광범위한 지역에 분포되어 있다. 음식물쓰레기가 발생하는 배출원 역시 단독주택, 공동주택, 소형식당과 대형식당 등으로 다양하다. 그리고 배출된 쓰레기를 처리하는 방법이 모두 상이하게 관리되고 있어 비체계적이다.

3) 사업장폐기물

(1) 건설폐기물

한국의 경우 1960년대부터 시작된 경제개발 5개년 계획의 성과는 수출증가, 건축물의 대형화 및 고층화 등으로 규정지을 수 있다. 건축물의 수명이 40년에서 50년이라고 한다면 2000년대는 내구연한의 종료로 건축폐기물이 증가할 것이다. 폐기물의 50% 이상이 건축폐기물이라는 연구결과는 건축폐기물이 증가할 것이라는 예상을 뒷받침한다.[2] 손병훈(2009) 등은 건축폐기물의 구성 물질에 대해 건축물의 용도와 특성에 따라 다양하다고 제시하였다.[31] 건축폐기물은 폐벽돌, 폐블럭 및 폐기와 등으로 구성된 건설폐자재류, 폐목재 및 폐합성수지 등의 가연성건설 폐기물과 건설오니, 폐금속류인 비가연성건설폐기물, 혼합건설폐기물, 끝으로 건설 폐토석 등이다. 군

건축물을 철거할 때 발생하는 물질 역시 위에서 제시한 물질과 별반 다르지 않다. 군 시설은 병영시설, 사무실, 교육훈련시설, 정비시설, 보급시설 및 병원시설 등이 있다.

건축물에는 공통적으로 포함된 자재 중의 하나가 석면이다. 석면의 처리는 고용노동부의 승인을 받은 전문기관이 석면 조사를 하고 지자체에 보고 후에 철거 및 해체를 한다. 군은 2011년 전수조사를 마치고 2015년부터 철거사업을 시작하였다. 석면이 포함된 자재의 종류는 슬레이트 지붕, 천장재로 사용하는 석면텍스, 벽면재로 사용하는 빔라이트, 끝으로 마감재로 사용하는 뿜칠석면 등이 있다. 석면철거에 대한 절차와 규정은 설계할 때 미리 반영하여야 한다. 설계할 때 철거에 대한 방법, 대책 등을 상세하게 규정하는 것을 법적으로 의무화하여야 한다. 석면뿐 아니라 환경 위해 물질의 위치를 설계도에 표시하고 건물 폐기시까지 설계도의 보존을 법적으로 의무화하면 철거자가 신속하고 완벽하게 건물을 철거할 수 있기 때문이다. 건축폐기물의 발생 및 처리 과정은 〈그림 6-9〉와 같다.

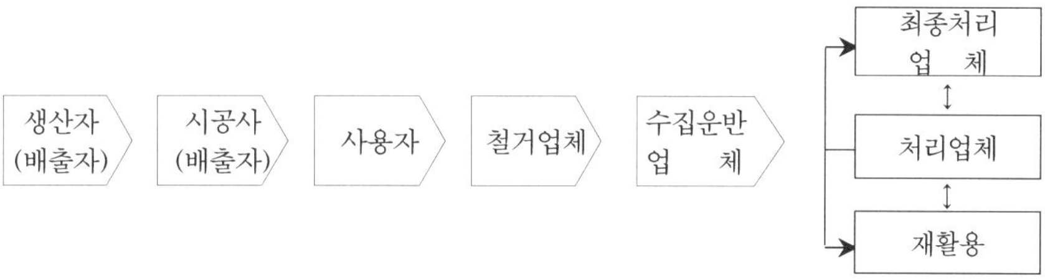

〈그림 6-9〉 건축폐기물 발생 및 처리 과정

(2) 의료폐기물

의료폐기물은 군수품 시설관리에서 간략하게 언급하였듯이 의료 관계 기관이 배출하는 쓰레기이다. 의료 관계 기관은 군과 민간 병·의원, 보건소, 의료관련 연구소, 의료교육기관 및 동물병원 등을 포함한다. 의료폐기물의 대상은 거즈, 주사기, 바늘, 체온계, 수액셋트, 붕대, 혈액, 동물의 사체, 배설물, 독극물, 시약, 실험동물의 사체, 신체의 일부 및 피부 등을 포함한다. 의료폐기물은 타 폐기물에 비해 사람에게 미치는 영향이 복합적이다. '복합적'이란 사람에게 유해한 다양한 물질의 포함을 의미한다.

의료폐기물은 생활계 및 의료계 폐기물로 구분하고 의료계 폐기물은 감염성 폐기물과 손상성 폐기물로 분류한다. 처리방법은 자체처리와 위탁처리로 나누어진다.

(3) 방사성 폐기물

법적으로 방사성 폐기물이란 핵연료물질 · 사용후핵연료 · 방사성동위원소 및 원자핵분열생성물을 원자력진흥위원회가 심의 · 의결을 거쳐 결정한 물질이다. 원자력 방사성 폐기물 발생은 농축, 분열 및 해체과정으로 방사성은 방사능을 방출하는 물질이며 방사능은 원자핵이 파괴되면서 방사선을 내뿜는 세기이다.[32] 내뿜는 방사선은 핵방사선, 가시광선 및 적외선 등이 있다. 사람이 핵방사선에 심하게 노출되면 사망에 이르기도 하고 DNA의 손상으로 유전될 가능성이 있으며 돌연변이가 발생할 수 있다. 게다가 백혈병을 유발할 수 있다는 결과가 있다. 해체는 원자력 시설의 설계수명주기 만료로 영구정지 이후 진행하는 과정이며 이 과정에서 발생하는 금속, 콘크리트, 토양 및 기타 물질이 폐기물이다. 영구정지된 원자력 발전소의 해체과정에서 발생하는 방사성 물질의 양은 제염 또는 감용 과정을 거치더라도 1만 4,500드럼에 달하므로 원전 사용 동안 방사성 폐기물의 발생량의 총량을 상회하는 물량이다.[50,52]

원자력안전법(2017)의 방사성 폐기물은 폐기대상의 물질로 오염된 물질이다. 폐기대상은 재사용이 불가능하다는 것을 의미하고 그 폐기 여부의 기준은 4가지가 있다.[17] 4가지 기준은 발생원별, 방사능의 높고 낮음, 방사선원 그리고 발생형태이다. 먼저, 방사성 폐기물의 발생원은 우라늄 채굴광, 정련, 원자력 발전소, 핵연료시설, 원자력 관련 연구소, 군을 포함한 방사성동위원소를 사용하는 의료기관 등이다.

둘째, 방사능의 농도가 높고 낮음에 따라 고준위, 중준위, 저준위 및 극저준위로 구분한다. 고준위는 3~5년 동안 사용된 핵원료가 더 이상 충분한 열을 발생시키지 못하게 된 상태의 사용 후 핵 원료(spent fuel)이다. 고준위 폐기물을 유발하는 시설은 핵발전소와 핵무기 제조시설이며 처리방법은 습식처리법과 건식처리법이 있다.[33] 최근에는 지하 300m 이하의 심지층에 폐기물을 처분하는 방법과 해저암반처분방식이 검토되고 있다.[59] 해저암반처분방식은 위험성을 감소시키고 방사능 반감기를 고려하여 300m 이하의 심지층에서 폐기한다. 방사능 반감기(radioactive half-life)란 방사능 물질의 절반이 다른 물질로 변하는데 걸리는 시간으로 절반의 절반을 반복하면 반감기가 일반적으로 10반감기에 도달하여 방사능 물질이 안전한 상태에 이른다. 반감기는 핵종마다 모두 다르다. 예를 들면, 진단용 방사성 의약품인 테크네튬(technetium)의 반감기는 6시간으로 짧지만, 원전의 핵원료로 사용하는 우라늄 ^{238}U

은 반감기가 44.7억 년이다. 반감기를 산출하는 공식은 아래와 같다.

$$A = A_o(\frac{1}{2})^n$$

단, A : 반감기
A_o : 1그램당 방사능 강도
n : 반감기

상기 공식에 의하면 삼중수소 ^{3}H(T)의 반감기는 12.3년이므로 1그램당 방사능이 9,650 큐리(Ci; Curie)이다. 12.3년이 경과 하면 1그램당 방사능은 4,825로 감소한다. 다시 12.3년이 되면 2,412.5로 된다. 일반적으로 n=10이면 방사능이 0에 가깝게 되어 안전한 상태로 진입한다. 결론적으로 삼중수소는 123년이 지나면 안전한 물질로 변한다.

중 · 저준위방사성 폐기물을 유발하는 기관은 대학의 연구소, 병원과 핵발전소 등이며 처리하는 방법은 압축처리법과 소각처리법이 있다. 압축처리법은 기하학 구조의 변형으로 부피를 감소시키는 방법이다. 시멘트와 혼합하는 방식으로 경주 방폐장에서 방사성 물질을 처리하는 방식이다. 처리대상은 저준위 방사성 폐기물로 주로 원자력 발전소에서 발생하는 장갑, 공구와 피복 등이다. 소각처리법 대상은 압축처리법 대상과 동일하다. 차이점은 플라즈마(plasma) 초고온에서 처리하는 방법으로 부피는 현저하게 감소하나 소각로를 사용하여 처리하므로 비용은 상대적으로 높게 발생한다.

셋째, 방사선원별 구분은 안정동위원소와 방사성동위원소로 구분한다. 안정동위원소는 방사선을 내뿜지 않는 물질이며 방사성동위원소는 방사선을 방출하는 동위원소로 입자방사선과 전자파방사선으로 분류한다. 입자방사선은 질량을 가진 방사선으로 알파(α), 베타(β) 및 양성자 등이다. 전자파방사선은 X(엑스)선, 감마(Υ)이다. 방사성동위원소란 원소 번호는 같으나 질량 값이 다른 원소를 말한다.

넷째, 방사성 폐기물은 액체, 기체 및 고체로 구분한다. 기체 방사성 폐기물은 감마선, 엑스선 및 입자가 있으나 감마선과 엑스선은 자연 소멸하므로 대상에서 제외하고 입자가 처리대상이다. 처리방법은 입자의 포집을 위해 활성탄 흡착기를 이용한 필터 감쇠법과 여과법 등이 있으며 필터로 포집된 입자는 고체화하여 압축하고 부피를 줄이기 위해 융용한 후 드럼화(drumming)하여 방폐장에 영구저장한다. 고체 방사성 폐기물은 가연성과 불가연성으로 구분하고 가연성 폐기물은 소각로를 이용하여 처리하고 불가연성 폐기물은 초고속압축기를 이용하여 처리한다. 고체 방사성 폐기물은 저준위 방사성 폐기물인 장갑과 공구 등이다. 끝으로 액체 방사성 폐기물은 열을 가하여 증발하는 휘발성 폐기물질은 기체이므로 기체 방사성 폐기물 처리방법을 적용하여 처리한다. 그리고 증발 후 남아 있는 재는 고체 방사성 폐기물 저리 방법을 적용하여 처리한다.

군이 무기체계에서 사용하는 방사성동위원소 물질은 3중수소, 아메르슘24, 리켈63 3가지가 있다. 3중수소(3H)는 사격기제와 나침판에 포함된 기체이며 아메르슘241(AM: Americium 241)은 화생방 자동경보기에 포함된 고체이다. 끝으로 리켈63(Nickel 63)은 휴대용 화학 탐지기기 포함된 고체이며 식품에 남아있는 농약 잔유물을 검사할 때 사용한다.

방사성 폐기물 중에서는 의료폐기물이 포함되어 있다. 대다수의 의료폐기물은 적법하게 관리되지만 일부 사각지대에 놓인 의료폐기물도 있다. 예를 들면, 방사 의약실 등에서 폐기되는 위생장갑, 생리식염수 및 알코올 솜 등에서는 법적 허용치를 초과하는 방사능이 측정된 사례가 있다.[39]

[참고문헌]

1. 고승현(2015), “우리나라 자동차 부품 재제조산업의 현황과 활성화 방안”, Auto Journal, pp. 47-52.
2. 고영재, 장영철(2016), “건설폐기물의 물질흐름분석을 통한 실질 재활용률 산정 연구”, 한국폐기물자원순환학회지, 제33권 5호, pp. 483-491.
3. 국방부(1991), “국방군수용어편람”, 군인공제회 제 1 인쇄사업소.
4. 권순찬, 송재철, 이수진, 김인아, 고재우, 류현철, 김석현, 김대호, 정승아(2008), “일개 소방서 소방관들의 외상후 스트레스 증상 및 관련요인”, 대한산업의학회지 제20권, 3호, pp. 1930-204.
5. 기수아, 반영환(2017), “업사이클링 산업의 수요 창출을 위한 가치연구”, 한국기초조형학회, 제18권, 2호, pp. 25-36.
6. 김경웅, 손호웅(1995), “폐기물 매립지 주변지역에서의 환경오염에 관한 지구화학 및 지구물학적 연구”, 배재대학교 자연과학연구소, 제8권, pp. 87-92.
7. 김성중, 박현서(2004), “폐기물 소각기술의 변천과 신기술 동향”, 기술자료, 제13권, 4호, pp. 46-52.
8. 김소연, 박현우, 정다운(2015), “홍수 이재민을 위한 유니버설 디자인 가이드라인 연구”, 한국디자인문화학회, 제21권, 3호, pp. 139-150.
9. 김소정(1997), “재한 조선족 근로자들의 생활만족도와 신체증후군에 관한 연구”, 전북대학교 대학원, 석사학위논문.
10. 김승태(1997), “삼풍백화점 생존자들에서의 급성 외상후스트레스 장애 : 발생빈도, 예측인자, 증상변화에 대한 예비적 연구”, 신경정신의학 제36권, pp. 475-487.
11. 김영찬(2004), “생활폐기물의 열분해 및 금속의 고온 열적 부식 특성”, 수원대학교 일반대학원 환경공학과, 석사학위논문.
12. 김영춘(2017), “재제조 기반 제품 - 서비스 융합 비즈니스 모델 개발 - : SCR 촉매분야 중심-”, 인하대학교 대학원 박사학위 논문.
13. 김재명, 김형순(2002), “소각재를 이용한 세라믹재료 제조”, 세라미스트, 제5권 5호, pp. 9-13.
14. 김현수(2011), “폐가전제품 회수물류 단계별 RFID 정보체계 연구”, 로지스틱스연구, 제19권, 3호, pp. 37-54.
15. 김홍균(2005), “폐기물재활용 개념 - 폐기물과의 구별”, 저스티스 통권 제84호, pp. 53-69.
16. 김희국, 현진희(2012), “구제역 방역에 참여한 공무원의 외상후 스트레스 장애와 우울”, 정신보건과 사회사업, 제40권, 4호, pp. 205-229.
17. 남장수(1990), “방사성 폐기물 관리”, 전기학회지, 제39권, 11호, pp. 52-59.
18. 노성숙(2016), “5.18 트라우마와 치유 : 개인과 사회공동체의 변증법에 대한 비판적 성찰”, 신학전망, 제194권, pp. 207-254.
19. 목학수, 전창수, 한창효, Steven J. Skerlos, 김형주, 이규창(2010), “미국의 재제조 산업에 관한 연구”, 한국정밀공학회지 제27권, 3호, pp. 58-65.
20. 민성원, 권근희, 나건(2015), “이재민 안정을 위한 임시 주거공간 내 필요요소 연구”, 디지털디자인

학연구, 제15권, 3호, pp. 501-510.
21. 박균성(1998), “폐기물관리의 원칙과 체계”, 국제법무연구, 제1권 1호, pp. 9-43.
22. 박기창(1995), “외상성 뇌손상이후 발생하는 외상 후 스트레스장애와 급성스트레스 자애의 평가 및 치료”, 생물정신의학, 제2권, 2호, pp. 193-204.
23. 박동일, 최석규, 강동수, 안재동, 장인용(1999). “산업폐기물 매립지의 매립가스 발생특성에 따른 안정화 조사 연구”, 한국환경위생학회지, 제25권, 1호, pp. 29-36.
24. 박상우(2017), “자원순환기본법 시행과 폐기물관리 : EU의 자원효율 정책 동향”, J. of Korea Society of Waste Management 제34권, 3호, pp. 215-223
25. 박일, 김민순, 고영건(2013), “직업군인이 군 생활을 힘들어하는 이유는 ? : 장교들의 인식 유형과 심리적 특성”, 한국심리학회지 : 산업 및 조직, 제26권, 4호, pp. 625-658.
26. 배민기, 장병문(1999), “일반폐기물 매립지 입지 인자의 중요도 평가”, 한국지역개발학회지, 제11권, 2호, pp. 41-53.
27. 부형욱(2010), “우리 군의 준비태세 확립 필요와 주한미군의 전략적 유연성 확대”, 북한, 통권 459호, pp. 78-82.
28. 서울특별시(2002), “자원이 순화되는 도시를 만들기 위한 폐기물관리기본계획-2002-2011.
29. 성기환, 한승환(2008), “이재민 복지서비스 증진을 위한 통합적 사회복지서비스 전달체계 구축”, 정책개발연구, 제8권 1호, pp. 103-130.
30. 손병식(2013), “군수학원론”, 서울경제경영출판사.
31. 손병훈, 정성률, 홍원화(2009), “주거환경개선지구 내 건축물 해체시 건설폐기물 선별 반출의 필요성에관한 연구”, 대한건축학회 학술발표대회 논문집, 제29권 1호, pp. 677-680.
32. 안동만(2001)역-Raven, Peter. H., Linda R. Berg, George B. Johnson(1998), “환경학(Environment)”, 2nd 보문당.
33. 안재홍, 김재영, 박중현(2016), “방사성폐기물 처리 현황 및 관리 대책”, The Magazine of the Korean Society of Civil Engineers, 제64권, 6호, pp. 39-41.
34. 안해일(2009), “순환형 공급사슬의 변천 및 연구 분야”, 한국산업경영시스템학회 춘계학술대회논문집, pp. 121-129.
35. 안현의, 주혜선(2011), “단순 및 복합 외상 유형에 따른 PTSD의 증상 구조”, 한국심학회지, 제30권, 3호, pp. 869-887.
36. 양미현, 이은일, 최재욱, 김해준(2012), “동일본 대지진 구조현장에 파견된 소방공무원의 외상후스트레스장애 및 관련 요인(요약 제목 : 해외 파견된 소방공무원의 외상후스트레스장애)”, 대한직업환경의학회지 제24권, 2호, pp. 167-179.
37. 오항묵, 이수부(2014), “군 기동장비 재제조를 통한 창정비 수행 실태 소개”, Auto Journal, pp. 41-45.
38. 우정희, 박주영(2014), “테러 등 위험지역 파병군인의 우울 측정도구개선 방안”, 한국테러학회보 제7권 1호, pp. 85-111.
39. 유재숙, 장정찬, 이동훈, 차민경, 남기표(2011), “핵의학과 일반의료폐기물에서의 방사능 오염에 관한 고찰”, 핵의학기술, 제15권, 1호, pp. 70-74.
40. 육군본부(2016), “2016년 물자근무지원계획”, 육군인쇄창.

41. 육군본부(2104), "군 환경 실무지침서", 국군인쇄창.
42. 이금숙, 임정아(1996), "쓰레기 소각장 입지요인 분석", 응용지리, 제19호, pp. 141-166.
43. 이상기(1984), "바이오에너지의 개발 현황과 전망", 전기학회지, 제33권, 11호, pp. 41-46.
44. 이선영(2011), "대형재난사고 유가족 생활경험 연구 -대구지하철 참사사고를 중심으로-", 한국사회복지교육, 제15권, pp. 109-144.
45. 이장호, 신희천(1997), "전이현상에 대한 경험적 접근가능성", 심리학의 연구문제, 제4호, pp. 117-144.
46. 이정임(2016), "사업장폐기물 감량화 방안", 정책연구 2016-21, 경기연구원.
47. 이진숙(2013), "트라우마에 대한 소고", 여성연구논문집, 제24권, pp. 175-190.
48. 이창수(2005), "매립지 주변지역의 오염도 조사연구", 건설환경연구 제4집, 2호, pp. 43-52.
49. 이한국, 최동혁, 이동훈(2003), "중소형 소각시설 소각재에 의한 중금속 오염도 평가", 한국폐기물학회지, 4호, pp. 322-330.
50. 이혜현, 박규원(2017), "원자력시설 해체 콘크리트폐기물 감용 및 재활용 기술현황", 2017 한국폐기물자원순환학회 추계학술발표회논문집, p. 82.
51. 이호승(2013), "재해대피소 내 이재민 프라이버시 확보 수단으로서의 파티션 구조물에 관한 사례연구", 디지털 디자인학 연구, 제3권, 3호, pp. 133-143.
52. 이희선, 조공장(2018), "원자력발전소 해체폐기물의 안전 안심관리 정책", 환경포럼, 제22권 10호, ISSN 2287-3414.
53. 임재호(2019), "군 트라우마 이해와 활용 : 자기 조절력 키우기", 국방인문총서, 11, pp. 4-117.
54. 정재춘(1998), "경제적인 매립처리방안", 환경보전, pp. 5-11.
55. 정재형(2011), "폐기물 매립장의 조기 안정화", 지반환경, 제12권, 2호, pp. 66-69.
56. 채정호(2008), "외상후 스트레스장애발생시 대응관리 체계구축, 환자 전달체계 및 치료프로그램 개발에 대한 연구 보고서", 카톨릭 대학교 산학협력단.
57. 최경숙(2001), "일부 산업재해 환자들에게서 화상후스트레스장애 . paper presented at the 고려대학교 대학원 : 의학과 예방의학전공.
58. 최진희, 정문용, 정일진(1997), "참전 국가 유공자들에서 외상 후 스트레스 장애의 위험인자", 신경정신의학, 제36권 6호, pp. 997-1003.의 내용을 함봉진, 전홍진, 장성만, 이해우, 이효정, 심은정(2008), "군내 정신질화(급성, 외상후스트레스장애포함)의 유병률 조사", 서울대학교 의과대학에서 재인용
59. 한국원자력산업회의(2016), "고준위 방사성폐기물 처분 기술현황과 전망", 원자력사업, pp. 59-68.
60. 환경관리공단 자원관리사업처(2005), "생활폐기물매립장 매립가스(LFG)가 청정연료로 변신", 환경기술인, 제22권, 1호, pp. 30-32.
61. 환전보전협회( ), 환경정보, pp. 53-57.
62. Alschuler, Eric L.,(2018), "Animal-Assisted Therapy for Post-Traumatic Stress Disorder : Lessons from "Case Reports" in Media Stories", Military Medicine Vol. 183, pp. 11-13.
63. Aneta Vasiljevic – Shikaleska(1857), "waste management and models for optimization towards sustainable waste management systems".

64. Carter, Crage R, and Lisa M. Ellram(1998), "Reverse Logistics : A Review of The Literature and Framework for Future Investigation", Journal of Business Logistics, Vol. 19, No. 1, pp. 85-102.
65. Dowlatshahi, Shad(2000), "Developing a Theory of Reverse Logistics", Interface, Vol 30, NO. 3, pp. 143-155.
66. Johnson, P., Fraser(1998), "Managing Value in Reverse Logistics Systems". Transpotation Research Engineering Vol. 34, NO. 3 pp.217-227.
67. Loonker Sangeeta and Jain Samta, "Converting Waste into Energy : A Study on Practices of Solide Waste Management in Selected Cities of India" Advances in Management Vol.6, No. 1, Jan, 2013, pp. 13-20.
68. Mylle T., and Maes M.,(2004), "Partialposttraumacitc stress disorder revisited Journal of affective Disorders, Vol, 78, pp. 37-48.
69. Ptak, A. Carol(2000), "ERP Tools Techniques, and Applications for Integrating the supply Chain", St. Loucie Press.
70. Rogers Dale G., Benjamin Melamed, and Roland S. Lembke(2012), "Modeling and Analysis of Reverse Logistics", Journal of Business Logistics, Vol.33, No.2, pp. 107-117.
71. Thierry, Martijn., Mare Salomon, Jo Van Nunen, Luk Van Wassenhove, (1995), "Strategy Issue in Product Recovery Management", California Management Review, Vol.37, No.2, winter. pp. 114-135.
72. Vahabzadeh Ali, Haji, and Rosnah Binti Mohd Yusuff(2012), "Greening Your reverse logistics-Decision-Making model can help organization recapture value".
73. Vefago, Luiz H., Maccarini, and Jaume Avellaneda(2013), "Recycling concepts and the index of recyclability for building materials", Resources, Conservation, and Recycling, Vol. 72, pp. 127-135.
74. Vieweg W.V., Julius, D. A., Fernandez, A., Beatty-Brooks, M., Hettema, J. M., and Pandurangi, A. K.,(2006), "Posttraumatic Stress Disorder: Clinical Features, Pathophysiology, and Treatment", The American Journal of Medicine, Vol. 119, pp. 383-390.
75. White, P., M. Franke and P. Hindle, "Integrated Solid Waste Management : A Lifecycle Inventory", Blackie Academic & Professional, 1996.

Chapter 07

물적자원 준비태세

제 I 절 개요

제 II 절 교육훈련

제 III 절 군수동원

학습목표

본 장을 학습한 후 다음과 같은 내용을 확인할 수 있다.

1. 물적자원준비태세를 갖추기 위한 관리개념과 행동원리를 파악한다.
2. 교육훈련의 중요성과 교육과 훈련에 대해 이해한다.
3. 비상대비관점에서 동원의 정의, 범위, 자원분류, 치장, 비축 및 군수동원을 이해한다.

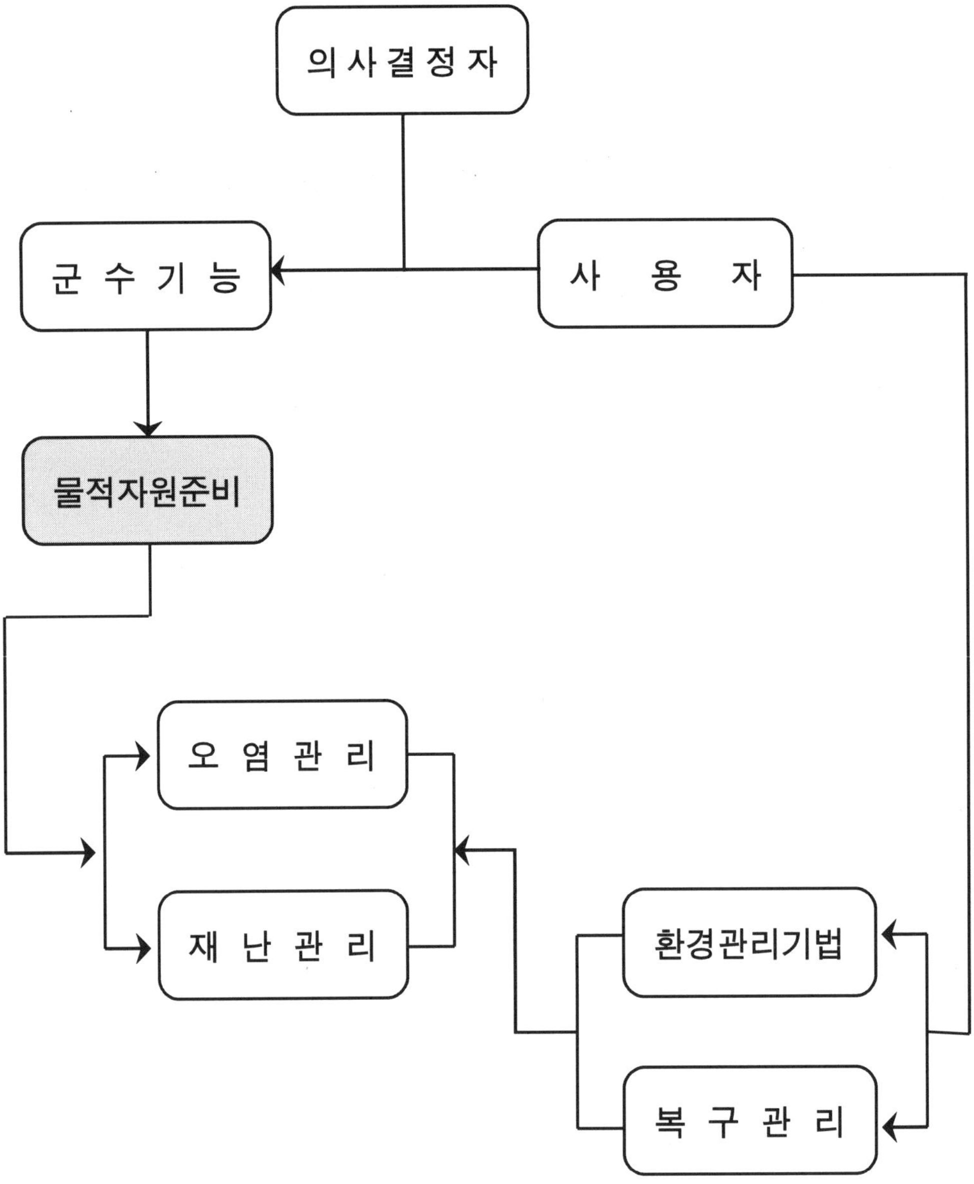
의사결정자
군 수 기 능
사 용 자
물적자원준비
오 염 관 리
재 난 관 리
환경관리기법
복 구 관 리

제 I 절 개 요

준비태세는 미래에 발생할 위험을 대비해 긴급하게 사용할 물적자원을 준비하고 인적자원을 훈련시키는 것이다. 인적자원이 필요로 하는 물적자원을 일시에 사용하도록 준비하는 것은 현실적으로 불가능할뿐더러 그렇게 할 수도 없다. 그러므로 물적자원은 시간을 두고 단계별, 시기별, 종류별로 대비하여야 한다. 준비하는 기준은 위험성과 긴급성이다. 위험성은 발생상황에 대한 위험도이며 긴급성은 필요 물자의 긴요도이다.

준비태세의 목적은 이 땅에 다시는 왜란, 호란, 전란, 사변, 위기 및 재난과 같은 환경파괴가 발생하지 않도록 대비하는 것이다. 군사적 전란, 자연재난 및 사회적 재난 등으로부터 후회에 그치지 않도록 국가가 할 수 있는 일은 준비에 따른 실천이다. 그 방안은 첫째, 대비하고 둘째, 억제하며 셋째, 피해를 최소화하여 승리(극복)하여 끝으로 신속하게 복구를 하는 것이다. 유사한 형태의 전쟁, 재난 및 위기는 두 번 반복되지 않도록 하는 것이 국가의 책무이며 위정자가 국민을 위해 해야 할 일이다. 동시에 국민은 의무와 권리에 충실해야 한다.

준비태세는 군수품을 관리하는 주요 목적 중의 하나로 위기 시 국민의 생명과 재산을 보호하기 위해 물적자원을 지원하는데 있다. 준비태세는 두 가지 관점에서 접근할 수 있다. 하나는 인적자원의 교육훈련이고 다른 하나는 물적자원의 비축, 치장 및 동원이다. 전쟁 및 재난을 대비하는 관리개념은 평시에 위험도를 낮추고 긴급도에 따라 물적자원의 활용능력을 증진시키는 것이다. 행동원리는 실천을 기본으로 교육훈련과 비축, 치장 및 동원이다. 상기 내용을 전제로 7장에서 언급할 내용은 〈그림 7-1〉로 요약하였다.

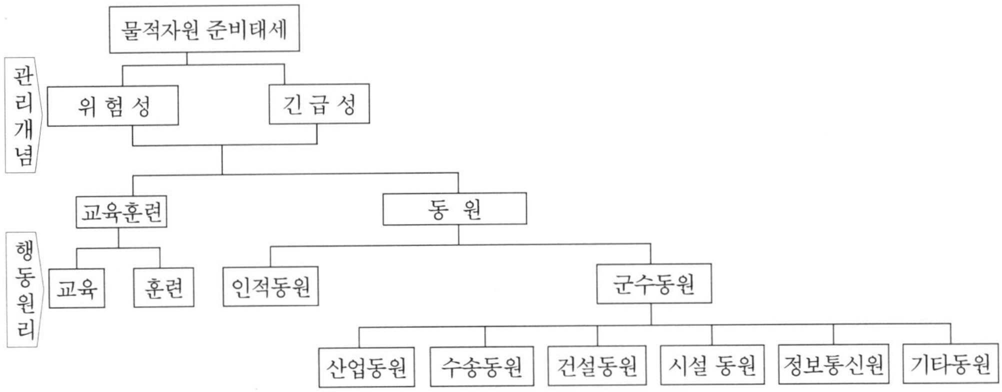

〈그림 7-1〉 물적 자원 준비태세

1. 위험성

1) 개념

법을 만들고 인재를 육성하여 물적자원을 준비하는 목적은 미래에 발생할지 모를 다양한 위험을 대비하는 것이다. 재난경감국제전략기구(UNISDR)에서 위해(hazard)는 위태로운 상태, 실체, 사람의 행위 및 상태이며 위험(risk)이란 장래에 발생할 사건이 사람에게 부정적으로 영향을 미칠 것으로 판단되는 일이라고 하였다.[7] 이성적인 사람의 특성은 미래의 위해와 위험에서 벗어날 준비를 하는데 있다.

2) 위험인식 방법

사람의 지혜로 위험을 인식하고 평가하는 방법은 4가지로 구분하였다.[4] 그 4가지는 객관주의, 주관주의, 구성주의 및 보수주의이다. 먼저, 객관주의는 명시적인 위험요소 자체를 중요하게 평가함으로써 평가자의 지식과 감정을 분리하는 태도를 견지하고 객관적인 자료 및 통계 자료를 바탕으로 위험을 인지하는 것이다. 둘째, 주관주의자는 개인이 처한 특수한 입장에서 위험의 크기와 특징을 평가하고 판단을 연구대상으로 삼으며 위험을 어떻게 인지하고 평가하는가에 따라 개인차가 작용하므로 위험에 대한 태도가 달라질 수 있다는 견해이다. 따라서 동일한 위험의 내용일지라도 객관주의자와 주관주의자 사이에는 개인차가 발생할 수 있다. 셋째, 구성주의이다.

구성주의는 객관주의와 주관주의의 한계를 극복하고자 제시된 접근방법으로 개인의 관점에서 위험을 인지하지 못하고 집단적 차원에서 제시되는 정보와 학습을 바탕으로 위험을 인지한다. 예를 들어, 미세먼지의 위험성은 언론 보도를 통해 인식한다. 끝으로 안전을 목적으로 평가하는 위험은 보수주의 관점을 지지한다. 보수주의의 의사결정 기준은 위험을 대비하는 여러 가지 대안 중 위험의 크기를 대 · 중 · 소로 구분하였을 때 최댓값 중 최댓값을 결정한다. 위험을 인식하는 접근방법인 객관주의, 주관주의 및 구성주의와는 다르게 최적의 대비를 바탕으로 상황에 따라 가장 높은 위험을 채택하여 대비한다. 위험은 환경파괴에 대한 위험을 의미하고 대비의 실체는 인적자원과 물적자원의 준비를 의미한다. 위험을 평가하는 목적은 구체적으로 장비, 물자, 자재와 시설을 구축하는데 필요한 수량과 수단을 채비하는데 있다. 구체적으로 법에서 제시한 재난관리자원 기기에서 자재는 수방자재, 건설자재, 기자재이고 장비는 수송장비, 건설장비 및 복구장비 등이며 시설은 격리시설, 구호시설 등이다. 상기 모든 재난관리 자원기기는 명칭이 다를 뿐 군수품의 영역에서 보면 이들 장비는 공병장비에 해당하고 복구단계에서 사용하는 장비들이며 일부는 의료장비와 물자가 포함된다.

3) 위험성 대응능력

위험성에 대한 대응능력은 물적자원의 활용능력과 동일하다. 물적자원은 언제나 가동 및 사용 가능한 상태를 유지해야 한다. 장대원(2017) 등은 재난 유형별 대응 자원의 실태를 6가지로 제시하였다.[22] 첫째, 자원성능 저하, 둘째, 보유자원의 부족, 셋째, 자원이용 미숙, 넷째, 교통여건에 의한 사용소요시간 증가 다섯째, 사용자 요청자원의 부재, 끝으로 초기대응 미흡이라고 분석하였다. 동일한 관점에서 물적자원의 실태 및 문제점에 대해 김연수(2019) 등은 자원 부족, 자원능력, 자원활용 및 대응시간 4가지를 제시하였다.[6] 두 연구의 내용을 정리하면 첫째, 자원 부족이다. 자원 부족 현상은 재난 초기단계에서 발생하며 예상하지 못한 재난 발생으로 자원이 확보되지 못하고, 첨단장비의 미확보로 동원이 불가능한 상태에 있다고 제시하였다. 둘째, 자원능력이다. 자원 즉 장비의 노후화로 성능이 미달 된다고 하였다. 셋째, 자원활용이다. 자원활용은 자원을 필요 이상으로 동원하거나 또는 동원된 자원을 효율적으로 활용하는 것이 미흡하다고 제시하였다. 넷째, 대응시간이다. 재난이 발생한 지역의 시간적, 공간적 차이로 자원의 접근성이 낮아지는 문제점을 지적하였다.

필자가 장대원 등과 김연수 등이 제시한 연구내용을 분석하면 다음과 같다. 첫째, 연구자들이 문제를 인식한 것 자체가 문제해결의 기미를 제공하였다는 점에서 학문적 차원의 함의를 떠나 현실성이 있다고 여긴다. 다른 하나는 문제해결을 위한 실마리를 제공하였다는 의미이다. 이를 위해 몇 가지를 제시한다. 먼저, 물적자원 관리자는 재고관리에 관심을 가져야 한다. 재고관리의 대상은 수리부속이다. 수리부속은 핵심부품과 종속부품을 분리하여 관리한다. 재고관리 능력은 회계적 접근을 요구하는 것이다. 회계적 접근을 한다고 해서 반드시 금전적 의사결정을 위한 정보만을 제공하는 것은 아니다. 회계는 재고 수량을 파악하는 것으로 특정 시점에서 장부상 수리부속에 대한 잔량과 창고에 있는 실재 잔량이 일치하여야 함을 의미한다. 수많은 물적자원관리의 바탕에는 회계적 접근을 적용하여 누구나 인식할 수 있는 합리적인 의사결정 기준이 있어야 함을 의미한다. 둘째, 사용자는 정비능력을 구비 하여야 한다. 사용자의 정비능력 향상은 장비를 항상 가동상태에 있게 한다. 정비능력은 사용자 정비영역을 의미한다. 정비능력 향상을 위해 장비에 사용되는 수리부속의 표준화와 장비의 표준화가 선결되어야 한다. 표준화를 위해 장비이력과 정비이력을 전산화하고 장비 및 수리부속의 목록체계를 유지하여야 한다.

표준화를 위해 특정부서 예하에는 다음과 같은 부서가 필요하다. 수리부속을 체계적으로 관리할 수 있는 표준화, 목록체계를 유지하는 부서와 분해수리를 전담하는 부서가 필요하다. 체계적인 정비관리를 위해 정비 수준별 단계를 구분하는 것이 선결이다. 표준화와 목록체계에 대한 정의, 장·단점은 국방구매공급관리(2011)를 참고한다. 셋째, 재난자원 관리 요원을 양성할 수 있는 전문교육기관의 정착이 필요하다. 교육기관에서는 실무를 바탕으로 연구업무를 병행한다. 업무기관은 표준화, 목록화, 정비 및 재고관리를 수행하는데 필요한 이론과 실무를 병행할 수 있는 기관이다. 끝으로, 물적자원 사용자를 위한 교육훈련이다. 충실한 이론교육과 행동형 훈련으로 지원부서와 사용자 간의 차이를 좁혀야 한다. 지원부서와 행동부서 간 격차를 좁히는 방법은 훈련 이외의 어떤 방법도 없다. 훈련을 바탕으로 제기되는 문제점은 지속적으로 개선해야 할 사항이다. 훈련은 가정을 배제하고 원리원칙과 창의성을 계발한다.

2. 긴급성

1) 개념

긴급(emergency)의 어의적 범주에는 위기 및 재난을 포함한다. 긴급이란 긴요하고 급함이다. 긴급은 급함이 두 번 겹친 글자로 현악기의 줄이 팽팽함이다. 현악기의 줄이 팽팽함은 주관적, 객관적으로 팽팽함을 의미한다. 누구나 급함을 아는 것이 긴급이므로 객관적이다. 고대 라틴어의 격언에 긴급은 법을 갖지 않는다(Necessitas non habet legem)라고 하여 특정 행위에 대해 처벌 대상이 되지 않음을 의미한다.[8] 특정 행위는 신의 행위(The act of God)을 하는 것과 같다. 긴급의 군사적 의미는 신속한 의사결정을 의미이다.[23] 헷세(Hesse)가 제시한 법률적 의미의 긴급은 헌법에서 언급하는 정상적인 방법으로는 제거될 수 없는 사항으로 예외적인 수단으로 제거하여 국가존립과 공공질서를 유지하는데 있다고 하였다.[9] 계속해서 김경락(2004)은 긴급을 여유가 없다는 의미로 해석하였다.[3] 긴급의 예는 신의 행위로 항해 중 높은 파도로부터 선적된 화물을 구하기 위해 타인의 화물을 해상에 투척하는 행위를 말한다.

긴급의 사전적 정의는 일이 아주 중대하여 대책 따위에 지급을 요함이다.[21] 요함이란 필수적, 중요성의 의미가 있다. 요함, 필수의 다른 표현은 소요이다. 소요의 하위 개념 중 하나로 긴급을 인식할 수 있다. 따라서 긴급성은 준비성 및 필요성을 구성하는 하나의 개념으로 인식된다. 준비 또한 소요의 어의적 개념에 포함되므로 소요의 종개념으로 파악한다면 긴급성은 위험에 대비하여 사전에 비축, 치장하는 인적 및 물적자원을 대상으로 동원의 범주에서 검토할 수 있다.

2) 접근 방법

많은 연구자는 긴급을 대비하는 방법으로 물적자원의 준비로 군수적 접근을 제시하고 있다. 긴급이란 재난과 유사한 용어로 사용되고 군수지원활동의 중요성이 강조되는 용어이다.[28] 리아오(Liao, et al., 2019) 등 역시 긴급을 재난과 같은 의미로 사용하고 보급 네트워크와 차량 운영의 최적화에 대한 문제에 많은 관심을 가져왔다고 제시하였다.[27] 샤리프(Shareef, et al., 2019) 등은 긴급할 때 필요한 물적자원을 지원하는 방법으로 공조체계관리(SCM; Supply Chain Management) 관점에서 제시하였다. 공조체계관리의 기능은 예측, 조달, 저장 및 분배이다.[29] 그는 군수와 SCM을 동일한 관점에서 언급하였으나 군수는 공조체계관리와는 구성개념이 다르다. 공조체계관리에서 언급하는 예측은 소요의 일부이므로 소요와 동일하게 볼 수 없다. 끝으로 하쉼(Hashim, et al., 2019) 등은 말레이지아에서 발생했던 홍수에 대응하기 위해 교육훈련관리와 물적자원관리 방법을 제시하였다. 따라서 물적자원 관점을 바탕으로 전쟁, 재난을 대비하려는 방안으로 교육훈련 및 동원이 있다. 그러나 여기에서는 자금 요인을 더하여 자금, 교육훈련 및 동원 3가지를 〈그림 7-2〉에서 제시한다.

〈그림 7-2〉 준비태세 방안

3. 사전준비 : 재난예치금제도

사전준비 대책은 2가지로 구분한다. 하나는 정부가 예산을 편성하여 국민의 안전을 도모하는 정책이다. 정부 차원에서 준비하는 것은 논외로 하고 개인이 재난을 대비하는 제도로 가칭 재난예치금제도이다. 재난예치금제도는 사업 시행사(또는 건축주)가 일정 금액을 정부에 예치하는 제도이다. 시행사가 자금을 예치해야 하는 목적은 건축행위의 책임성을 보장하며 재난 발생 후에 필요한 처리비용을 사전에 준비토록 하는 것이다. 재난예치금제도에서 금액을 결정하는 기준은 2가지로 구분한다. 하나는 위험성과 발생빈도이고 다른 하나는 사업의 규모이다. 먼저, 위험성과 발생빈도는 고위험성이 내재된 건물의 건축행위, 고위험물 생산공장(또는 기업) 및 화재를 포함한 재난이 자주 발생하는 업태를 대상으로 한다. 사업의 규모는 시행 업자의 규모를 의미하는 것으로 대규모사업·중규모 및 소규모로 구분하여 관리한다. 관리한다는 것은 다른 모든 조건이 동일하고 사업의 규모가 다를 때 징수비용에서 차이가 발생함을 의미이다.

징수된 재난예치금은 사업종료 후 사업주에게 반환한다. 반환하는 시점은 두 가지 경우이다. 하나는 일정 시간이 경과 한 후이고 다른 하나는 영업 목적을 달성한 경우 납부자에게 반환하는 것이다. 반환할 때에는 원금과 이자를 함께 반환한다. 반환할 때에는 시중금리를 적용하여 반환함으로써 사업주를 보호할 수 있는 장치가 된다. 끝으로 재난예치금의 관리는 기업에서 충당금으로 적립되는 것이 아니라 정부가 정부 금고를 이용하여 직접 관리하고 투명성을 보장한다. 예치금의 산정은 개발행위의 위험 정도를 구분한 단계로 평가한다. 재난 및 안전관리기본법 시행령 제34조 2항에서 언급하는 안전등급을 세분화하였다. 세분화된 단계는 1에서 10단계이다. 1단계는 위험 정도가 가장 낮고 10단계는 가장 높다. 위험 정도의 평가 요소는 과거 재난 발생의 여부, 지역의 평균 강수량, 강설량, 과거 태풍의 진로, 지역의 유형(산지, 평지, 강 유역 등) 및 차량 진입 정도, 건축물 완성 후 거주 인원의 수 등을 고려한다. 예치금은 위험단계가 높을수록 높고 총건축금액이 많을수록 높게 산정하는데 비율을 적용하여 산정한다. 다음은 재난예치금 산정에 대한 예이다.

예치금 = 총건축금액 X 위험단계

위험단계 : 2단계(2/100)

기업규모 : 중소기업은 1/2 부담 감면

총건축금액 10억 X 0.02 = 2천만 원

재난예치금 : 2천만 원(중소기업은 1천만 원)

재난예치금제도는 재난에 대해 사업주가 부담하는 최소한의 제도이며 금액이다. 재난예치금의 거시적 장점은 사업주의 개발행위로 발생할 책임을 국가가 부담하는 사회적 현상을 덜 수 있다. 예상되는 오해의 소지는 개인의 부담으로 사회적 비용을 충당한다는 오해를 살 수 있다. 그러나 자신의 행위가 사회적 비용을 유발할 수 있다는 관점을 가진다면 오해에 불과하다. 미시적 장점은 시공사가 책임 있는 시공 및 감리를 진행할 수 있다. 결국, 건물과 이해관계가 있는 사람들의 안전을 기대할 수 있다.

제Ⅱ절 교육훈련

1. 개념

1) 교육

전쟁 및 재난을 대비하는 실천적 기초는 교육훈련이다. 교육의 문자적 의미는 "가르치다. 기르다"이다. 구체적인 의미는 "가르치다"와 "가르다"의 합성어로 "갈다", "부수다", "연마하다", "쪼갠다", "경작하다"이다. 서양에서 교육을 뜻하는 용어로 Pedagogy education, Erziehung 등이 사용된다. pedagogy는 그리스 시대의 노예 교사였던 paidagogos에서 유래한 말로 paida의 어린이와 gogos의 이끈다의 합성어이다. paidagogos의 의미는 미성숙한 어린이를 성숙하도록 이끌어 낸다가 된다. education은 라틴어 educare로 educare의 e는 밖으로 ducare의 끌어낸다의 합성어이다. 따라서 교육은 학습자의 내적 성장 잠재력을 "밖으로 이끌어 낸다"의 의미를 지니고 있다.

동양에서 교육은 '가르침'과 '기름'으로 제시하였다. 가르침은 윗사람이 베풀고 아랫사람이 본받아 배우는 것을 말한다. 이를 상소시 하소효야(上所施 下所效也)라고 하였다. 교육에 대해 문헌상 등장은 맹자가 제시한 진심편 중 군자유삼락장 중의 하나로 득천하영재이교육지야(得天下英才而教育之也)라고 하였다. 이는 천하에 영재를 얻어서 교육하는 것이 군자의 즐거움 중의 하나라고 하였다.[12] 동양에서 교육은 실천의 대상으로 삼았으며 즐거움의 대상으로 여겼다. 따라서 동양이든 서양이든 가르침을 받는 사람이 변화됨을 바라는 것은 다르지 않다는 것을 알 수 있다.

2) 훈련

교육훈련관리에서 훈련에 대해 육군본부(2004)는 "개인 및 부대(기관)가 부여된 임무를 효과적으로 수행할 수 있도록 기술적 지식과 행동을 체득하는 조직적 숙달 과정으로 개인훈련과 집단훈련으로 구분한다."라고 규정하였다.[17] 상기 정의는 두 가지 관점에서 새로운 정의가 필요하다. 훈련은 육체적 활동에 기반을 둔 실천적 지식으로 한정하고 숙달의 과정을 넘어서는 연습이 체득이라고 보면 훈련은 체득하는 실천적 과정인 것이다. 그리고 개인훈련과 집단훈련은 훈련의 구분이므로 정의에 포함될 사항은 아니다.

상기와 같은 사항을 보완한 교육훈련관리의 새로운 정의는 다음과 같다. 훈련이란 “개인, 부대원 등이 조직에서 원하는 임무 수행을 달성하도록 지식을 바탕으로 신체를 이용하여 기술을 체득하는 실천적 관리과정이다.” 먼저 훈련의 구성개념은 다음과 같다. 교육훈련 대상의 주체는 “개인, 부대원과 기관”으로 교육훈련은 개인훈련과 부대훈련으로 구분할 수 있다. 둘째, “조직”은 개인, 부대원의 상위기관에서 임무를 부여하는 의미한다. “육체를 단련하고”는 체득을 의미한다. 체득은 숙달의 정도보다 한 차원 높은 수준의 의미로서 업무가 몸에 익숙하여 눈을 감고도 조직의 목적 및 목표를 달성할 수 있도록 자신의 능력을 발휘할 수 있는 정도로 갈고 닦음을 의미한다. 실천적이라는 의미는 학습활동의 결과가 몸으로 느끼고 반응하는 것이어야 한다. 끝으로 “관리과정”이다. 교육훈련은 계획적이고 조직적이며 통제할 수 있고 통제된 내용을 환류하여 현실에 적용 가능한 계획을 수립하는 선순환의 과정을 밟는 발전지향적인 단계적 접근을 의미한다.

3) 중요성

사람의 두뇌는 평시와 달리 위기상황에는 정상적으로 반응하지 못하므로 몸으로 익히는 훈련을 해야 한다고 주장하였다.[11] 따라서 위기상황에서 훈련의 중요성과 관련하여 고기봉(2010) 등은 기능별 개선사항 도출, 관련 기관과의 이해도 증진, 시민의 인식도 향상 및 재난 대응능력 향상 등을 제시하였다.[1] 이를 다시 물적자원 관점에서 훈련의 중요성은 물적자원의 점검, 현장에서 응용 능력 발휘, 자원 소요판단 및 제도개선의 발견 4가지로 제시한다.

(1) 훈련을 통한 장비 및 물자에 대한 점검

현장에서 군과 소방방재청이 재난을 진압하기 위해 사용되는 장비는 다양하다. 재난을 진압할 때 사용할 장비가 평시에 100% 작동된다고 해도 사고 현장에서 작동되어야 100%이며 물자가 아무리 풍족하더라도 필요한 시기에 없으면 부족한 것이다.

현장에서 필요한 시기에 소방장비가 있어야 하며 작동되어야 한다. 가동상태에 있는 장비라고 하더라도 장비는 일일점검, 주간점검, 월간점검, 반기점검, 연간점검 및 특별점검을 해야 한다. 점검은 정비관리의 영역이며 군수학원론 제6장 정비관리를 참고한다.

군에서 사용하는 군수품의 경우는 약 80만 품목이고 소방방재청은 1만여 품목이다. 상당한 수량의 품목이 언제나 100% 가동상태를 유지한다는 것은 현실적으로 매우 어렵다. 어려운 이유는 관리비용도 비용이거니와 관리하여야 할 인력 또한 만만치 않기 때문이다. 따라서 필수적인 장비와 물자는 언제나 가동상태와 사용 가능 상태로 유지되어야 한다. 가동상태란 장비는 사용자가 요구하는 시기에 성능을 발휘함이다. 성능보장을 위한 점검을 포함한 정비 활동은 질·양적인 점검 활동이다.

예를 들면, 소방장비 중에서 기동장비인 소방자동차는 시동이 걸리며 시동이 걸린 자동차가 운행할 수 있으며 경적은 제대로 작동하고 있는지를 확인하는 행위이다. 계속해서 채워진 물이 새는지를 확인하고 고가사다리가 목표하는 높이까지 사용자가 원하는 시간 내에 도달하는지를 점검하고 물이 분사되는 것을 육안검사가 아닌 실제 작동시켜보는 것이다. 또 다른 예는 특정 지역에 최고층 아파트가 10층 높이라면 지역 소방서에서는 10층까지 올라갈 수 있는 고가사다리 소방차를 보유하고 있어야 한다. 해당 관할 지역에 10층 높이의 아파트가 있는데 8층 높이까지만 올라가는 소방차를 보유한 소방서에서는 대안을 찾아 대비하여야 한다. 평시에 대안을 탐색하는 방법은 두 가지이다. 하나는 임시적인 방편이고 다른 하나는 항구적이다. 임시적인 방법은 이삿짐 회사와 연계하여 10층 높이의 사다리차를 화재진압용으로 활용하는 대안적 조치이다. 이 조치는 이삿짐 회사와 연계된 훈련으로 실질적 훈련이 되도록 주기적으로 장비의 가동상태를 확인하여야 한다. 항구적인 방법은 상급부서에 현실태를 보고하고 주기적으로 확인하여 10층 높이의 고가사다리 소방차가 구매할 때까지 담당자가 노력해야 한다. 또한 10층 높이의 고가사다리 소방차를 대신할 수단을 강구할 때까지 소요문의가 이루어져야 한다. 소요문의는 상급부서에 소요제기 후 일정기간 경과하면 재차 소요를 제기하는 행위이다. 이것이 훈련의 결과이며 준비태세 완비라고 할 수 있다.

(2) 재난 현장에서 응용능력 발휘

사용자가 치밀한 각본으로 교육과 훈련을 하였다고 하더라도 훈련상황은 재난 현장만큼 실전적이지 못하다. 무엇보다도 재난 현장은 촌음이라도 아까운 상황이다. 사용자가 짧은 시간에 기민한 동작으로 움직이더라도 예상치 못한 상황에 직면할 수 있다. 교육 훈련의 목적은 구조자가 훈련을 기본으로 원칙적인 행동에서부터 다양하고 행동을 체득하는 것에 이른다. 훈련을 통해서 몸으로 익힌 체득된 행동이 실전에서 창의적인 행동을 만들어 낼 수 있다.

(3) 필요 자원의 소요 판단

물적자원 사용자가 훈련결과를 분석함으로 상황에 따른 자원소요의 원천자료를 확보할 수 있다. 원천 자료를 확보하는 방법은 시나리오 관리(scenario management)에 의한 소요판단방법과 소요판단36메트릭스 등이 있다.[26] 시나리오관리 소요판단은 실전에서 물적자원관리자의 행동과정에서 필요한 물적자원 소요량을 추산하는 것이다. 소요판단36메트릭스는 소요를 추정하는 요소로 육하원칙과 상황판단요소를 적용하여 인원으로부터 해당 분야의 전문가, 물자 및 장비에 대한 소요량을 판단할 수 있다. 훈련결과는 특정 활동을 수행하는데 필요한 인적, 물적자원을 증·감소시킬 수 있는 근거가 된다. 동시에 상황에 따른 행동요령까지를 포함한다.

(4) 제도 개선 : 정책적, 행정적 및 실무적 수정사항 발견

실무자가 언급하는 것을 보면 실전에 대처하는데 교육훈련만큼 효과가 큰 것은 없다고 한다. 먼저, 훈련의 필요성과 중요성은 훈련이 훈련으로 종료되는 것은 훈련의 의미가 없다. 훈련으로부터 미비점을 보완하기 위해 실질적인 토의를 바탕으로 훈련보고서를 작성한다. 훈련보고서는 훈련에 참여한 피훈련자, 교관, 통제관과 감독관이 모여 금번 훈련의 장 · 단점을 분석한 내용을 보완한 결과보고서이다. 훈련 후 작성되는 훈련보고서로 일정 기간마다 종합하여 훈련보완소요보고서로 재작성한다. 훈련보완소요보고서에는 의사결정자가 정책사항과 법규개정사항으로 내용을 분류하고 정책반영과 특정 기간 동안 차기 훈련소요에 반영하여 훈련하도록 함으로써 실무적 오류를 수정하는 내용이 포함되어야 한다.

4) 단계

(1) 개요

육군본부(2012) 학교 교육의 절차는 계획단계, 준비단계, 실시단계 및 평가단계로 4단계이다.[18] 계획단계는 교수자가 준비할 사항으로 고려사항은 입교자의 직무분석과 상급부서에서 요구하는 반영사항이다. 입교자의 직무분석에는 업무담당자가 수행하는 업무로부터 관련된 정책, 규정 및 법의 변경사항을 포함한다. 변경사항을 바탕으로 교수자가 교육생에게 제시할 교육내용을 요약한 교육목표와 중점을 설정한다. 준비단계는 교수자에 의한 교안작성, 교재작성과 교육준비상태를 점검하는 것으로 종료한다. 실시단계는 교수자가 교실 또는 현장에서 교육을 실행하는 단계이다. 교육 중 상급자가 현장을 방문하여 지휘하는 경우는 객관적으로 진행되어야 할 교육이 주관적 경향으로 전락하는 경우가 발생할 우려가 있으므로 지양해야 한다. 교육이 언제나 현실을 개선하는 미래지향적이어야 하나 관리자가 교육시간에 현장을 방문하여 언급하는 것은 과거 지향적인 교육이 될 우려가 있으며 교육의 효과성을 저하시키는 요인으로 작용할 수 있다. 따라서 관리자의 방문으로 교수자와 교육생이 위축될 우려가 있어 교육현장지도를 지양하는 것이 바람직하다. 끝으로 평가단계는 사후검토로 교육 후 성과 분석을 의미한다.

브루네트(Brunnette, 1977) 등이 교육훈련과정을 요구분석, 훈련우선순위결정, 교육과정개발, 평가 및 사후관리로 구분하였다. 브루네트가 제시하는 훈련단계에서 교육과정을 개발하는 단계가 포함되어 있다는 의미는 비반복적인 교육훈련의 단계를 제시한 것이다. 요구분석에서 요구는 소요의 범주에 있으므로 요구를 소요와 동일한 의미로 해석한다. 본서에서는 교육훈련단계를 소요분석, 훈련계획 및 준비, 훈련실시 및 통제 끝으로 훈련평가 4단계로 구성한다. 〈그림 7-3〉은 교육훈련 4단계를 그림으로 정리한다.

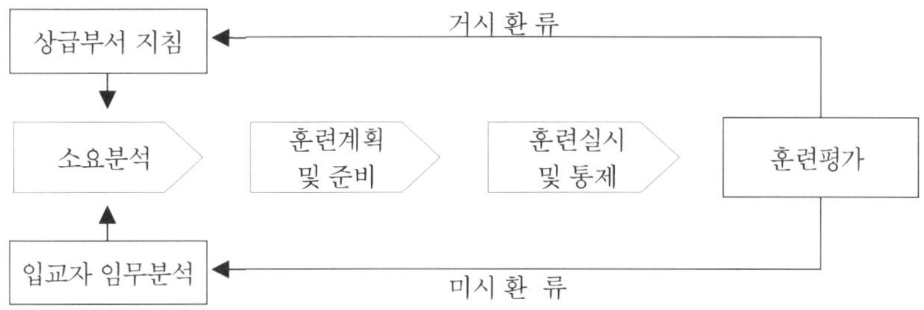

〈그림 7-3〉 교육훈련단계

(2) 소요 분석

소요를 도출하는 방법은 두 가지이다. 하나는 입교자의 임무를 분석하여 교육내용을 도출하고 다른 하나는 상급부서에서 판단한 내용을 바탕으로 교육내용을 설정한다. 상급부서에서 제공하는 내용은 최종의사결정자의 지휘내용, 법규 및 이해관계자의 상황 변경 등이다. 소요분석에서 도출된 내용은 훈련으로 전환하기 위해 교육목표와 중점을 설정한다. 훈련은 조직과 개인에게 부여된 목표를 달성할 수 있도록 구성하므로 조직 전체의 목표를 달성할 수 있게 한다. 조직과 개인에게 부여된 임무는 과업으로 세분한다. 과업은 명시과업과 추정과업으로 구분한다. 명시과업이란 직무기술서와 직무명세서에 제시된 업무이다. 직무기술서와 직무명세서는 각종 위기계획 및 예규, 상급기관 지시사항을 바탕으로 작성된 문서이다. 추정과업은 직무기술서와 직무명세서에서 기술되지 않은 업무이다. 직무명세서와 직무기술서는 직무분석의 하위 개념으로 직무를 효과적으로 수행하기 위한 직무내용, 의무사항, 지식과 기술에 대한 요건을 중심으로 기술한 문서이다.

(3) 훈련계획 및 준비

훈련계획의 시작은 조직과 개인의 목표를 설정하고 필요한 군수품 소요를 판단한다. 군수품 소요를 판단하는 방법은 인가기준에 의한 방법, 보급기준에 의한 방법, 야전 또는 현장 사용자를 바탕으로 작성된 수요에 의한 방법, 수명주기에 의한 방법 등으로 연역적 방법과 귀납적 방법으로 구분할 수 있다. 연역적 방법은 거시적 방법이고 귀납적 방법은 미시적 방법이다.

미시소요를 산정하기 위한 고려요소는 조직체, 임무, 기간, 수량 및 인원 5가지 요소이다.[16] 장비 및 물자의 필요량을 판단하기 위한 미시소요판단방법은 조직이 부여받은 임무와 기능을 수행하기 위해 개인별 단위로 일정 기간 동안 필요로 하는 자원의 수량을 의미한다. 거시소요는 해당 훈련 기관의 설립목적을 달성하기 위해 필요한 장비 및 물자에 대해 정부 차원에서 조직단위로 국회에 소요를 제기한다. 여기서 소요를 제기한다는 것은 예산에 반영하였다는 의미이다. 소요에 대한 내용은 군수학원론 제3장 소요관리를 참고한다.

(4) 훈련실시 및 통제

훈련 목적을 달성할 수 있는 핵심단계는 훈련실시 및 통제이다. 훈련 실시 및 통제는 현장지도, 확인 및 점검 후 위기 시 기관 및 개인에게 부여된 임무를 수행하도록 확인하는 것이다. 원활한 훈련은 훈련 교관, 통제관 및 감독관을 배치하여 훈련의 정확성과 목적 달성 여부를 파악한다. 훈련 교관의 자격은 훈련 상황에 따른 피훈련자의 대처능력을 확인하고 교리적으로 설명할 능력이 있어야 한다. 통제관과 감독관은 피훈련자가 교리에 따른 훈련을 시행하는지를 확인하고 교리를 발전시킬 사항을 도출하는 것이 필요하다. 교리는 이론과 동일한 의미이다.

(5) 훈련평가

평가, 사후검토, 시험, 검사, 측정, 추정 및 진단도구 등은 훈련평가와 동일한 어휘장의 범주에 있는 용어이다. 평가는 조직 및 개인이 달성하고자 하는 목표 달성 여부를 측정하는 목적지향적인 시스템적 관리 활동이다. 평가의 목적은 훈련의 목적을 달성하였는지를 확인하는 단계이며 동시에 환류를 바탕으로 차기 훈련소요를 도출하는데 있다. 구체적으로 훈련의 목적에 대해 최금자(1994)는 교육훈련과정의 강·약점을 도출하고 훈련과정의 타당성과 명확성을 검증하며 훈련의 적절성을 평가하고 의사결정자로 하여금 현명한 의사결정 하는 것이다.[25] 결국 훈련평가는 훈련참가자의 진일보한 모습의 여부를 확인하는 과정이다.

다음과 같은 경우 교육훈련의 평가에서 문제점이 발생할 수 있다. 먼저, 교육훈련 목적과 대상자 사이에서 오차가 발생할 수 있다. 오차 발생은 훈련소요 또는 교육훈련 목표가 잘못 도출되었음을 의미한다. 오차를 감소시키는 방법으로 최금자(1994)

는 교육훈련 참여자의 동기부여가 필요하다고 하였다. 이에 더하여 훈련대상자의 수준을 이해하고 훈련 소요를 재검토하여야 한다. 둘째, 평가도구에 대한 문제이다.

교육훈련관리에 대한 평가측정 도구는 신뢰성과 타당성을 바탕으로 한 측정(validation)과 평가(evaluation)로 2 가지이다.[20] 신뢰성은 동일한 측정 도구를 사용하여 반복 측정하였을 때 비슷한 결과가 도출되는지를 판단하는 기준이다. 반면 타당성은 측정하고자 하는 목적에 맞는 도구를 사용하였는지의 여부를 판단하는 것이다. 타당성은 내적타당성측정(internal validation)과 외적타당성측정(external validation)으로 구분한다. 평가 방법은 질문서, 태도, 설문조사, 필기 테스트 및 면접 등이다. 신뢰성과 타당성 측정에 관한 내용은 연구방법론을 참고한다. 또 다른 평가 방법은 회계적 판단, 장비 및 물자에 대한 활용도 및 회전율 등의 사항은 보급관리평가이며 끝으로 장비의 가동률 평가에 대한 사항은 장비 및 정비관리평가 등이 있다. 평가와 관련된 사항은 군수학 원론에서 제5장 보급관리, 제6장 정비관리 및 제7장 수송관리를 참고한다.

제Ⅲ절 군수동원

1. 개요

군수동원의 개념적 정의를 제시하기 전 군에서 군수동원은 물자동원으로 사용하고 있다. 물자동원(Material Mobilization)은 행정안전부에서 사용하는 용어이다. 물자동원은 정부나 민간에서 통용되는 상용품을 동원하는 행위이다. 상용품은 민간에서 거래되는 물품이다. 그러나 군에서 사용하는 물품은 군수품이다. 군수품을 관리하는 직능과 병과는 군수직능과 군수병과이다. 사단의 실무적인 물품 관리관은 군수참모이다. 따라서 군사적 목적 달성을 하기 위해 물품을 동원하는 행위는 물자동원이 아닌 군수동원이 옳다.

용어에 대한 오해가 발생하는 이유는 다음과 같다. 먼저, 물자와 군수의 용어 사용상의 오류를 제시하면 미국의 'Army Materiel Command'를 한국어로 번역할 때 '군수품사령부'로 하여야 한다. 그러나 '물자사령부'로 호칭하고 있는 것은 물자와 군수를 부지불식간에 혼동하여 발생한 결과이다. 둘째, 손병식(2013)은 영어로 군수품과 물자를 의미하는 단어의 철자가 상이하나 그 발음이 아주 유사하다는 사실을 제시하였다.[15] 물자를 의미하는 영어는 Material이며 군수에서 Material의 의미는 수리부속이다. 수리부속은 군수품을 구성하는 하위단위이다. 그러므로 군수품을 통칭하여 언급하는 의미로 사용하는 영어 단어인 Materiel과는 다르다. 만약 물자동원으로 Material Mobilization을 사용한다면 완성품을 제외한 수리부속을 동원한다는 의미가 된다. 그러나 군수동원(Materiel Mobilization)의 실태는 수리부속, 완성장비, 그리고 장비를 운영할 수 있는 인원을 포함하고 있으므로 군수품의 영어 단어인 Materiel를 사용하여야 한다.

상기와 같은 현상이 유발된 원인은 한국 사람의 경우 영어 'el 과 al'의 차이를 발음으로 표현하는 것이 어려울 뿐만 아니라 구별하여 듣는 것 또한 쉽지 않다. 이러한 현상은 번역된 교재에서뿐 아니라 동시통역 상황에서 자주 발생한다. 행정안전부에서는 물자동원이라는 용어의 사용이 적절하나 국방부에서 물자동원이라는 용어는 적절하지 못하다.

재난 및 안전관리기본법에서 언급하는 준비태세의 일환으로 동원을 언급하고 있다. 여기서 동원은 물적자원을 동원하는 군의 군수동원과 동일한 의미로 여긴다. 군수동원은 군수품 동원과 재난관리 자원기기를 구분하지 않는다. 물적자원 관리의 범위는 소요에서부터 폐 · 처리까지이다. 현장에서 요구하는 자원을 현명하게 지원하는 방법은 전략적으로 사전에 결정된 내용이어야 한다. 그러나 현장에서 적용은 전술적이어야 한다. 전략적 사항은 사용자가 물적자원을 획득, 운영, 지원하는 방법을 원리, 원칙 및 규정에 따라 적용하는 철학적 및 관리적 사항이다. 반면에 전술적인 사항은 급변하는 현장에서 발생하는 문제를 창의적으로 대응하는데 핵심이 있다. 급변하고 다양한 현실에서 적용할 수 있는 능력은 교육훈련을 바탕으로 배양된다. 따라서 교육과 동원의 기본적인 개념은 준비태세의 핵심이며 동시에 창의력을 바탕으로 한 실천력을 향상시키는 원천이다.

2. 동원범위

동원은 급변하는 상황에 대처하기 위해 부족한 인원과 물적자원을 충족하는 방법이다. 여기서 상황은 전시, 환경파괴, 재난 발생을 의미한다. 동원의 범주에는 인원동원과 군수동원이 있다. 인원동원에 관한 사항은 작전 및 인사 업무이므로 제외하고 군수에서는 군수동원만을 언급한다. 〈그림 7-4〉로 요약한다.

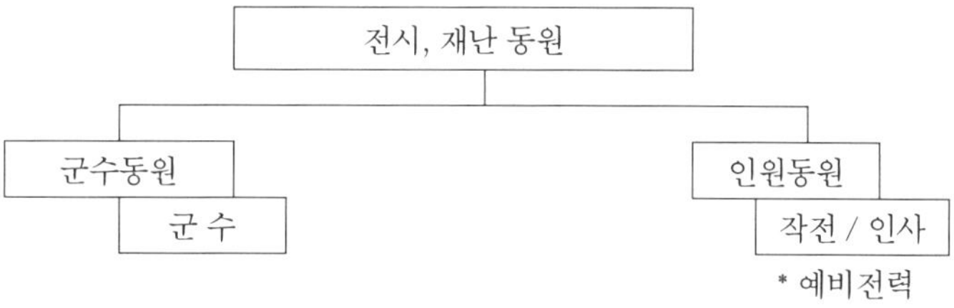

〈그림 7-4〉 물적자원 준비태세

손병식(2013)은 군수를 미시군수와 거시군수로 구분하고 군수동원을 소요, 연구개발 및 조달과 함께 거시군수 영역에 포함하였다.[15] 정부가 국가 차원에서 준비하여야 할 사항이므로 거시군수 영역에 포함한 것이다. 동일한 차원에서 군수동원이란 전시에 부족한 자원소요를 충족할 수 있는 한 가지 방법으로 전시군수동원을 제시하였다.

전시에 군수동원량을 적게 하려면 평시에 많은 물자와 장비를 유지해야 하므로 군은 중무장하게 된다. 중무장한 군을 유지하기 위해 평시에 정부의 재정 지출이 증가한다. 동시에 정부는 군이 사용하는 물자를 지원하기 위해 재고관리에 많은 비용을 투자한다. 중무장은 산업관점에서 평시 생산시설의 부담이 높다는 것을 의미한다. 반대로 평시 보유량을 적게 확보하면 재고관리 부담이 감소하여 관리 인원과 비용이 적게 발생하지만 위기가 발생하면 일시에 대량조달이 가능토록 생산설비 및 원자재의 확보가 이루어져야 하므로 국민의 부담이 급증한다. 따라서 전시동원량은 국민경제와 국가산업능력에 의해 결정된다.

3. 동원 분류[13,24,5]

1) 개요

동원의 분류는 연구자마다 다양한 기준을 설정하고 있어 통일된 견해는 없다. 일반적으로 동원의 범위, 시기, 형태, 방법, 대상 및 국력의 구성요소에 따라 분류하고 있다. 범위는 총동원과 부분동원, 시기는 전시동원과 평시동원, 형태는 정상동원과 긴급동원, 방법은 공개동원과 비밀동원으로 대상은 인원동원과 물적동원, 끝으로 국력의 구성요소에 의한 분류로는 군사동원, 경제동원 및 사회심리동원 등이 있다.

2) 군수동원

(1) 정의

동원의 개념을 설명하기에 앞서 군사력을 언급해야 한다. 군사력은 현존전력과 잠재전력으로 구분할 수 있다. 현존전력은 유사시에 정부 또는 군(육 · 해 · 공군)이 확보한 일체의 요소이다. 잠재전력은 현존전력을 지원할 수 있는 전쟁의 의지, 경제능력, 행정능력, 산업의 기술력 및 국민의 정신력 등으로 구성된다. 군사력의 관점에서 군이 평시에 현존전력을 유지하는데 많은 비용이 소요된다. 현재 필요하지 않고, 급하지 않은 자원은 미래 국민이 부담하도록 전략적 차원에서 유보하는 행위가 동원이다. 동원은 정부에서 경제적으로 자원운영계획을 어떻게 작성하느냐에 달려있다. 잠재전력을 비상시에 얼마나 신속하게 현존전력으로 전환할 수 있는가는 국가의 전시능력이며 자원운영계획의 고려요소가 된다. 국가의 능력은 경제력, 공공 조직의 위기대처능력 및 행정력 등 다양한 구성요소로 집합된 능력을 의미한다. 여기서 자원은 인적 및 물적자원이다.

군수동원이란 국민이 소유한 통제 불가능한 물적자원을 군이 국가비상사태에 사용할 수 있도록 정부가 사전에 준비하는 행정적 조치이다. 행정적 조치에는 다음과 같은 사항을 포함하고 있다. "통제불가능한 물적자원"이란 헌법 제23조의 사유재산을 인정하는 국가에서 개인의 재산권을 의미한다. "비상이란" 전쟁, 내란 및 천재지변 등과 같은 사태로 정상적인 행정능력이 중단된 상태를 의미한다. 전쟁은 외부 적에 의한 비상이지만 내란과 천재지변에 의한 사항도 비상의 범위에 포함되어 있다.

"사전에"는 계획소요를 의미한다. 계획소요는 전시총소요량에서 현보유량, 비축, 치장, 안보지원량을 차감한 부족량으로 동원량을 의미한다. 따라서 "사전"의 의미는 적어도 1년 전 정부에서 국회로 전시예산을 확보하였다는 것을 의미한다. 만약 예산확보가 되지 않은 상태에서 국민의 재산을 국가의 목적을 위해 사용하였다면 이는 징발의 범주에 해당한다. 끝으로 "행정적 조치"는 정부가 행동으로 할 수 있는 법률에 기초한 공권력 및 국가 권력과 동일한 의미이다. 동원과 관련된 법률은 한국의 헌법 37조 2항과 76조 2항을 바탕으로 전시 자원동원에 관한 법률, 비상대비자원 관리법, 국지전 등 위기극복을 위한 부분동원에 관한 법률 등이 있다. 상기 법률을 바탕으로 구체적인 행동이 이행되는 행정적 조치는 동원령을 선포함으로써 가능하다. 행정적 조치의 범위는 자국의 질서를 유지하기 위해 통제 가능한 물자, 인원, 시설 및 용역을 관리하는 활동으로 계획, 집행 및 평가 등이다.

3) 구분[19]

물자는 소유권, 사용권 및 통제 범위를 기준으로 사용동원, 수용동원 및 통제동원으로 구분한다. 사용동원은 군에서 장비 및 물자를 동원할 때 소유권을 이전하지 않고 사용하는 방식이다. 사용 목적이 달성되면 원소유자에게 소유권을 돌려주는 동원으로 대상은 건물과 정비업체 등이다.

수용동원은 국가가 군 · 관 및 동원업체에 필요한 물자를 소유자의 의사와 관계없이 강제로 매입하는 행위이다. 국가가 소유자로부터 자원을 강제로 매입함으로 자원의 소유권은 국가에게 귀속된다. 따라서 해당 자원은 인도 및 인수와 동시에 소유권자의 소유권은 소멸하고 동시에 그 소유권은 동원 주체가 취득한다. 자원은 장비, 물자, 정비 장비, 건물 및 토지 등을 의미한다. 구체적인 예로 소유권이 이전되는 품목은 식품, 피복과 유류 등의 소모성 물자가 해당한다. 끝으로 통제동원 또는 통제운영은 특정 물자의 생산, 수리, 가공 및 유통과정 중 어느 한 과정을 대상으로 통제를 한다. 통제부분 외에는 소유주의 자율권이 인정되며 주로 업체를 동원할 때 적용한다. 예를 들면, 생산업체와 병원 등이 해당한다. 정비업체 등과 같은 기업체를 동원하는 경우 일반적으로 "동원지정업체" 또는 "동원업체"로 호칭한다. 동원지정업체는 평시에 동원하기로 약정한 업체이다.

범위에 따라 동원은 업체동원, 동시동원으로 구분할 수 있다. 업체동원은 군에서 필요로 하는 군수품을 생산하는 업체를 동원하는 것이다. 동시동원은 동원대상의 군수품을 중심으로 장비 및 물자를 취급 및 관리할 능력이 있는 사람과 함께 동원하는 것을 말한다. 예를 들면, 건설장비를 동원하는데 건설 장비를 운영할 능력이 있는 유자격자가 동원된다.

4. 동원자원 분류

동원자원은 대상에 따라 인원동원과 군수동원으로 구분하고 동원자원 중에서 인원동원은 예비전력의 영역이므로 생략한다. 군수동원은 사단이 민간으로부터 물품의 소유권 전체 또는 일부를 인수한다. 군이 동원을 요청하는 모든 물품은 군수품이다. 군수품은 수리부속, 장비 그리고 장비관리자를 포함한다. 군수품의 관리상 편의를 위해 1종에서 10종으로 구분한다. 1종은 주 · 부식류, 2종 피복류, 3종 유류, 4종 건설자재, 5종 탄약류 6종 매점에서 판매하는 물품류 7종 완성장비, 8종 의무장비 및 수리부속 9종 수리부속 끝으로 10종 비군사계획 자재류로 영현처리 및 폐 · 처리 물자이다. 그러므로 군에서 군수동원을 한다면 1종에서 10종 중 부족한 군수품 및 그 군수품을 생산하는 업체와 관련 인원을 동원하는 것이다.

물자동원 육군 규정(2017)과 육군 야전교범(2013)은 산업, 수송, 건설, 정보통신 및 기타동원으로 구분하고 있다. 그러나 본서는 시설동원을 별도의 동원으로 분류하여 〈그림 7-5〉와 같다.

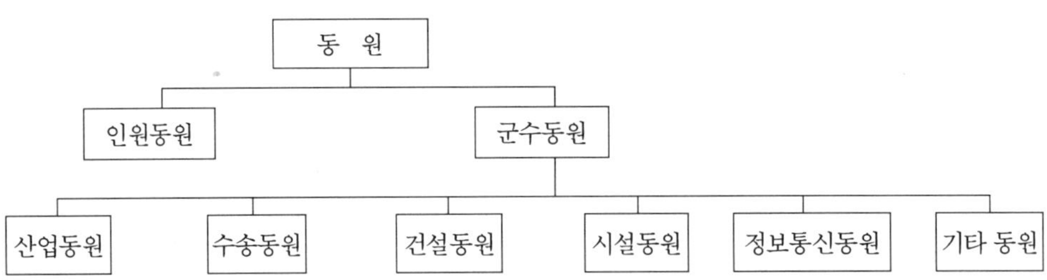

〈그림 7-5〉 군수동원의 구분

1) 산업동원

산업동원은 산업시설을 동원하고 목적은 생산시설을 확충하여 생산량을 증대하는 것이다. 생산량을 증대하는 목적은 전시 초기 대량 피해를 보충하기 위해서이다. 생산량의 증대 방법은 근로자의 근로시간을 연장하고 생산품목을 민수품에서 군수품으로 전환하며 생산공정을 정비하여 새로운 군수품을 생산하는 방법 등이 있다. 생산 공정을 변화하는 방법은 기존 재료의 화학적인 변화와 물리적인 변형으로 가능하다. 동원업체는 평시에 지정하고 전시를 대비하여 동원훈련에 참여야 한다. 훈련의 범주에는 생산능력을 확인하는 훈련이 포함되어 있다. 끝으로 산업동원의 주무부서는 기획재정부, 농림축산부, 산업통산자원부, 보건복지부 및 환경부이다.

2) 수송동원

수송동원의 대상은 수송장비와 수송업체이며 동원할 때에는 장비와 업체를 구분하여 동원할 수 있다. 수송장비는 육상장비, 해상장비 및 항공장비이다. 수송업체는 정비업체, 하역업체를 대상으로 사용동원업체와 통제동원업체로 구분한다. 수송동원의 주요 대상은 개인을 비롯한 공공기관과 법인 소유 차량 및 업체이다. 주무부서는 건설교통부, 해양수산부이다.

3) 건설동원

건설동원의 대상은 건물, 토지, 건설기계, 정비업체 및 건설업체이며 목적은 피해복구 및 긴급 건설공사를 위함이다. 건물의 경우는 사용동원을 하고 건설업체가 운영한다. 건설동원의 주무부서는 국토교통부이다.

4) 시설동원

시설동원은 공공시설을 동원한다. 예는 초등학교, 중학교와 같은 공공시설이다.

5) 정보통신동원

정보통신 자원의 동원이다. 자원은 통신회선, 정보통신공사업체, 정보통신 장비와 시설 등이다. 통신회선이란 시내 · 외의 회선 등을 말한다. 정보통신동원의 주무부서는 소프트웨어 업체와 산업통상자원부이다.

6) 기타 동원

휀스(WHNS; Wartime Host Nation Support)동원, 재정금융동원 및 홍보매체동원 등은 인원동원과 군수동원의 범위에서 벗어나 있으므로 기타동원으로 분류하였다.[19] WHNS의 목적이 미증원군이 한국에서 신속한 작전 전개를 지원하기 위한 것으로 볼 때 WHNS에는 동원의 의미가 있다. 따라서 필요한 물자에 대한 소요는 사전에 파악하여 동원운영계획에 반영하여야 한다. 지원분야는 수송, 시설, 통신, 노무와 의료 등이다. 한국이 평시에 미군을 지원하기 위한 목록을 유지하고 있어야 하며 미군은 한국에서 동원령이 선포될 것을 대비하여 시차별부대전개목록(TPFDL; Time Phase Force Development List)을 평시에 유지하여야 한다. WHNS는 전시지원협정 또는 전시주둔국지원협정 등으로 번역한다.[14]

재정금융동원은 전시에 필요한 자금조달에 관한 정책을 수립하고 있으며 기획재정부에서 담당하고 있다. 홍보매체동원은 영화사, 인쇄출판, 방송사와 언론사를 동원하여 대국민 홍보 활동이다. 주무 부서는 문화체육부이다.

5. 동원자원 인계절차

국가위기에서 정부가 취할 수 있는 수단은 통합방위태세이며 군에서 취하는 수단은 워치콘(Watch Condition), 방어준비태세인 데프콘(Defense Readiness Condition) 등이 있다. 국가적 또는 군사적 관점의 위기사태에 있을 때 동원령 선포는 데프콘 중에서 Cocked Pistol로 지칭되는 데프콘 I 발령될 때이다.[10] 동원령이 선포되면 사전에 지정된 국민이 보유한 군수품을 군으로 인계한다. 여기서 '사전'이란 계획 문서상의 자원을 의미한다.

문서상 자원의 지정절차는 다음과 같다. 사용부대에서 x-0년 0월까지 지역사 군수처로 소요제기를 시작으로 작전사와 육군본부를 거쳐 국방부 군수관리관실에서 종합한다. 종합한 군수동원 소요제기는 x-0년 0월 국방부 동원기획관리실로 각군 동원소요를 통보한 내용이다. 통보된 각군의 동원소요는 x-0년 0월까지 행정안전부의 비상대비자원과로 동원소요계획 보고를 제기하고 기본계획을 x-0년 0월에 국방부에서 하달한다. 하달된 기본계획은 육군본부를 거쳐 작전사 및 지역사의 운영계획에 반영하기 위해 x-0년 0월까지 통보한다.

읍 · 면 · 동장은 물자, 장비 업체를 소유한 대상자에게 전시에 동원되는 자원의 소유자임을 알리는 임무고지를 한다. 임무고지를 할 때 포함되는 사항은 군수품동원과 업체동원 2가지로 구분한다. 먼저, 물자 및 장비동원는 품목, 규격, 수량, 인도 장소 및 임무를 포함하고 있다. 업체동원은 업체명, 시설의 위치 및 임무를 포함하고 있다. 이러한 행위를 정기적으로 확인 및 감독하기 위해 지정한 날을 '중점자원관리 확인의 날'이라고 한다. 중점자원관리 확인의 날은 군이 유관기관과 협조사항을 점검하는 날이다. 중점자원관리 확인의 날 목적은 군과 행정기관 사이에 협업체계를 구축하여 동원되는 자원에 대한 실효성을 향상하는데 있다. 임무고지는 동원업체가 문서 접수와 동시에 임무가 고지되는 것으로 간주한다. 여기서 유관기관은 군, 행정기관 및 관련업체이다. 상기 내용을 요약한 군수동원 업무절차는 〈그림 7-6〉과 같다.

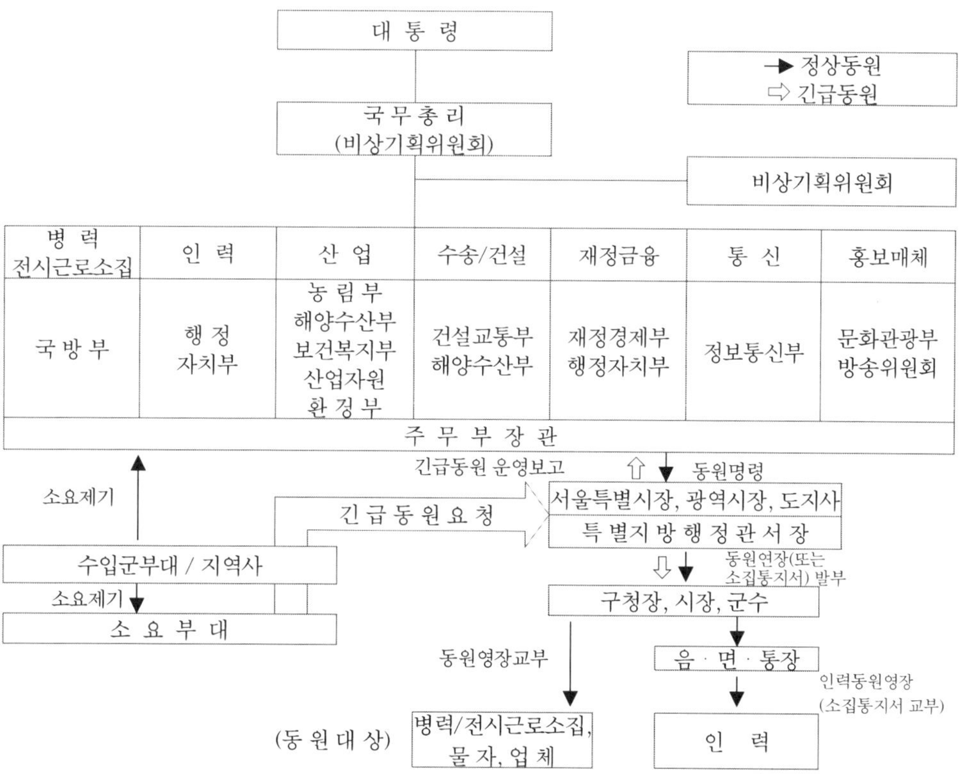

* 동원령 선포 : 국방부장관 제안 → 국무회의 상의 → 대통령 선포

* 자료원 : 동원업무. 육군본부(2002), p.3-4.

〈그림 7-6〉 군수동원 절차

6. 동원소요량 산정 및 평가

1) 개요

동원소요량의 산정은 전시총소요량을 산정하는 것으로부터 시작한다. 먼저, 전시총소요량의 충족은 국내가용자산과 해외안보지원자산으로 구분한다. 국내자산을 사용하고 부족분은 해외안보지원자산을 활용한다. 국내자산은 평시확보량과 전시획득량이다. 평시확보량은 운영량, 비축량, 치장량이며 전시획득량은 전시동원 및 전시조달량이다. 상기에서 전시총소요량의 부족량은 해외에서 구매하는 방법으로 상업구매와 대외군사판매(FMS; Foreign Military Sales)를 활용하고 부족한 수량은 상호군수지원협정(MIL; Military Interactive Logistics)을 이용한다. 상업구매와 대외군사판매는 졸저인 국방구매공급관리를 참고한다. 〈그림 7-7〉은 동원소요량 산정 방법을 제시하고 있다.

전시 총 소요량								
국내 가용 자산						해외 안보 지원 자산		
평 시 확 보			전 시 획 득			외 자 조 달		
평 시 운영량	비축량	치장량	동원량	징발	전시 조달	상업 구매	대외군사 판매(FMS)	상호군수 지원협정

〈그림 7-7〉 동원소요량 산정

평시 보유량이 많으면 많을수록 전시동원량이 감소하고 전시동원량이 감소하면 평시 국가재정의 부담이 증가하여 증가량만큼 국민의 부담으로 고스란히 전가된다. 반대 현상으로 평시 보유량이 적으면 적을수록 전시동원량이 증가하고 전시동원량이 증가하면 증가할수록 일시에 대량으로 국민의 부담이 급증하게 된다. 그러므로 어떠한 경우라도 전쟁의 부담은 오로지 국민의 몫이다. 따라서 국민은 언제나 전쟁을 대비하여야 하며 전쟁을 잊으면 평화를 잃는다.

평시 적정 보유량의 결정요인은 국가의 기술능력, 경제능력, 행정능력, 동원능력 및 국민의 정신력 등에 따라 결정된다. 여기서 능력은 숫자로 표현되어야 하며 숫자는 적국의 능력과 비교되는 상대적 우위를 의미하는 숫자이다. 군수동원은 군수 관점을 벗어나 거시적 관점으로 국가 전략적 차원에서 작전을 결정하는 요인이다. 선진국일수록 월등하게 우수한 동원능력을 확보하고 있다. 여기서 동원은 인원동원과 군수동원을 포함한다.

2) 군수동원과 비축

비축은 전쟁 초기에 대량의 군수품이 필요할 것을 대비하여 예상되는 전투긴요품목을 저장하는 방법이다. 비축물자의 대상 품목과 비축소요를 결정하는 기관은 합참과 각 군이며 방위사업청은 재고번호, 품명, 자금원부호를 관리하고 전시조달업무를 총괄한다.

비축물자로 수리부속을 선정할 때의 기준은 구성품, 결합체, 평시 다수요품목 중 평시조달 애로 및 수요급증이 예상되는 품목, 국내 생산이 불가능하여 해외에서 조달할 경우 장기 조달소요기간으로 판단되는 품목, 비축장비 정비를 위한 정비용 공구와 기술교범 끝으로 작전에 필요하다고 필요한 품목이다.

상기 품목을 대상으로 비축소요를 산정한다. 산정방식은 군수품의 종류와 관계없이 일정한 기준을 적용하여 비축량을 산정하는데 의문을 제기하고 있다.[2] 해결방안은 비축물자를 품종별로 차등화하여 비축하여야 한다. 권남연과 선병근(2020)이 제시한 차등화의 기준은 품목별로 작전적 중요도, 현재 보유량, 확보 용이성이다. 확보의 용이성은 동원여건과 조달여건을 제시하였다. 또 다른 기준은 동원단계에 따른 비축물자 선정이 필요하다. 동원단계는 M+O일, M+O일과 같이 동원령 선포일 이후 며칠에서부터 며칠까지로 단계가 설정되어 있다. 날짜를 기준으로 한 설정된 물량은 동원령 선포일에서부터 생산일(P-day; Production day)까지 확보하여야 한다. 부족량의 결정요인은 국가의 생산능력, 군수동원량, 해외조달량 등이다. 여기서 M은 Mobilization으로 동원령 선포일이다. 생산일은 동원령 선포일로부터 군에서 필요로 하는 수요량을 충족할 때까지 걸리는 기간이다. 따라서 동원령 선포일로부터 생산일까지의 기간이 짧을수록 전쟁수행능력이 높다고 볼 수 있다.

7. 군수동원과 치장

정부는 평시와 전시를 구분하여 부대를 운영한다. 군수관점에서 평시 부대 운영은 경제성을 강조하고 전시에는 효과성을 강조한다. 경제성을 확보하는 방안으로 인원을 축소 운영하는 것이지 군수품까지 축소하여 확보하는 것은 문제가 발생할 수 있다. 문제를 예방하기 위해 군수품은 완편을 유지하고 동원령 선포 후 증편된 병력이 군수품을 사용하도록 사전에 저장해 놓은 개념이 치장이다. 치장은 물자와 장비를 구분하고 물자는 치장물자, 장비는 치장장비라고 한다.

8. 군수동원과 징발

군이 전시에 부족한 물적자원을 충족하기 위한 방법은 〈그림 7-8〉과 같이 군수동원과 징발이 있다.

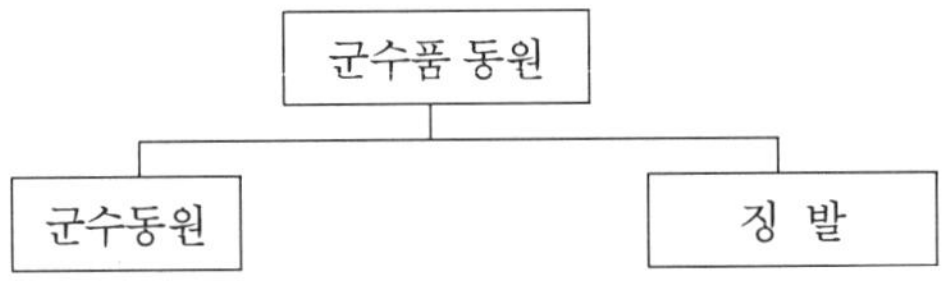

〈그림 7-8〉 군수동원과 징발

군수동원과 징발의 차이점은 적용하는 법률에서 차이가 있다. 먼저, 군수동원과 관련된 법률은 전시자원동원에 관한 법률이며 징발은 징발법이다. 둘째, 군수동원의 대상은 인적동원, 군수동원 기타 동원이나 징발은 물자징발과 권리징발이다. 군수동원의 명령권자는 행정부처의 주무장관이지만 징발의 명령권자는 군의 부대장이 된다. 군수동원의 선포 시기는 충무 2종 사태가 발생하면 국방부 장관의 건의로 대통령이 선포하고 징발은 작전상 부대장의 판단에 따른다. 셋째, 동원은 사전에 지정되어 평시 동원훈련 등에 참여하나 징발은 전시 중에 부대장이 결정하여 집행한다. 인원동원은 동시동원을 의미한다. 넷째, 군수동원과 징발의 차이점은 준비성에 있다. 군수동원의 준비성은 사전에 군이 필요한 자원을 주무 행정부처별로 관리대상 업체 또는 관리할 군수품을 지정한다. 예를 들면, 환경부는 평시에 음용이 가능한 샘물의 표본을 관리하고 수질오염 장비시설 업체와 건설 폐기물 업체 등을 지정하여 관리한다. 그러나 징발은 부대장의 판단으로 이루어진 결정이므로 준비성이 미흡하다는 것을 의미한다. 대처방안은 동원자원소요심의에서 소요부처와 자원공급부처간 동원계획을 조정하여 실질적인 동원량을 확보하는 것이다. 이 심의회의 심의사항은 소요품목 및 물량 조정에 관한 사항, 자원의 민 · 관 · 군에 대한 배분 사항, 수용, 사용 및 대체품목, 끝으로 자원관리 주무부처의 조정에 관한 사항 등을 심의 · 조정한다. 〈표 7-1〉은 동원과 징발의 차이를 제시하고 있다.

〈표 7-1〉 동원과 징발의 차이

기 준	동 원	징 발
관련법률	전시자원동원에 관한 법률	징발법
실시시기	충무 2종 사태	국가비상사태로 행정기관 기능 마비
대 상	인력, 물자(업체, 소유권),기타	물자, 소유권
집행주무부처	행정안전부 : 조정 및 통제	국방부장관 및 계엄사령관
규 모	전국 또는 부분, 대량	부대단위
훈련참여	사전참여(준비성 확보)	미참여(준비성 미확보)

9. 군수동원과 국내조달, 해외안보지원자산

해외안보지원자산은 국외조달의 영역이며 군이 동원 및 징발로써 필요한 소요량을 충족하지 못할 때 사용한다. 국외조달은 상업구매, 대외군사판매 및 상호군수지원협정으로 구분하며 상업구매(FCP; Foreign Commercial Purchase)는 군수품을 국제무역 상거래방식으로 구매하고 대외군사판매는(FMS; Foreign Military Sales) 미국의 대외안보지원법을 바탕으로 전략물자를 미국으로부터 수입하는 방법이다. 끝으로 상호군수지원협정(MLSA; Mutual Logistics Support Agreement)은 국가간 협정으로 전 · 평시 군수품을 상호지원하는 협정이다. 한국은 미국을 비롯한 영국, 스페인, 독일 등의 국가와 MLSA를 맺었다.

[참고문헌]

1. 고기봉, 이시영, 채진(2010), "재난대응훈련 개선방안에 관한 연구", 2010 국가위기관리학회 하계 학술대회 자료집, pp. 1-21.
2. 권남연, 선병근(2020), 국방비축에 좀 더 관심을 가져야", 국방논단, 1794호(20-11), pp. 1-8.
3. 김경락(2004), "긴급체포제도에 관한 연구", 중앙대학교 대학원 법학과 형사법 전공 석사학위논문.
4. 김경신, 윤순진(2014), "중·저준위 방사성 폐기물 처분장 입지선정과정에 나타난 위험·이익인식과 입지수용성 분석-부안과 경주의 설치·유치지역을 중심으로-", 한국정책학회보, 제23권, 1호, pp. 313-342.
5. 김성연(2016), "전시대비동원제도발전안", 건양대학교 군사경찰행정대학원 국방예비전략학과, 석사학위논문
6. 김연수, 장대원, 이상원, 김승우(2019), "재난사례 분석을 통한 자원동원 현황 및 문제점 고찰", 한국방재학회, 제19권, 4호, pp. 89-102.
7. 김영주(2017), "정부신뢰, 재난경험, 사회적 자본이 재난 위험 인식에 미치는 영향 – 지역의 재난피해자를 중심으로-", 연세대학교 대학원 행정학과 박사학위 논문
8. 김영중(2013), "긴급피난의 상당성에 관한 연구", 서울대학교 대학원 법학과 박사학위논문.
9. 김용화(1981), "국가긴급권", 전남대학교 대학원 법학과 공법학 전공 석사학위논문.
10. 김재호, 김권일(2016), "전시동원에 관한 법적 검토 - 전시대기법 및 동원 선포요건의 문제점을 중심으로-," 공법연구 제45집 1호, pp. 485-510.
11. 김종국, 한동호(2018), "화재재난 대비훈련을 위한 가상현실의 도입방안 연구", The Journal of the Convergence on Culture Technology, 제4권, 1호, pp. 299-306.
12. 남궁용권, 김남근, 김노연(2005), "알기쉬운 교육학 개론", 양서원.
13. 남승학(2003), "한국의 동원체제 발전 방향에 관한 연구-동원관련 법률과 인적자원을 심으로", 한남대학교 행정정책대학원 안보국방정책학과 석사학위논문.
14. 손병식(2011), "국방구매공급관리", 범한.
15. 손병식(2013), "군수학원론", 서울경제경영출판사.
16. 육군군수관리학교(1991), "소요관리-보충교재", 육군인쇄창.
17. 육군본부(2004), 교육훈련관리.국군인쇄창.
18. 육군본부(2012), "학교교육관리절차", 국군인쇄창.
19. 육군본부(2013), "동원 및 예비군 업무", 국군인쇄창.
20. 이훈영(2014), "이훈영교수의 연구조사방법론", 도서출판 청람.
21. 임송태(1999), "긴급구조체계확립 방안", 한국지방행정연구원.
22. 장대원, 김지영, 김연수, 전재준(2017), "재난유형별 재난대응 시 자원동원 관련 문제점 분석", 한국재난정보학회 학술발표대회 2017년 정기학술대회 및 특별세미나, pp. 345–346.
23. 장용진(2014), "긴급 근접항공지원작전 전력분배 모델", 아주대학교 대학원 NCW학과 석사학위논문.
24. 정원영(2009), "동원행정론", 한국국방연구원.

25. 최금자(2004), "교육훈련의 유효성 평가", 산업경영연구, pp. 7-39.
26. Jarke, Mattias, X. Tung Bui and John M. Carroll(1998), "Scenario management: An Interdisciplinary Approach", Requirement Engineering, Vol 3, pp. 155-173.
27. Liao shujie, Haiting Tu, Cheng Hu, Wulin pan, Jianwu Xiong, Dongyang Yu, Lei Jing and Wei Pan(2019), "Fuzzy multi-objective medical service organzation selection model considering limited resource and stochastic demand in emergency management", PLOS ONE, March 13, pp. 1-15.
28. Sahinoz, saime, Unal Yaprak and Turgut Sahinoz,(2019) "Employees' opinions on critical succeess factors and performance criteria in disaster and emergency management", Pakistan Journal Medical Sciences, Vol.35, No.6, Nov-Dec, pp. 1636-1641.
29. Shareef, Mahmud Akhter, Yogesh K. Dwivedi, Rafeed Mahmud, Angela Wright, Mohammad Mahboob Rahman, Hatice Kizgin, Nripendra P. Rana(2019), "Disaster management in Bangladesh: developing an effective emergency supply chain network", Annals of Operations Research, Vol, 283, pp. 1463-1487.

찾아보기

A~Z

LCA 238
MFCA 236
OHSA 98
PERT/CPM 57
PTSD 278
RDX 85
SWOT 57
TAAS 179

ㄱ

9.11 테러 172
가연성분 301
가중치 부여 248
가치공학 60
간접오염 66
감염병 187
감염속도 29
강도율 215
강제부상식 109
개별적산법 244
객관주의 314
거시 접근 47
거시 지원계획 55
거품 88
건설동원 333
건설장비 176
건설폐기물 302
건축물 37
격납고 68
격차분석 57
결과설 137, 138
결로 73
경계 191
경계단계 191
계약재제조 293
계획단계 324
고도차 155
고세균 106
고정오염원 86
고준위 폐기물 304
고체 88
고형물질 106
공기부상분리법 109
공동사회 205
공조체계관리 235
공존사회 209
공통질환 195
과대평가원칙 187
과불화탄소 100
관심 191
교육 320
교육훈련 324
교질 88
교토의정서 101, 259
교통사고 178
교통사고일괄의료지원체계 181
교환인수공통질환 195
구름두께 155
구성주의 314
국가지원테러리즘 171
국내채취량 234
국외환경부담 234
국제노동기구 199

국제평화연구센타 163
국제표준화기구 240
군 병원 78
군 안전관리 216
군 장비 소음 176
군기사고 216
군수기반 전술지휘자동화체계 174
군수동원 328
군수정보시스템 79, 173
군수지원분석 143
군수지원원칙 55
군수참모 21
군수품 16
군수학 18, 41
근접정비지원 164
글로벌 설리번 원칙 262
급성독성 115
급성스트레스반응 280
급성스트레스장애 280
급성잔상증후군장애 280
기능별 환경관리 47
기차사고 180
기체 88
기후 151
긴급 317
긴급구호품 275
긴급성 133, 313
긴요도 313

ㄴ

낙동강 페놀 34
난연제 96
납 90
내부피폭사고 184
내적타당성측정 327
냉매 100
누적함수량 155
눈사태 158

ㄷ

다운사이클링 284
대량 소비성 20
대비단계 145
대외군사판매(FMS) 336
대유행단계 191
대응단계 145
대체에너지 295
대침강 108
대한산업보건협회 203
대형 사고 131
데밍 주기 228
도수율 214
도시광산 301
독립재제조 293
독립침강 108
동기요인 275
동류전용 294
동물역학 국제사무소 195
동원단계 337
동원업체 331
동원지정업체 331
두뇌선풍 228
두영효과 177
드론 67
디커플링 237

ㄹ

리사이클링 284
리우선언문 260
리우환경회의 101

ㅁ

매각 289
매립 289
매연 88
메가테러리즘 170
메탄 99
메탄발효법 109
면오염원 86
명시과업 325
명시적 재난 27, 137
목적 및 범위 설정 단계 240
몬트리올 의정서 101, 259
무기체계 216
무인비행선(UVA) 67
문제선정단계 211
물류관리 38
물리적 거리 29
물리적 쓰레기 61
물리적 특성 105
물물교환 296
물성파괴 273
물자동원 327
물적요인 203
물적유통관리 38
물적자원 14
물적자원 준비태세 47
물질균형법칙 230
물질수입량 234
물질수지 229
물질시스템분석 233
물질흐름분석 228
물질흐름원가회계 253
미국의 표준연구소 199
미세먼지 91
미시 접근 47
미시소요 325
미시지원계획 55

ㅂ

바람 153
바이오매스 295
박탈감 168
반기점검 322
반복성 132
반체제테러리즘 171
반품 296
발병 후 진행 193
발생 전 활동 193
발청 73
방사능 반감기 304
방사성 폐기물 304
방어준비태세인 데프콘 334
범위 28
병영시설 78
보급 19
보급량 차이 173
보급시간 차이 173
보급창 61
보수주의 314
보조지표 155
복구관리 47
본질 130
부력에너지 155
부분잔상증후군장애 280
부분진단잔상증후군장애 280
부상법 109
부상원리법 109
부생인수공통질환 195
부유생물법 109
분류화 246
분산매 88
분산조달 62
분산질 88
분해수리 69
분해시설 74
불소계 기체 100
불안정지수 155

불연성분 301
브룬트라트 보고서 260
비군사 74
비점오염원 85

ㅅ

3요인설 137
4P 278
C4I 시스템 173
사격장 77, 115
사고연쇄반응이론 207
사망률 91
사업장폐기물 302
사용 후 핵 원료 304
사회재난 45, 178
사회적 거리 29
사후관리 276
산사태 158
산업동원 332
산업안전보건처 177
산업연관분석법 244
산업재해 197
산업재해 암흑기 200
산업재해 인식기 200
산화지법 109
살수여상법 109, 110
삼불화질소 100
삼풍백화점의 붕괴 46
상대적 디커플링 237
상수 105
상수여상법 109
상업구매 336
상용품 16, 327
상호군수지원협정(MIL) 336
상황판단요소 56
새로운 테러리즘 170
생물다양성지표 232
생물학적 특성 105
생화학적 산소요구량 87
생활쓰레기 301
생활폐기물 301
석면 93
선 오염원 86
선박 65, 90
선박사고 180
설리번 원칙 261
성 130
성수대교 붕괴 46
세계보건기구 129, 191
세계환경개발위원회 260
세레즈(CERES) 261
소각 288
소각시설 74
소강단계 191
소구경탄 115
소극적 포괄안보개념 149
소모량 차이 173
소방장비 16
소빙기 152
소수성 88
소요관리 56
소요판단 18
소요판단36매트릭스 144
소요판단36메트릭스 56
소음 174
소음 평가 176
소음공해 77
속도 28
수명주기비용 238
수명주기평가기법 238
수문기상학적 위험 137
수소불화탄소 100
수송 19, 62
수송동원 333
수송수단 37, 90

수은 96
수익자부담원칙 287
수질균등조 108
수질오염 103
순산소법 109
순환인수공통질환 195
스크린 분리 108
스펙트럼 42
시간기반훈련 164
시나리오 57
시나리오 관리 323
시설 19, 68
시설동원 333
시스템이론 207
시차별부대전개목록(TPFDL) 334
신뢰성 327
신의 행위 317
실시단계 324
심각 191
쓰나미 159
쓰레기 24, 286
쓰리마일 아일랜드 185
씨랜드화재 46

ㅇ

1 : 10 : 100 법칙 181
1종 332
1차 대기오염물질 89
2요인설 137
2차 대기오염물질 89
아산화질소 99
아시아재난감소센타 129
아황산가스 65
안전불감증 135
안전사고 216
안정단계 32
알림원칙 186
알카에다 3.0 170
액상화 159
액체 88
업사이클링 284
엔트로피 229
엔트로피(entropy) 법칙 230
여과법 109
역물류 38
연간점검 322
연구개발 18
연구개발관리 58
연방위기관리청 129
연속원인설 207
연천인율 215
열적정화방법 119
예비처리법 108
예측성 20
오수시설 113
오수정화시설 107
오염관리 47
오염물질 70
오염원인자책임원칙 287
오존 90
온실 기체 97
외벽 73
외부피폭사고 184
외적타당성측정 327
요인설 137, 141
용존고형물 106
용존공기부상원리법 109
용출시설 75
우리 모두의 미래 260
우수 105
우주왕복선 콜롬비아(columbia) 폭발사건 23
우형결핵 195
운고 155
운영 54
운저 155

워치콘 334
원인설 138
원자력 184
원자력안전법 304
월간점검 322
위기 22, 25, 127
위기단계 33
위법성 136
위생요인 275
위탁재제조 293
위탁처리 291
위해 314
위험 25, 137, 314
위험성 313, 314
위험요인설 207
유량균등조 108
유류 오염 사고 66
유사성 20, 134
유엔환경계획 260
유연성 55
유입수 105
육괴 160
육불화황 100
육하원칙 56
음식물쓰레기 301
의견청취단계 212
의료기기 16
의료폐기물 303
의사결정지원시스템 146
의외성 136
의제21 260
이동시간의 차이 173
이동오염원 86
이리역 폭발사고 46
이산화탄소 98
이산화황 90
이익사회 205
이재민 274
이행단계 191
인간요인설 206
인간환경선언 260
인공물질 90
인공환경 36
인과분석 228
인과설 137
인명 중시 사회 208
인명우선원칙 186
인성파괴 273
인수공통감염병 188, 194
인원동원 332
인적요인 203
인적재난 45
인지설 137, 140
일반수계 105
일반용품 17
일반장비 176
일산화탄소 90
일일점검 322
임계범위 29
임계속도 29
입상물질 91
입자 88
입자상 물질 89

ㅈ

자갈 114
자동차 63, 90
자동차사고 180
자연부상식 109
자연재난 45
자연환경 36
자원순환관리 283
자원순환관리활동 284
자원집중화 243
작업관리이론 207

잔상증후군 166, 278
잠재적 재난 27
장기포기법 110
장마 154
재난 22, 25, 128
재난경감국제전략기구 314
재난관리 47
재난관리자원 16, 17
재난단계 33
재난안전네트워크 277
재난예치금제도 318
재난의 유형 157
재생이용 295
재앙 25
재제조 292
재판매 296
재해 25
재해구조볼런티어네트워크 277
재해율 214
재활 및 기능회복 193
재활용 291
적극적 포괄안보개념 149
적시성 55
전과정목록분석 242
전과정해석 249
전국재난자원단체협의회 277
전군자산가시화 174
전기영동 89
전도 203
전이성 134
전이현상 282
전쟁 24, 162
전쟁 종료 53
전쟁준비 53
전쟁지원 53
전쟁평가 78
전통적 산업사회 208
전통적 테러리즘 170
전후방적사고관리 53
절대시간 133
절대적 디커플링 237
절차적 접근 143
점오염원 85
접촉산화법 109, 110
정규화 248
정보통신동원 333
정부간협의체 259
정비 69
정비 전 활동 70
정비 중 활동 70
정비 후 71
정비단계 70
정비시설 68, 69
정비창 69
정상구호품 275
정적물질흐름분석 229
정화방법 116
제조물책임 287
제천화재사고 30
제품수명주기 229
제품수명주기비용관리 251
조달 18
조달(구매)관리 59
조직성 20
졸 88
주간점검 322
주관주의 314
주의 191
주한민간원조사령부 189
준비단계 324
준비태세 313
지각변동 158
지구온난화지수 100
지도자 중심사회 209
지상정화방법 116
지속가능발전목표 260

지속가능한개발목표(SDGs; Sustainable Development Goals) 40
지수산출방법 214
지원계획 55
지원단계 275
지진 159
지질학적 위험 137
지표면 114
직무기술서 325
직무명세서 325
직접물질유입량 234
직접오염 65
직접인수공통질환 195
진정세균 106
질산염 90
집단토의 단계 212
집중호우 155
징발 338

ㅊ

차량용품 17
창고 61
철도 64, 90
철도용품 16
체르노빌 185
총물질소요량 234
총부유입자 90
총소유비용 251
총수명주기체계관리 252
최근 키칼리(Kigali)의정서 101
추정과업 325
충돌 203
측정방법 107
치료속도 29
친수성 88
침사지 108
침전법 108, 109
침투수 105

ㅋ

카드늄 96
카이센 228
콜로이드 88

ㅌ

타당성 327
탄 115
탄약고 68, 72
탄약창 72
태풍 153
테러 166
토양 114
토양세척기법 116
토양오염 77, 114
토양정화기술 118
통합방식 245
통합재제조 293
통합조합법 245
통합폐기물 296
투영법 85
트라우마 278
특별점검 322
특성화 247

ㅍ

파괴성 20
파급성 134
파리협정 101
파이프라인 67
파트너십 183
판내 지역 160
팔레트 62

평가 54
평가관리자 147
평가단계 79, 324
폐기물 286
폐쇄공조체계관리 38
폐수 105
폐수정화법 110
폐품수집소 43
포괄안보 41
폭발물 처리 76
폭발물 처리방법 76
폭포수모형(Water-Fall)분석 57
표준활성슬러지법 110
품질의 집 57
플록침강 108

ㅎ

한정성 134
항공기 64, 90
해결방안 212
해중투하 76
핵종 304
허베이 스피리트호 66
허즈버그 275
현상분석 57
현장소요실태 211
현장정화방법 116
현존전력 330
현탁고형물 106
혈액관리 166
혐기성 미생물 109
혐기성처리법 109
혐기여상접촉법 109
협기성소화법 109
호기성처리법 109
혼합방식 245
혼합법 108
홍수 154
화력발전 87
화력장비 176
화산폭발 158
화학적 산소요구량 87
화학적 처리방법 111
화학적 특성 105
확대방지원칙 186
환경 19
환경관리기법 47
환경관리모형 32
환경군수관리 44
환경군수관리체계 47
환경기반 사회적 지배경영 259
환경기반사회적책임경영(ESG; Environmental Social Goverance) 40
환경소요 57
환경소요판단 57
환경소요판단36메트릭스 56
환경오염 14
환경자재 16
환경파괴 26, 28, 127
환경파괴단계 32
황사 91
황산염 90
회계 19
회계군수 79
회분식 활성슬러지법 109
회분식활성슬러지법 109
회수물류 38
회전원판법 109, 110
획득관리 54, 58
훈련 320
휀스(WHNS) 334